普通高等院校机械工程学科"十二五"规划教材

计算机三维机械设计基础

主编　张瑞亮

参编　孙桓五　武志斐　张翠平

王　铁　田惠琴　景　毅

丁　华

国防工業出版社

·北京·

内容简介

本书以UG NX软件作为三维CAD平台，主要介绍了机械CAD的组成、发展历程、常用三维软件及其在机械设计中的应用，着重介绍了UG NX软件的主要功能及使用技巧，通过丰富的机械设计案例，以机械设计过程为主线，引导读者快速掌握计算机辅助机械设计技术。

全书共9章，主要包括机械CAD概论、UG NX基础知识、草图绘制、三维建模基础、典型机械零件建模、装配设计、工程图设计基础、工程图标及实例、UG二次开发技术。

本书可作为高等工科院校机械设计制造、机电工程、力学和工业设计等专业学生的教材，也可作为UG初学者、中级使用人员的培训教材，也适用于各类从事三维CAD应用的工程技术人员参考。

图书在版编目(CIP)数据

计算机三维机械设计基础 / 张瑞亮主编. —北京：国防工业出版社，2017.3 重印
普通高等院校机械工程学科"十二五"规划教材
ISBN 978-7-118-08684-3
Ⅰ. ①计… Ⅱ. ①张… Ⅲ. ①机械设计-计算机辅助设计-高等学校-教材 Ⅳ. ①TH122

中国版本图书馆CIP数据核字(2013)第035270号

※

国防工业出版社出版发行
(北京市海淀区紫竹院南路23号 邮政编码100048)
三河市众誉天成印务有限公司印刷
新华书店经售

*

开本 787×1092 1/16 印张 16½ 字数 376千字
2017年3月第1版第2次印刷 印数 4001—6000册 定价 38.00元

(本书如有印装错误，我社负责调换)

国防书店：(010)88540777 发行邮购：(010)88540776
发行传真：(010)88540755 发行业务：(010)88540717

普通高等院校机械工程学科“十二五”规划教材
编委会名单

序

国防工业出版社组织编写的“普通高等院校机械工程学科‘十二五’规划教材”即将出版,欣然为之作“序”。

随着国民经济和社会的发展,我国高等教育已形成大众化教育的大好形势,为适应建设创新型国家的重大需求,迫切要求培养高素质专门人才和创新人才,学校必须在教育观念、教学思想等方面做出迅速的反应,进行深入的教学改革,而教学改革的主要内容之一是课程的改革与建设,其中包括教材的改革与建设,课程的改革与建设应体现、固化在教材之中。

教材是教学不可缺少的重要组成部分,教材的水平将直接影响教学质量,特别是对学生创新能力的培养。作为机械工程学科的教材,不能只是传授基本理论知识,更应该是既强调理论,又重在实践,突出理论与实践结合,培养学生解决实际问题的能力和创新能力。在深入教学改革、新课程体系的建立及课程内容的发展过程中,建设这样一套新型教材的任务已经迫切地摆在我们面前。

国防工业出版社组织有关院校主持编写的这套“普通高等院校机械工程学科‘十二五’规划教材”,可谓正得其时。此套教材的特点是以编写“有利于提高学生创新能力和知识水平”为宗旨,选题论证严谨、科学,以体现先进性、创新性、实用性,注重学生能力培养为原则,以编出特色教材、精品教材为指导思想,注意教材的立体化建设,在教材的体系上下功夫。编写过程中,每部教材都经过主编和参编辛勤认真的编写和主审专家的严格把关,使本套教材既继承老教材的特点,又适应新形势下教改的要求,保证了教材的系统性和精品化,体现了创新教育、能力教育、素质教育教学理念,有效激发学生自主学习能力,提高学生的综合素质和创新能力,培养出符合社会需要的优秀人才服务。丛书的出版对高校的教材建设、特别是精品课程及其教材的建设起到了推动作用。

衷心祝贺国防工业出版社和所有参编人员为我国高等教育提供了这样一套有水平、有特色、高质量的机械工程学科规划教材,并希望编写者和出版者在与使用者的沟通过程中,认真听取他们的宝贵意见,不断提高该套规划教材的水平!

中国工程院院士 艾兴

2010 年 6 月

前　言

随着科学技术的发展和经济的全球化,传统的手工设计正逐渐被借助于计算机技术的设计即 CAD 所取代。计算机技术在产品设计中的应用已从往日的计算、绘图发展到当今的三维建模、优化设计、仿真一体化,从而大大缩短了产品的设计制造周期,提高了设计质量。CAD 技术的应用同时又推动着 CAD 技术快速地向前发展,并已成为一个国家工业现代化和科学技术现代化的重要标志之一。

机械工业在整个工业生产过程中占有举足轻重的地位。机械 CAD 对促进机械工业的发展和科学技术水平的提高具有重要的意义。随着我国制造业信息化水平的不断提高,机械行业对既熟悉专业知识又熟悉三维 CAD 技术的高层次人才的需求也越来越强烈,因此在编写本书时,力争反映当代机械三维 CAD 技术的基本内容和发展水平,着重介绍机械 CAD 技术的基本内容及三维 CAD 技术的应用。

本书以 UG NX 软件为三维 CAD 平台,主要介绍了机械 CAD 的组成、发展历程、常用三维软件及其在机械设计中的应用,本书的写作结合了作者多年来在机械设计教学和科研方面的经验,内容选取适当,范例具有代表性,叙述简练,深入浅出,易于掌握。力求使读者将软件与行业知识有机地结合起来。介绍了 UG NX 软件的主要功能及使用技巧,通过丰富的机械设计案例,以机械设计过程为主线,引导读者快速掌握计算机辅助机械设计技术。全书共9章,主要包括机械 CAD 概论、UG NX 基础知识、草图绘制、三维建模基础、典型机械零件建模、装配设计、工程图设计基础、工程图标及实例、UG 二次开发技术。

本书的特点在于图文并茂,内容由浅入深、循序渐进、理论与实际操作并重,其主要功能命令的讲解配合操作实例,可使初学者通过边学边用,把学习命令融会到具体的设计中去,更有效地激发读者的学习兴趣,提高学习效果。

本书由太原理工大学机械工程学院组织编写,张瑞亮任主编。孙桓五编写第1章;张瑞亮编写第2章;武志斐编写第3章;张翠平编写第4章;王铁编写第5章;田惠琴编写第6章;景毅编写第7章、第8章;丁华编写第9章。全书由张瑞亮统稿,张翠平审稿。本书制作了多媒体课件,有需要者可直接与作者(rl_zhang@163.com)联系获取。

在本书的编写过程中,研究生刘东亮同学提供了友情帮助,在此表示感谢。同时,本书参考了大量的文献和资料,在此我们对原作者一并表示深切的谢意。由于编者水平有限,书中难免有某些不足,殷切期望广大读者予以批评指正。

编著者

2012年12月于太原理工大学

目 录

第1章　机械 CAD 概论

本章主要介绍机械 CAD 的基本概念、CAD 技术的发展历程、CAD 技术在机械工业中的应用、三维机械设计的优势和主流三维 CAD 系统等内容。

本章学习要点：

（1）了解机械设计的概念。

（2）掌握 CAD 的基本概念。

（3）掌握 CAD 技术的发展历程。

（4）理解三维机械设计的优势。

（5）了解 CAD 的数据交换标准。

（6）了解主流三维 CAD 系统。

1.1　机械设计与机械 CAD

1.1.1　机械设计概述

机械设计是根据用户的使用要求对专用机械的工作原理、结构、运动方式、力和能量的传递方式、各个零件的材料和形状尺寸、润滑方法等进行构思、分析和计算，并将其转化为具体的描述以作为制造依据的工作过程。机械设计是机械工程的重要组成部分，是机械生产的第一步，设计工作的质量是决定机械产品的性能、产品的质量、研究周期和技术经济效益最为重要的因素。

机械设计理论方法的发展经历了三个历史阶段，即17世纪前的“直觉设计阶段”，17世纪至20世纪60年代的“传统设计阶段”和近几十年发展起来的“现代设计阶段”。传统的机械设计是以经验为基础，运用力学和数学形成经验公式、图表、设计手册等作为设计的依据，通过经验公式、近似系数或类比等方法进行设计的方法。这是一种以静态分析、近似计算、经验设计、人工劳动为特征的设计方法。目前，传统设计方法仍被广泛使用。这种设计方法的特点是，设计水平低、成功率低、花费大、信息反馈周期长，因此已不能满足现代产品的功能需求和市场需求。

20世纪60年代以来，随着科学技术的迅速发展和人们生活水平的不断提高，人类对机械产品提出了越来越高的要求，传统设计方法已经难以满足当今时代的需要，从而迫使设计领域不断研究和发展新的设计方法和理论，机械设计的理论和方法进入一个新的发展阶段，特别是随着计算机及网络技术的广泛应用，在机械传统设计方法的基础上又发展了一系列新兴的设计理论与方法，如机械可靠性设计、优化设计、绿色设计、有限元分析、机械动态设计、计算机辅助设计（Computer Aided Design，CAD）、计算机辅助工程分析

(Computer Aided Engineering, CAE)、计算机辅助工艺规划(Computer Aided Process Planning, CAPP)、模块化设计、价值分析，等等。这些现代机械设计理论和方法为现代机械产品的设计提供了新的手段。

与传统设计方法相比，现代机械设计方法以科学设计取代经验设计、以动态的设计和分析取代静态的设计和分析、以定量的设计计算取代定性的设计分析、以变量取代常量进行设计计算、以注重"人—机—环境"大系统的设计准则取代偏重于结构强度的设计准则、以优化设计取代可行性设计、以自动化设计取代人工设计，从而有效地缩短了设计周期，提高了设计质量。现代设计是过去长期的传统设计的延伸和发展，它继承了传统设计的精华，吸收了当代科技成果和计算机信息技术，是一种以动态分析、精确计算、优化设计和 CAD 为特征的设计方法，CAD 技术不仅是实现机械产品的基本手段和方法，也是应用各种现代设计理论和方法的技术基础。

1.1.2 CAD 的基本概念

CAD 是指在设计活动中，利用计算机作为工具，帮助工程技术人员进行设计的一切适用技术的总和，它是人和计算机相结合、各尽所长的新型设计方法。在设计过程中，人可以进行创造性的思维活动，完成设计方案构思、工作原理拟定等，并将设计思想、设计方法经过综合、分析，转换成计算机可以处理的数学模型和解析这些模型的程序。在程序运行过程中，人可以评价设计结果，控制设计过程；计算机则可以发挥其分析计算和存储信息的能力，完成信息管理、绘图、模拟、优化和其他数值分析任务。一个好的计算机辅助设计系统既能充分发挥人的创造性作用，又能充分利用计算机的高速分析计算能力，找到人和计算机最佳结合点。因此 CAD 技术的核心是辅助设计(Design)而不是绘图(Drawing 或 Drafting)，即能够帮助设计师进行"有目地的创作的行为"。

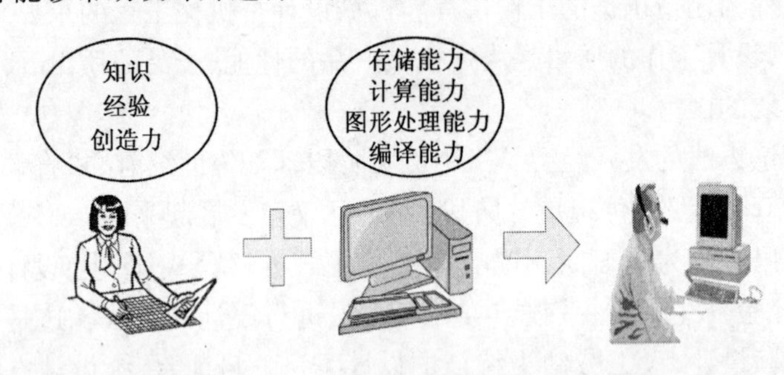

图 1-1 CAD 特点

狭义的 CAD 主要指利用计算机强大的计算功能和高效的图形处理能力，辅助设计人员进行工程和产品的设计与分析，以达到理想的目的或取得创新成果。从广义范围讲，CAD 涵盖了产品生命周期(Product Lifecycle Management, PLM)的各个阶段，包括计算机辅助设计(CAD)、计算机辅助工艺规划(CAPP)、计算机辅助制造(Computer Aided Manufacturing, CAM)、计算机辅助工程分析(CAE)、产品数据管理(Product Data Management, PDM)等各个环节，是 CAD/CAE/CAM 的高度集成。

计算机辅助设计包括的内容很多，如概念设计、优化设计、有限元分析、计算机仿真、计算机绘图等。在计算机辅助设计工作中，计算机的任务实质上是进行大量的信息加工、管理和交换。也就是在设计人员的初步构思、判断、决策的基础上，由计算机对数据库中大量设计资料进行检索，根据设计要求进行计算、分析及优化，将初步设计结果显示在图形显示器上，以人机交互方式反复加以修改，经设计人员确认之后，在自动绘图机及打印机上输出设计结果。在 CAD 作业过程中，逻辑判断、科学计算和创造性思维是反复交叉进行的。一个完整的 CAD 系统，绝不仅仅是完成图形的电子化，而应在设计过程中的各个阶段都能发挥作用。

1.1.3 CAD 的分类

根据模型的不同，CAD 系统可以分为二维 CAD 和三维 CAD 系统。二维 CAD 系统一般将产品和工程设计图纸看成是点、线、圆、弧、文本等几何元素的集合，系统内表达的任何设计都变成了几何图形，所依赖的数学模型是几何模型，系统记录了这些图素的几何特征，主要用于数字化图纸的绘制，这类软件在 CAD 软件发展的初期是主流的 CAD 系统，目前在建筑等行业还有较为广泛的应用。三维 CAD 系统是在计算机中将产品的实际形状表示成为三维的模型，模型中包括了产品几何结构的有关点、线、面、体的各种信息。由于三维 CAD 系统的模型包含了更多的实际结构特征，使用户在采用三维 CAD 造型工具进行产品结构设计时，更能反映实际产品的真实形态、构造或加工制造过程，并能够为后续的计算机辅助分析、计算机辅助制造等提供基础模型，因此三维 CAD 目前已经逐步成为 CAD 系统，特别是机械 CAD 的主流。

根据应用领域不同，CAD 应用领域可以划分为两大类，一类是机械、电气、电子、轻工和纺织产品；另一类是工程设计产品，即工程建筑，国外简称 AEC（Architecture、Engineering 和 Construction）。具体又可以细分为机械 CAD、建筑 CAD、工业设计 CAD、艺术 CAD、服装 CAD、药物 CAD、电路设计 CAD 等不同类别，这些不同类型的 CAD 系统分别适用于不同的设计领域，具有各自领域的设计工具和知识，从而使设计能直接按照专业设计的方法进行，彼此存在较大的差异。

根据功能不同，CAD 系统可以分为高端 CAD 系统、中端 CAD 系统及低端 CAD 系统，其中高端 CAD 系统功能强大，几乎涵盖了 CAD、CAE、CAM、PDM 等 CAD 的全部功能，并且各种功能高度集成，为设计人员提供了完备的设计、分析、模拟仿真等功能，因此在航空、航天、造船、工程机械等行业及大中型企业得到了广泛的应用，这类软件主要代表有 CATIA、UG NX 等。中端 CAD 系统也具有较为强大的造型和设计功能，但在 CAE、CAM 及其他功能模块上较高端 CAD 系统有一定的差距，这些软件系统一般适合于中小企业及个人用户从事设计工作，典型的代表有 PTC Creo、SolidWorks、SolidEdge、Inventor 等系统。低端 CAD 系统主要用于二维绘图，实质就是电子图版系统，我们常用的 AutoCad、CAXA 等均属此类系统。此外还有一些适用于某些专业领域的系统，如相对独立的 CAM 系统 Mastercam、Surfcam 等。这类软件主要通过中性文件从其他 CAD 系统获取产品几何模型。系统主要有交互工艺参数输入模块、刀具轨迹生成模块、刀具轨迹编辑模块、三维加工动态仿真模块和后置处理模块。

1.2 CAD 技术的发展历程及发展趋势

1.2.1 CAD 技术的发展历程

20 世纪 50 年代在美国诞生第一台计算机绘图设备，开始出现具有简单绘图输出功能的被动式的计算机辅助设计技术。60 年代初期出现了 CAD 的曲面技术，中期推出商品化的计算机绘图设备。70 年代，完整的 CAD 系统开始形成，后期出现了能产生逼真图形的光栅扫描显示器，推出了手动游标、图形输入板等多种形式的图形输入设备，促进了 CAD 技术的发展。人们希望借助此项技术来摆脱烦琐、费时、绘制精度低的传统手工绘图。此时 CAD 技术的出发点是用传统的三视图方法来表达零件，以图纸为媒介进行技术交流，这就是二维计算机绘图技术。此时的 CAD 含义仅仅是图板的替代品，即意指 Computer Aided Drawing(or Drafting)而非现在我们经常讨论的 Computer Aided Design 所包含的全部内容。CAD 技术以二维绘图为主要目标的算法一直持续到 70 年代末期，以后作为 CAD 技术的一个分支而相对单独、平稳地发展。早期应用较为广泛的是 CAD/CAM 软件，随后占据绘图市场主导地位的是 Autodesk 公司的 AutoCAD 软件。在今天，中国的 CAD 用户特别是初期 CAD 用户中，二维绘图仍然占有相当大的比重。

CAD 技术在其近 50 年的演变历史中，经历了巨大发展，其技术发展历程如图 1-2 所示。

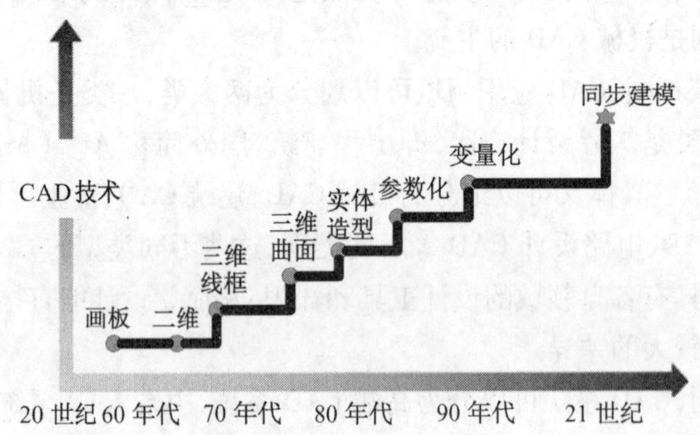

图 1-2 CAD 技术发展历程

1. 线框模型

20 世纪 60 年代末开始研究用线框和多边形构造三维实体，这样的模型称为线框模型，这种建模方法用完全通过顶点及顶点构成的边的集合来描述物体，就像由铁丝做成的线框，线框模型由此得名。线框模型结构简单，对计算机性能要求较低，可以表示基本物体的三维数据，可以产生任意视图，视图间能保持正确的投影关系，这为生产工程图带来了方便。此外还能生成透视图和轴侧图，较二维系统有了很大的进步。但是因为所有棱线全部显示，物体的真实感可出现二义解释；由于缺少曲线棱廓，若要表现圆柱、球体等曲面比较困难；特别是由于数据结构中缺少边与面、面与面之间的关系的信息，因此不能构成实体，无法识别面与体，不能区别体内与体外，不能进行剖切，不能进行两个面求交，不能自动划分有限元网格等。初期的线框造型系统只能表达基本的几何信息，不能有效表达几何数据间的拓扑关系。由于缺乏形体的表面信息,CAM 及 CAE 均无法实现。

2. 曲面模型

进入 20 世纪 70 年代,正值飞机和汽车工业的蓬勃发展时期。此间飞机及汽车制造中遇到了大量的自由曲面问题,当时只能采用多截面视图、特征纬线的方式来近似表达所设计的自由曲面。由于三视图方法表达的不完整性,经常发生设计完成后,制作出来的样品与设计者所想象的有很大差异甚至完全不同的情况。设计者对自己设计的曲面形状能否满足要求也无法保证,所以还经常按比例制作油泥模型,作为设计评审或方案比较的依据。既慢且繁的制作过程大大拖延了产品的研发时间,要求更新设计手段的呼声越来越高。此时法国人贝赛尔提出了 Bezier 算法,使得人们在用计算机处理曲面及曲线问题时变得可以操作。法国达索(Dssault)飞机制造公司开发出以表面模型为特点的自由曲面建模方法,推出了三维曲面造型系统 CATIA。曲面模型是在线框模型的数据结构基础上,增加可形成立体面的各相关数据后构成的,与线框模型相比,曲面模型有了物体的表面信息,可以表达边与面之间的拓扑关系,能实现面与面相交、着色、表面积计算、消隐等功能,此外还擅长于构造复杂的曲面物体,如模具、汽车、飞机等表面。曲面模型的应用,标志着 CAD 技术从单纯模仿工程图纸的三视图模式中解放出来,首次实现以计算机完整描述产品零件的主要信息,同时也使得 CAM 技术的开发有了现实的基础。曲面造型系统 CATIA 为人类带来了第一次 CAD 技术革命,改变了以往只能借助油泥模型来近似表达曲面的落后的工作方式,使飞机、汽车等复杂产品的开发手段比旧的模式有了质的飞跃,开发速度也大幅度提高,汽车工业开始大量采用 CAD 技术。80 年代初,几乎全世界所有的汽车工业和航空工业都购买了相关的 CAD 系统。由于曲面模型只能表示物体的表面及边界,不能进行剖切,不能对模型进行质量、质心、惯性矩等物性计算,也难以表达复杂的制造信息,因此在机械设计方面还有较大的局限性,但是在艺术设计方面,曲面模型已经成为目前的主流造型技术,常见的动画及艺术设计系统(如 Rihno、3DS MAX、MAYA 等)大多采用了曲面模型。

20 世纪 80 年代初,CAD 系统价格依然令一般企业望而却步,这使得 CAD 技术无法拥有更广阔的市场。为使自己的产品更具特色,在有限的市场中获得更大的市场份额,以 CV、SDRC、UG 为代表的系统开始朝各自的发展方向前进。70 年代末到 80 年代初,由于计算机技术的大跨步前进,CAE、CAM 技术也开始有了较大发展。SDRC 公司在当时星球大战计划的背景下,由美国宇航局支持及合作,开发出了许多专用分析模块,用以降低巨大的太空实验费用,同时在 CAD 技术方面也进行了许多开拓;UG 则着重在曲面技术的基础上发展 CAM 技术,用以满足麦道飞机零部件的加工需求。

3. 实体模型

有了表面模型,CAM 的问题可以基本解决。但由于表面模型技术只能表达形体的表面信息,难以准确表达零件的其他特性,如质量、重心、惯性矩等,对 CAE 十分不利,最大的问题在于分析的前处理特别困难。基于对于 CAD/CAE 一体化技术发展的探索,SDRC 公司于 1979 年发布了世界上第一个完全基于实体造型技术的大型 CAD/CAE 软件——I-DEAS。三维实体造型技术(Solid Modeling)的核心是 CSG(Constructive Solid Geometry)和 B-REP 模型。CSG 表达的是建模的顺序过程,B-REP 则是三维模型的点、线、面、体信息,即造型结果的三维实体信息,由于实体造型技术能够精确表达零件的全部属性,具有完整性和无二义性,可以保证只对实际上可实现的零件进行造型,零件不会缺少边、面,也不会有一条边穿入零件实体,因此,能避免差错和不可实现的设计,同时可以提供高级的整体外形定义方法,支持通过布尔运算从旧模型得到新模型。实体模型在理论上有助于统一CAD、CAE、CAM的模型表达,给设计带来了惊人的方便性。它代表着未来CAD技术的发展方向。基于这样的共识,各软件纷纷仿效,并成为当时CAD技术发展的主流。可以说,实体造型技术的普及应用标志CAD发展史上的第二次技术革命。

但是新技术的发展往往是曲折和不平衡的。实体造型技术既带来了算法的改进和未来发展的希望,也带来了数据计算量的极度膨胀。在当时的硬件条件下,实体造型的计算及显示速度很慢,在实际应用中做设计显得比较勉强。由于以实体模型为前提的CAE本来就属于较高层次技术,普及面较窄,反映还不强烈;另外,在算法和系统效率的矛盾面前,许多赞成实体造型技术的公司并没有下大力量去开发它,而是转去攻克相对容易实现的表面模型技术。各公司的技术取向再度分道扬镳。实体造型技术也就此没能迅速在整个行业全面推广开。

4. 参数化实体模型

20世纪80年代中晚期,针对无约束自由造型技术存在的问题,研究人员提出了一种比无约束自由造型更新颖、更好的算法——参数化实体造型方法。1988年,参数技术公司(Parametric Technology Corporation,PTC)采用面向对象的统一数据库和全参数化造型技术开发了Pro/Engineer软件,为三维实体造型提供了一个优良的平台。参数化(Parametric)造型的核心是用几何约束、工程方程与关系来说明产品模型的形状特征,从而达到设计一系列在形状或功能上具有相似性的设计方案,它主要的特点是基于特征、全尺寸约束、全数据相关、尺寸驱动设计修改。目前能处理的几何约束类型基本上是组成产品形体的几何实体公称尺寸关系和尺寸之间的工程关系,因此参数化造型技术又称尺寸驱动几何技术,它带来了CAD发展史上第三次技术革命。

参数化系统的指导思想是:只要按照系统规定的方式去操作,系统保证生成的设计的正确性及效率性,否则拒绝操作。这种思路也有很大的副作用:首先,使用者必须遵循软件内在使用机制,如决不允许欠尺寸约束、不可以逆序求解等;其次,当零件截面形状比较复杂时,设计者很难将所有尺寸表达出来;再次,只有尺寸驱动这一种修改手段,很难判断究竟改变哪一个(或哪几个)尺寸会导致形状朝着自己满意方向改变;最后,尺寸驱动的范围亦是有限制的,如果给出了不合理的尺寸参数,使某特征与其他特征相干涉,则引起拓扑关系的改变。因此,从应用来说,参数化系统特别适用于那些技术已相当稳定成熟的零配件行业。这样的行业,零件的形状改变很少,经常只需采用类比设计,即形状基本固定,只需改变一些关键尺寸就可以得到新的系列化设计结果。

参数化技术的成功应用,使得它在20世纪90年代前后几乎成为CAD业界的标准,许多软件厂商纷纷起步追赶,CATIA、CV、UG、EUCLID等也都在原来的非参数化模型基础上开发了对参数化模型的支持,由于它们的参数化系统基本上都是在原有模型技术的基础上进行局部、小块的修补,因此其参数化并不完整,这些公司均宣传自己是采用复合建模技术,并强调复合建模技术的优越性。这种把线框模型、曲面模型及实体模型叠加在一起的复合建模技术,并非完全基于实体,难以全面应用参数化技术。由于参数化技术和非参数化技术内核本质不同,用参数化技术造型后进入非参数化系统还要进行内部转换,才能被系统接受，而大量的转换极易导致数据丢失或其他不利条件。

5. 变量化技术

参数化技术要求全尺寸约束，即设计者在设计初期及全过程中，必须将形状和尺寸联合起来考虑，并且通过尺寸约束来控制形状，通过尺寸改变来驱动形状改变，一切以尺寸（即参数）为出发点，一旦所设计的零件形状过于复杂时，面对满屏幕的尺寸，如何改变这些尺寸以达到所需要的形状就很不直观；再者，如在设计中关键形体的拓扑关系发生改变，失去了某些约束的几何特征也会造成系统数据混乱。实事上，全约束是对设计者的一种硬性规定，会干扰和制约设计者创造力及想象力的发挥。

事实上，在进行机械设计和工艺设计时，总是希望零部件能够让我们随心所欲地构建，可以随意拆卸，能够让我们在平面的显示器上，构造出三维立体的设计作品，而且希望保留每一个中间结果，以备反复设计和优化设计时使用。针对这种需求，SDRC 公司的开发人员以参数化技术为蓝本，提出了一种比参数化技术更为先进的变量化技术（Variational Geometry Extended，VGX）。

变量化技术将参数化技术中所需定义的尺寸“参数”进一步区分为形状约束和尺寸约束，而不是像参数化技术那样只用尺寸来约束全部几何。采用这种技术的理由在于，在大量的新产品开发的概念设计阶段，设计者首先考虑的是设计思想及概念，并将其体现于某些几何形状之中，这些几何形状的准确尺寸和各形状之间的严格的尺寸定位关系在设计的初始阶段还很难完全确定，所以自然希望在设计的初始阶段允许欠尺寸约束的存在。除考虑几何约束（Geometry Constrain）之外，变量化设计还可以将工程关系作为约束条件直接与几何方程联立求解，无须另建模型处理。采用变量化技术的优势主要有：

（1）设计者可以采用先形状后尺寸的设计方式，允许采用不完全尺寸约束，只给出必要的设计条件，这种情况下仍能保证设计的正确性及效率性。

（2）造型过程是一个类似工程师在脑海里思考设计方案的过程，满足设计要求的几何形状是第一位的，尺寸细节是后来逐步完善的。

（3）设计过程相对自由宽松，设计者更多去考虑设计方案，无须过多关心软件的内在机制和设计规则限制，所以变量化系统的应用领域也更广阔一些。

（4）除了一般的系列化零件设计，变量化系统在做概念设计时特别得心应手，比较适用于新产品开发、老产品改形设计这类创新式设计。

基于变量化的思想，SDRC 公司于 1993 年推出全新体系结构的 I-DEAS Master Series 软件，并就此形成了一整套独特的变量化造型理论及软件开发方法。变量化技术既保持了参数化技术原有的优点，同时又克服了它的许多不利之处。它的成功应用，为 CAD 技术的发展提供了更大的空间和机遇，也驱动了 CAD 发展的第四次技术革命。目前大多数 CAD 系统均提供了对变量化技术的支持，变量化也是目前三维 CAD 系统的主流。

6. 直接建模与同步建模技术

直接建模（Direct Modeling），其核心是只有 B-REP 信息，没有 CSG 信息，因为不考虑造型的顺序，所以，可以随便修改模型的点、线、面、体，无须考虑保持特征树的有效性，不受到造型顺序的制约。2008 年，Siemens PLM Software 率先在 PLM 行业内发布同步技术后，三维建模技术更进一步得到完善，形成了直接建模、特征建模、曲面建模和同步技术多种建模方式。其中同步技术则是一种将特征建模和直接建模相结合，从而实现在三维环境下，进行尺寸驱动（或者叫参数化设计，Parametric Design）及伸展变形（Stretch）的三维造型方法和约束求解技术。它既保留零件的实体特征信息，又能实现尺寸驱动，从而使基于特征的无参数建模和基于特征的参数建模的完美兼容，实现三维模型的迅速修改，从而实现快速的设计变更和系列化产品设计。

同步建模技术（Synchronous Technology）在参数化、基于历史记录建模的基础上前进了一大步，同时与先前技术共存。同步建模技术实时检查产品模型当前的几何条件，并且将它们与设计人员添加的参数和几何约束合并在一起，以便评估、构建新的几何模型并且编辑模型，无须重复全部历史记录。设计人员不必再研究和分析复杂的约束关系以便了解如何进行模型编辑，也不用担心编辑的后续模型关联性。同步建模技术冲破了基于历史记录设计系统固有的架构屏障，避免了目前 CAD 参数化建模技术造成的设计过程相对复杂、僵化等弊端，使设计人员能够有效地进行尺寸驱动的直接建模，无须进行重新创建或转换。同步建模技术能够更加迅速地对产品进行修改，将会大大提高设计效率，降低产品设计成本，从而缩短产品上市的时间。

总之，每种建模方法都有其自身的优缺点，具体采用哪种建模方法需要根据设计任务和设计的产品特点来确定，例如艺术造型采用曲面模型可以灵活地表现各种复杂的曲面特征；参数化系统独有的参数化、特征和基于历史记录的建模更为强调设计的整体性和系统性，从而可以保证任何设计更改都会更新所有模型，因此，在捕捉、重复使用设计意图和改变其用途，实现变形设计更有优势，并且由于参数化保留了设计历史，在优化设计方面也更为方便；同步建模技术则具有较高的灵活性，因此在快速设计、原型设计等方面更有优势。

1.2.2 CAD 技术的发展趋势

随着技术的进步和市场的需求不断提高。机械 CAD 技术也处于不断的发展之中，其发展趋势可以概括为以下几个方面：

1. 集成化

机械设计应该涵盖到产品生命周期管理（Product Lifecycle Management，PLM）的所有阶段，需要 CAD、CAE、CAPP、CAM、PDM 及众多专业模块的一体化无缝支持，需要一个企业级的协同工作的虚拟产品开发环境的支持（Virtual Product Development，VPD），因此，需要将产品建模、系统分析、系统仿真、产品数据管理、WEB 技术及可视化技术集成在一起，形成一体化的虚拟产品平台，从而实现数据的共享、重用，提供统一的操作界面，提高操作的方便性，避免数据的丢失和不一致。

2. 智能化

设计是一个需要高度智能的创造性活动，设计过程需要大量的领域专门知识、丰富的经验及良好的求解方法。通过在 CAD 系统模拟人类的智能活动，实现辅助设计人员分析、推理、判断、构思和决策的过程，并完成设计知识的收集、存储、继承和重用，必将大大提高设计的效率和设计的质量。目前知识工程、专家系统等技术的发展，对智能化 CAD 系统的发展起到了积极的推动作用。

3. 网络化

网络化分布式协同设计是一种新兴的设计方式,通过分布式协同设计,分布在不同地域、不同部门的设计人员,在任何需要的时间协同地进行产品的设计活动,从而使设计活动能够跨越时空进行,实现协作设计,大幅缩短产品设计周期,降低设计成本,提高设计能力,特别是随着网络化制造的兴起,网络化设计将成为实现企业之间资源共享,发挥国内外设计全体、企业群体优势的重要手段,并成为全球化设计制造系统发展的必然趋势。

4. 标准化

CAD 平台一般是多系统的一个集成,涉及 CAD、CAE、CAM 等诸多系统,不同企业、部门也可能使用不同的 CAD 系统,因此,标准化是 CAD 系统之间实现集成、数据交换、资源共享、设计重用的前提,是 CAD 应用规范化、有序化的基本保障,也是企业之间实现协作的基础。

5. 虚拟化

虚拟制造(Virtual Manufacturing,VM)的概念是 20 世纪 90 年代中期在计算机集成制造(CIMS)和并行工程(CE)基础上提出来的新技术。该技术可以通过计算机应用虚拟模型,而不是通过真实的加工过程,来预估产品的功能、性能及可加工性等各方面可能存在的问题。因此 VM 的基本目的是建立计算机模拟产品的综合性开发环境,通过该环境使设计者在真正加工之前就能模拟地制造出产品,从而达到并增强在产品生产全过程中的及时控制与决策,实现 CIMS 中的信息集成和 CE 中的过程集成,即"全集成"。VM 的意义在于将工业产品制造从过去的依赖于经验的保守方法跃入到全过程预测的崭新方法,填补了 CAD/CAM 技术与生产过程和企业管理之间的技术鸿沟,为企业的工程师们提供了从产品概念的形成、设计到制造全过程的三维可视及空间交互的环境,从而实现了制造驱动设计。因此可以说 VM 可能是 CAD 技术最重要的发展方向之一。

6. 移动化

IPAD 等的流行和触屏技术的日益成熟,也为三维 CAD 的应用开辟了一个新的应用场景,采用触屏技术后设计师不再用鼠标或者轨迹球通过计算机屏幕进行设计,而是如雕塑艺术家般通过触屏直接在屏幕上进行产品设计,并且能够随时随地地进行设计与交流,目前有很多软件已经可以提供在 IPAD 等智能终端上运行的版本。虽然当前的平板计算机存在一定的应用条件,例如不能带手套使用,响应速度比较慢,无法满足复杂设计要求等问题,但是在不久的将来,硬件技术的突飞猛进将使这种应用不再存在阻碍。

1.3 CAD 技术在机械设计中的应用

1.3.1 三维机械设计的优势及其对机械设计的影响

与传统的机械设计相比,无论在提高生产率、改善设计质量方面,还是在降低成本、减轻劳动强度方面,CAD 技术都有着巨大的优越性。主要表现在以下几个方面:

(1) CAD 可以提高设计质量。在计算机系统内存储了各种有关专业的综合性的技术知识,为产品设计提供了科学的基础。计算机与人交互作用,有利于发挥人、机各自的特长,使产品设计更加合理化。CAD 采用的优化设计方法有助于某些工艺参数和产品结构的优化。另外,由于不同部门可利用同一数据库中的信息,保证了数据的一致性。

(2) CAD 可以节省时间,提高生产率。设计计算和图样绘制的自动化大大缩短了设计时间。CAD 和 CAM 的一体化可显著缩短从设计到制造的周期,与传统的设计方法相比,其设计效率可提高 3 倍 ~5 倍。

(3) CAD 可以较大幅度地降低成本。计算机的高速运算和绘图机的自动工作大大节省了劳动力。同时,优化设计带来了原材料的节省。CAD 的经济效益有些可以估算,有些则难以估算。由于采用 CAD/CAM 技术,生产准备时间缩短,产品更新换代加快,大大增强了产品在市场上的竞争能力。

(4) CAD 技术将设计人员从烦琐的计算和绘图工作中解放出来,使其可以从事更多的创造性劳动。在产品设计中,绘图工作量约占全部工作量的 60%,在 CAD 过程中这一部分的工作由计算机完成,产生的效益十分显著。

(5) CAD/CAE/CAM 集成。CAE 是三维 CAD 软件的重要模块,CAE 功能包括工程数值分析、结构优化设计、强度设计评价与寿命预估、动力学、运动学仿真等。CAD 技术在建模模块完成产品造型后,才能由 CAE 模块针对设计的合理性、强度、刚度、寿命、材料、结构合理性、运动特性、干涉、碰撞问题和动态特性进行分析。CAE 技术在我国也得到了广泛应用,以汽车制造业为例,国内多家主车厂和汽车设计公司在使用三维 CAD 软件完成新车型的设计后,进行 CAE 分析,如干涉检查、钣金成型分析、塑料件拔模角分析、车身强度刚度的测试,在车窗、车门、雨刮器等运动部件上广泛采用 CAE 模块中的运动仿真功能,计算出零件的运动轨迹,以及零部件在运动中的状态,为设计人员提供直观的参考。这些分析工作大大提高了新车型的可靠度,缩短了新车型的开发周期,减少了返工,节约了研发成本。采用三维 CAD 技术,机械设计时间缩短了近 1/3。同时,三维 CAD 系统具有高度变型设计能力,能通过快速重构,得到一种全新的机械产品,大大提高了工作效率。

由于 CAD 技术具有简单、快捷、精度高、存储方便等优点,因此,在机械、航空航天、造船、建筑、电子等很多领域得到了广泛应用,并取得了丰硕的成果和巨大的经济效益。CAD 技术从根本上改变了机械设计的质量,克服了传统机械没计的诸多弊端,使机械设计产品有了质的变化。CAD 技术与传统机械设计相比具有如下特点:

(1) CAD 技术比传统机械设计更具创新性。传统的机械设计侧重于实践经验,设计方法多以仿照、类比和改型设计为主,缺乏创新性。而运用 CAD 技术进行机械设计时,可具有较强的立体感效果,更能激发设计者的创新思维,使其设计出更具创造性的新产品。

(2) CAD 技术奠定了机械设计信息化的基础。由于 CAD 技术将整个机械设计过程全部计算机化,并且设计好的产品在具体加工制造前还可通过三维设计技术及时发现设计中的缺陷和不足,并能及时进行改良,这既缩短了设计时间,又提高了设计质量。

1.3.2 机械 CAD 系统的基本功能

CAD 软件系统是由系统软件、支撑软件及应用软件组成的,虽然不同的 CAD 系统可以有不同的功能要求,但就机械 CAD 系统来讲,至少应该具备以下基本功能:

(1) 几何造型功能。产品的几何造型是 CAD 系统的核心,CAD、CAE、CAM 等后续处理任务都是在几何模型的基础上进行的,几何造型功能的强弱,很大程度上反映了该

CAD 系统功能的强弱,现在主流 CAD 系统大多提供了对线框模型、表面模型、基于特征的参数的实体造型、直接建模等几何建模技术的支持。

(2)装配功能。装配功能是三维机械 CAD 的核心模块,三维 CAD 的基本设计思想是参照机械制造过程而来的,其基本思想就是只进行零件的设计,然后通过装配功能将零件组装成部件,并进而装配成产品。由于零件是机械中可以制造的最小单元,因此完成这些结构简单的零件设计是较为简单的,通过将这些基本的零件装配成产品,不仅大大简化设计的复杂性,也更加符合机械制造的流程。

(3)工程图生产功能。目前三维 CAD 已经成为主流,但是二维工程图纸依然不可完全取代,因此根据三维模型生成二维工程图也就成为三维 CAD 系统的一项基本功能。

(4)科学的计算与分析功能。能够完成对产品的常规和优化设计,能对可靠性、有限元、动态分析及数字仿真模拟等进行科学计算。

(5)数据管理与交换功能。如数据库管理,不同 CAD 系统间的数据交换和接口功能等。

(6)其他功能。如进行文档制作、编辑及文字处理功能,软件设计功能和网络功能等。

1.3.3 CAD 的数据交换标准

随着 CAD 技术的不断发展和日益成熟以及各行业 CAD 应用的不断深入,CAD 标准化工作越来越显示出了它的重要性。CAD 标准化工作作为高新技术标准化的一部分,在 CAD 技术工作中占有很重要的位置,国家科委工业司和国家技术监督局标准司共同发布了《CAD 通用技术规范》,规定了我国 CAD 技术各方面的标准,而其中 CAD 数据交换问题是 CAD 广泛应用后各行业所面临的重要问题。由于 CAD 数据的急剧膨胀,而不同的 CAD 系统产生的数据文件又采用不同的数据格式,甚至各个 CAD 系统中数据元素的类型也不尽相同,这种状况潜在地阻碍了 CAD 技术的进一步应用和发展。所以,如何能使企业的 CAD 技术信息实现最大限度的共享并进行有效的管理是标准化所面临的非常重要的课题。

目前,在微机和工作站上用于数据交换的图形文件标准主要有:AutoCAD 系统的 DXF(Data Exchange File)文件,美国标准 IGES (Initial Graphics Exchange Specification,初始图形交换规范)及国际标准 STEP (Standard for The Exchange of Product model data)。其他一些较为重要的标准还有:在 ESPRIT(欧洲信息技术研究与开发战略规划)资助下的 CAD - I 标准(仅限于有限元和外形数据信息);德国的 VDA - FS 标准(主要用于汽车工业);法国的 SET 标准(主要应用于航空航天工业)等。

AutoCAD 的 DXF 文件是具有专门格式的 ASCII 码文本文件,它比较好读,易于被其他程序处理,主要用于实现高级语言编写的程序与 AutoCAD 系统的连接,或其他 CAD 系统与 AutoCAD 之间的图形文件交换。由于 AutoCAD 在世界范围内的应用极为广泛,已经深入到各行各业之中,所以它的数据文件格式已经成为一种事实上的工业标准。DXF 图形数据交换文件为推广应用 CAD/CAM 技术提供了很大的便利,但由于 DXF 文件开发较早,从现在的目光来看,它存在很多的不足:它不能描述产品的完整几何模型,难以进一步发展;其信息定义不完整,它仅保留了原有系统数据结构中的几何和部分属性信息,而大量的拓扑信息已不复存在;其信息描述方面也有许多缺陷,致使一些信息量过分冗长;文件格式比较复杂,而且也不尽合理。所以,AutoDesk 公司近来强调了用二进制的 DWG 和网络上的 DWF 格式作为它的数据传输标准,但二者的格式都不公开,因此很难再作为工业标准为其他 CAD 系统所利用。

IGES 标准最早是 ANSI 于 20 世纪 80 年代初制定的,建筑在波音公司 CAD/CAM 集成信息网络、通用电气公司的中心数据库和其他各种数据交换格式之上。其最初版本仅限于描述工程图纸的几何图形和注释,随后又将电气、有限元、工厂设计和建筑设计纳入其中。1988 年 6 月公布的 IGES4.0 又吸收了 ESP 中的 CSG(Constructive Solid Geometry,体素构造法)和装配模型,后经扩充又收入了新的图形表示法、三维管道模型以及对 FEM(有限元模型)功能的改进。而 B-rep(边界表示法)模型则在 IGES5.0 中定义。然而,IGES 在文件结构中却又不合理地定义了直接存取的指针系统。其在应用中暴露的主要问题有:数据文件过大,数据转换处理时间过长,某些几何类型转换不稳定,只注意了图形数据转换而忽略了其他信息的转换等。尽管如此,IGES 仍然是目前各国广泛使用的事实上的国际标准数据交换格式,我国于 1993 年 9 月起将 IGES3.0 作为国家推荐标准。

产品模型数据交换标准 STEP 是国际标准化组织(ISO)所属技术委员会 TC184(工业自动化系统技术委员会)下的"产品模型数据外部表示"(External Representation of Product Model Data)分委员会 SC4 所制订的国际统一 CAD 数据交换标准。产品模型数据是指为在覆盖产品整个生命周期中的应用而全面定义的产品所有数据元素,它包括为进行设计、分析、制造、测试、检验和产品支持而全面定义的零部件或构件所需的几何、拓扑、公差、关系、属性和性能等数据,另外,还可能包含一些和处理有关的数据。产品模型对于下达生产任务、直接质量控制、测试和进行产品支持功能可以提供全面的信息。STEP 为产品在它的生命周期内规定了唯一的描述和计算机可处理的信息表达形式。这种形式独立于任何特定的计算机系统,并能保证在多种应用和不同系统中的一致性。这一标准还允许采用不同的实现技术,便于产品数据的存取、传输和归档。STEP 标准是为 CAD/CAM 系统提供中性产品数据而开发的公共资源和应用模型,它涉及了建筑、工程、结构、机械、电气、电子工程及船体结构等所有产品领域。在产品数据共享方面,STEP 标准提供四个层次的实现方法:ASCII 码中性文件;访问内存结构数据的应用程序界面;共享数据库以及共享知识库。无疑,这将会给商业和制造业带来一场大变革。STEP 标准在下述几个方面有着明显的优越性:① 经济效益显著;② 数据范围广、精度高,通过应用协议消除了产品数据的二义性;③ 易于集成,便于扩充;④ 技术先进、层次清楚,分为通用资源(子标准 40 系列)、应用资源(子标准 100 系列)和应用协议(子标准 200 系列)三部分。如今,STEP 标准已经成为国际公认的 CAD 数据文件交换全球统一标准,许多国家都依据 STEP 标准制定了相应的国家标准。我国 STEP 标准的制定工作由 CSBTSTC159/SC4 完成,STEP 标准在我国的对应标准号为 GB16656。STEP 标准存在的问题是整个体系极其庞大,标准的制定过程进展缓慢,数据文件比 IGES 更大。目前商用 CAD 系统提供的 STEP 应用协议还只有 AP203"配置控制设计",内容包括产品的配置管理、曲面和线框模型、实体模型的小平面边界表示和曲面边界表示等以及 AP214"汽车机械设计过程的核心数据"。

1.4 主流计算机三维设计系统介绍

1.4.1 CATIA

CATIA 是法国达索飞机公司在 20 世纪 70 年代开发的高档 CAD/CAM 软件，是世界上一种主流的 CAD/CAE/CAM 一体化软件。CATIA 是英文 Computer Aided Tri-Dimensional Interactive Application（计算机辅助三维交互式应用）的缩写。

CATIA 的产品开发商达索飞机公司是世界著名的航空航天企业，成立于 1981 年。其产品以幻影 2000 和阵风战斗机最为著名。而如今其在 CAD/CAE/CAM 以及 PDM 领域内的领导地位，已得到世界范围内的承认。其销售利润从最开始的一百万美元增长到近年的近 20 亿美元。雇员人数由 20 人发展到 2000 多人。

CATIA 广泛应用于航空航天、汽车制造、造船、机械制造、电子/电器、消费品行业，它的集成解决方案覆盖所有的产品设计与制造领域，其特有的 DMU 电子样机模块功能及混合建模技术更是推动着企业竞争力和生产力的提高。CATIA 提供方便的解决方案，迎合所有工业领域的大、中、小型企业需要，包括从大型的波音 747 飞机、火箭发动机到化妆品的包装盒，几乎涵盖了所有的制造业产品。在世界上有超过 13000 的用户在使用共 13 万套以上的 CATIA 为其工作，大到飞机、载人飞船和汽车，小到螺丝钉和钓鱼杆，CATIA 可以根据不同规模、不同应用定制完全适合本企业的解决方案。CATIA 源于航空航天业，但其强大的功能已得到各行业的认可，在欧洲汽车业，已成为事实上的标准。CATIA 的著名用户包括在世界制造业中具有举足轻重地位的一大批知名企业，如波音、克莱斯勒、宝马、奔驰等。在中国，CATIA 也得到了广泛的应用。哈尔滨、沈阳、西安、成都、景德镇、上海、贵阳等都选用 CATIA 作为其核心设计软件，包括一汽集团、一汽大众、沈阳金杯、上海大众、北京吉普、武汉神龙在内的许多汽车公司都选用 CATIA 开发它们的新车型。

CATIA 应用的几个主要项目，例如波音 777、737 等，均成功地用 100% 数字模型无纸加工完成。波音飞机公司还使用 CATIA 完成了整个波音 777 的电子装配，创造了业界的一个奇迹，从而也确定了 CATIA 在 CAD/CAE/CAM 行业内的领先地位。在汽车行业使用的所有商用 CAD/CAM 软件中，CATIA 已占到了 60% 以上。CATIA 在造型风格、车身及引擎设计等方面具有独特的长处，为各种车辆的设计和制造提供了广泛的支持。CATIA 在摩托车行业的应用也非常普及，包括 Honda、BMW、Suzuki 在内的许多国际知名的摩托车厂家使用 CATIA 作为它们的新车型的开发平台。CATIA 的电子样机设计环境使得摩托车厂家能够快速及时地响应和满足客户的需求，向市场推出各种型号的摩托车，满足不同消费层次的需要。

CATIA 于 1993 年发布了功能强大的 V4 版本，现在的 CATIA 软件分为 V4 版本和 V5 版本两个系列。V4 版本应用于 UNIX 平台，V5 版本应用于 UNIX 和 Windows 两种平台。

CATIA V5 版本能够运行于微机平台，这不仅使用户能够节省大量的硬件成本，而且其友好的用户界面，使用户更容易使用。为了使软件能够易学易用，达索飞机公司于 1994 年开始重新开发全新的 CATIA V5 版本，新的 V5 版本界面更加友好，功能也日趋强大,并且开创了CAD/CAE/CAM软件的一种全新风格。2012年,达索宣布了全新公司战略:3D Experience,并开始倡导"后PLM时代"的思想。同时,推出了全新3D Experience平台。2012年7月6日,推出了3D体验平台最新版本——V6R2013。其核心产品线包括CATIA、ENOVIA、DELMIA,以及3DVIA。

1.4.2 UG NX

UG是Unigraphics的缩写,它从CAM发展而来。20世纪70年代,美国麦道飞机公司成立了解决自动编程系统的数控小组,后来发展成为CAD/CAM一体化的UG1软件。90年代被EDS公司收并,为通用汽车公司服务。2007年5月正式被西门子收购;因此,UG有着美国航空和汽车两大产业的背景。自UG 19版以后,此产品更名为NX。NX是UGS新一代数字化产品开发系统,它可以通过过程变更来驱动产品革新。NX独特之处是其知识管理基础,它使得工程专业人员能够推动革新以创造出更大的利润。NX可以管理生产和系统性能知识,根据已知准则来确认每一设计决策。NX建立在为客户提供无与伦比的解决方案的成功经验基础之上,这些解决方案可以全面地改善设计过程的效率,削减成本,并缩短进入市场的时间。NX使企业能够通过新一代数字化产品开发系统实现向产品全生命周期管理转型的目标。

UG主要客户包括通用汽车、通用电气、福特、波音、洛克希德、劳斯莱斯、日产、克莱斯勒以及美国军方。几乎所有飞机发动机和大部分汽车发动机都采用UG进行设计,充分体现UG在高端工程领域,特别是军工领域的强大实力。

2011年西门子PLM在中国市场实现了快速发展。西门子PLM成功实施了企业级BOM、仿真数据管理、工程数据中心等创新解决方案,在原有面向中国地区推出的高科技电子、宇航防务、汽车、通用机械四大行业解决方案之外,推出了造船、飞机、航天、工程总承包、医疗器械等行业解决方案。在多个数字化制造软件及解决方案中,西门子PLM软件是唯一提供覆盖工艺设计、工艺仿真、工艺验证、工艺管理和工艺执行(MES)全面解决方案的供应商。同时,西门子PLM也在积极推进数字化工厂软件COMOS的应用。西门子PLM推出Active Workspace,为企业提供了直观和个性化的3D图形界面,可供用户实时查看智能3D信息;发布了Teamcenter软件的最新版本Teamcenter 9,该版本在系统工程、内容管理、服务生命周期和基于流程的用户体验等方面有了很大提升。2011年,西门子PLM在中国汽车行业、机械行业,以及高端CAD市场具有领先优势。在中国主流PLM市场上,西门子PLM的营业收入处于领先地位。

1.4.3 Pro/ENGINEER

Pro/ENGINEER操作软件是美国参数技术公司(PTC)旗下的CAD/CAM/CAE一体化的三维软件。Pro/ENGINEER软件以参数化著称,是参数化技术的最早应用者,在目前的三维造型软件领域中占有重要地位,Pro/ENGINEER作为当今世界机械CAD/CAE/CAM领域的新标准而得到业界的认可和推广,是现今主流的CAD/CAM/CAE软件之一,特别是在国内模具产品设计领域占据重要位置。

Pro/ENGINEER主要特点是参数化设计、基于特征建模和单一数据库(全相关)。另外,它采用模块化方式,可以分别进行草图绘制、零件制作、装配设计、钣金设计、加工处理等，保证用户可以按照自己的需要进行选择使用。用户可以根据自身的需要进行选择，而不必安装所有模块。Pro/ENGINEER 的基于特征方式，能够将设计至生产全过程集成到一起，实现并行工程设计。它不但可以应用于工作站，而且也可以应用到单机上。

Pro/ENGINEER 是 PTC 官方使用的软件名称，但在中国用户所使用的名称中，并存着多个说法，如 ProE、Pro/E、破衣、野火等都是指 Pro/ENGINEER 软件，Pro/E2001、Pro/E2.0、Pro/E3.0、Pro/E4.0、Pro/E5.0、Creo1.0/Creo2.0 等都是指软件的版本。

Creo 是 PTC 公司于 2010 年 10 月推出 CAD 设计软件包。Creo 是整合了 PTC 公司的三个软件 Pro/Engineer 的参数化技术、CoCreate 的直接建模技术和 ProductView 的三维可视化技术的新型 CAD 设计软件包，是 PTC 公司闪电计划所推出的第一个产品。

Creo 具备互操作性、开放、易用三大特点。在产品生命周期中，不同的用户对产品开发有着不同的需求。不同于目前的解决方案，Creo 旨在消除 CAD 行业中基本的易用性、互操作性和装配管理问题；采用全新的方法实现解决方案（建立在 PTC 的特有技术和资源上）；提供一组可伸缩、可互操作、开放且易于使用的机械设计应用程序；为设计过程中的每一名参与者适时提供合适的解决方案。

1.4.4 SolidWorks

SolidWorks 公司成立于 1993 年，由 PTC 公司的技术副总裁与 CV 公司的副总裁发起，当初的目标是希望在每一个工程师的桌面上提供一套具有生产力的实体模型设计系统。1995 年推出第一套 SolidWorks 三维机械设计软件，1997 年被法国达索公司收购，作为达索中端主流市场的主打品牌。

由于使用了 Windows OLE 技术、直观式设计技术、先进的 Parasolid 内核以及良好的与第三方软件的集成技术，SolidWorks 成为全球装机量最大、最好用的软件。

功能强大、易学易用和技术创新是 SolidWorks 的三大特点，使得 SolidWorks 成为领先的、主流的三维 CAD 解决方案。SolidWorks 能够提供不同的设计方案、减少设计过程中的错误以及提高产品质量。

SolidWorks 的拖拽功能使用户在比较短的时间内完成大型装配设计。SolidWorks 资源管理器是同 Windows 资源管理器一样的 CAD 文件管理器，用它可以方便地管理 CAD 文件。

1.4.5 其他系统

1. Inventor

Inventor 即 AutoDesk Inventor Professional（AIP），是美国 AutoDesk 公司推出的一款三维可视化实体模拟软件，目前已推出最新版本 AIP2013，同时还推出了 iphone 版本。AIP 包括：Autodesk Inventor 三维设计软件；基于 AutoCAD 平台开发的二维机械制图和绘图软件 AutoCAD Mechanical；还加入了用于缆线和束线设计、管道设计及 PCB IDF 文件输入的专业功能模块，并加入了由 ANSYS 技术支持的 FEA 功能，可以直接在 Autodesk Inventor 软件中进行应力分析。在此基础上，集成的数据管理软件 Autodesk Vault 用于安全地管理进展中的设计数据。由于 Autodesk Inventor Professional 集所有这些产品于一体，因此提供了一个二维到三维转换路径。

Inventor 软件是一套全面的设计工具,用于创建和验证完整的数字样机,帮助制造商减少物理样机投入,以更快的速度将更多的创新产品推向市场。

Inventor 产品系列正在改变传统的 CAD 工作流程:因为简化了复杂三维模型的创建,工程师可专注于设计的功能实现。通过快速创建数字样机,并利用数字样机来验证设计的功能,工程师可在投产前更容易发现设计中的错误。

2. CAXA

CAXA(北京数码大方科技股份有限公司)是中国的工业软件和服务公司,主要提供二维 CAD、三维 CAD 软件以及产品全生命周期管理 PLM 解决方案和服务。

CAXA 四个字母,读作“卡萨”,是由 C——Computer(计算机),A—— Aided(辅助的),X(任意的),A——Alliance、Ahead(联盟、领先)四个字母组成的,其涵义是“领先一步的计算机辅助技术和服务”(Computer Aided X Alliance—Always a Step Ahead)。

CAXA 提供数字化设计解决方案,产品包括二维 CAD、三维 CAD、工艺 CAPP 和产品数据管理 PDM 等软件;提供数字化制造解决方案,产品包括 CAM、网络 DNC、MES 和 MPM 等软件。支持企业贯通并优化营销、设计、制造和服务的业务流程,实现产品全生命周期的协同管理。其中最广为使用的是“CAXA 线切割”和“CAXA 电子图板”功能。

3. Solid3000

Solid3000(新洲三维)是北京新洲协同软件技术有限公司开发的全面实现本地化、标准化的三维设计软件。Solid3000 面向机械结构设计及工业造型领域,支持设计/出图全过程,同时提供各种 PLM 集成解决方案。

Solid3000 软件在国标化、本地化及个性化服务等方面,较之其他三维 CAD 软件有独特的优势和出色的性/价比。

Solid3000 采用参数化驱动、特征造型、动态导航、面向对象的编辑和修改、特征回退和顺序调整等技术,采用先进的 Parasolid 内核;支持大规模装配设计,提供装配分析功能,可生成爆炸视图、剖切视图;生成完全符合国标的工程图,支持二维、三维双向关联,提供完备的工程视图功能;工程图标题栏及明细栏零部件信息自动导入,工程标注齐全、方便,装配的零部件序号标注自动排布,支持零部件序号遗漏检查;提供智能拼图打印功能;提供最新最全的三维标准件库,包含及时更新的国标、国军标、航空标和航天标库;方便用户进行查询、调用、插入及编辑,支持装配中标准件替换,提供用户自定义标准件库功能;从零件、装配模型自动导入数据信息,适合我国工程师的设计习惯和企业标准化要求,数据结果为 PDM 和 ERP 应用提供良好的数据源,为企业实现信息化打下良好的基础。

1.5 思考与练习

一、填空题

1. 根据集成化程度,CAD 通常分为____________和____________。

2. 三维建模技术主要包括线框模型、____________、____________、____________模型、____________技术和____________技术。

二、简答题

1. 请简述三维 CAD 的优点。

2. CAD 系统应该具有的基本功能主要包括哪些?
3. CAD 技术发展趋势是什么?
4. CAD 技术在机械工业中的应用主要体现在哪些方面?
5. CAD 数据交换标准主要有哪些? 各有什么优缺点?
6. CAD 建模技术的主要特点和适用领域是什么?

第 2 章　UG NX 基础知识

UG NX（以下简称 UG）是西门子公司出品的产品生命周期管理（Product Lifecycle Management，PLM）软件，它集 CAD/CAE/CAM 等功能于一体，功能涵盖了从概念设计到产品生产的整个过程，广泛应用于机械、汽车、航空航天、材料成型、模具设计及加工、医疗器材等行业。它为用户的产品设计及加工过程提供了数字化造型和验证手段。UG 除了提供三维 CAD 软件常用的实体建模、曲面建模、虚拟装配、工程图等功能外，还提供了模型交互验证、仿真与制造等产品有效性验证功能。

UG 作为专业化的三维软件具有其他软件所不同的特点和使用要求，作为 UG 软件的初学者，熟悉 UG 工作界面和掌握基本操作方法是学好该软件的基础，也是提高该软件应用能力的关键。

本章主要介绍 UG 的用户界面、视图操作、鼠标操作、图层操作、坐标系操作等内容。

本章学习要点：

（1）熟悉 UG 软件的工作界面。

（2）掌握文件操作和图层设置的方法。

（3）熟悉对象操作和鼠标操作。

（4）了解视图布局的相关方法。

（5）掌握模型定向视图和渲染样式的使用方法及技巧。

（6）掌握工作坐标系的变换方法。

UG 系统由大量的模块组成，可以分为以下几大模块：

1. 基本环境模块

基本环境模块是 UG 的基础模块，它仅提供一些最基本的操作，如文件操作、层的控制和视图定义等，它是进入其他模块的基础。为了能够建立或编辑模型，必须进入其他应用模块，如建模、装配、制图等。

2. CAD 模块

UG 的 CAD 模块拥有强大的三维建模能力，它又由许多子模块组成，常用的 CAD 子模块有：

（1）建模模块。建模模块提供实体建模、特征建模、曲面建模等三维造型功能。

（2）装配模块。装配模块用于三维模型的虚拟装配，支持“自底向上”和“自顶向下”的装配方法。

（3）制图模块。制图模块以实体模型为基础，自动生成模型的二维工程图，也可以利用曲线功能绘制完善工程图。

三维模型的任何改变都会同步更新到装配模型和二维工程图中，从而使三维模型、二维工程图保持完全一致，同时也减小了因为模型的修改而更新其他相关模型的修改更新时间。

3. CAE 模块

UG 软件的 CAE 模块包括机构运动及动力学分析、结构分析等功能，设计人员可以对产品进行性能仿真分析，从而获得更高质量的模型。

1）机构运动及动力学分析

该功能是一个集成并且关联的运动分析模块，能够完成机械系统的虚拟样机；可以对三维机构进行运动学、动力学分析，并且能够完成大量的装配分配，如干涉检查、轨迹等，从而完成对虚拟样机的模拟和评估。

2）结构分析、建模与解算

该功能是将产品数字模型、有限元模型以及有限元求解器集成在一起，能够对零件和装配件进行前/后处理，从而完成模型的有限元分析。

4. CAM 模块

CAM 模块能够根据已经建立的三维模型生成数控加工流程及数控代码，用于产品的加工，其后处理程序支持多种类型的数控机床。CAM 模块提供了车、铣、线切割等切削仿真功能。

5. 二次开发模块

UG 的二次开发模块提供了丰富的二次开发工具集，便于用户进行二次开发工作。利用该模块可对 UG 系统进行适合用户需求的产品定制和开发，最大程度地满足用户的需求。

2.1 UG 用户界面

2.1.1 UG 工作界面

UG 软件具有 Windows 软件风格，当打开或新建模型文件时，就可以进入 UG 工作界面，如图 2-1 所示。

图 2-1 UG 工作界面

工作界面主要由标题栏、菜单栏、工具条、提示栏、状态栏、选择条、全屏按钮、资源栏和图形工作区等部分组成。

(1) 标题栏。显示 UG 版本、用户当前选择的工作模块、当前工作部件的文件名、当前工作部件的修改状态等信息。

(2) 菜单栏。显示 UG 的各功能菜单。它随着用户选择的工作模块的变化进行自动更新。主菜单采用级联菜单形式,UG 的所有功能都能在菜单上找到相应的命令。

(3) 工具条。显示 UG 常用的功能,它为菜单命令提供了快捷图标按扭。一个命令用一个对应的图标表示,一系列具有同类功能的图标组成一个工具条,如图 2-2 所示。UG 工具条可以以固定或浮动的形式出现在屏幕的任何位置。如果鼠标停留在工具条按钮上会出现该工具对应的功能提示。

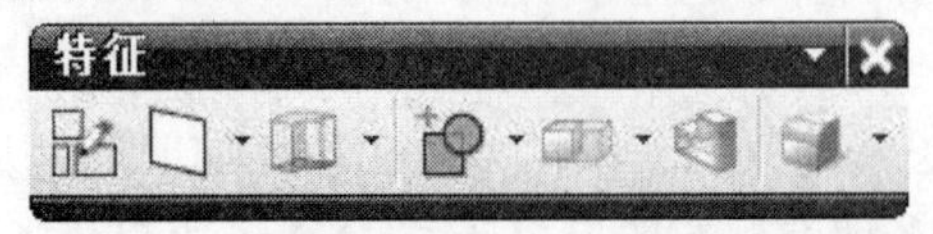

图 2-2　UG 工具条

(4) 提示栏。用于提示用户操作的步骤。在执行每个命令时,系统都会在提示栏中显示用户应该执行的操作,或者提示用户下一个步骤应该执行的操作。

(5) 状态栏。状态栏位于提示栏的右侧。它主要用来显示系统和当前图形元素的状态信息。当鼠标停留在某个图形元素上时,状态栏将显示当前图形元素的名称;当用户选择了某些图形元素时,状态栏将显示当前选定的元素名称或数量。

(6) 选择条。用户可以通过设置选择选项,实现图形工作区内几何元素的快速选取。

(7) 全屏按钮。通过单击该按钮,可以实现用户界面的全屏显示或标准显示。

(8) 资源栏。包括导航器、重用库、历史记录、角色等用户界面。通过单击资源栏中的图标就可以打开对应的用户界面。

导航器分为装配导航器和部件导航器,是用于显示和管理当前零部件操作的结构树,如图 2-3 所示为部件导航器界面。

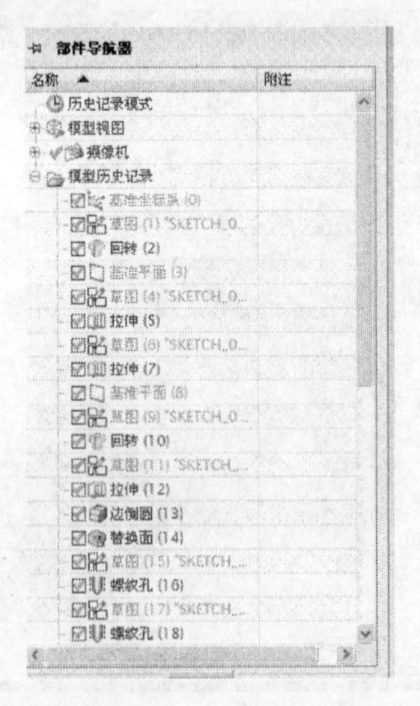

图 2-3　部件导舰器

资源栏常用按钮功能描述见表 2－1。

表 2－1 资源栏常用按钮功能描述

按钮名称	按钮图标	按钮功能描述
装配导航器		通过图形显示部件的装配结构树，从中可以看出部件的装配过程及相关约束，提供装配中组件的编辑操作方法
部件导航器		通过图形显示零件的特征结构树，从中可以看出零件的创建过程及相关参数，提供部件中特征的编辑操作方法
重用库		提供标准件、常用或重复使用部件的快速设计，在装配时，不再需要重新创建部件，只要从重用库中加载相关部件名称，通过对该部件参数的选择或修改，即可自动将需要的部件加载到装配中
历史记录		提供对今天、一星期前或三星期前等近期打开过的文件的直接访问，可以通过单击并拖动文件到图形工作区实现打开该文件
角色		显示系统默认的以及用户定制的角色类型，通常在角色下保存相应角色的用户界面设置，用户可通过单击相应的角色类型来加载相应的用户界面

（9）图形工作区。是用户使用 UG 时的主要工作区域，它占据屏幕的大部分空间，用于显示用户操作后的结果。

2.1.2 定制工具条

为了方便用户使用，UG 软件除了下拉菜单和快捷键外，还提供了大量的工具条按钮，其主要作用是作为菜单命令的快捷操作方式。因此每个工具条中的按钮都对应着菜单中的一个命令。初次使用时，UG 显示的工具条中的按钮都是默认的，用户可以根据自己的需要或喜好拖动、改变或定制工具条的显示，从而达到定制适合自己的个性化工具条的目的，更加高效地完成设计工作。

1. 工具条的放置

在 UG 启动后，工具条是按默认配置进行放置的，可以通过鼠标拖动来改变工具条的放置位置。用户将光标移动到工具条的手柄 上，当光标变为✢时，按下鼠标左键拖动工具条，移动光标到放置位置后再松开鼠标左键，即可完成工具条的放置。根据所选放置位置的不同，工具条的排列方向有横向和纵向两种方式。

2. 添加/移除工具条

在 UG 启动后，显示的是该环境下默认的工具条。有时用户需要的工具条并没有显示出来，或者显示出来的工具条并不是用户经常用到的，为了使操作界面符合用户要求，可以进行工具条的添加或移除。具体操作如下：用户将光标移动到工具栏上，单击鼠标右键，弹出工具栏快捷菜单，如图 2－4 所示。用鼠标左键单击工具栏快捷菜单的对应项，可以显示或隐藏相应的工具条。

3. “添加/移除”工具条命令按钮

在 UG 启动后，工具条上显示默认的命令按钮，可以通过工具条的“添加或移除按钮”来显示或隐藏相应工具条上的命令按钮。操作如下：鼠标左键单击位于工具条右侧的“工具条选项”按钮 ，弹出“添加或移除按钮”菜单，单击该菜单，自动弹出下一级菜单，在菜单中选择相应的工具条名称，则显示该工具条对应的命令按钮，如图 2-5 所示。用鼠标左键单击工具条命令按钮菜单的对应项，可以显示或隐藏相应的工具命令按钮。

图 2-4　工具栏快捷菜单　　　　图 2-5　添加/移除工具条命令按钮

4. 自定义工具条

选择菜单命令“工具”→“定制”，系统弹出“定制”对话框；也可以在工具条或工具条空白处单击鼠标右键，在弹出的右键快捷菜单中，选择“定制”命令进入工具条定制环境；或者在工具栏上单击某一类功能右侧的“工具条选项”按钮，然后单击“添加或移除”按钮，从弹出的菜单中选择“定制”命令，在“定制”对话框，进行更详细的设置。“定制”对话框包括“工具条”、“命令”、“选项”、“布局”和“角色”等 5 个选项，如图 2-6 所示。

(1) “工具条”选项卡。在列表框中列出了当前模型中的所有工具条，可以通过选中/取消对应的复选框，来显示/隐藏该工具条，其效果与前述的“添加/移除工具条”相同；选中或取消复选框，则在相应的工具条下方显示或隐藏工具条按钮的名称。

(2) “命令”选项卡。用户在“类别”中选择菜单，从“命令”中选择相应的菜单命令，然后将该命令从对话框拖到工具条中，如图 2-7 所示。如果要从工具条中删除命令，则

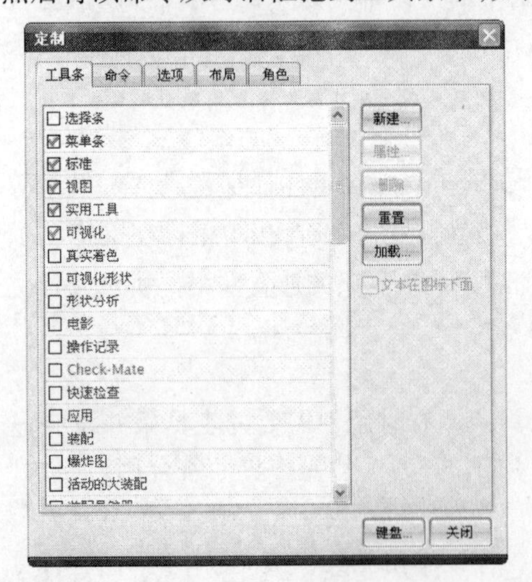

图 2-6　“定制”对话框

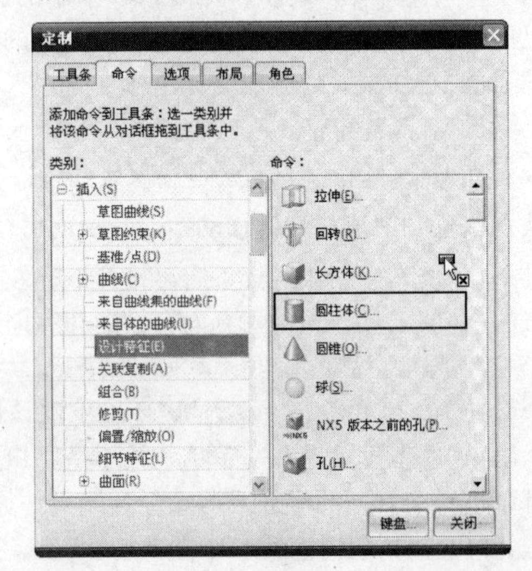

图 2-7　“命令”选项卡

在工具条中选择该命令，然后用鼠标将其拖到“命令”列表中即可。

(3) “选项”选项卡。用来设置个性化菜单、工具栏或菜单图标大小以及工具条的屏幕提示等。

(4) “布局”选项卡。用来设置提示/状态栏、选择条在窗口中相对于图形工作区的位置，即位于图形工作区的上方还是下方等。

2.2 UG 基本操作

2.2.1 文件操作

在文件菜单中，常用的命令是文件操作(新建/打开/保存/另存为/关闭)，即用于建立新的零件文件、打开现有的零件文件、保存或者重命名现有零件文件、关闭打开的零件文件等。

1. 新建文件

利用新建文件命令，可以选择各种类型的模板进入指定的工作环境。选择菜单命令“文件”→“新建”或单击工具条上的图标，弹出“新建”对话框，如图 2-8 所示。在该对话框中可以完成如下功能。

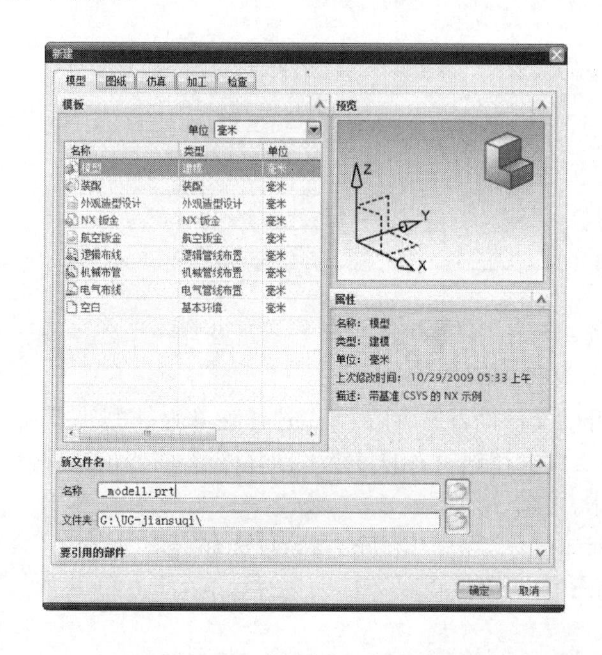

图 2-8 “新建”文件对话框

(1) 选择模板。通过选择不同类型的工作模板即模型类型和单位，从而可以建立不同类型的文件。如选择“模型”模板可以创建零件模型或装配模型文件，选择“图纸”模板可以创建不同图幅和布局的工程图文件。

(2) 命名文件名。UG 会根据用户选择的模板类型自动添加新文件名称，文件名通常可以由英文字母和阿拉伯数字等组成，但不能包含汉字。由于 UG 对“模型”和“图纸”等类型采用了相同的扩展名(*. prt),因此通常在文件名中加上相应的类型名称加以区分各种不同类型的文件,如:选择“建模”类型,会在文件名中加上“_model”;选择“装配”类型,会在文件名中加上“_asm”;选择“图纸”类型,会在文件名中加上“_dwg”;等等。

(3) 选择文件夹。设置新文件默认的保存路径,该路径中不能包含汉字。

2. 打开文件

要打开文件,可以选择菜单命令“文件”→“打开”或单击工具条上的图标,弹出“打开”对话框,如图2-9所示。在该对话框中可以打开已经存在的UG文件,或者通过选择“文件类型”打开UG支持的其他格式文件,并可通过选中“预览”复选框对即将打开的文件进行预览。

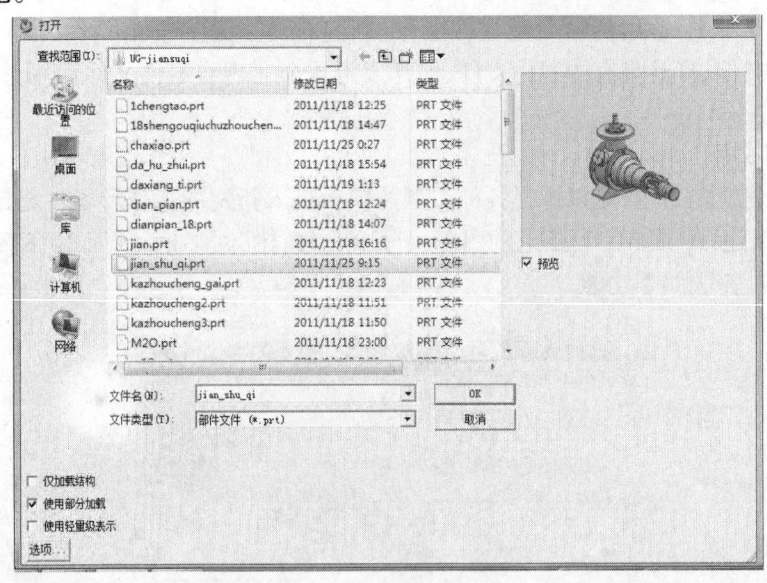

图2-9 “打开”文件对话框

3. 保存和另存为文件

在对新建或打开的文件进行修改后,可以选择菜单命令“文件”→“保存”或单击工具条上的图标,将该文件保存到原来的目录中;如果需要将当前文件保存为另外一个名称或保存到其他目录中,可以选择菜单命令“文件”→“另存为”,弹出“另存为”对话框,如图2-10所示。用户可以在“保存在”中指定文件保存的目录,在“文件名”中输入新文件名,并通过选择“保存类型”选项指定文件的保存格式,然后单击“OK”按钮完成文件的保存。

4. 关闭文件

要关闭文件,可以选择菜单命令“文件”→“关闭”,选择适当的选项执行关闭操作。用户也可以通过单击图形工作窗口右上角的按钮关闭当前窗口,在关闭窗口时,系统会提示是否对修改过的文件进行保存。

2.2.2 图层操作

图层是为了方便用户对设计模型进行管理,在空间使用不同的层次来放置设计模型

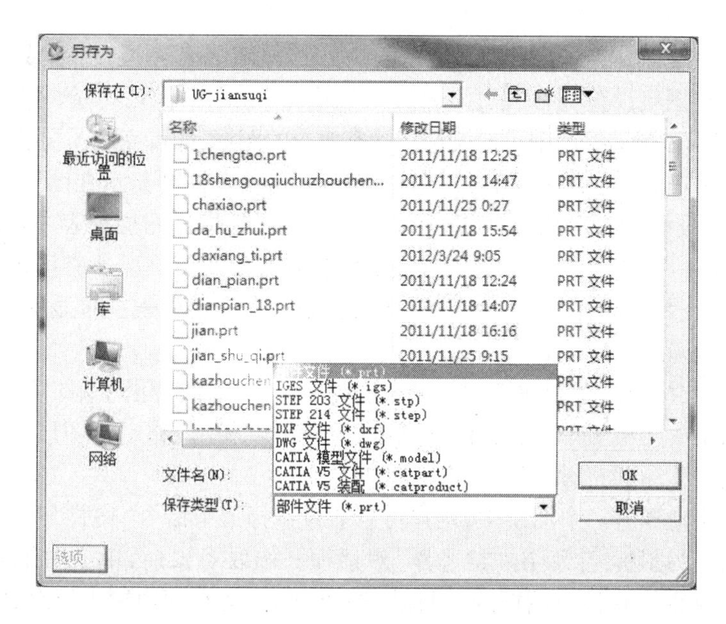

图 2-10 “另存为”对话框

的几何元素的一种对象类型。图层的工作方式类似于容器,用于存储文件中的对象,可以用结构化和一致的方式来收集对象。形象地讲,用户在使用图层进行设计时,就相当于将模型的各类几何元素分别创建在一张张透明的纸上,最后将这些透明纸叠加起来就构成了模型的所有几何要素,完成整个模型的创建。通过图层操作,用户可以根据自己的需要将不同的几何元素放置到不同的图层中,并且可以通过设置图层来显示或隐藏对象,从而提高设计效率。

UG 中的图层用图层号来表示和区分,图层号不能改变。每个模型文件中最多可设置 256 个图层,分别用图层号 1~256 表示。

1. 图层设置

在 UG 的 256 个图层中,图层的控制共分为 4 种状态,即可选、工作状态、仅可见、不可见,见表 2-2。设计部件时可以使用多个图层,但是一次只能在一个图层上工作,这称为工作图层。也就是说,工作图层有且只能有一个。通常,用户在工作前,先要进行图层的设置和编辑,即进行图层的设置。

表 2-2 层状态

状 态	含 义
可选	将图层设为可选的。该图层上的对象可以在图形工作区中显示并且可以选择用于任何后续操作。可选层上的对象也可见
工作状态	将图层设为工作图层。这样以后创建的每个对象都位于该图层上。工作图层上的对象可以在图形工作区中显示出来并且可以选择用于任何后续操作
仅可见	将图层设为可见的。该图层上的对象可以在图形工作区中显示出来,但是不能选择
不可见	将图层设为不可见的。该图层上的对象可以在图形工作区中不显示,不可见图层上的对象也不能选择

要进行图层设置,用户可以通过选择菜单命令“格式”→“图层设置”或单击工具条上的图标,弹出“图层设置”对话框,如图 2-11 所示。在图中首先选择要进行设置的图层名称,然后用鼠标在图层控制中单击所选层状态对应的图标,即可完成图层状态的设置。

为了方便用户对图层的选择,可以通过“显示”选项来控制显示在图层列表中的图层类别和名称。“显示”列表包括 4 个选项:“所有图层”是指在图层列表中显示所有图层;“含有对象的图层”是指在图层列表中只显示包含有对象的图层;“所有可选图层”是指在图层列表中只显示可选的图层;“所有可见图层”是指在图层列表中只显示可见的图层。

2. 移动至图层

在创建模型时,如果在创建模型前没有进行图层设置,或者由于用户的疏忽将一些不相关的几何元素放在了一个不适合的图层中,此时可以利用“移动至图层”功能将该几何元素从一个图层移动到它对应的另一个图层中。

要把对象移动到另一个图层中,用户可以通过选择菜单命令“格式”→“移动至图层”或单击工具条上的图标,弹出“类选择”对话框。选取对象后,单击“确定”按钮,打开“图层移动”对话框。在该对话框的“目标图层或类型”文本框中输入层名或者在“图层”列表中选择相应的图层,单击“确定”按钮,所选的对象就移动到指定的图层中,如图 2-12所示。

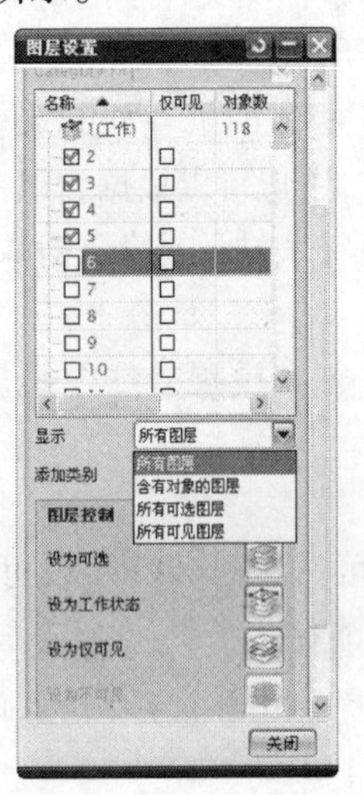

图 2-11 “图层设置”对话框

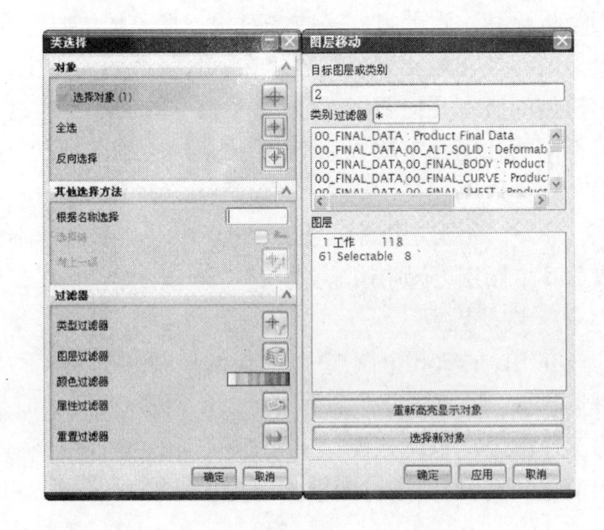

图 2-12 “移动至图层”操作过程

如果用户还需要移动别的对象,可以单击“图层移动”对话框中的“选择新对象”按钮,此时将返回到“类选择”对话框,重复上述操作过程即可完成新对象的移动。

2.2.3 对象操作

在 UG 中,为了提高工作效率及对象操作的准确性,用户需要进行对象的选择、对象显示设置以及对象的显示隐藏等操作。

1. 对象的选择

选择对象是用户使用频率最高的操作之一。在 UG 中,对象的选择可以通过多种方式实现。

1）鼠标直接选择

用户在图形工作区中直接用鼠标左键单击要选取的对象，即可完成相应对象的选择。也可以通过在图形工作区拖动鼠标，完成对象的选择。

2）选择条

选择条在用户界面的位置如图 2－1 所示。此外用户在图形工作区空白处单击鼠标右键，在弹出的右键快捷菜单下也会出现选择条。选择条是将各种用于选择的选项合并在一起，方便用户进行选项的设定，如图 2－13 所示。

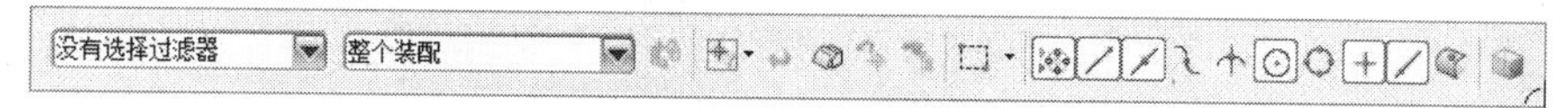

图 2－13　选择条

（1）选择过滤器。用于指定选择对象的类型，如图 2－14 所示。用户在指定选择对象的类型后，在图形工作区中只能选择属于该类型的对象。

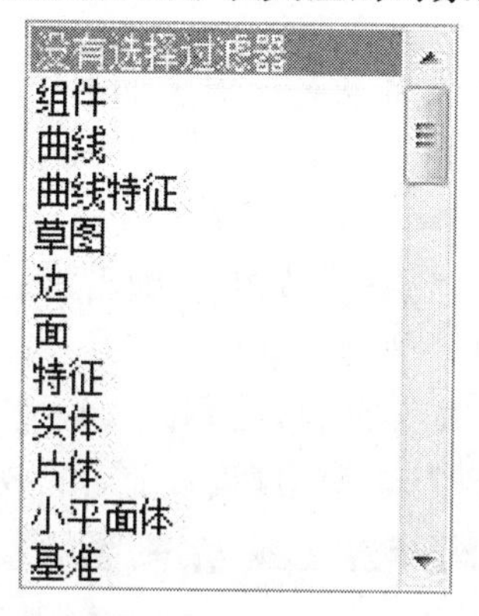

图 2－14　选择过滤器

（2）选择范围。用于指定选择对象的范围，如图 2－15 所示。

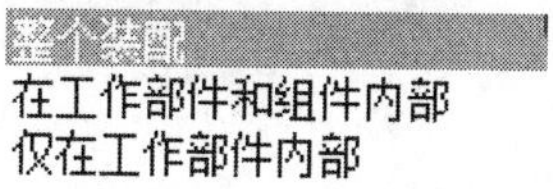

整个装配
在工作部件和组件内部
仅在工作部件内部

图 2－15　选择范围

（3）捕捉点。通过启用捕捉点选项，用户可以在图形工作区中选择曲线、边和面等对象上的特定控制点。

3）导航器

导航器分为“装配导航器”和“部件导航器”。用户可以在导航器结构树中选择要选择的对象。

4）快速选择

当用户选择对象时，在球形光标即选择球内常常有多个对象存在。如果在选择球位置上有多于一个的可选对象时，光标在该位置停留短时间后就会改变为快速选择光标，此时单击鼠标左键，弹出“快速拾取”对话框，如图 2－16 所示。当用户在对话框中移动鼠标时，鼠标经过的对象就会在图形工作区中高亮显示，确认对象后，单击鼠标左键即可完成该对象的选择。

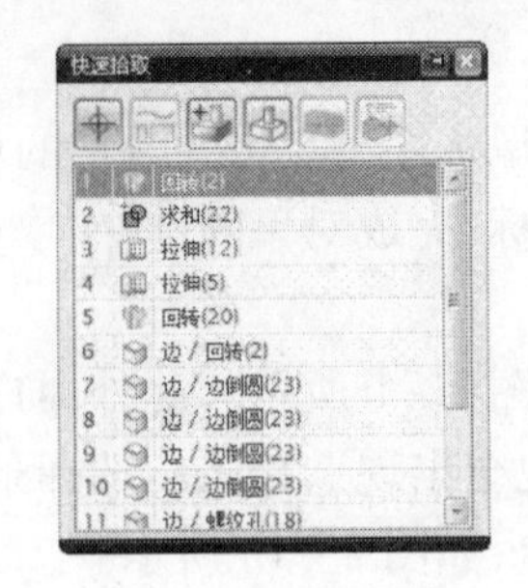

图 2－16　“快速拾取”对话框

5）取消选择

如果用户在选择对象时，选择了一个并不希望选择的对象，可在按下 Shift 键的同时再次单击该对象，即可取消对它的选择。

如果用户要取消所有已经选中的对象，可按 Esc 键。

2. 编辑对象显示

用户可以通过对对象显示的编辑来修改对象的图层、颜色、线型、线宽和透明度等显示属性。

选择菜单命令“编辑”→“对象显示”或按下快捷键 Ctrl + J，弹出“类选择”对话框。在工作区中选择所需对象并单击“确定”按钮后，弹出“编辑对象显示”对话框，如图2－17 所示。用户可以通过对对话框中“常规”和“分析”选项卡中的选项进行编辑，确认选项后，单击“确定”按钮即可完成对对象的显示编辑。“常规”选项卡中各选项的具体含义及设置方法见表 2－3，用户进行颜色和透明度设置前后的效果如图 2－18 所示。

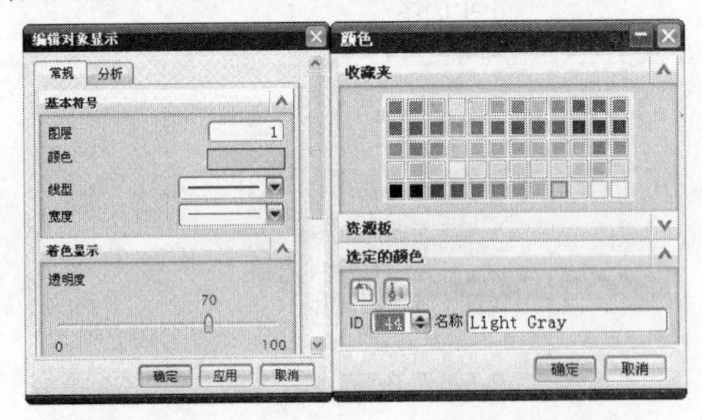

图 2－17　“编辑对象显示”及“颜色”对话框

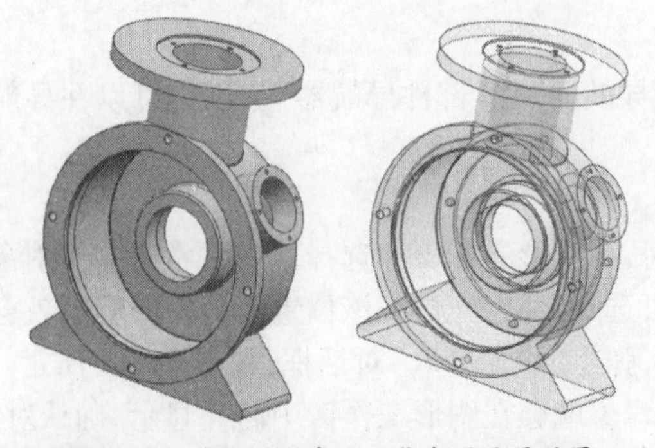

图 2－18　“编辑对象显示”选项设置效果

表 2-3 “常规”选项卡主要选项含义

选项名称	选项含义及设置方法
图层	用于指定对象所在的图层。通过输入图层号来设置当前对象所在的图层
颜色	用于设置对象的颜色。用户单击“颜色”标签后面的颜色条，弹出“颜色”对话框，在对话框中可以选择对象需要显示的颜色
线型	用于设置对象边缘的线型。通过选择“线型”标签后下拉框中的相应选项进行对象线型的设置
线宽	用于设置对象边缘的线宽。通过选择“线宽”标签后下拉框中的相应选项进行对象线宽的设置
透明度	用于设置对象的透明度。用户拖动滑块，滑块移动时，透明度也随之发生变化。透明度为0时，表示对象不透明；透明度为100时，表示对象完全透明

3. 对象的显示和隐藏

在创建复杂模型时，由于模型中包括众多的对象，容易造成用户操作时的对象难以选取、对象不易观察、模型显示速度慢等问题。此时，用户可以利用该功能将当前不进行操作的对象暂时隐藏起来，在完成相应的操作后，根据需要再将隐藏的对象重新显示出来。

选择菜单命令“编辑”→“显示和隐藏”→“显示和隐藏”或按下快捷键 Ctrl + W，弹出“显示和隐藏”对话框，如图 2-19 所示。该对话框可以控制当前图形工作区中所有对象的显示或隐藏状态。在该对话框的“类型”列中收集了当前模型中包含的各种对象类型。通过单击类型名称右侧“显示”列中的➕按钮或“隐藏”列中的➖按钮即可完成对该类型对象的显示或隐藏。

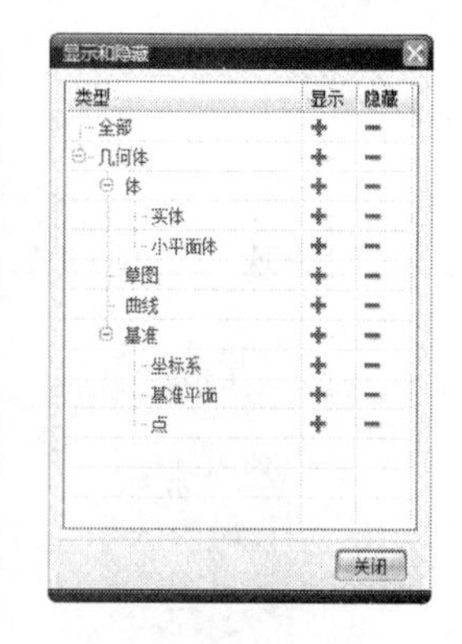

图 2-19 “显示和隐藏”对话框

2.2.4 鼠标操作

UG 中鼠标的功能非常强大。当用户处在不同的操作状态时，鼠标的功能将有所区别。通常使用的鼠标为三键鼠标，分别为左键(MB1)、中键或滚轮(MB2)和右键(MB3)。常用的鼠标各键基本功能如下。

1. 菜单管理功能

(1) 鼠标左键。在图形工作区或对话框中，单击鼠标左键，用来进行选择操作；在某个对象上双击鼠标左键，启动该对象的默认操作，如特征对象的属性、部件对象显示为工作部件等。

(2) 鼠标中键。用来结束拾取，单击鼠标中键，相当于对话框中的“确定”按钮功能；按住 Alt 键并单击鼠标中键，相当于对话框中的“取消”按钮功能；在建模过程中，用于循环完成某个命令中的所有必需步骤。

(3) 鼠标右键。鼠标右键单击对象，用来显示该对象的快捷菜单；在图形工作区中，单击鼠标右键用来显示“视图”操作快捷菜单和选择条。

2. 视图操作功能

(1) 鼠标中键。在图形工作区中,滚动鼠标滚轮,用于进行视图的缩放;按住鼠标中键并拖动鼠标,用于进行视图的旋转,如图 2 - 20(a)所示。在使用鼠标中键进行视图旋转时,根据光标在图形工作区的位置不同系统提供了不同的旋转方式,具体如下:

① 当光标位于图形工作区内时,拖动中键可以绕模型几何中心或旋转点(图 2 - 20(b))旋转视图中的对象。

要设置或清除旋转点,用户在图形工作区中空白处单击鼠标右键,在弹出如图 2 - 20(c)所示的快捷菜单中,选择“设置旋转点”,然后在图形工作区中指定一个点作为旋转点。当用户设置了旋转点后,可以通过相同的操作“清除旋转点”。

② 当光标位于图形工作区边缘时,按下中键,出现表 2 - 4 的光标形状,拖动中键即可实现绕相应轴的旋转,如图 2 - 20(d)所示。

表 2 - 4　单轴旋转光标形状

光标形状	光 标 位 置	光 标 说 明
	图形工作区左边缘或右边缘	绕 X 轴旋转
	图形工作区下边缘	绕 Y 轴旋转
	图形工作区上边缘	绕 Z 轴旋转

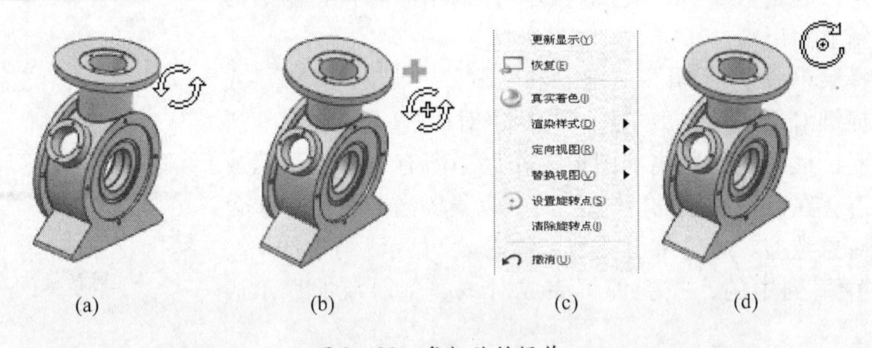

图 2 - 20　鼠标旋转操作

(a) 视图旋转;(b) 绕点旋转;(c) 旋转点设置;(d) 绕单轴旋转。

(2) Shift + 鼠标中键。在图形工作区中,同时按下 Shift 键和鼠标中键,拖动鼠标,用于进行视图的平移。

(3) Ctrl + 鼠标中键。在图形工作区中,同时按下 Ctrl 键和鼠标中键,拖动鼠标,用于进行视图的缩放。

(4) 鼠标右键。在图形工作区空白处,按住鼠标右键不放,弹出辐射式快捷菜单,如图 2 - 21 所示,可以进行模型的查看、渲染样式等视图操作。

图 2 - 21　辐射式快捷菜单

2.2.5 视图操作

用户在使用 UG 进行设计时,需要经常从不同的方向来观察模型,即通过改变视角来观察模型视图。此外在不同的设计环境中,为了更清楚地表达模型结构,需要改变模型的显示方式,即把模型以线框或着色等方式显示出来。

UG 中模型视图操作的方法有:

(1) 直接在“视图”菜单或“视图”工具条中选择需要的命令或按钮;

(2) 在图形工作区空白中单击鼠标右键,在弹出的快捷菜单中选择需要的视图操作命令;

(3) 直接用鼠标中键进行操作。

具体如下:

1. 查看模型

“视图”工具条如图 2-22 所示。

图 2-22 “视图”工具条

(1) 刷新。在用户工作过程中,在屏幕上可能会显示一些临时性提示或者是屏幕未能即时更新,这时用户可以单击“刷新”按钮来强制更新屏幕显示以消除临时性提示。

(2) 适合窗口。用户使用“适合窗口”按钮可以调整视图的中心和比例,将该模型中的所有对象完全显示在图形工作区范围内。

(3) 缩放。用户使用“缩放”按钮可以通过拖动鼠标定义工作区中的缩放矩形区域,并将该矩形区域中包含的对象完全显示在图形工作区范围内。

UG 还提供了放大/缩小、平移、旋转等模型查看功能,这些功能与鼠标中键的视图操作功能相似。

2. 定向视图

1) 系统预定义视图

UG 提供了 8 种默认的从某一特定方向观察模型的预定义视图,如图 2-23 所示。这 8 种定向视图分别为正二测视图、正等测视图、俯视图、仰视图、前视图、后视图、左视图和右视图。用户可以根据需要从“视图”工具条中的定向视图选项或快捷菜单中选择相应的视图来改变模型的观察方向。用户也可以通过快捷键 Home 键将模型从当前视图改变到正二测视图,End 键将模型从当前视图改变到正等测视图,F8 键将模型从当前视图改变到与当前视图方位最接近的其他 6 个平面视图。需要注意的是,这些预定义视图的方向参考是以绝对坐标系为参考,并不是真正工程意义上的定向视图。

(1) 正二测视图。从坐标系的右—前—上方向观察模型,如图 2-24(a)所示。

(2) 正等测视图。以等角度关系,从坐标系的右—前—上方向观察模型,如图 2-24(b)所示。

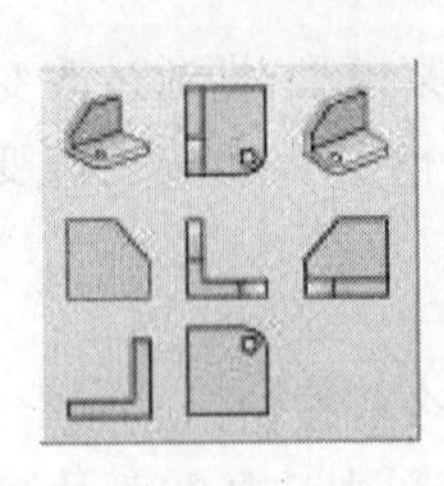

图 2－23　定向视图类型

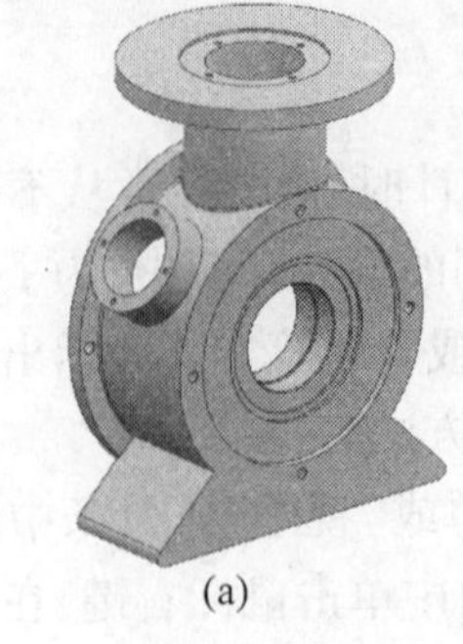
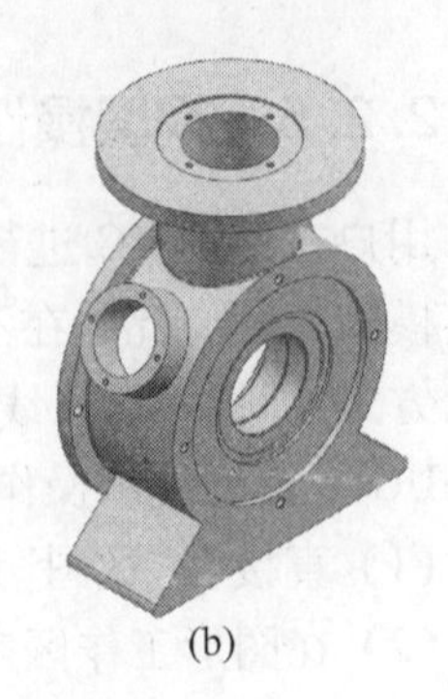

图 2－24　测视图

(a) 正二测视图；(b) 正等测视图。

(3) 俯视图。沿 ZC 负方向投影到 XC－YC 平面上的视图，如图 2－25(a)所示。
(4) 仰视图。沿 ZC 正方向投影到 XC－YC 平面上的视图，如图 2－25(b)所示。
(5) 左视图。沿 XC 正方向投影到 YC－ZC 平面上的视图，如图 2－25(c)所示。
(6) 右视图。沿 XC 负方向投影到 YC－ZC 平面上的视图，如图 2－25(d)所示。
(7) 前视图。沿 YC 正方向投影到 XC－ZC 平面上的视图，如图 2－25(e)所示。
(8) 后视图。沿 YC 负方向投影到 XC－ZC 平面上的视图，如图 2－25(f)所示。

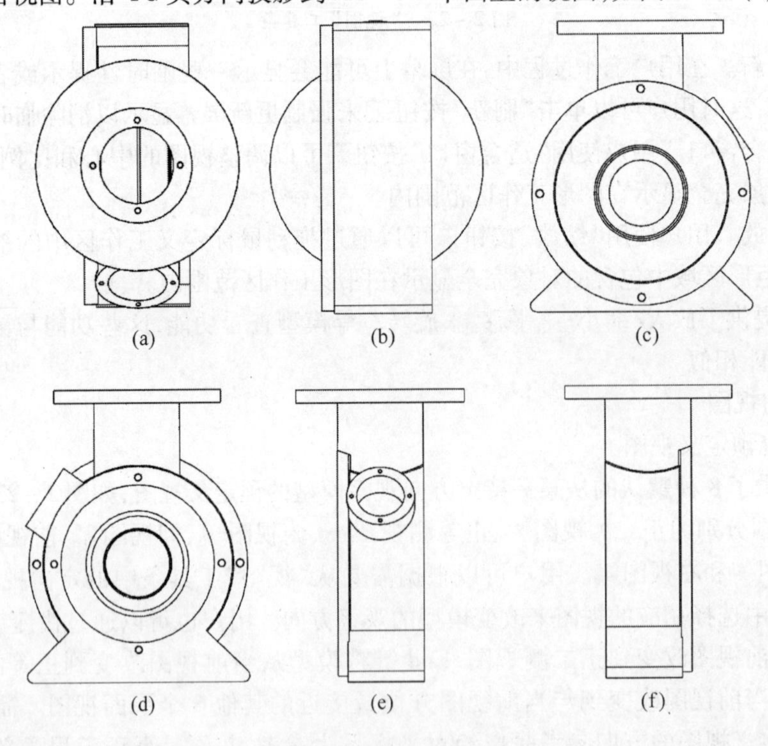

图 2－25　基本向视图

(a) 俯视图；(b) 仰视图；(c) 左视图；(d) 右视图；(e) 前视图；(f) 后视图。

2) 自定义视图

由于 UG 提供的预定义视图在某些情况下并不是用户希望的模型视图方向，此时可以通过自定义视图来满足用户观察模型及后续操作的需要。

选择菜单命令“视图”→“操作”→“方位”，弹出“CSYS”对话框。在该对话框中，根据用户需要完成坐标系的设置，单击“确定”按钮，此时模型按照定义的视图方向进行显示。然后选择菜单命令“视图”→“操作”→“另存为”，弹出“保存工作视图”对话框，如图2－26所示。在该对话框中输入新视图名称，单击“确定”按钮，完成模型新视图的保存。新视图可以通过在“部件导航器”中的“模型视图”双击自定义视图的名称进行调用；也可以选择图形工作区的右键菜单命令“定向视图”→“定制视图”，在弹出如图2－27所示的“定向视图”对话框中双击自定义视图的名称进行调用。

图2－26 “保存工作视图”对话框

图2－27 “定向视图”对话框

3. 渲染样式

UG中常用的模型渲染样式分为着色和线框显示两大类。其中着色显示分为带边着色和着色两种，线框显示分为静态线框、带有隐藏边的线框、带有淡化边的线框三种。可以选择右键菜单命令“渲染样式”中对应的选项或工具条右侧小三角形的选项来设置模型的渲染样式。常用渲染样式的功能及效果见表2－5。

通常在模型草绘环境下应用“带有隐藏边的线框”显示样式，在建模环境下应用“着色”显示样式。

表2－5 常用渲染样式的功能及效果

样式名称	图标	功 能	效 果
带边着色		模型着色显示并且显示模型的边线	
着色		模型着色显示，不显示模型的边线	

（续）

样式名称	图标	功 能	效 果
静态线框		模型线框显示,隐藏边正常显示	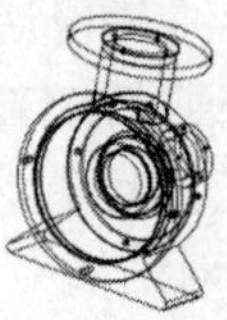
带有隐藏边的线框		模型线框显示,隐藏边不显示	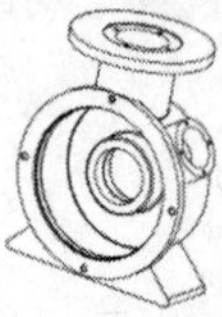
带有淡化边的线框		模型线框显示,隐藏边淡化显示	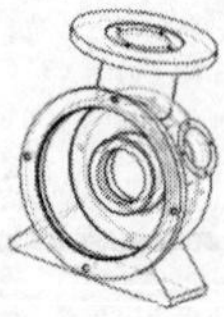

4. 视图布局

在产品建模过程中,有时需要从不同的视角观察产品的结构或选择产品上的某些元素,因此需要用到布局功能。视图布局就是在图形工作区内将模型的不同视图同时显示出来,可以使用户从多个不同的视角来观察模型,从而方便用户对模型的全景把握。

1）新建布局

在应用视图布局之前,用户需要根据自己的需要新建一个视图布局。选择“视图”→“布局”→“新建”菜单,打开“新建布局”对话框,如图 2－28 所示。

在“新建布局”对话框的“名称”文本框中输入新建布局的名称,然后在“布置”下拉列表中选择相应的布局类型。UG 系统提供了 6 种布置格式,最多可以布置 9 个视图来观察模型。

在确定“布置”格式后,位于对话框下部的布局视图按钮将激活,激活的视图按钮数随着布置类型的选择进行自动更新,如选择 4 个视图布置,则显示 4 个视图按钮。用户可以接受系统默认的视图布置,也可以根据自己的需要指定各视图在布置中的位置:先通过单击视图按钮选择要变换的视图,然后在视图列表框中选择对应的视图。

在用户完成布局格式和视图类型的选择后,单击“确定”按钮即可完成布局的新建。图 2－29 所示即为新建的视图布局。

2）保存布局

为了在以后的视图操作中调用新建的视图布局,在一个新的布局建立之后要将它保存起来。布局保存有按照布局原名保存和按另存为其他布局名两种方法。

用户可以通过“视图”→“布局”→“保存”菜单将布局按原名保存,也可以通过“视图”→“布局”→“另存为”菜单,打开“保存布局为”对话框,如图 2－30 所示,在对话框列

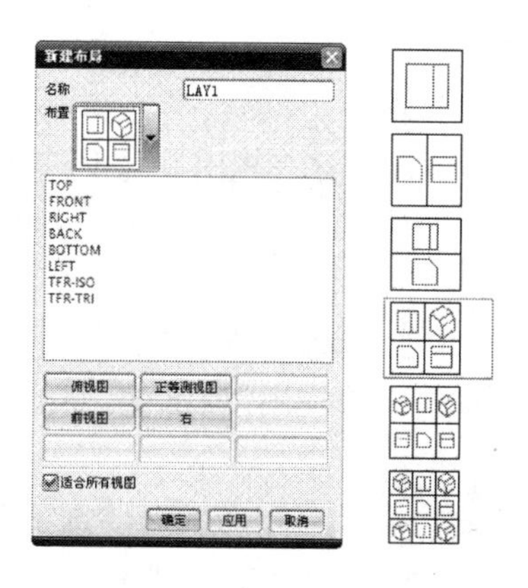

图 2-28 “新建布局”对话框

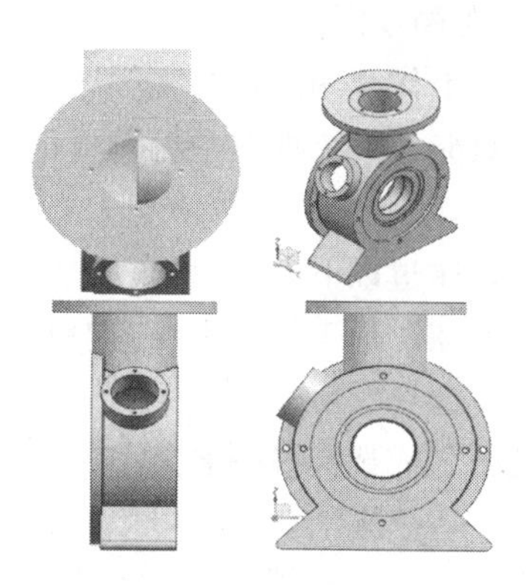
图 2-29 模型视图布局

表框中列出了已经存在的所有布局名称。在“名称”文本框中输入布局名称,单击“确定”按钮即可。

3）打开布局

在用户创建完成新的视图布局并保存后,就可以通过打开布局调用相关的视图布局。

选择“视图”→“布局”→“打开”菜单,弹出“打开布局”对话框,如图 2-31 所示。在对话框的列表框中列出了已经保存的布局名称(当前打开的视图布局除外)。选择需要的布局名称,单击“确定”按钮即可完成打开布局的操作。

图 2-30 “保存布局为”对话框

图 2-31 “打开布局”对话框

4）删除布局

用户可以根据设计使用的需要删除多余的视图布局。其操作方法是:选择“视图”→“布局”→“删除”菜单,弹出“删除布局”对话框,如图 2-32 所示。从对话框的布局列表框中选择相应的视图布局,单击“确定”按钮即可完成删除该视图布局。

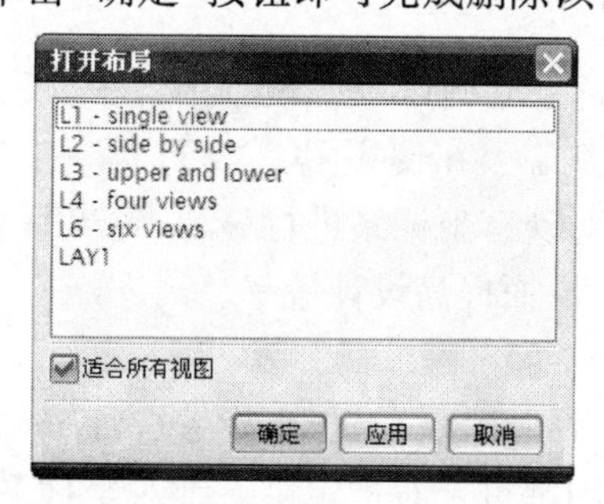

图 2-32 “删除布局”对话框

5）布局视图操作

（1）工作视图。在多视图布局中，用户可以对各个视图进行旋转、平移等视图操作，但用户只能在一个视图中编辑模型，这个视图就是工作视图。在多视图布局中，工作视图只有一个。

可以通过以下方法，将布局视图设为工作视图：

（1）在图形工作区中，右键单击所需的视图，在弹出的菜单中选择“工作视图”。

（2）选择“视图”→“操作”→“选择工作”，弹出“选择工作视图”对话框，双击列表框中的视图名或选择视图名并单击“确定”按钮。

（3）替换视图。用户可以在工作过程中，根据需要替换已存布局中的任意视图。其操作方法是：选择“视图”→“布局”→“替换视图”菜单，弹出“要替换的视图”对话框，依次在视图列表中选择要替换的视图和替换用的视图，单击“确定”按钮即可，如图2－33所示。

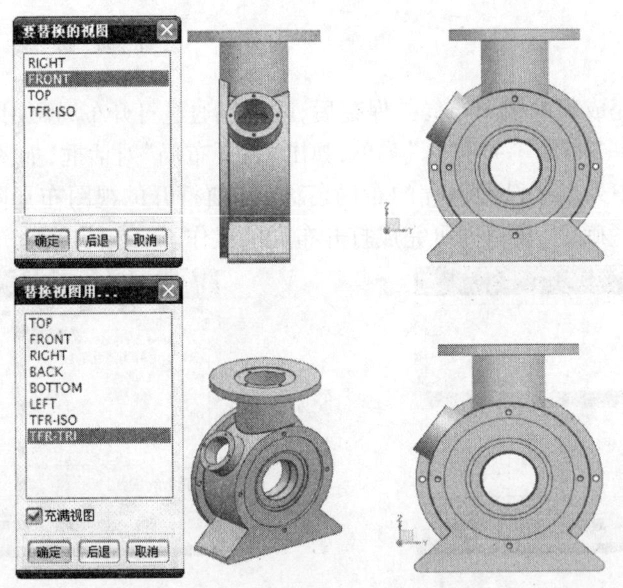

图2－33　替换视图

用户也可以在图形工作区中右键单击所要替换的视图，在弹出的菜单中选择“替换视图”，然后选择替换用的视图即可。

2.2.6　工作坐标系

在三维CAD软件中，坐标系是确定三维模型中各个元素空间位姿的基本参照，也是进行视图变换和几何变换的基础。在使用UG进行产品三维模型的创建过程中，用户可以根据需要创建坐标系或者对现有坐标系进行移动、旋转等编辑操作，使相对于坐标系的模型数据参数确定更加方便，从而提高设计效率。

1. 坐标系的类型

在UG中，坐标系包括绝对坐标系、工作坐标系（WCS）和基准坐标系（基准CSYS）3种坐标系。这些坐标系的方向都符合右手定则。绝对坐标系是系统默认的坐标系，在模型文件创建时就存在，其原点位置和各坐标轴的方向保持不变，这样可以保证模型各个部分的位置关系确定不变。绝对坐标系用于定义三维空间中的一个固定点和方向，可以作为零部件装配的基准；工作坐标系是可移动的坐标系，用户可以根据需要任意移动它的位置；基准坐标系可以为创建其他特征和在装配中定位组件时提供参照。

1）绝对坐标系

模型中只有一个绝对坐标系。在 UG 中，用视图三重轴来表示绝对坐标系的方位。视图三重轴显示在图形工作区的左下角。可以选定三重轴的某一轴，然后拖动鼠标中键以该轴为中心对模型进行旋转，如图 2－34 所示。

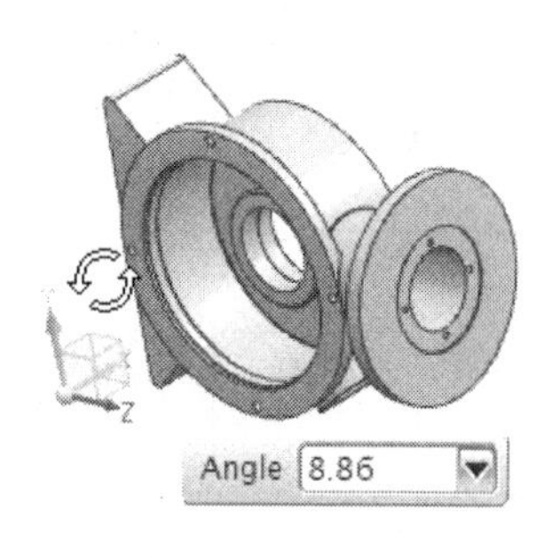

图 2－34　三重轴

2）工作坐标系

在每个模型中可以有多个坐标系，然而它们中只有一个是工作坐标系。工作坐标系是建模过程中重要的参照，它不能删除，用户可以根据需要对坐标系进行创建、编辑、显示和隐藏等操作。

工作坐标系的 XC-YC 平面称为工作平面。用户可以参考工作坐标系创建体素特征、定义草图平面、创建基准轴或基准平面或创建矩形阵列等。

3）基准坐标系

基准坐标系是一种基准特征，因此它是作为模型的一个特征存在的，显示为部件导航器中的一个特征。它包括三个轴、三个平面、一个坐标系和一个原点，这些对象可以单独选取，用来为创建其他特征或装配中定位组件提供参考。

2. 工作坐标系的创建

通常利用创建基准坐标系特征来创建工作坐标系，即先创建基准坐标系，然后将工作坐标系移动到该基准坐标系上即可。用户可以在新建的工作坐标系上继续完成原有模型的创建工作。

要创建基准坐标系，可以在选择“插入”→“基准/点”→“基准 CSYS”菜单或者在“特征”工具栏中单击“基准 CSYS”按钮，打开“基准 CSYS”对话框，如图 2－35 所示。

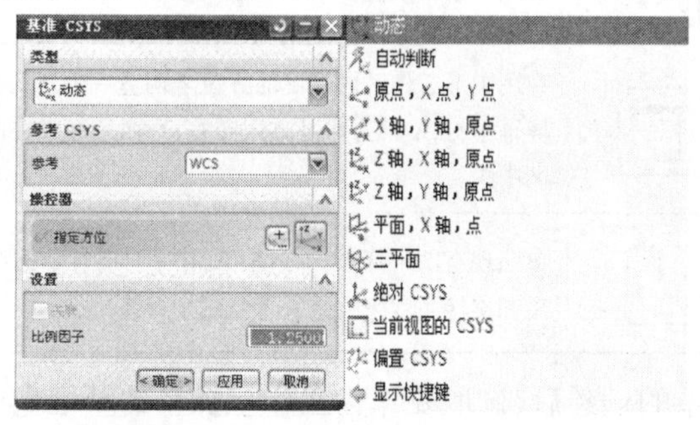

图 2－35　“基准 CSYS”对话框

在该对话框中，在“类型”列表框中选择构造基准坐标系的方法，然后根据对话框中的内容设置其他选项，完成基准坐标系的创建。各种构造基准坐标系的方法见表 2－6，这些构造方法都与几何上构造坐标系的原理相同。

表 2-6 构造基准坐标系的方法

方法名称	方法图标	构造方法描述
动态		激活当前工作坐标系,并对其进行任意移动或旋转;或选择现有基准坐标系 CSYS 作为参考并对其进行偏置,创建新的基准坐标系
自由判断		系统根据用户选择的参考对象,自动选择可能的坐标系构造方法。当满足坐标系构造的要求时,系统将自动创建一个新的坐标系
原点,X 点,Y 点		在图形工作区中确定 3 个点来构造一个新的坐标系。3 个点的选取顺序依次为原点,X 轴上的点,Y 轴上的点。其中第一点指向第二点的方向为 X 轴的正向,第一点指向第三点的方向为 Y 轴的正向
X 轴,Y 轴,原点		在图形工作区选择一个点和两个矢量来构造一个新的坐标系。其中选择的一个点是坐标系的原点,另外两个矢量分别用来判定 X 轴和 Y 轴的正向
Z 轴,X 轴,原点		在图形工作区选择一个点和两个矢量来构造一个新的坐标系。其中选择的一个点是坐标系的原点,另外两个矢量分别用来判定 Z 轴和 X 轴的正向
Z 轴,Y 轴,原点		在图形工作区选择一个点和两个矢量来构造一个新的坐标系。其中选择的一个点是坐标系的原点;另外两个矢量分别用来判定 Z 轴和 Y 轴的正向
平面,X 轴,点		在图形工作区选择一个平面,一个矢量和一个点构造一个新的坐标系。其中选择的一个平面是坐标系 XOY 平面,即 Z 轴的法面,一个矢量用来判定 X 轴的正向,一个点用来指定坐标系的原点
三平面		在图形工作区选择三个平面来构造一个新的坐标系。其中选择的第一个平面的法向为 X 轴,第二个面的法向为 Y 轴,第三个面用来确定原点的位置,并按照右手定则生成 Z 轴
绝对 CSYS		在绝对坐标位置(0,0,0)处构造一个新的坐标系
当前视图的 CSYS		利用图形工作区内视图的方位来构造一个新的坐标系。其中 XOY 平面与屏幕平行,X 轴为水平方向向右,Y 轴为竖直方向向上,原点位于图形工作区中央
偏置 CSYS		参照现有的坐标系,通过输入相对于现有坐标系 X、Y、Z 坐标轴的偏置距离和旋转角度来构造一个新的坐标系

在完成基准坐标系的创建后,选取要作为工作坐标系的基准坐标系,然后单击鼠标右键,在弹出的菜单中选取“将 WCS 设置为基准 CSYS”,工作坐标系将移动到基准坐标系位置处,完成工作坐标系的创建。

3. 工作坐标系的变换

在建模过程中,为了方便地创建模型的各个组成部分,用户可以对新建的或现有的坐标系进行平移、旋转、重新定向、改变方向等变换。要进行坐标系的变换,用户可以选择

“格式”→“WCS”菜单，在弹出的子菜单中选择相应的变换方法即可执行相应的变换操作，如图2-36所示。具体方法介绍如下：

1）动态

“动态”是工作坐标系最常用的变换工具，它可以直接在图形工作区对工作坐标系进行任意的移动或旋转。用户可以通过“动态”菜单（图2-36）或者在图形工作区内双击WCS激活工作坐标系，激活后的WCS如图2-37所示。用户可以通过单击鼠标中键取消WCS的激活。

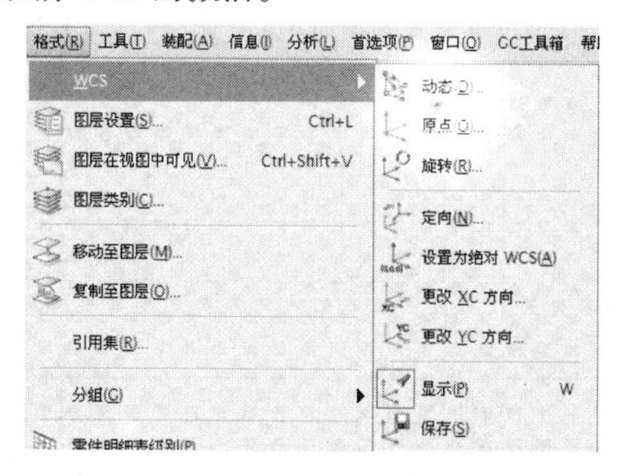

图2-36 工作坐标系变换菜单

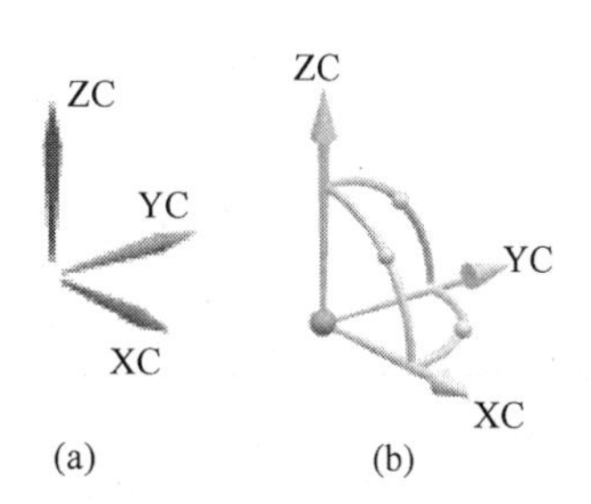

图2-37 工作坐标系
（a）激活前；（b）激活后。

激活后的WCS上有三类操作手柄，分别为球形的原点手柄、球形的旋转手柄和锥形的移动手柄。用户可以通过选择操作这些手柄完成WCS移动、旋转等变换。

（1）原点移动

用户选择原点手柄后可以将WCS的原点平移到模型几何体上的某个端点或者将原点移到指定的位置。

（2）沿坐标轴移动

用户选择XC、YC、ZC坐标轴对应的移动手柄，然后拖动鼠标或在输入文本框中输入相应的距离值，即可沿相应的方向移动坐标系。用鼠标拖动时，默认的距离增量为10。

（3）绕坐标轴旋转

用户选择XC-YC、YC-ZC、ZC-XC坐标平面内对应的球形旋转手柄，然后拖动鼠标或在输入文本框中输入相应的角度值，即可绕相应的坐标轴旋转坐标系。用鼠标拖动时，默认的角增量为45°。

（4）重新定向坐标系

用户选择XC、YC、ZC轴或它们对应的移动手柄，然后用鼠标选择相应的对象（例如一条边），可使选择的坐标轴与参考的对象平行，或者双击选择的坐标轴使其反向。

重新定向坐标系并不移动坐标原点。

2）原点

“原点”用于重新定义当前工作坐标系的原点，移动后的坐标系各坐标轴的方向并不改变。用户选择“原点”菜单（图2-36）后，弹出“点”对话框，如图2-38所示，用户可以在对话框中的“点位置”指定新的原点，或通过“坐标”选项输入点的坐标进行新坐标原点的定位。

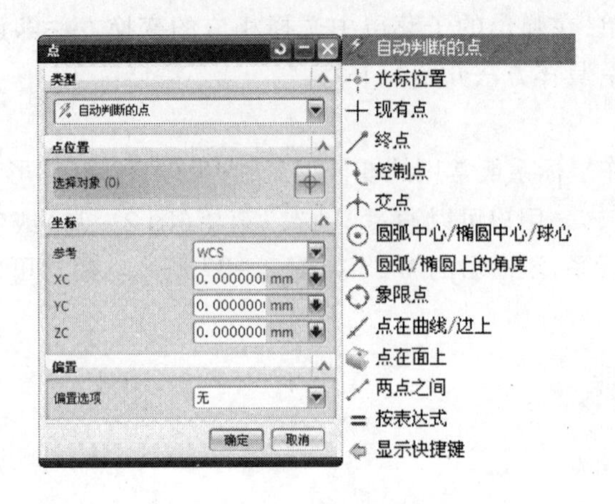

图 2－38 “点”对话框

各种构造点的方法见表 2－7。

表 2－7 构造点的方法

方法名称	方法图标	构造方法描述
自动判断的点		根据光标所在位置，系统自动捕捉对象上现有的关键点(如端点、交点等)，在捕捉的点处构造一个点，它包含了所有点的选择方式
光标位置		通过定位光标的当前位置来构造一个点
现有点		在某个已存在的点上创建新的点，或通过某个已存在点来规定新点的位置
终点		以直线、圆弧、样条线等边类曲线上的端点位置来构造一个点
控制点		以直线的中点和终点，二次曲线的端点，圆弧的中点、终点和圆心，或者样条线的终点、极点等位置来构造一个点
交点		以曲线与曲线或者线与面的交点为参考构造一个点
圆弧中心/椭圆中心/球心		在选择圆弧、椭圆或球的中心处构造一个点
圆弧/椭圆上的角度		在与坐标轴 XC 正向成一定角度的圆弧或椭圆弧上构造一个点
象限点		在圆或椭圆的四分点处构造一个点
点在曲线/边上		在特征曲线或边缘线上设置 U 参数构造一个点

（续）

方法名称	方法图标	构造方法描述
点在面上		通过在特征面上设置 U 向参数和 V 向参数来构造一个点
两点之间		通过在两点之间指定一个点，以两点距离百分比来确定新点的位置
按表达式		使用点类型的表达式指定一个点

3）旋转

“旋转”是通过选取当前工作坐标系某一轴的方向，并指定相应的角度来转动当前 WCS 的。用户选择“旋转”菜单（图 2－36）后，弹出“旋转 WCS 绕...”对话框，如图 2－39 所示，用户在对话框中指定旋转方式并输入角度值，即可完成坐标系的旋转。

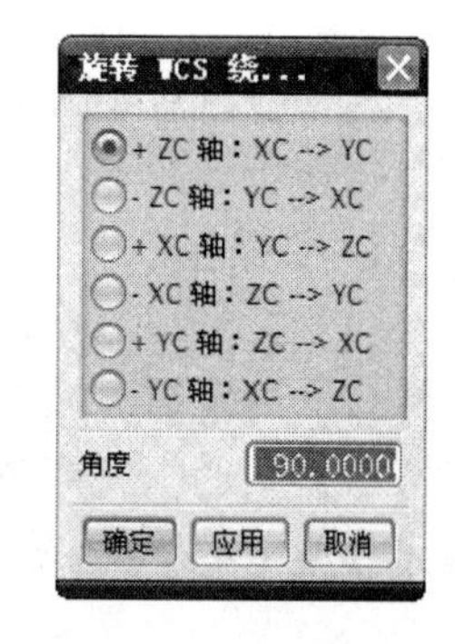

图 2－39 “旋转 WCS 绕...”对话框

4）定向

“定向”是通过“CSYS”对话框中的选项来将当前工作坐标系定位到新的坐标系。其具体操作方法与上节介绍的“工作坐标系的创建”相同，这里不再赘述。

5）设置为绝对 WCS

“设置为绝对 WCS”将当前工作坐标系定位到绝对坐标系原点处，且坐标方向与绝对坐标系相同。

6）改变方向

改变方向包含“更改 XC 方向”和“更改 YC 方向”两个选项，它们分别通过更改坐标系的 X 轴或 Y 轴的方向来重新定位当前工作坐标系的方位。

选择相应选项，弹出“点”对话框，在用户确定点位置后，系统将以工作坐标系原点和该点在 XC－YC 平面内投影之间的连线作为新工作坐标系的 X 轴或 Y 轴方向，工作坐标系 Z 轴的方向保持不变。

4. 坐标系的显示

“显示”用来显示或隐藏当前的工作坐标系。该命令是带复选框的菜单命令，复选框选中时，显示当前工作坐标系；取消复选框选中时，隐藏当前工作坐标系。

5. 坐标系的保存

“保存”用来保存当前工作坐标系。通常经过变换后创建的坐标系需要及时保存，这样既可以与原来的坐标系进行区别，也便于用户在后续的工作过程中根据需要随时调用。

对当前工作坐标系进行保存后，保存后的坐标系由原来的 XC、YC、ZC 轴变为对应的 X、Y、Z 轴，如图 2－40 所示。

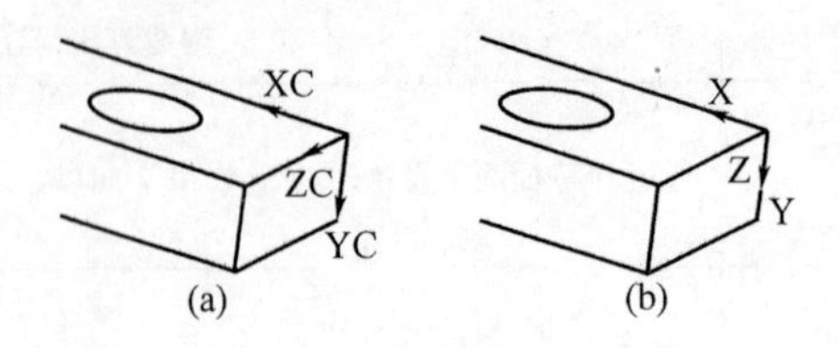

图 2 - 40　保存坐标系

(a) 保存前；(b) 保存后。

2.3　课堂练习——层和视图操作

本练习将对如图 2 - 41 所示的模型的层和视图等属性进行相关操作。

操作步骤如下：

1. 层操作

(1) 打开练习 ch2\exercise\2 - 1. prt，如图 2 - 41 所示。

(2) 设置图层状态。选择“开始”→“建模”命令，进入建模环境。用鼠标右键单击部件导航器中的“名称”选项，在弹出的菜单中选中“列”，→“图层”命令，在部件导航器中显示模型中的草图/基准/特征等元素分布在不同层上，如图 2 - 42 所示。

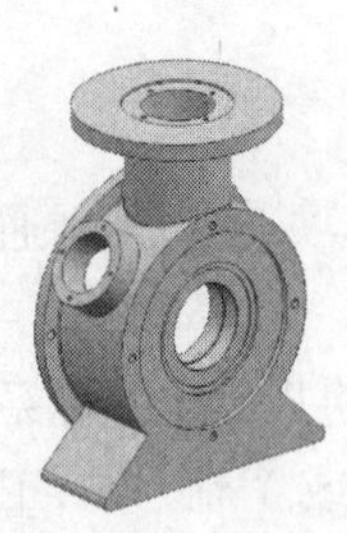

图 2 - 41　2 - 1. prt

图 2 - 42　模型特征及其所在层

(3) 选择“格式”→“图层设置”命令，使所有带对象层都可见。部件如图 2 - 43 所示。

(4) 选择“格式”→“图层设置”命令，双击层 21，将其设置为工作层；使层 1 不可见，层 61 可见，图层设置对话框及部件如图 2 - 44 所示，显示建立实体模型的草图和参考基准。

(5) 把移动从当前层移动到另一层。选择“格式”→“移动至图层”命令，在弹出的对话框中，选择如图 2 - 44 所示的基准平面，然后单击“确定”按钮，弹出“图层移动”对话框。在“目标图层或类别”中输入 20，然后单击“应用”按钮，选择的基准平面移动到层 20 上。

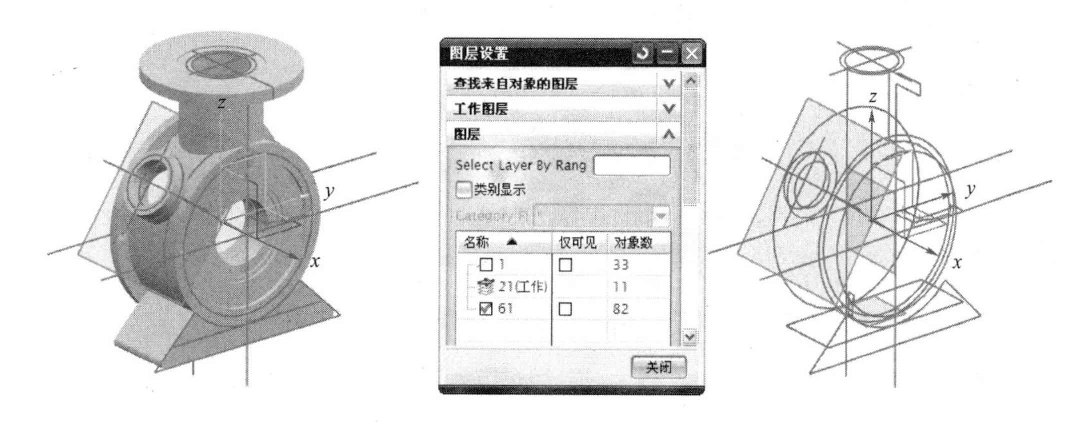

图 2 – 43　模型特征显示　　　　图 2 – 44　模型特征显示

2. 视图操作

（1）打开练习 ch2\exercise\2 – 1. prt，如图 2 – 41 所示。

（2）操纵视图。单击“带有隐藏边的线框”图标，或者单击鼠标右键，选择“渲染样式”→“带有隐藏边的线框”命令，模型如图 2 – 45(a)显示。

（3）按下鼠标右键直到弹出辐射式菜单，然后单击“着色”图标，模型如图 2 – 45(b)所示。

（4）在图形窗口中单击鼠标右键，从弹出的菜单中选择“定向视图”→“前视图”，模型如图 2 – 45(c)所示。

（5）按 Home 键，视图被定位到正二测视图。

（6）将光标保持在如图 2 – 46(a)所示的位置，直到出现快速选择光标，单击鼠标左键，弹出“快速拾取”对话框，在对话框中移动光标位置，直到图 2 – 46(b)所示的前表面高亮，单击鼠标左键，确认选择的表面。按 F8 键，视图被定位，结果选择的表面平行于图形窗口，如图 2 – 46(c)所示。

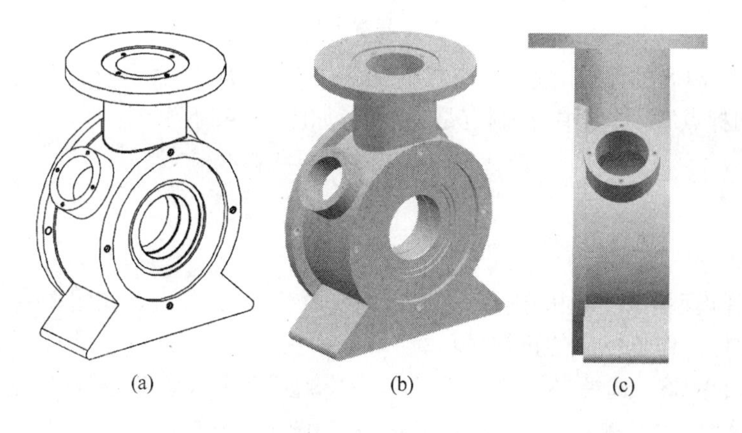

(a)　　(b)　　(c)

图 2 – 45　模型视图

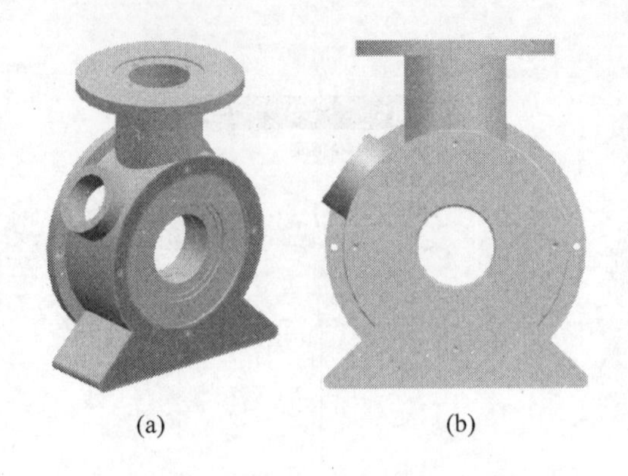

(a)　　　　　　　　　　(b)

图 2-46　模型视图

2.4　课堂练习——工作坐标系操作

本练习将对如图 2-41 所示的模型的工作坐标系进行相关操作。工作坐标系将被移动到模型的不同位置和方位,帮助得到关于模型上点和对象位置的信息。

操作步骤如下:

(1) 打开练习 ch2\exercise\2-1. prt,如图 2-41 所示。

(2) 显示 WCS。选择“格式”→“WCS”→“显示”命令,在图形窗口中显示模型的工作坐标系,如图 2-47 所示。

图 2-47　模型工作坐标系

(3) 改变 WCS 的原点。选择“格式”→“WCS”→“动态”命令或者双击 WCS,确保选择条上的“捕捉点”工具条中,控制点是激活的,如图 2-48 所示。

图 2-48　“捕捉点”工具条

(4) 选择模型下底边缘的中点,工作坐标系原点移动至该点,如图 2-49 所示。单击鼠标中键,返回工作坐标系的正常显示。

(5) 旋转 WCS。选择“格式”→“WCS”→“动态”命令或者双击 WCS,选择旋转手柄,出现动态输入框,允许输入一个角度或捕捉角,如图 2-50 所示。

在“角度”文本框中输入 90 并按回车键,WCS 的原点不变,坐标系绕 XC 轴旋转了 90°,旋转方向基于右手规则,如图 2-51 所示。

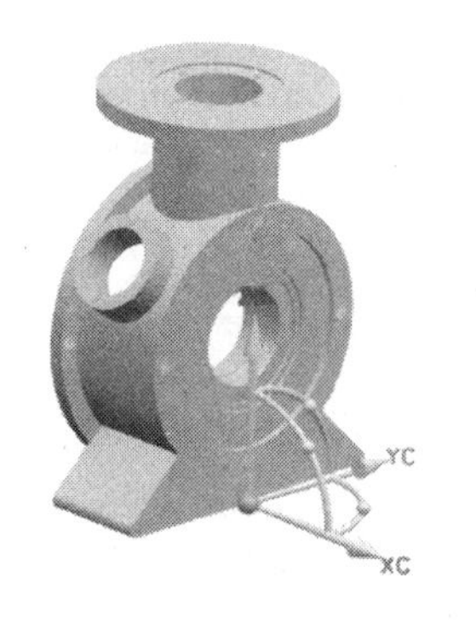

图 2-49　选择底边缘中点

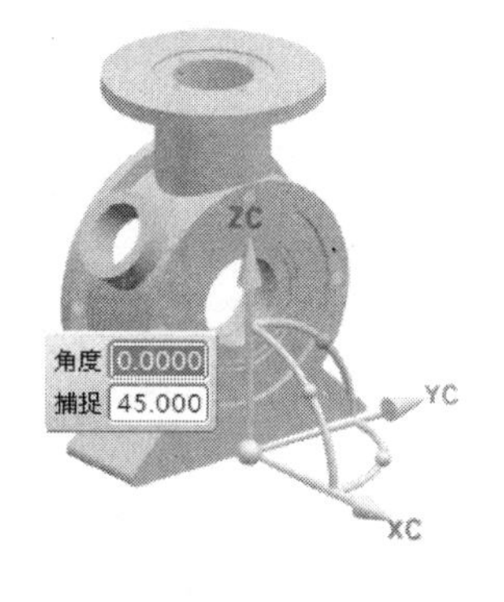

图 2-50　旋转 WCS

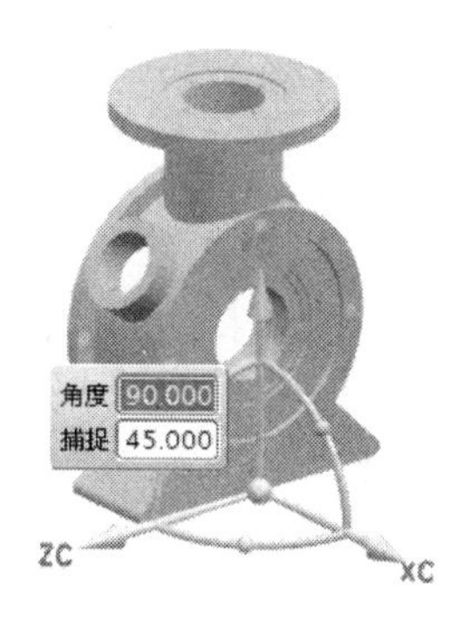

图 2-51　旋转后的 WCS

(6) 反转 YC 轴方向。选择“格式”→“WCS”→“动态”命令或者双击 WCS,双击 YC 轴手柄,如图 2-52 所示,反转 YC 轴方向。单击鼠标中键,返回工作坐标系的正常显示。

(7) 查看模型上一点相对于 WCS 的位置。选择“信息”→“点”命令,弹出“点”构造器对话框来规定点。将光标放在圆的边缘,选择弧中心,当圆心高亮时选择边缘。弹出“信息”窗口,显示点的信息,如图 2-53 所示。关闭“信息”窗口和“点”构造器对话框。

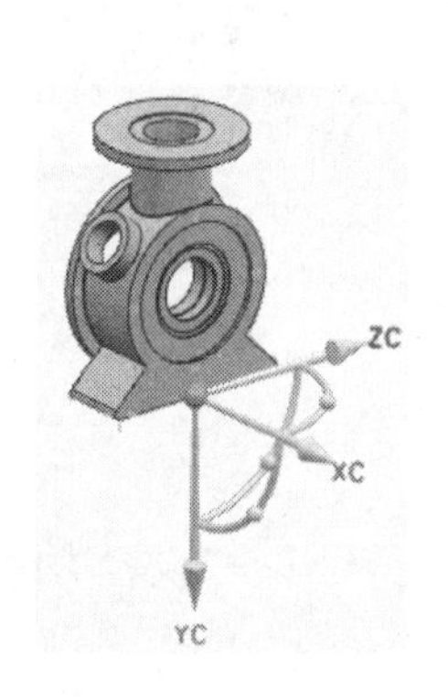

图 2-52　反向 YC 轴

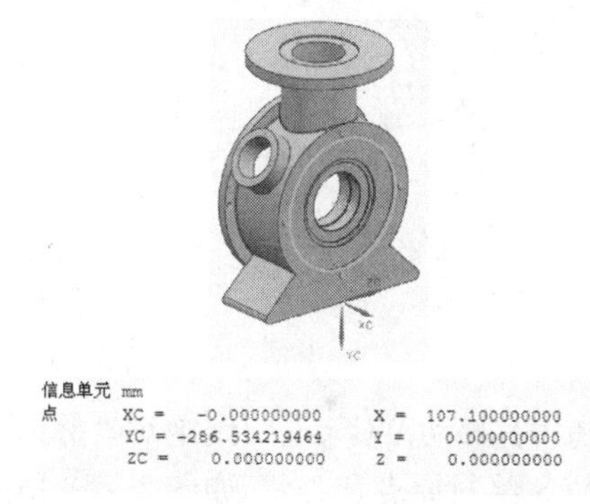

图 2-53　点的信息

(8) 改变 WCS 的方位。选择“格式”→“WCS”→“动态”命令或者双击 WCS,移动 WCS 的原点到如图 2-54 所示的圆弧圆心上。为了清晰起见,将模型视图设置为带有隐藏边的线框。

选择 YC 轴手柄,选择下底边缘,在选择边缘的端点出现一个矢量,YC 轴方向与该矢量平行,如图 2-55 所示。

选择 ZC 轴手柄,选择前端面,在前端面中心点出现一个矢量,ZC 轴方向与该矢量平行,如图 2-56 所示。完成 WCS 的定位,单击鼠标中键,返回工作坐标系的正常显示。

(9) 查看模型上一个对象相对于 WCS 的位置。选择“信息”→“对象”命令,弹出“类选择”对话框来选择对象。将选择条中的选择过滤器设置为“边”,光标放在模型顶面外圆的边缘,当圆弧边高亮时选择边。单击鼠标中键,弹出“信息”窗口,显示该边的信息,如图 2-57 所示。关闭“信息”窗口。

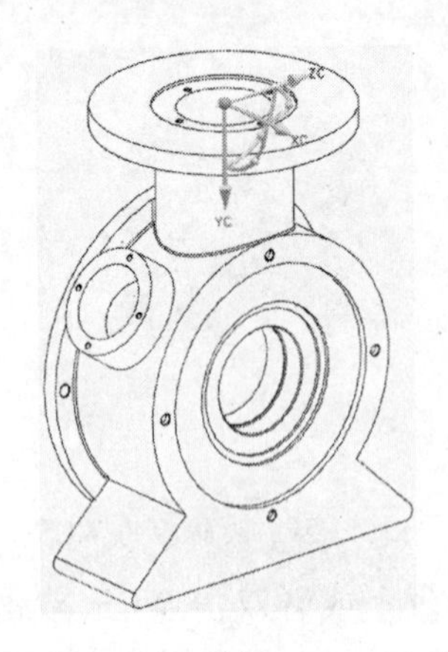

图 2-54　移动 WCS 原点

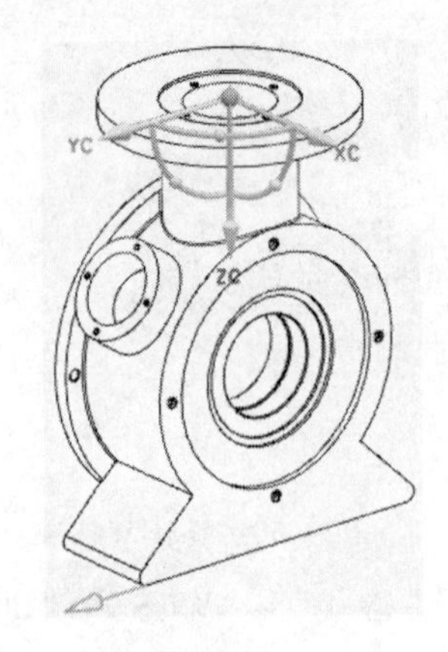

图 2-55　选择决定 YC 轴的边缘

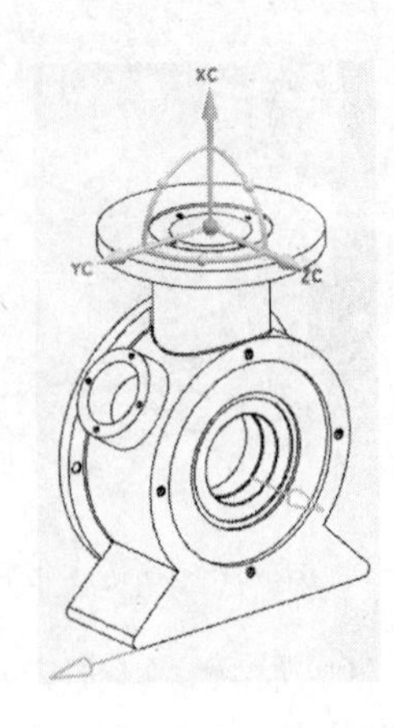

图 2-56　选择决定 ZC 轴的平面

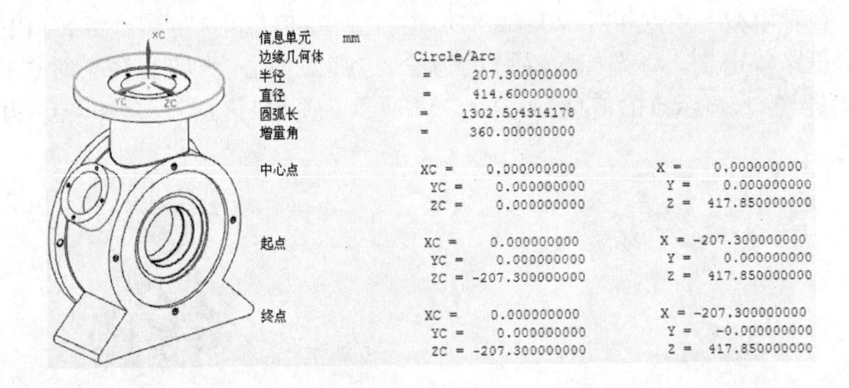

图 2-57　选择的边及其信息

(10) 移动 WCS,返回到绝对坐标系。选择“格式”→“WCS”→“设置为绝对 WCS”命令,WCS 绝对原点和方位,如图 2-58 所示。

(11) 关闭部件。选择“文件”→“关闭”→“所有部件”命令,单击 否 - 关闭(N) 按钮,关闭但不保存修改过的部件。

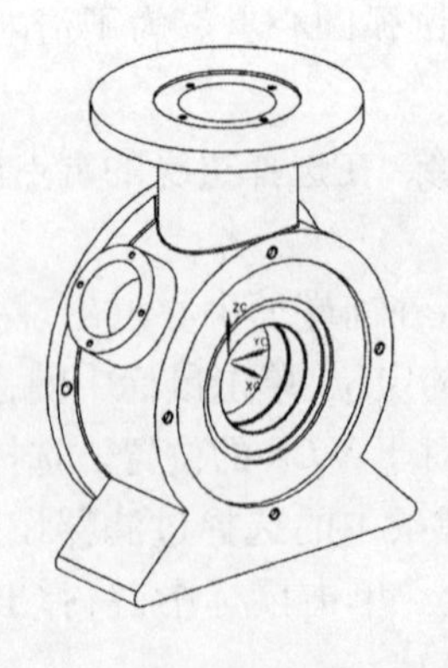

图 2-58　WCS 返回到绝对坐标系

2.5 思考与练习

一、填空题

1. ________是UG的基础模块,它仅提供一些最基本的操作,如文件操作、层的控制和视图定义等,它是进入其他模块的基础。

2. 在UG工作界面中,________用于显示UG版本、用户当前选择的工作模块、当前工作部件的文件名、当前工作部件的修改状态等信息。

3. 导航器分为________和________,是用于显示和管理当前零部件的操作的结构树。

4. 在UG的________个图层中,图层的控制共分为4种状态,即________、工作状态、________、________。设计部件时可以使用多个图层,工作图层有________个。

5. 在创建复杂模型时,由于模型中包括众多的对象,容易造成用户操作时的对象难以选取、对象不易观察、模型显示速度慢等问题。此时,用户可以利用________将当前不进行操作的对象暂时隐藏起来,在完成相应的操作后,根据需要再将隐藏的对象重新显示出来。

6. 在UG中设置新文件默认的保存路径时,该路径中不能包含汉字。

二、选择题

1. 在UG中,________是系统默认的坐标系,在模型文件创建时就存在,其原点位置和各坐标轴的方向保持不变,这样可以保证模型各个部分的位置关系确定不变。它可以作为零部件装配的基准。

A. 绝对坐标系　B. 工作坐标系　C. 基准坐标系　D. 特征坐标系

2. 利用鼠标观察对象,当光标位于图形工作区内时,拖动中键可以绕模型几何中心或旋转点旋转视图中的对象;在图形工作区中,同时按下________键和鼠标中键,拖动鼠标,用于进行视图的平移。

A. Ctrl　B. Shift　C. Tab　D. Alt

3. UG会根据用户选择的模板类型自动添加新文件名称,文件名不能包含________。

A. 大写字母　B. 小写字母　C. 阿拉伯数字　D. 汉字

4. 在进行视图布局时,UG系统提供了________种布置格式,最多可以布置________个视图来观察模型。

A. 5、8　B. 6、8　C. 6、9　D. 7、9

5. 在应用模型渲染样式时,通常在草绘环境下应用________显示样式。

A. 着色　B. 带隐藏边的线框　C. 静态线框　D. 带边着色

三、简答题

1. 简述UG软件的工作界面的组成。

2. 列举工作坐标系变换的方法。

3. 简述鼠标的视图操作功能。

4. 如何改变对象所在的图层?

四、上机练习

1. 打开 ch2\exercise\2-1.prt,定制如图2-59所示的工具条,具体要求如下:

(1) 包括标准、选择条和特征等3个工作条;

(2) 特征工具条显示的快捷按钮如图所示。

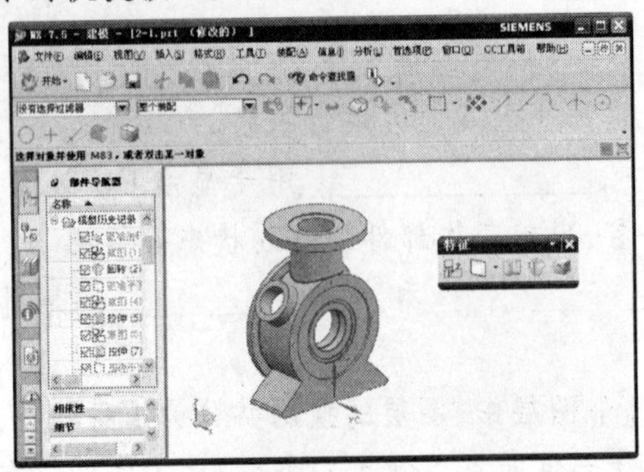

图2-59 定制工具条

2. 打开 ch2\exercise\2-2.prt,进行层、视图和坐标系操作,具体要求如下:

(1) 如图2-60(a)所示。将拉伸特征由层1移动到层20,并利用图层对其进行显示和隐藏操作。

(2) 选择如图2-60(b)所示的上表面,将视图变换到与该平面平行的方向,然后分别应用各种渲染样式查看模型;

(3) 将坐标系由图2-60(b)所示的位置变换到图2-60(c)所示的位置,并将变换后的坐标系保存。

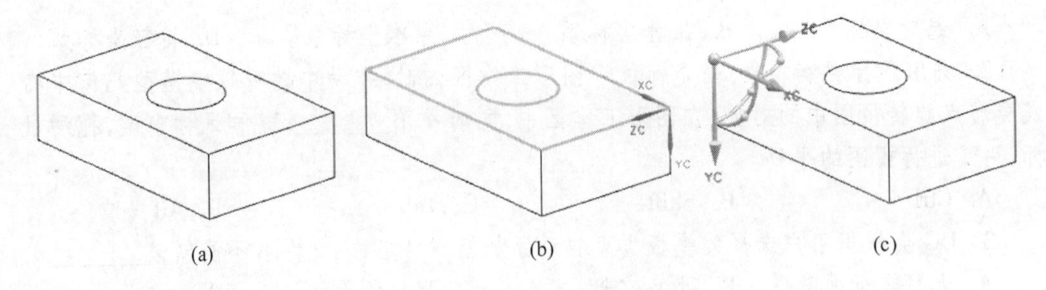

图2-60 层、视图和坐标系操作

第3章　草 图 绘 制

草图是指定平面的二维曲线和点的集合,“草图”是UG软件的一个应用模块,用于在部件内部创建二维几何体。草图与曲线功能中所绘制的图形最大不同在于:草图中使用几何约束与尺寸约束,更容易表达用户设计意图;参数驱动设计的应用,便于模型的创建、修改。应用草图生成器评估约束,可以确保这些约束完整而无冲突。只有限定了合适的约束和标注了准确且足量的尺寸,才能驱动整个草图。这在一定程度上可以约束用户的建模操作,减少失误,使操作逐渐规范化、准确化。草图一般用于扫掠、拉伸或旋转创建实体或片体,构造大型设计的二维概念布局等。

本章主要介绍建立、激活或退出草图,约束和定位草图的方法,以及其他一些功能,具体包括建立草图、激活草图、退出草图、草图常用工具、草图几何约束、草图的操作等知识。

本章学习要点:

(1) 熟练掌握草图平面的创建。

(2) 熟练掌握草图的基本绘制和约束功能。

(3) 熟练掌握草图的常用操作。

3.1　草 图 概 述

草图是指与实体模型相关联的二维图形,是在某个指定平面上二维几何元素的总称。一般情况下,三维建模都是从创建草图开始的,即先利用草图功能创建出特征的形状曲线,再通过拉伸、回转或扫描等操作创建相应的参数化实体模型。可以说绘制二维草图是创建三维实体模型的基础与关键。

1. 进入草图环境

绘制草图的基础是草图环境,该环境提供了草图的绘制、编辑操作,以及添加相关约束等与草图操作相关的工具。

在“特征”工具栏中单击“草图”按钮,系统进入草图环境,并打开“创建草图”对话框,通过该对话框即可以创建草图工作平面,如图3-1所示。

2. 创建工作平面

绘制草图的前提是创建草图的工作平面,要创建的所有草图几何元素都将在这个平面内完成。草图平面的使用频率较高,也是草图绘制过程中最重要的特征之一。在UG中提供了平面上和轨迹上两种创建草图工作平面的方法。

1) 在平面上

该方式是指以平面为基础来创建所需的草图工作平面。在“平面方法”下拉列表中,

图 3-1 “创建草图”对话框

UG 提供了以下 3 种指定草图工作平面的方式。

(1) 现有平面。选择该选项可以指定坐标系中的基准面作为草图平面,或选择三维实体中的任意一个面作为草图平面。

通常,在“创建草图”对话框中选择“平面方法”下拉列表中的“现有平面”选项;然后在绘图区选择一个已有平面,以此来作为草绘的工作平面。

(2) 创建平面。该选项可以借助现有平面、实体及线段等元素作为参照,创建一个新的平面,然后用此平面作为草图平面。

在“草图平面”面板中单击按钮,打开如图 3-2 所示的“平面”对话框,创建出所需的草图工作平面。

(3) 创建基准坐标系。利用该选项创建草图时需要创建一个新坐标系,然后通过选择新坐标系中的基准面作为草绘工作平面。

在“草图平面”面板选择“平面方法”下拉列表中的“创建基准坐标系”,并单击“创建基准坐标系”按钮,打开如图 3-3 所示的“基准 CSYS”对话框;然后利用该对话框创建所需的基准坐标系;接着选择该新建基准坐标系的基准面创建草图工作平面。

图 3-2 创建草图工作平面对话框

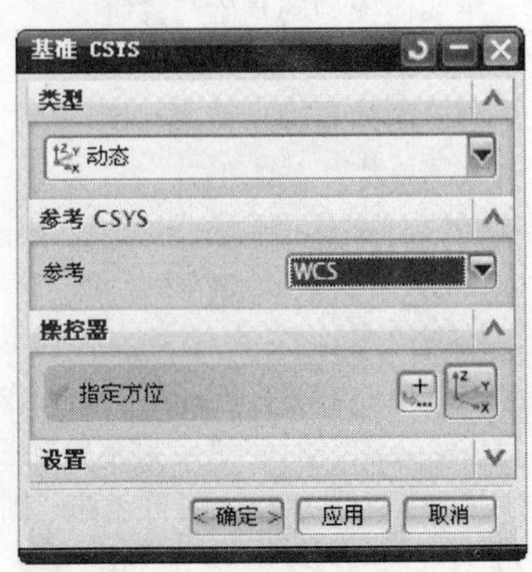

图 3-3 创建基准坐标系

2）在轨迹上

该方式是指以现有直线、圆、实体边线和圆弧等曲线为基础，通过选择与曲线轨迹成垂直或平行等各种不同关系的平面创建草图工作平面。

利用该方式创建草图工作平面，首先选择“类型”面板中的“在轨迹上”选项。然后选择路径（曲线轨迹），并设置平面位置与平面方法，即可获得草图工作平面。

为了获得所需要的放置效果，当完成草图工作平面的创建后，用户还可以对草图的放置方位进行准确地设置。其方法是：在“草图方向”面板中选择“参考”列表框中的列表项进行草图的定位。

3. 创建草图前的准备

在草图的工作环境中，为了更准确、有效地绘制草图，在进入草图环境之前需要对一些常规的参数进行相应的设置，以满足不同用户的使用习惯。

通过菜单上“首选项”中的“草图”菜单调用“草图首选项”对话框，有“草图样式”、“会话设置”、“部件设置”3 个选项卡，各选项如下简要说明。

1）“草图样式”选项卡

该选项卡可以对草图尺寸的标注样式和文本高度等基本参数进行设置，只包括“设置”一个面板，如图 3－4 所示。

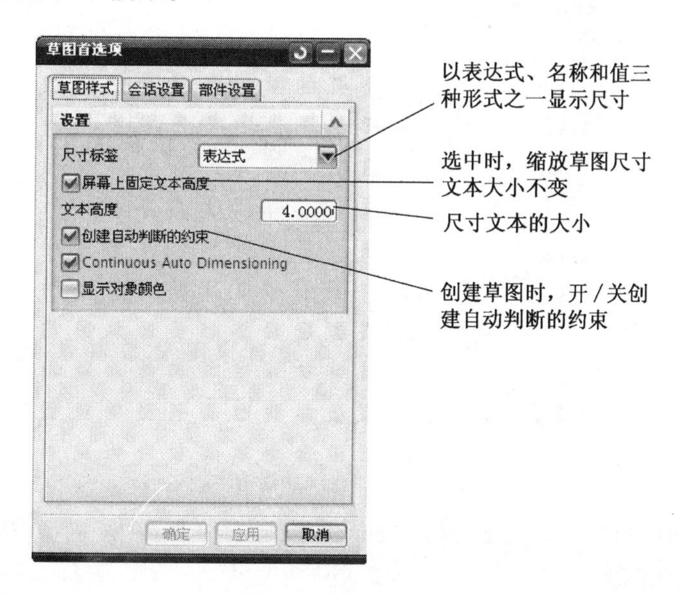

图 3－4　草图样式设置

2）“会话设置”选项卡

该选项卡可以对绘制草图中的捕捉精度、草图显示状态以及名称前缀样式等基本参数进行相应的设置，主要包括“设置”和“名称前缀”两个面板，“会话设置”选项卡对话框如图 3－5 所示。本选项卡选项一般采用默认设置。

3）“部件设置”选项卡

该选项卡可以对草图中的几何元素，以及尺寸的颜色进行相关设置，用于控制曲线、尺寸、自由度箭头的颜色设置，以及当前部件中其他草图对象的颜色设置。掌握草图对象的颜色对及时发现草图可能存在的问题或错误非常有用，如图 3－6 所示。

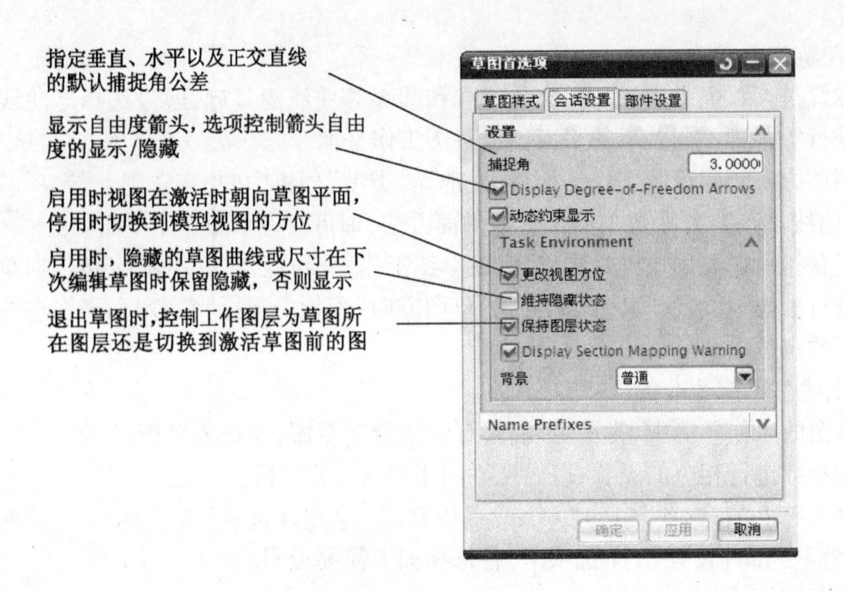

图3-5　会话设置选项卡

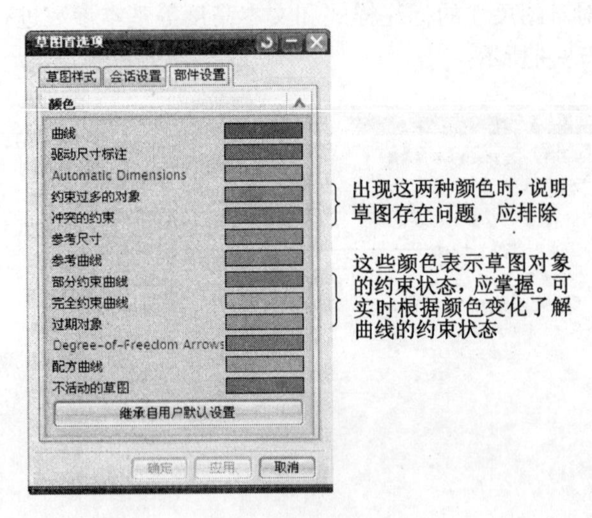

图3-6　部件设置选项卡

设置好绘制草图的各个选项后即可进入草图环境绘制草图。单击完成草图、或单击 MB2 完成草图绘制。

草图可分为外部的和特征内的草图。通常使用“草图”命令创建的草图是外部的草图;在基于草图的特征(如拉伸、旋转等)集成了草图命令,在特征中生成的草图是特征内的草图。外部的和特征内的草图可以相互转换,操作方法是:在部件导航器中 MB3 键单击父特征,然后选择“使草图为外部的”命令或“使草图为内部的”命令。

3.2　绘制草图

绘制草图是本章的重要内容,也是创建实体模型的基础和关键。通过绘制二维轮廓,并添加相关的约束,构建出实体或截面的轮廓,再利用拉伸、回转或扫掠等操作生成与草图对象相关联的实体模型。在参数化建模时，灵活地应用绘制草图功能会给设计带来很大的方便。草图环境的工具条如图 3 –7 所示。

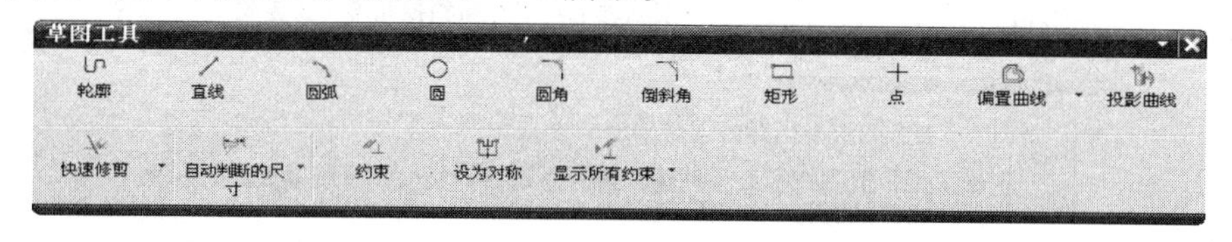

图 3 –7　草图工具栏

1. 建立草图的一般流程

草图建立的一般过程包括：

(1) 选择一个草图平面或路径，并指定水平或竖直参考方向；

(2) 可以选择重命名草图；

(3) 设置自动判断约束和设置草图选项；

(4) 创建草图的曲线；

(5) 添加、修改或删除约束；

(6) 拖动外形或修改尺寸参数；

(7) 退出草图生成器。

2. 点

“点”命令＋用于在草图中创建点，可以使用点构造器创建点，也可以使用“点捕捉”在现有点或特征点上创建一个点。

MB1 单击“草图”工具条上“点”按钮，弹出“点构造器”对话框来创建点。如果创建的点是非关键的，可以对点进行约束，以固定点的位置。

3. 矩形

“矩形”命令□用于在草图中创建矩形，单击“草图工具”工具条上“矩形”按钮，弹出“矩形”对话框，有 3 种方法创建矩形，如图 3 –8 所示。

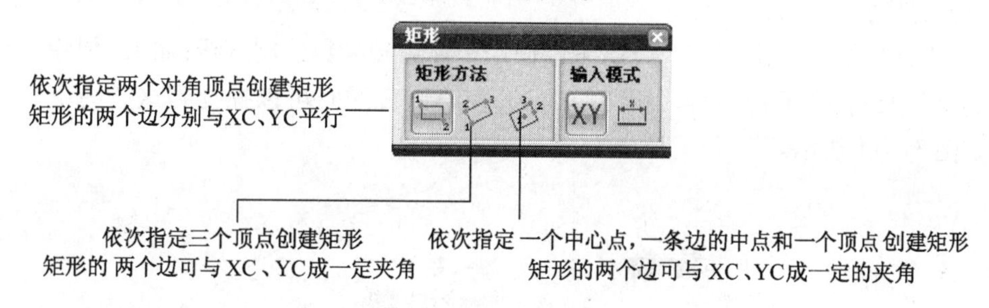

图 3 –8　矩形创建方法

4. 轮廓曲线

“轮廓”命令是以线串模式创建一系列相连的直线或圆弧，即上一条曲线的终点是下一条曲线的起点。

(1) 调用和结束“轮廓”命令。单击“草图”工具条上的“轮廓”按钮，弹出“轮廓”命令对话框，如图 3 –9 所示。按 Esc 键、单击 MB2 或重新 MB1 单击“草图曲线”——“轮廓”按钮可结束“轮廓”命令。

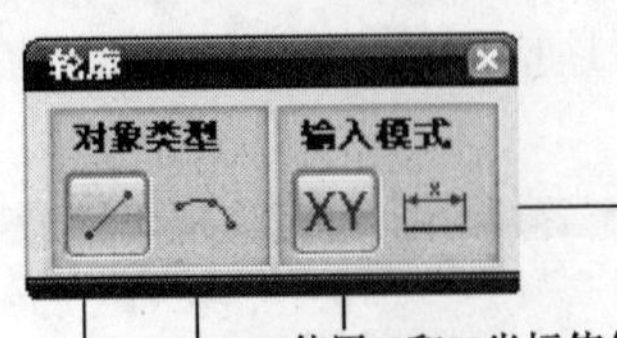

图 3－9　轮廓工具条选项

（2）“直线”—“圆弧”或“圆弧”—“圆弧”模式的切换方法为：

① 在“轮廓”命令对话框直接选用“圆弧”选项。

② 选择球套住上一曲线的终点拖动 MB1 键移动一段距离，出现轮廓的圆弧象限符号显示（图 3－10）时，松开 MB1，移动光标引导圆弧从合适象限移出可得到 8 种不同的圆弧，给定圆弧参数后，单击 MB1 完成圆弧的创建，如图 3－10 所示。

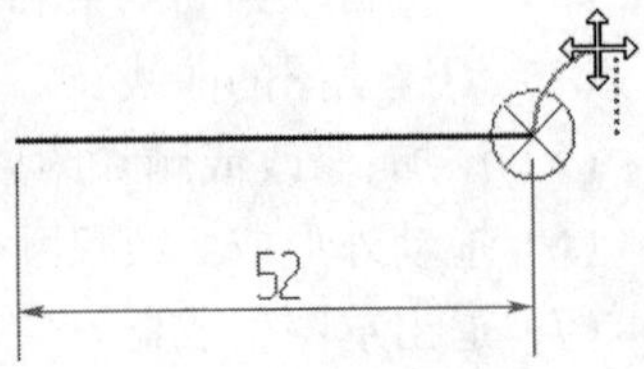

52

图 3－10　直线与圆弧切换

如果圆弧与前一曲线的连接不符合设计意图时，可移动光标重新套住上一曲线的终点，从合适的象限移出。

（3）“轮廓”命令进行实例操作时需要注意的是：

① 在草图应用环境，位于选择条上的“点捕捉”工具是可以使用的，当创建曲线时，用户可根据自己的设计意图选择点捕捉方式；

② 新建一个草图时，应首先设置“自动约束”，并启用“自动判断的约束”，可大大提高草图创建的效率。

5. 直线

“直线”命令用于创建直线，可以使用坐标系和参数绘制直线；如果“创建自动判断的约束”中设置了平行、垂直、相切等约束，在绘制直线时可以捕捉到这些约束。操作示例如图 3－11 所示。

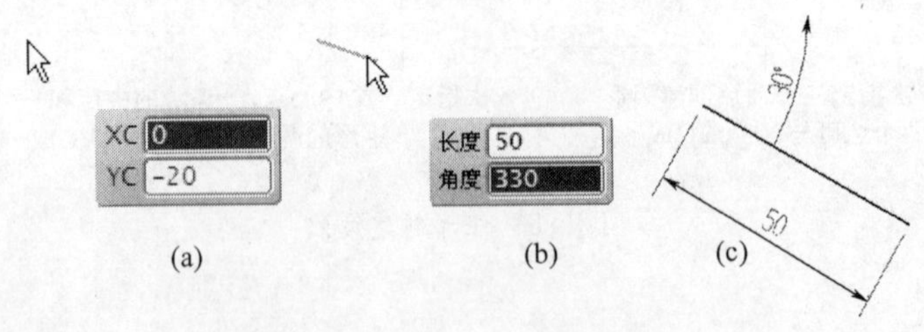

图 3－11　绘制直线

（a）输入第 1 点坐标后回车；（b）输入参数后回车；（c）结果。

6. 圆弧

“圆弧”命令用于创建圆弧，有两种方法：

1）3 点

操作示例如图 3－12 所示。

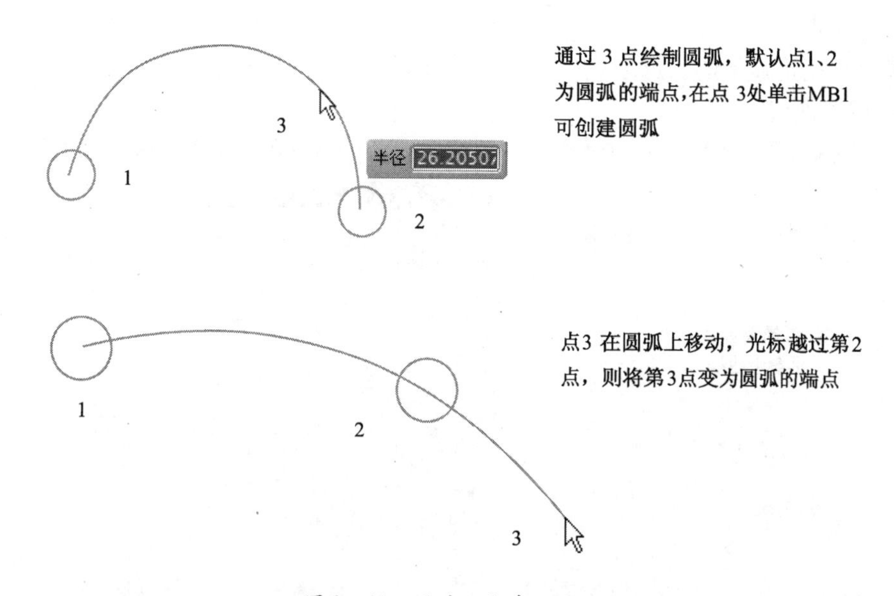

图 3－12　通过三点建立圆弧

2）中心和端点

通过中心、两个端点或通过圆心、半径和扫掠角度创建圆弧。操作示例如图 3－13 所示。

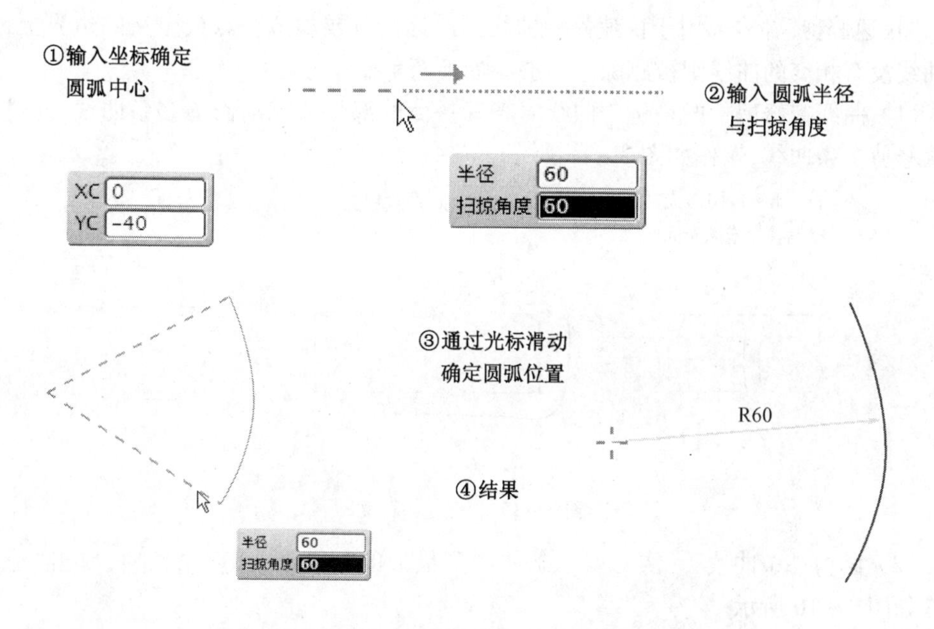

图 3－13　通过中心、半径和扫掠角度确立圆弧

7. 圆

“圆”命令用于创建圆，操作步骤与创建圆弧类似，具体有两种方法：

1）圆心和直径

通过圆心和直径创建圆，如果在屏幕输入框中输入直径并按回车或Tab键，可连续创建多个同直径的圆；

2）“三点”

通过圆指定弧上的三点创建圆。

8. 偏置曲线

“偏置曲线”命令用于相对现有曲线偏置一条曲线，操作示例如图3－14所示。

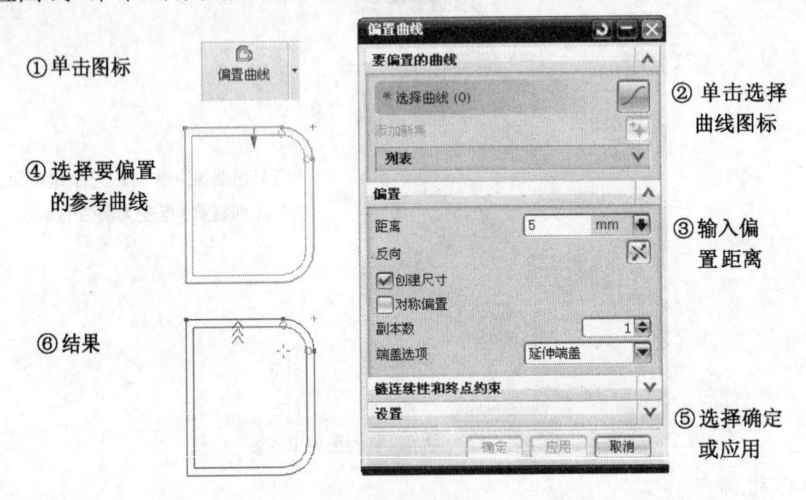

图3－14 “偏置曲线”对话框

9. 修剪曲线

“快速修剪”命令用于快速修剪曲线到最近交点或虚拟交点或定义的边界上，如果该曲线没有相交的曲线则被删除。一般有如下两种操作方法：

（1）曲线被修剪掉的是选中曲线时光标一侧的部件。拖动修剪多条曲线，通过拖动一次修剪多条曲线，操作如图3－15所示。

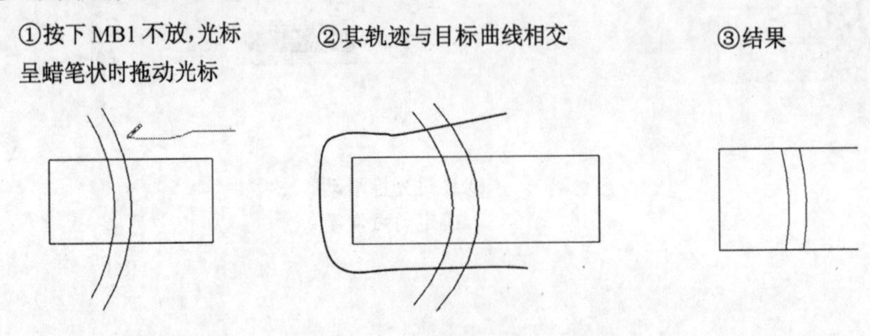

图3－15 修剪多条曲线

（2）修剪一条曲线，一次修剪一条曲线到最近的交点处，修剪结束后，单击“退出”。操作如图3－16所示。

当“创建自动判断的约束”选项打开时，系统在修剪操作之后会自动判断并增加适当的约束，如同心、等半径、重合、点在曲线上、共线和相切等。

10. 快速延伸

“快速延伸”命令用于曲线延伸到它与另一条曲线的交点或虚拟交点处。其操作方

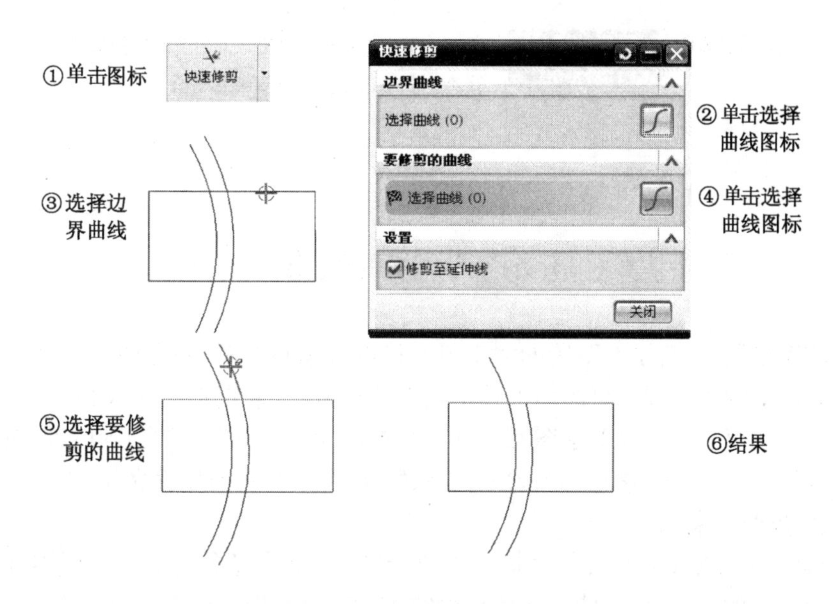

图 3-16　修剪一条曲线

法与“快速修剪”相似,操作示例如图 3-17 所示。

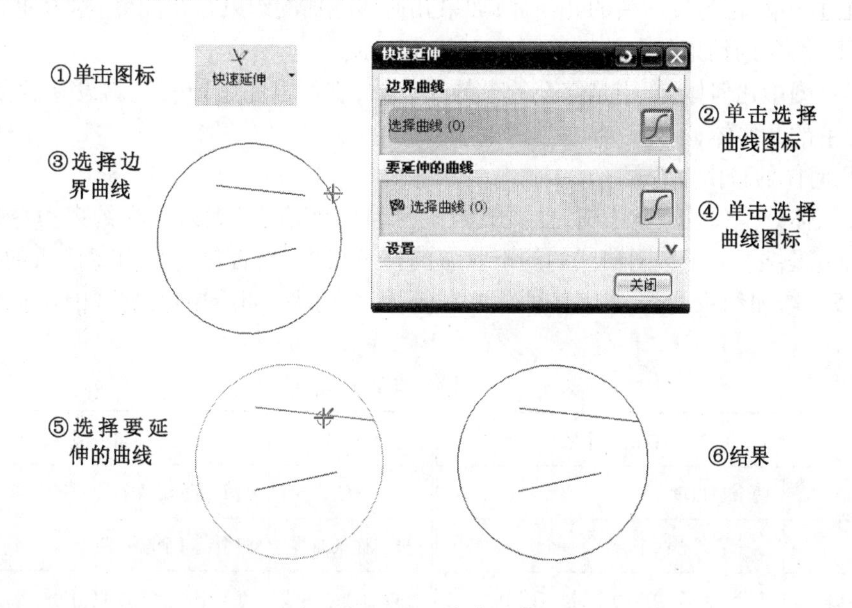

图 3-17　快速延伸

开放的曲线才能被延伸,曲线有两个端点,指定曲线时距离光标近端点才被延伸。

11. 激活草图

创建后的草图进行修改时,需要重新激活草图才能进行编辑。激活草图的方法如下:

(1) 在图形窗口选中欲编辑草图中的曲线,MB1 双击;

(2) 在部件导航器中选中欲编辑草图名称,MB1 双击或在 MB3 快捷菜单中选“编辑”命令;

(3) 在草图工作环境中切换到欲编辑草图,操作如图 3-18 所示。

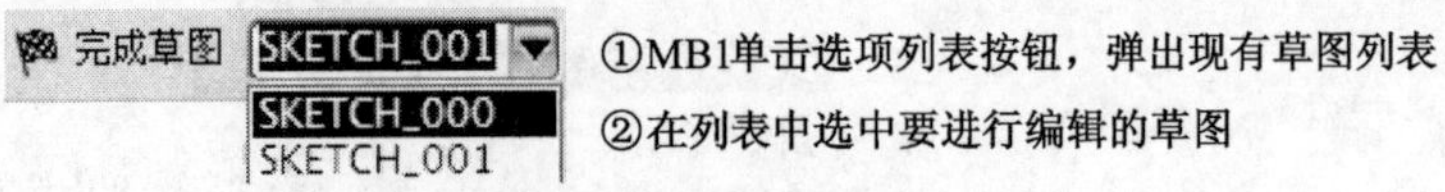

完成草图 SKETCH_001 ①MB1单击选项列表按钮，弹出现有草图列表
SKETCH_000 ②在列表中选中要进行编辑的草图
SKETCH_001

图3－18　激活草图

3.3　草图约束

完成草图绘制后，为了对草图的大小与形状进行精确控制，并方便用户修改，需要对草图进行相应的约束管理。草图约束就是设置约束方式，确定草绘曲线在工作平面的位置。利用草图约束工具可以对草图元素进行基本尺寸或几何形状的精确设置，显示/不显示草图的几何约束，显示/移除几何约束，以及转换至/自参考对象等操作。

1. 几何体的约束状态

如果草图中曲线或点被完全约束，不存在自由度，称为完全约束的几何体，这时的草图称为完全约束的草图；如果曲线或点缺少约束，有自由度存在，曲线或点显示自由度箭头，称为欠约束的几何体；如果曲线或点应用的约束超过了对其控制所需的约束时，曲线或顶点就过约束，称为过约束的几何体；如果几何体施加的约束存在冲突，称为冲突约束。UG 标准下，对象的约束状态使用不同的颜色来表示。

对于草图中几何体，期望是完全约束的几何体，它可以完整地表达出设计意图；允许存在欠约束的几何体；不允许存在过约束或冲突约束。

2. 几何体的自由度符号

当几何体处于欠约束状态时，曲线或点显示自由度箭头（默认只在约束命令显示），自由度箭头提供了关于草图曲线的约束状态的视觉反馈，是否显示自由度箭头的设置参见图3－5。增加约束会移除自由度箭头，直到完全消失。不同的几何体有不同的自由度，见表3－1。

表3－1　几何体的自由度

几何体	自由度个数	几何体	自由度个数
点	两个自由度	直线	四个：每端两个
圆	三个：圆心两个，半径一个	极点样条曲线	四个：每个端点两个
二次曲线	六个：每个端点两个，锚点两个	过点的样条曲线	每个定义点处二自由度
圆弧	五个：圆心两个，半径一个，起始角度和终止角度两个	椭圆	五个：中心两个，方向一个，主半径和次半径两个

3. 几何约束

1）几何约束主要作用

（1）草图对象的几何约束，如要求一条直线约束为水平或竖直状态；

（2）两个或多个草图对象之间的关系，如约束两条直线垂直或平行，或者多个圆弧具有相同的半径。

2）几何约束的类型

不同的几何体可以添加不同约束类型，具体见表3－2。

表3－2　几何约束的类型

约束类型	图标	描　述
固定		点——固定位置
		直线——固定角度
		直线、圆弧或椭圆弧端点——固定端点的位置
		圆弧中心、椭圆弧中心、圆心或椭圆中心——固定中心位置
		圆弧或圆——固定半径和中心的位置
完全固定		创建足够的约束，以便通过一个步骤来完全定义草图几何形状的位置和方向
重合		定义两个或多个点有相同位置
同心		定义两个或多个圆或椭圆弧有相同中心
共线		定义两条或多条直线位于同一直线上
点在曲线上		定义一个点在曲线上的某个位置
中心		定义一个点的位置，使其与直线或圆弧的两个端点等距
水平		定义一条线水平
竖直		定义一条线竖直
平行		定义两条或多条直线，使其互相平行
垂直		定义两条直线，使其相互垂直
相切		定义两个对象，使其相切
等长度		定义两条或多条直线，使其长度相同
等半径		定义两个或多个圆弧，使其半径相等
恒定长度		定义一条有固定长度的直线

3）自动判断的约束设置和创建自动判断约束

草图中的几何体之间有平行、垂直、相切、共线、点重合等几何关系，直线自身也有水平、竖直的几何状态，在创建草图的过程中系统会捕捉用户的设计意图自动创建几何关系，以提高效率。“自动判断的约束”设置和“创建自动判断的约束”两个命令配合使用，可达成预期的效果。

（1）“自动判断的约束”设置。选择菜单“工具”→“约束”→“自动约束”命令，弹出如图3－19所示的对话框。用于设置在创建草图过程中系统自动判断并允许创建几何约束的类型，通常全部选项都选中。

若“自动判断的尺寸”选中，使用“轮廓”、“直线”、“圆弧”、“圆”或“矩形”命令时，如果在屏幕输入框中输入了参数值，则将自动创建一个尺寸约束。

（2）创建自动判断的约束。“创建自动判断的约束”选项是一个复选按钮，用于启用或禁用自动判断的约束。

“创建自动判断的约束”启用时，系统会自动判断约束，并创建一个约束。

“创建自动判断的约束”禁用时，系统也会自动判断约束，但并不创建约束，所创建的几何体是独立的、非相关联的。

在创建曲线时，按住 Alt 健，可临时禁用“创建自动判断的约束”。

4）显示/移除约束

“显示/移除约束”用于显示草图几何相关的几何约束，并可执行如下操作：

（1）移除指定约束；

（2）列出所有几何约束的信息。

“显示/移除约束”的调用和对话框如图 3－20 所示。

“显示/移除约束”常用于如下情况：① 分析几何体的约束状态；② 删除草图中的多余约束；③ 分析和删除几何体的冲突约束。

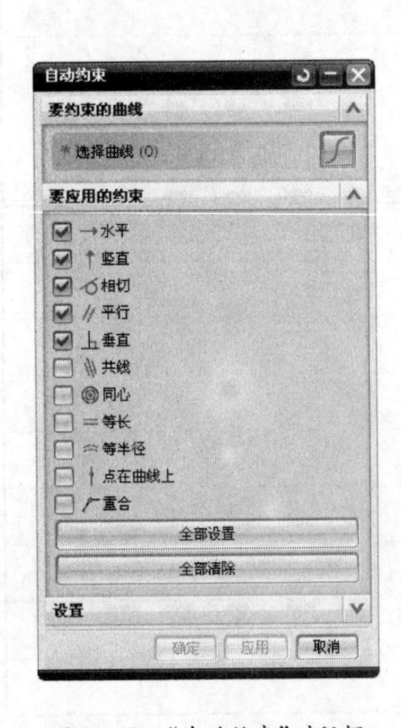

图 3－19 “自动约束”对话框

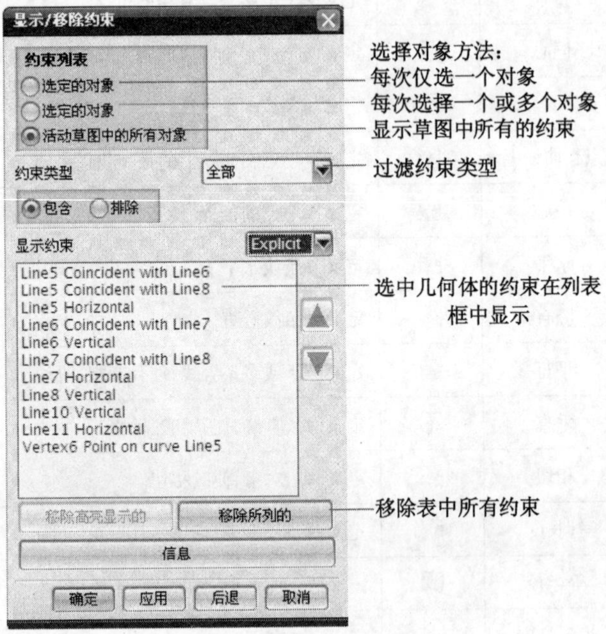

图 3－20 “显示/移除约束”对话框

4. 尺寸约束

1）尺寸约束作用

（1）确定草图几何体的大小，如圆弧的半径；

（2）确定两个几何体间的关系，如两点间的距离。

尺寸约束的显示类似于制图的尺寸标注，由尺寸文本、延伸线和箭头等构成，更改尺寸约束值，则会更改草图对象的形状、大小或位置。

2）尺寸约束类型

尺寸约束的类型见表 3－3。系统默认尺寸约束为“自动判断的尺寸”，它会根据选择的几何图形并基于对象和光标位置智能地自动判断尺寸类型，当“自动判断的尺寸”不能满足要求时才选用特定的尺寸约束类型。

表 3－3　尺寸约束类型

约束类型	图标	描　述
自动判断的尺寸		根据选择的几何图形并基于对象和光标位置智能地自动判断尺寸类型
水平尺寸		定义与 XC 轴平行的尺寸约束
竖直尺寸		定义与 YC 轴平行的尺寸约束
平行尺寸		定义两个对象之间的距离约束
垂直尺寸		定义点到直线的垂直距离约束
直径尺寸		定义圆或圆弧的直径约束
角度尺寸		沿顺时针方向定义两直线间的角度约束
半径尺寸		定义圆或圆弧的半径约束
周长尺寸		约束一个开放或封闭轮廓内选定曲线的总长度，但轮廓中不能有椭圆和二次曲线。周长尺寸不显示在草图中，仅建立约束表达式

[提示]

(1) 在创建约束的过程中，一些几何体被完全约束，注意其颜色变化；

(2) 在创建约束的过程中如果出现过约束或约束冲突，几何体及约束的颜色也会发生变化，这时应立即检查，消除错误；

(3) 尺寸标签的显示方式：表达式、名称和值，其设置见"草图选项卡"的尺寸标签。

3) 自动约束

使用"自动约束"命令可以选择 UG 自动应用到草图的几何约束的类型。当启用"自动约束"命令时，UG 分析当前草图中的几何体，并在适当的位置应用选定约束。该命令调用方式有两种：① 工具条："草图工具"→"自动约束"；② 菜单："工具"→"约束"→"自动约束"。

该功能在以下情况下特别有用：① 将几何体添加到当前草图时；② 由其他 CAD 系统导入几何体时。

4) 备选解

"备选解"命令是针对尺寸约束和几何约束显示备选解，并选择一个结果。备选解示例如图 3－21 所示。

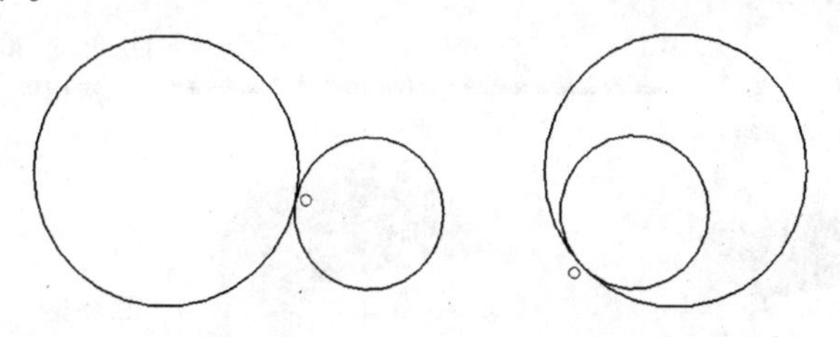

图 3－21　相切约束备选解

5. 草图操作

草图的操作包括镜像曲线、偏置曲线、交点、相交曲线、投影曲线、修剪配方曲线。

1）镜像曲线

该命令是将草图几何体通过指定的中心线，进行镜像复制生成新的镜像副本，并创建镜像约束，如果中心线为当前草图的直线则转换成参考线。镜像曲线的操作示例如图3－22所示。

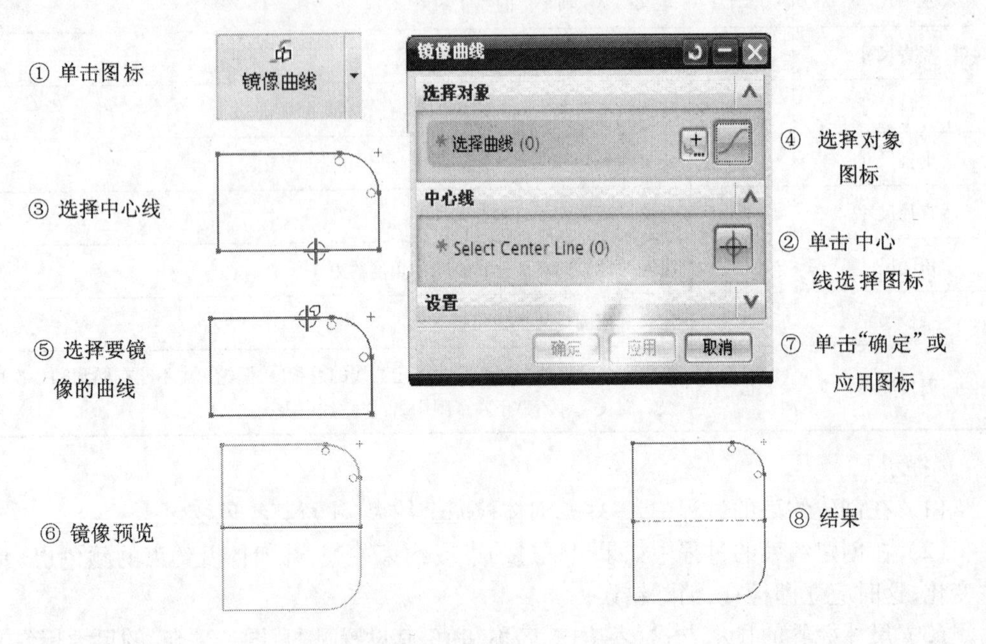

图3－22　镜像曲线

镜像曲线命令还同时创建镜像约束，因此，修改镜像约束的一侧几何体，另一侧的几何体相应变化。

2）投影曲线

该命令是沿草图平面法向将外部对象投影到草图创建投影对象，投影对象可以是曲线、线串或点。操作示例如图3－23所示。

图3－23　投影曲线

利用“投影曲线”功能生成的曲线方便完成后续建模，如图 3－24 所示。

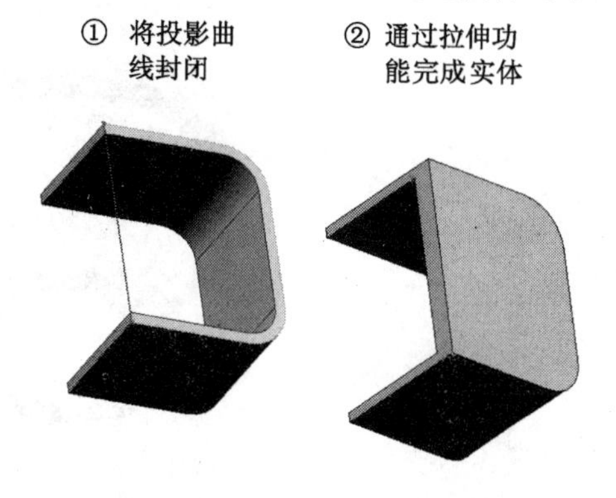

图 3－24　利用投影曲线完成建模

在“投影曲线”的操作中：① 如果选择的欲投影对象为面，系统自动投影它的边；② 投影曲线创建后，可以通过“编辑曲线”添加、移除要投影的对象，但不能编辑投影点；③ 原来光滑连接的曲线经投影后，创建的投影曲线有可能不能保持光滑连接。

6. 草图的拖动操作

当草图中的几何体还存在自由度时，可以通过拖动的方法改变其大小、形状和位置；也可以通过拖动的方法来改变尺寸约束文本放置的位置。

当光标扫过尺寸约束或曲线或端点时，待光标变成十字状，按住 MB1 不放实施拖动操作，可改变尺寸约束位置，或改变几何体。常用拖动操作示例如图 3－25 所示。

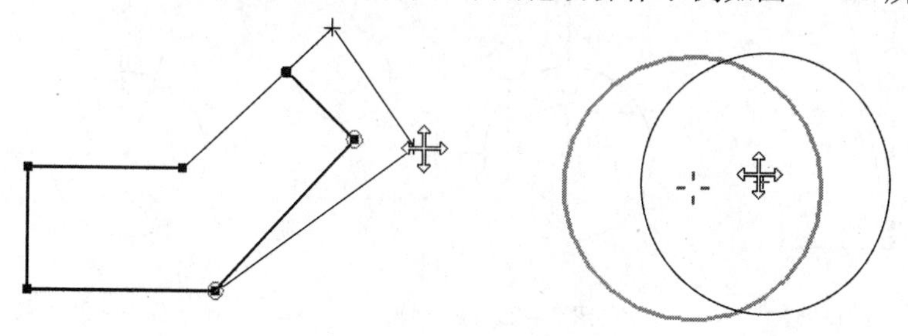

图 3－25　草图拖动

3.4　课堂练习——绘制草图

本练习绘制定位板零件，如图 3－26 所示。该定位板在机械装配系统中应用广泛，主要起定位和固定的作用。其主要结构由连接板和定位槽组成。绘制该定位板时，首先利用直线工具绘制辅助中心线，然后利用圆、直线工具绘制定位圆轮廓，再利用直线工具绘制切线，并利用快速修剪工具修剪掉不必要的线。需要指出的是 UG 中草图中不容许有重复线，一般要求截面封闭，否则会造成拉伸不成功。

操作步骤如下：

（1）新建一个名称为“Dingweiban. prt”的文件，然后单击“草图”按钮，打开“草图”对话框，选择 XC-YC 平面作为草图平面，进入草绘环境后，单击直线与圆弧命令，根据图 3－26 所示的尺寸绘制辅助线，并利用右键菜单 Convert to Reference 将其转化成虚线状的参考线，如图 3－28 所示。

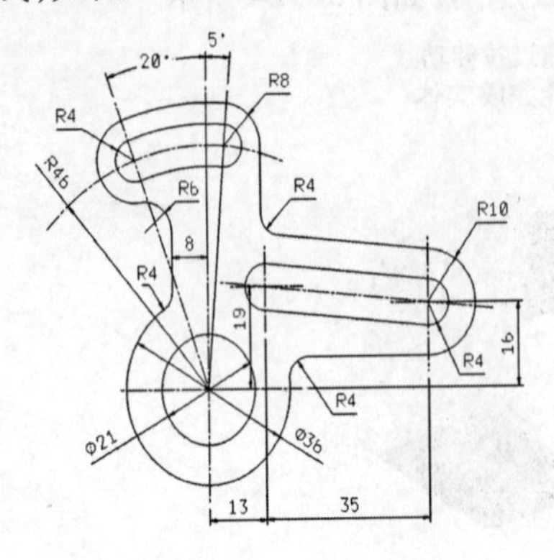

图 3－26　定位板平面图

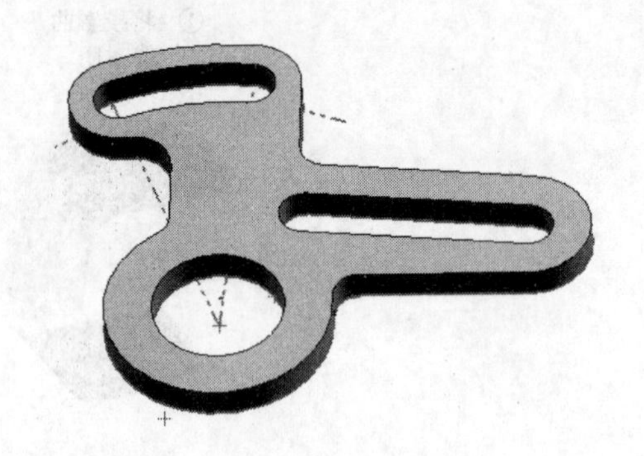

图 3－27　定位板三维零件图

（2）单击“圆”按钮，根据图 3－26 所示的尺寸绘制如图 3－29 所示的圆。其中在绘制两个同心的圆时，可采用同心圆约束，各个圆绘制完成之后，需要对其进行完全固定约束。

（3）单击“直线”按钮，在图 3－29 右侧两圆上方绘制一条直线，由于这条线利用约束工具与两个圆相切，所以对尺寸无严格要求，如图 3－30 所示。

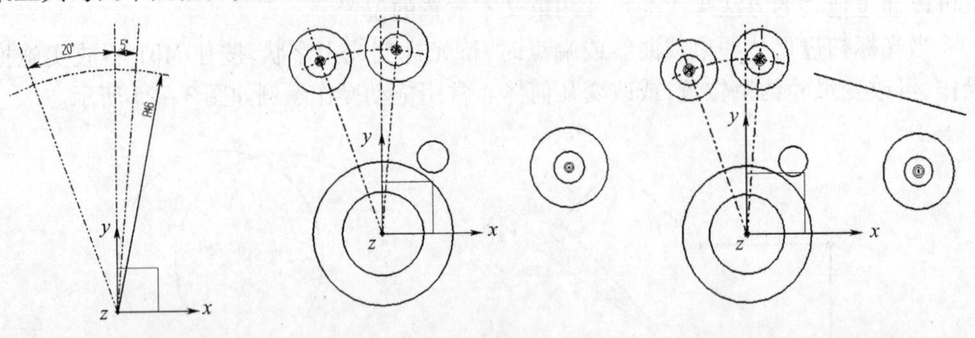

图 3－28　辅助线　　图 3－29　绘制圆　　图 3－30　绘制直线

（4）单击“约束”按钮，先单击草图中的直线，再单击要与之相切的圆，如图 3－31、图 3－32 所示。在约束操作面板中单击相切按钮。采用相切约束之后如图 3－33 所示。

（5）单击“快速修剪”按钮，剪掉不需要的线段，如图 3－34 所示。

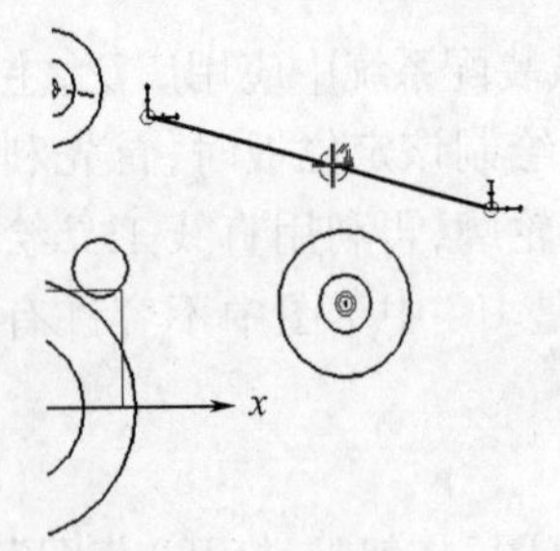

图 3－31　相切选择直线

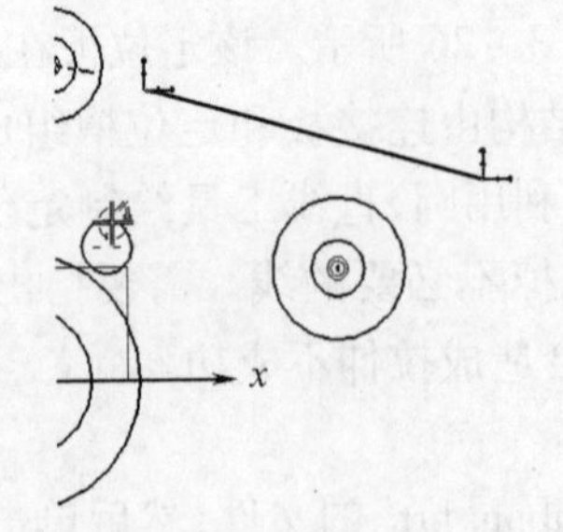

图 3－32　相切选择圆

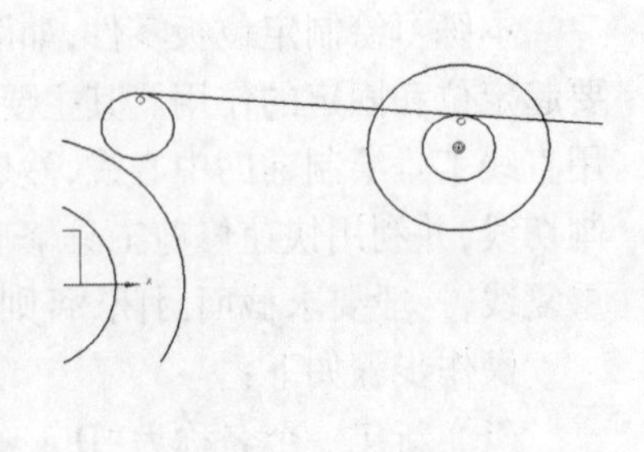

图 3－33　相切约束

（6）再利用直线工具，用与步骤 4 相同的方法画出另一条直线，利用约束方法使之与两圆相切，并利用快速修剪工具剪掉不需要的线段，如图 3－35 所示。

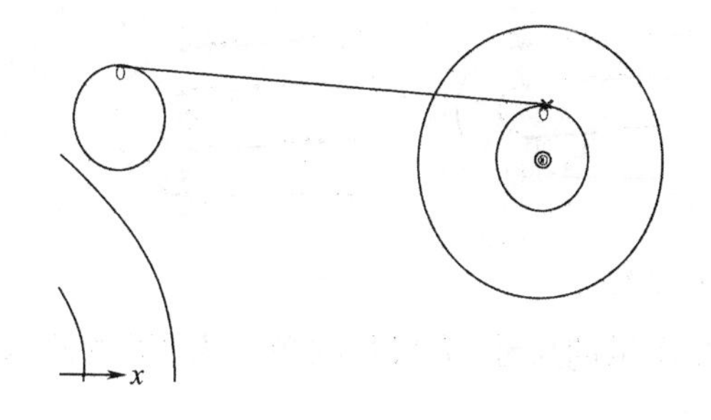

图 3－34 快速修剪

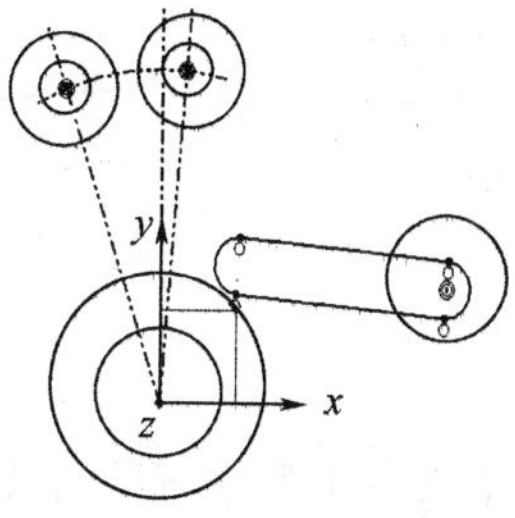

图 3－35 相切直线

（7）利用直线工具，画出一条直线，利用约束方法使之与前面绘制直线相平行，并与最右侧大圆相切，如图 3－36 所示。

（8）利用直线工具，画出一条竖直直线，利用约束方法使之与中间大圆相切，如图 3－37所示。也可以利用草图绘制的捕捉功能，直接从与圆的切点起始做竖直线。

（9）单击“圆角”按钮，选择与之相切的两条边，并输入圆角半径 4，其结果如图 3－38 所示。

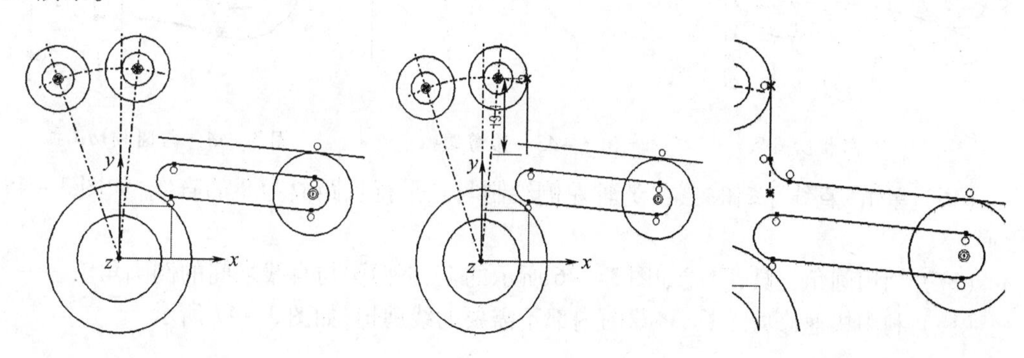

图 3－36 画与圆相切直线　　图 3－37 与圆相切竖直线　　图 3－38 倒圆角

（10）单击“直线”按钮，如图 3－39 所示，利用捕捉功能画一条与最右侧圆底部相切并水平的直线。

（11）利用圆角工具，完成如图 3－40 所示的倒圆角。

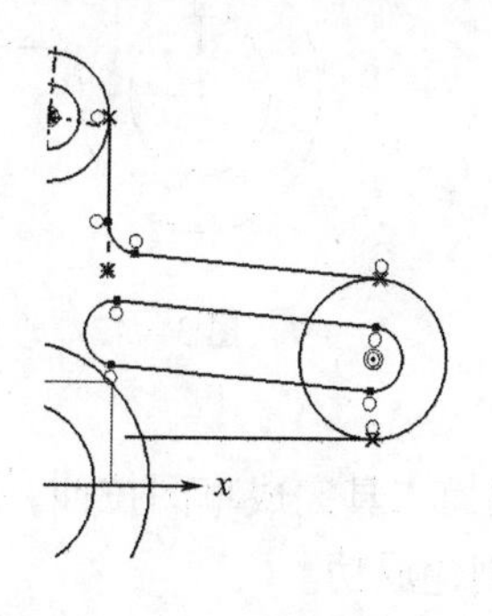

图 3－39 水平直线

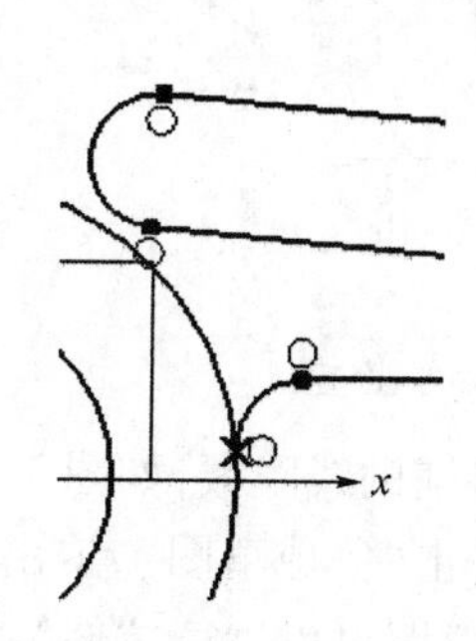

图 3－40 倒圆角

(12) 利用快速修剪工具,将右侧圆部分不需要的线修剪掉,如图 3-41 所示。

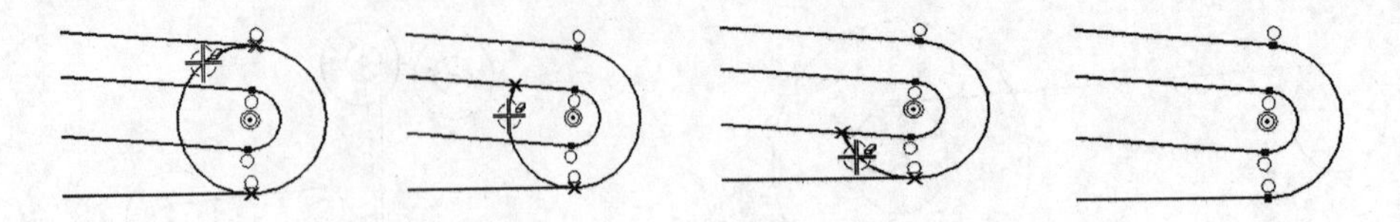

图 3-41 修剪线

(13) 单击"圆弧"按钮,按照如图 3-42 所示的尺寸,完成扫掠角度为 40°的两段圆弧。

(14) 利用快速修剪功能剪掉不需要的弧线,如图 3-43 所示。

(15) 利用圆弧工具绘制与大圆相切的两段扫掠角度为 40°圆弧,并利用快速修剪功能剪掉不需要的线,如图 3-44 所示。

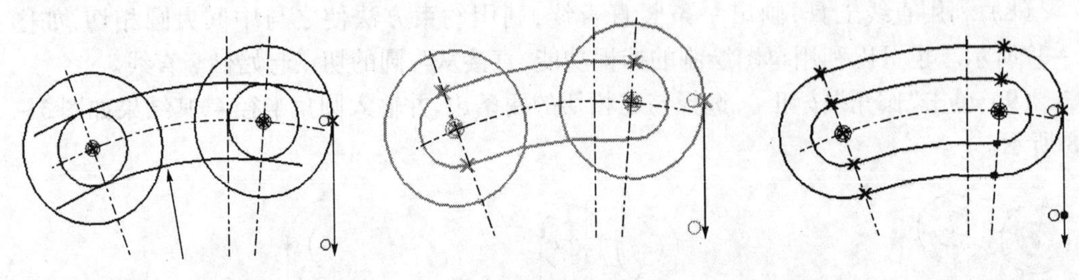

图 3-42 与圆相切圆弧　　图 3-43 修剪圆弧　　图 3-44 与圆相切圆弧

(16) 单击"直线"按钮,在 Y 轴左侧绘制与之平行且距离为 8 的直线,如图 3-45 所示。

(17) 利用圆角工具,完成如图 3-46 所示的上、下两圆与直线之间的倒圆角。

(18) 利用快速修剪工具,将草图内部不需要的线剪掉,如图 3-47 所示。

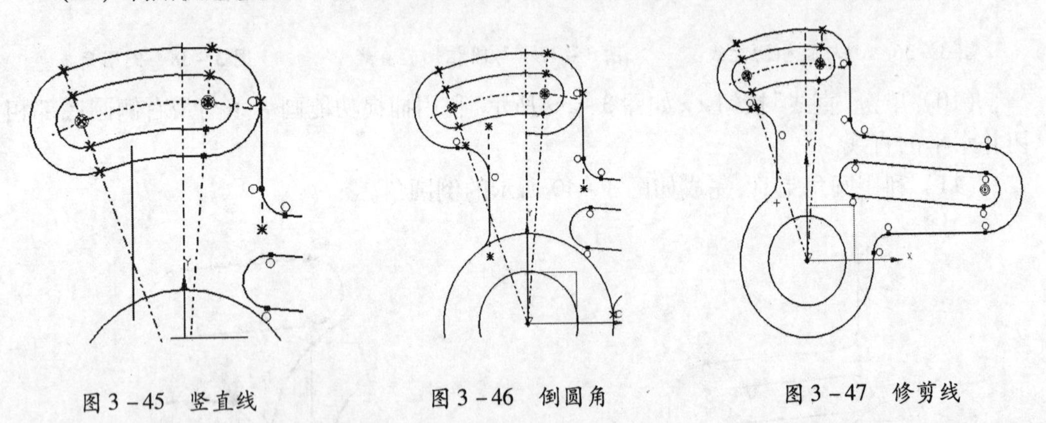

图 3-45 竖直线　　图 3-46 倒圆角　　图 3-47 修剪线

(19) 将辅助线隐藏,如图 3-48 所示。

(20) 单击"完成草图",退出草图环境,利用特征建模工具完成草图拉伸,如图 3-49 所示。只有草图可以进行拉伸等操作时才可认为草图创建成功。

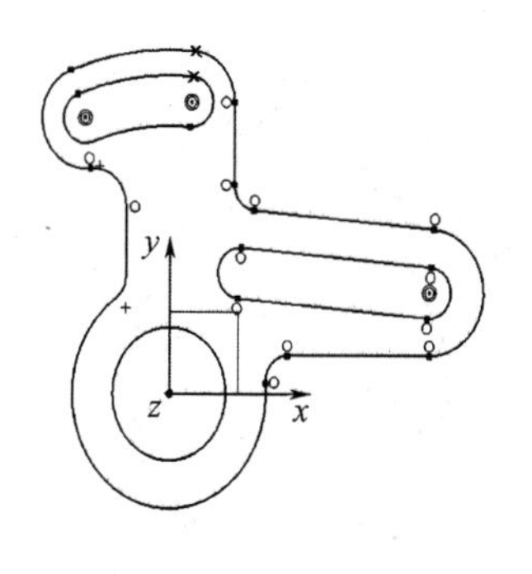

图 3 - 48　隐藏辅助线

图 3 - 49　定位板零件图

3.5　思考与练习

一、填空题

1. ________是指与实体模型相关联的二维图形，是在某个指定平面上的二维几何元素的总称。

2. 在绘制草图过程中，________是最小的几何构造元素，也是草图几何元素中的基本元素。

3. ________是指通过拖放定点和极点，并在定点指定斜率约束来绘制关联或非关联的曲线。

4. 完成草图绘制后，为了对草图的形状和大小进行精确地控制，并方便用户修改，需要对草图进行相应的________。

二、选择题

1. 利用________工具可以将二维曲线、实体或片体的边沿沿着某一个方向投影到已有的曲面、平面或参考平面上。

A. 镜像曲线　　B. 投影曲线　　C. 偏置曲线　　D. 添加现有曲线

2. ________方式可以绘制出一条曲线链，然后将与曲线链相交的曲线部分全部修剪。利用该工具可以快速地一次修剪多条曲线。

A. 单独修剪　　B. 统一修剪　　C. 边界修剪　　D. 删除

3. ________用于控制一个草图对象的尺寸或两个对象间的关系，相当于对草图进行尺寸标注。

A. 自动约束　　B. 尺寸约束　　C. 显示/移除约束　D. 自动判断约束设置

4. 使用________方法需要指定延伸边界，且被延伸曲线将延伸至边界处。

A. 单独延伸　　B. 统一延伸　　C. 边界延伸　　D. 拖动

三、简答题

1. 创建草图工作平面的方法有哪些？

2. 绘制圆有哪几种方式？

3. 简述草图的几何约束方式？

四、按图 3 - 50 ~ 图 3 - 55 中所标注的尺寸绘制草图。

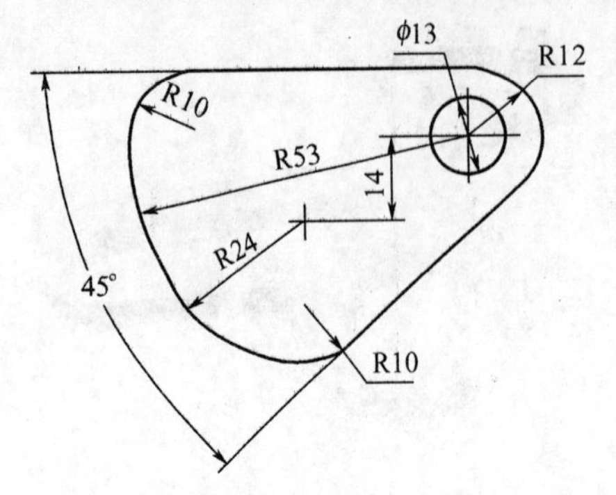

图 3 - 50

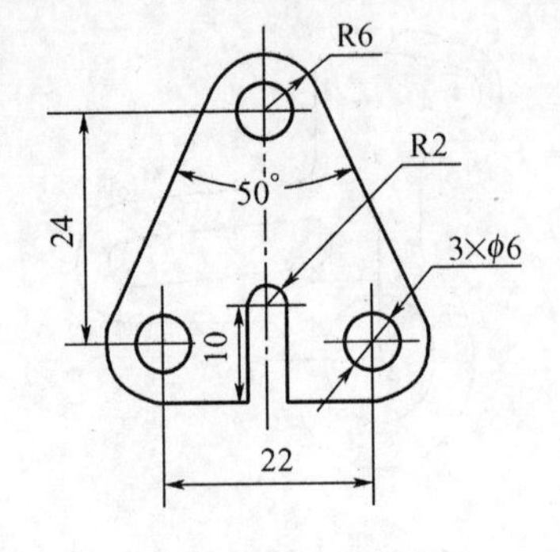

图 3 - 51

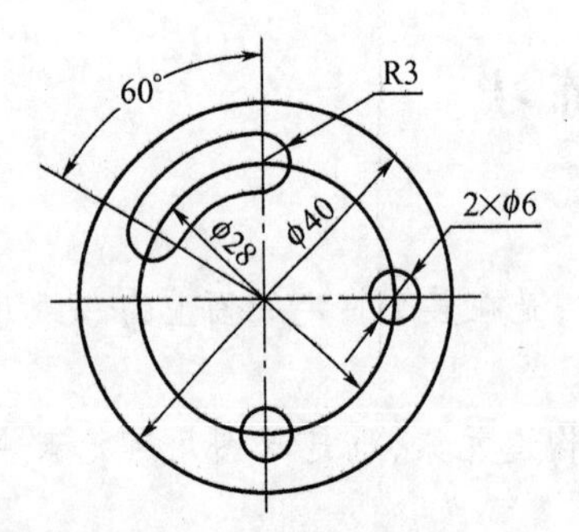

图 3 - 52

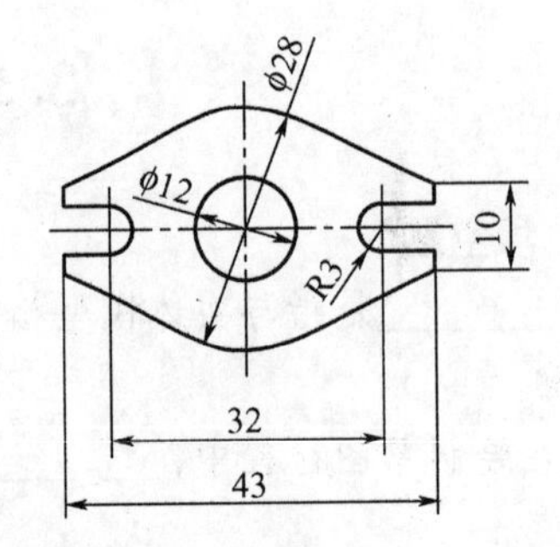

图 3 - 53

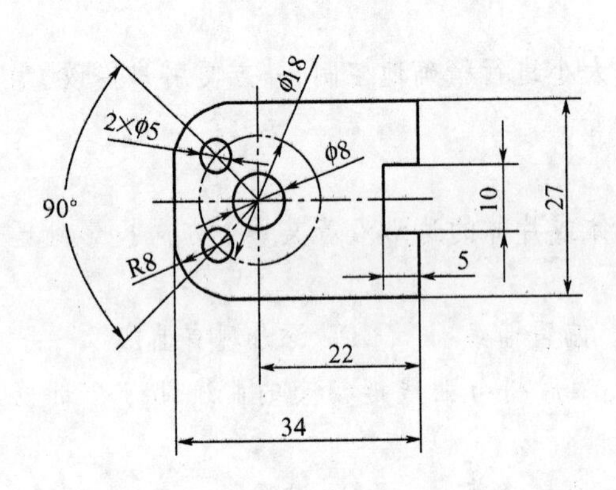

图 3 - 54

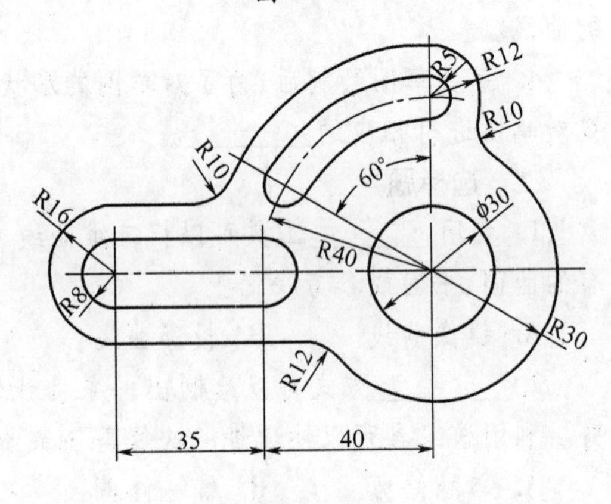

图 3 - 55

第4章　三维建模基础

CAD 模块是三维软件最基本的模块。在 CAD 模块中，最常用到的建模方法是基于参数化特征和约束的实体造型方法，也称为复合建模。其中，参数化特征建模作为 CAD 模块的基础和核心建模工具，用户应该熟练掌握特征的类型及创建方法。

本章主要介绍 UG 三维建模中布尔操作、常用的基础特征、工程特征、基准特征和特征编辑等内容。

本章学习要点：

（1）了解特征的定义和类型。

（2）了解布尔运算的特点，掌握其操作方法。

（3）掌握常用设计特征的创建方法。

（4）掌握常用细节特征的创建方法。

（5）熟悉常用的特征编辑方法。

4.1　常用建模方法

UG 作为常用的三维 CAD 软件之一，具有强大的建模功能，并且具有交互简单和编辑方便的特点，有助于用户快速进行产品的模型设计。

1. 参数化建模

在进行产品设计时，认真分析产品的结构，充分了解产品的各个部分之间的关系，形成合理的设计意图，然后运用软件提供的功能对设计进行不断改进和完善。参数化设计的目的就是按照产品的设计意图能够进行灵活的修改。

为了进一步编辑参数化模型，应该将用于模型定义的参数值随模型一起存储。模型的参数之间可以彼此引用，以建立模型各个组成部分之间的关系。如图 4－1 所示的模型，孔的参数包括孔的位置、直径和深度，长方体的参数包括长度、宽度和高度等。设计者的意图可以是孔的轴线通过长方体的底面中心，孔的直径总是等于长方体宽度的一半，孔的深度总是等于长方体的高度。把这些参数关联起来就可以获得要求的结果，并且易于修改。

2. 基于约束的建模

在基于约束的建模中，模型的位置和形状由一组设计规则进行驱动或求解，这组设计规则称为约束。这些约束可以是尺寸约束（如草图尺寸或定位尺寸）或几何约束（如平行或相切等）。例如，一条线相切到一个圆弧上，设计意图是线的角度改变时仍然保持与圆弧的相切关系。

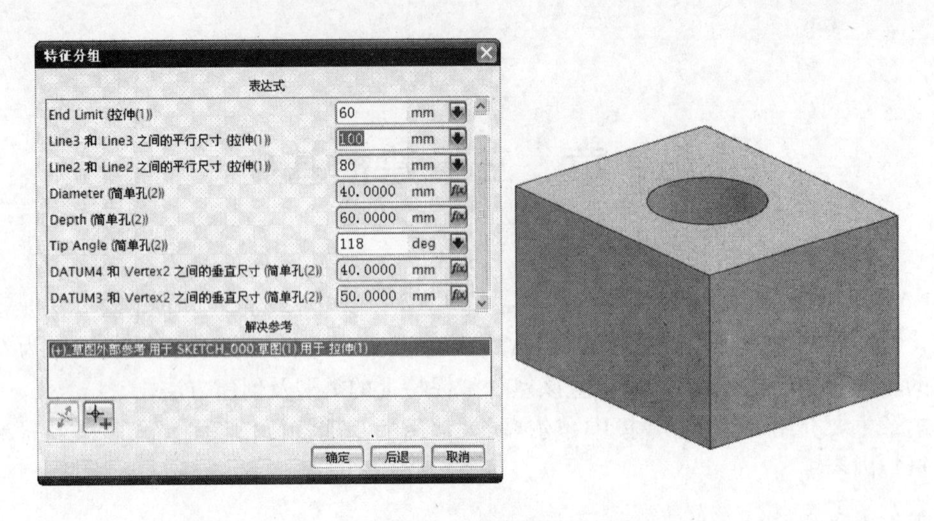

图 4-1　参数化模型

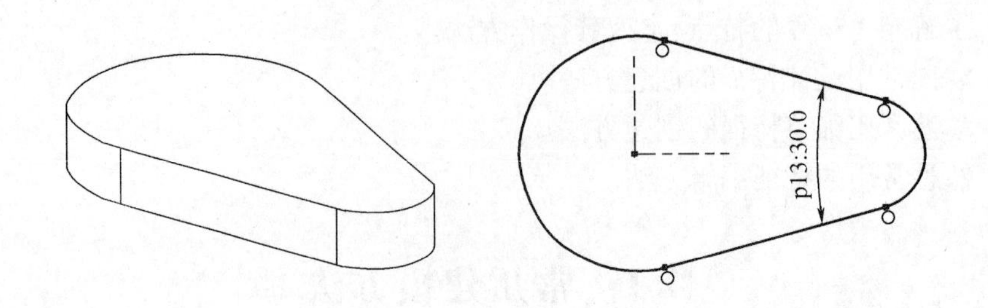

图 4-2　模型及其草图

3. 特征建模

在三维 CAD 软件中,零件模型通常由许多单独的具有一定参数的几何元素组合而成,就像装配体是由许多单独的零件组成一样,这些独立的几何元素称为特征。特征可以通过草图构建、工具构建以及复制构建等方法来生成。

在 UG 建模中,通常是将这些方法集成在单一的建模环境中,因此在产品设计时,设计者在建模技术上有更多的灵活性。

4.2　基于特征的建模

4.2.1　基于特征的建模过程

通常,通过构造不同的特征,可以生成由简单到复杂的各种零件,以满足设计需求。也就是说,零件三维模型是由一系列按照先后顺序构造的特征组成的,如果先后创建的特征之间具有参照关系,则在它们之间建立关联,即建立了父子关系。存在父子的特征顺序不能随意进行调整。在 UG 中,这种先后顺序用时间戳记表示,即

零件三维模型 = 特征(时间戳记)

图 4-3 所示为箱体模型的组成特征。

用特征来创建零件可以采用“积木”法、“旋转”法以及“加工”法等方法。

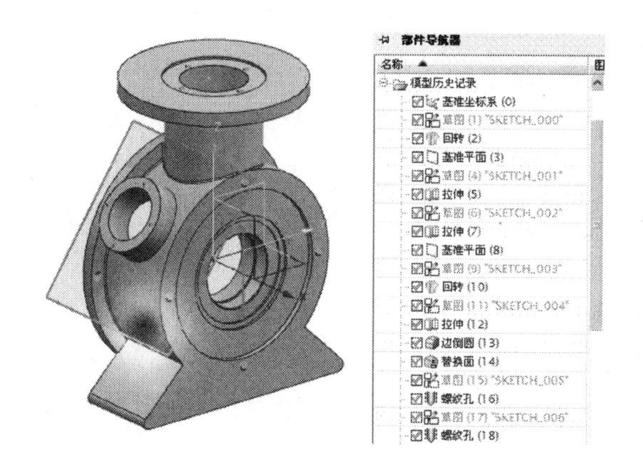

图 4－3　箱体模型的组成特征

“积木”法就是一次只建立一个简单的特征，后面的特征叠加到前面的特征上，如图 4－4所示，改变任一个特征都会影响到其后建立的特征。

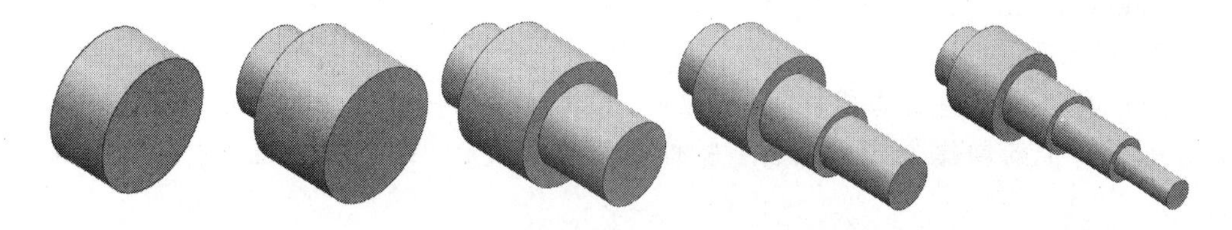

图 4－4　“积木”法创建零件

“旋转”法就是将零件的截面用机械制图的思路绘制出来，然后绕轴旋转即可得出零件，这样能够快速形成零件，但是也限制了后续模型编辑修改的灵活性，如图 4－5 所示。

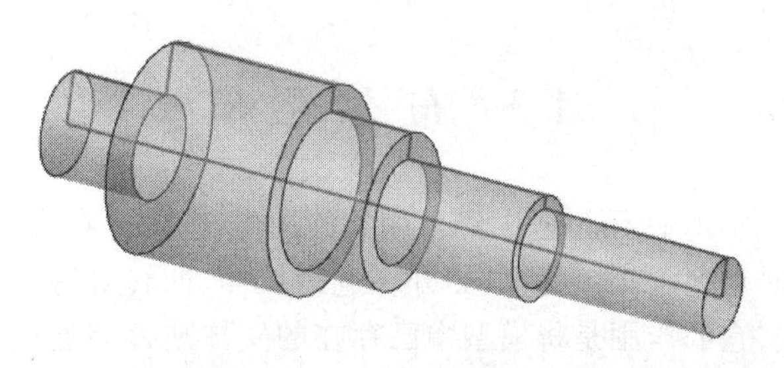

图 4－5　“旋转”法创建零件

“加工”法就是仿照零件在制造加工过程中的顺序，将零件材料进行切除，从而创建出零件，如图 4－6 所示，这样生成的零件，在创建过程中要充分了解其加工过程，因而会影响到模型创建过程的效率。

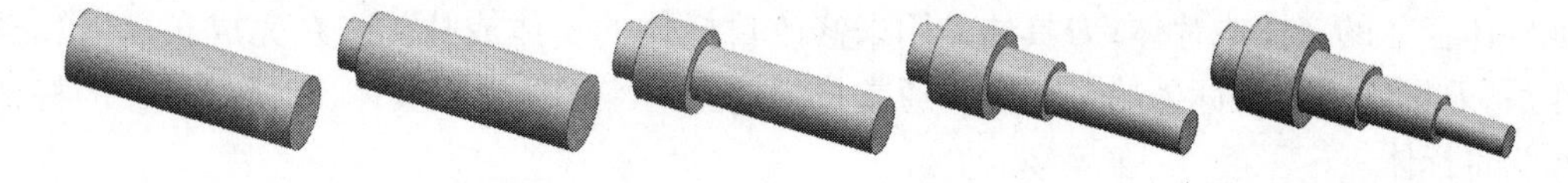

图 4－6　“加工”法创建零件

4.2.2 特征类型

在三维 CAD 软件中，通常可以根据特征在建模过程中的作用分为基础特征、工程特征和基准特征等。其中基础特征和工程特征属于成形特征，基准特征主要用来给成形特征的创建提供参考等。用户可以通过相关操作，应用这些特征来创建零件模型。

1. 基础特征

基础特征是零件实体建模的基础，即零件的毛坯。后续的工程特征和基准特征编辑都必须建立在基础特征的基础上。基础特征包括拉伸、回转、扫描等设计特征，如图 4－7 所示，它们通常作为创建零件模型时的第一个特征。

2. 工程特征

工程特征是从工程实践中引入的实体造型概念，是针对基础特征的进一步加工。与基础特征不同的是，工程特征不能独立创建，必须在建立好的实体模型上创建。这些特征主要包括孔、凸台、键槽、槽、三角形加强筋、螺纹等设计特征和倒角、倒圆等细节特征以及抽壳等偏置特征，如图 4－8 所示。

3. 基准特征

基准特征主要包括基准平面、基准轴、基准坐标系和基准点等特征，如图 4－9 所示。基准特征的创建方式有两种：一种是直接建立，一种是在特征操作过程中临时建立。

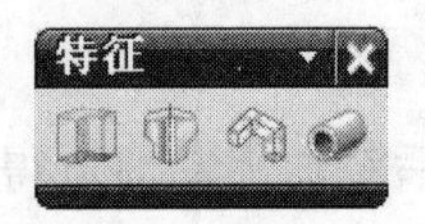

图 4－7　基础特征

图 4－8　工程特征

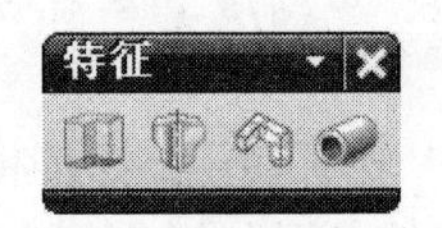

图 4－9　基准特征

4.3 布尔运算

布尔操作运算是 UG 使用过程中经常用到的操作，它隐含在许多特征中，例如在建立孔、凸台等特征时均包含布尔运算，另外在进行拉伸、回转等特征创建时也都需要指定布尔运算的方式，它的作用是将模型中已存在的实体或片体通过布尔运算组合成一个整体；当建立新特征时，如果模型中已存在实体，则新特征也需要与已存在的实体进行布尔操作，将它们组合成一个整体。可按需要从图 4－10 所示的特征创建对话框的布尔操作下拉列表框中选择一种操作，也可以通过菜单“插入”→“组合”选择相应的操作。

进行布尔运算时，操作的实体称为目标体和刀具体。目标体是首先选择的需要与其他实体合并的实体或片体；刀具体是用来修改目标体的实体或片体。在完成布尔运算操作后，刀具体成为目标体的一部分。通常将新建立的特征作为工具体，将已经存在的特征作为目标体。

在 UG 中，提供了 3 种布尔运算的方法，即求和、求差和求交。下面以图 4－11 所示的模型为例，说明布尔运算的操作方法。

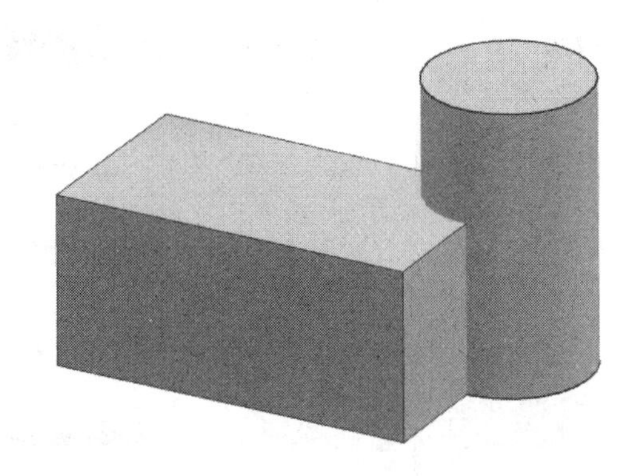

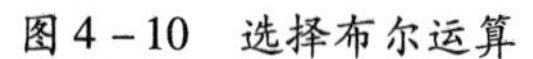

图 4－10　选择布尔运算　　　　图 4－11　实例模型

1. 求和

求和运算是指将两个或多个实体合并成一个实体，也可以认为是将多个实体特征进行叠加，形成一个新的独立的特征，也就是求这些实体之间的并集。在进行求和运算时，工具体与目标体必须面接触或体相交。

单击特征工具条上的“求和”图标或选择菜单“插入”→“组合”→“求和”命令，弹出“求和”对话框。然后依次选取长方体作为目标体，圆柱体作为刀具体，进行求和运算，如图 4－12 所示。在后续的布尔运算中，目标体和刀具体的选择与此相同。求和运算效果如图 4－13 所示。

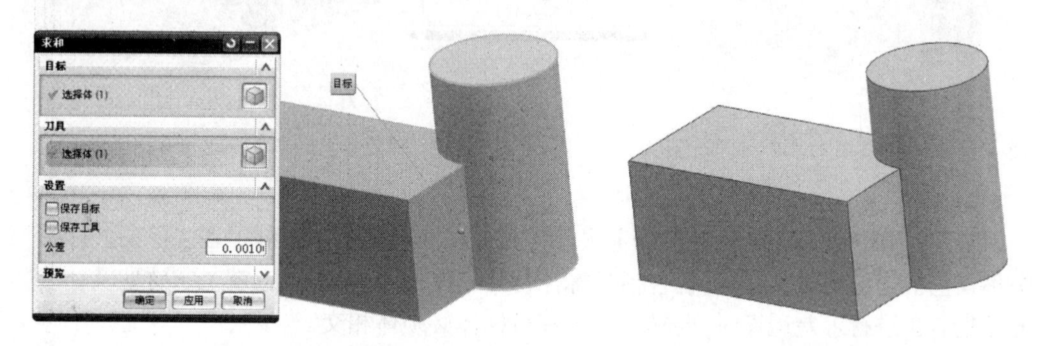

图 4－12　求和运算　　　　图 4－13　求和运算效果

在进行求和运算时，也可以通过选择“保存目标”或“保存工具”选项来进行非破坏性的布尔运算。

1）保存目标

在“求和”对话框的“设置”选项中选中该复选框，则进行求和运算时将不会删除之前选择的目标体特征。可以通过将不同的特征移动到不同的图层上，也可以通过快速拾取工具，查看布尔运算后的结果，如图 4－14 和图 4－15 所示。

2）保存工具

在“求和”对话框的“设置”选项中选中该复选框，则进行求和运算时将不会删除之前选择的刀具体特征。可以通过将不同的特征移动到不同的图层上，也可以通过快速拾取工具，查看布尔运算后的结果，如图 4－16 和图 4－17 所示。

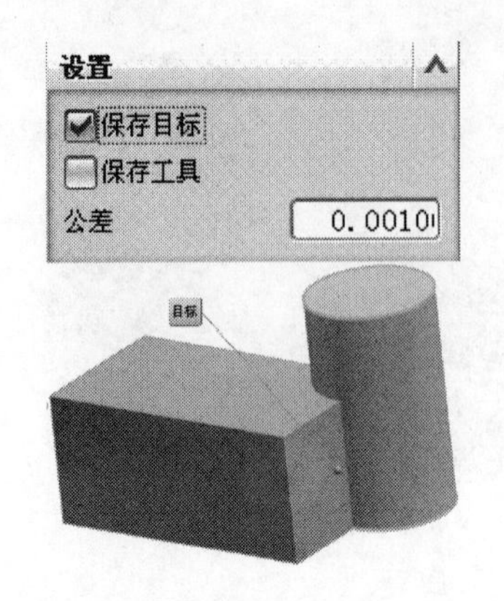

图 4-14　保存目标的求和运算设置

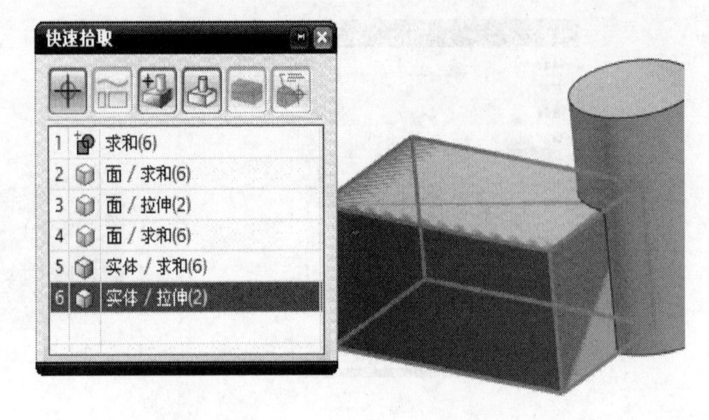

图 4-15　保存目标的求和运算效果

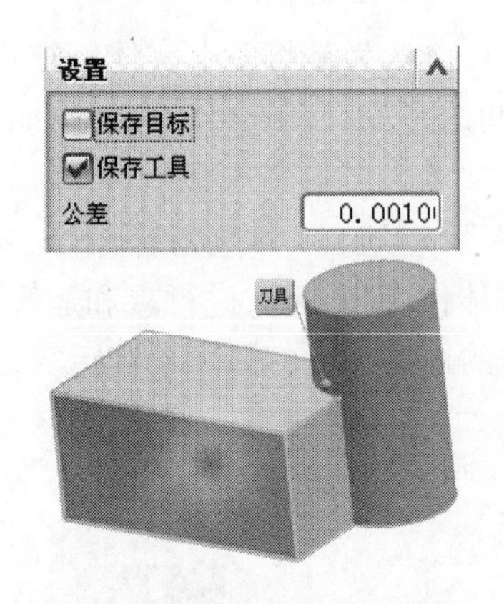

图 4-16　保存工具的求和运算设置

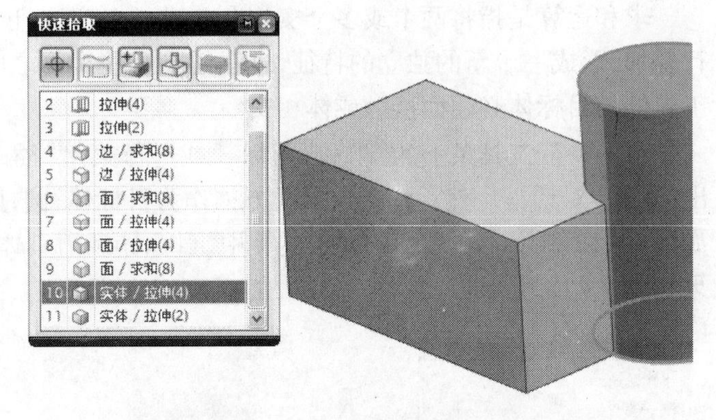

图 4-17　保存工具的求和运算效果

2. 求差

求差运算是指从一个目标实体上去除一个或多个刀具实体特征。在去除的实体特征中不仅包括指定的刀具特征,也包括目标体与刀具体的相交部分,也就是求这些实体之间的差集。在进行求差运算时,要求刀具体和目标体必须体相交。

单击特征工具条上的"求差"图标或选择菜单"插入"→"组合"→"求差"命令,弹出"求差"对话框。然后依次选取目标体和刀具体,进行求差运算,如图 4-18 所示。求差运算效果如图 4-19 所示。

图 4-18　求差运算

图 4-19　求差运算效果

在“设置”选项中选中“保存目标”复选框，在进行求差操作后目标体特征显示在图形工作区；而选中“保存工具”复选框，在进行求差操作后刀具体特征依然显示在图形工作区，其运算效果分别如图4－20和图4－21所示。

图4－20　保存目标的求差运算效果

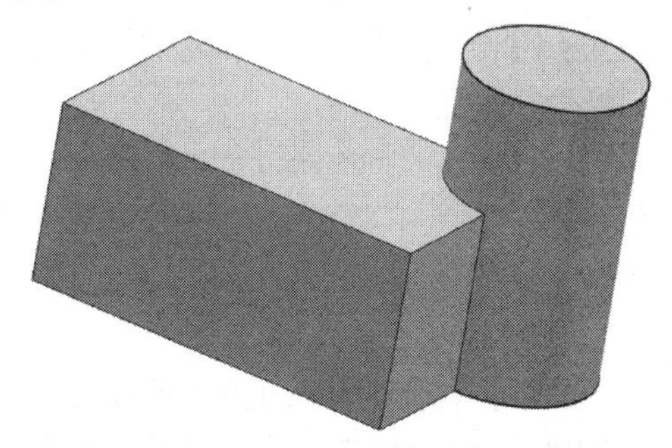

图4－21　保存工具的求差运算效果

3. 求交

求交运算可以得到两个相交实体特征的共有部分或者重合部分，即求实体与实体之间的交集。在进行求交运算时，要求刀具体和目标体必须体相交。

单击特征工具条上的“求交”图标或选择菜单“插入”→“组合”→“求交”命令，弹出“求交”对话框。然后依次选取目标体和刀具体，进行求交运算，如图4－22所示。求差运算效果如图4－23所示。

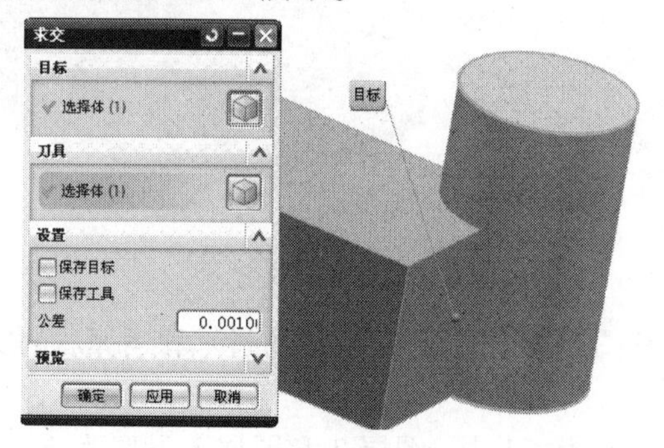

图4－22　求交运算

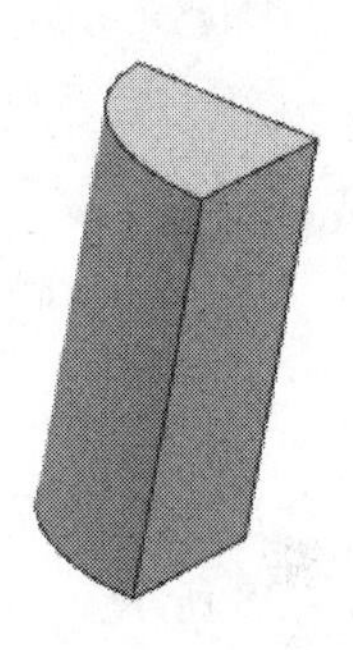

图4－23　求交运算效果

在“设置”选项中选中“保存目标”复选框，在进行求交操作后目标体特征显示在图形工作区；而选中“保存工具”复选框，在进行求交操作后刀具体特征依然显示在图形工作区，其运算效果分别如图4－24和图4－25所示。

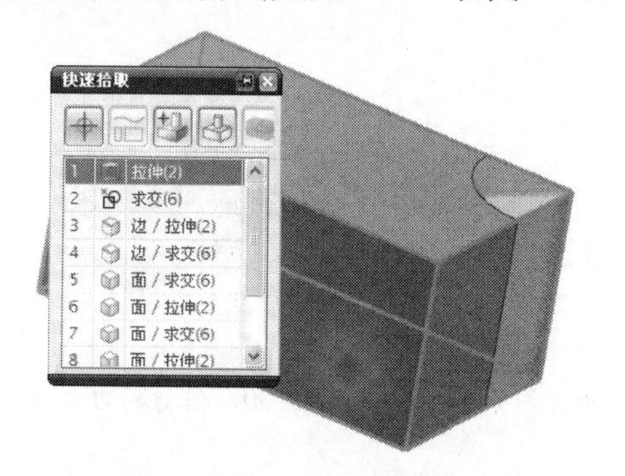

图4－24　保存目标的求交运算效果

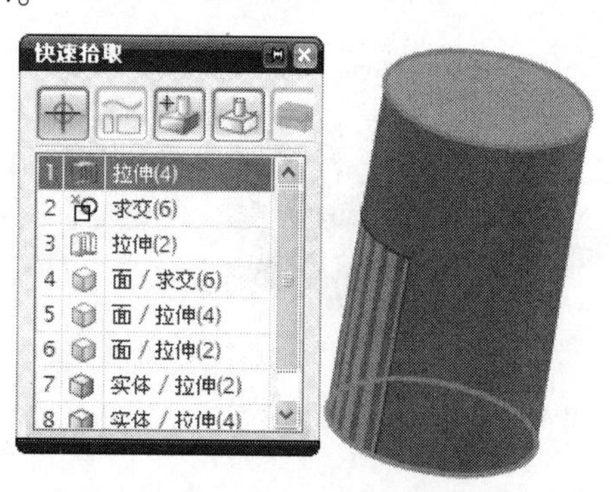

图4－25　保存工具的求交运算效果

4.4 课堂练习——布尔运算

本练习将对如图 4 –26 所示的模型进行非破坏性的布尔运算。

操作步骤如下:

(1) 打开练习 ch4\example\4 –1. prt,如图 4 –26 所示。该模型的下底部分在层 1,上侧部分在层 2。

(2) 设置图层状态。选择“格式”→“图层设置”命令,将图层 3 设置为当前工作层。

(3) 单击特征工具条上的“求和”图标或选择菜单“插入”→“组合”→“求和”命令,弹出“求和”对话框。然后依次选取长方体作为目标体,圆柱体作为刀具体,并选中“保存目标”和“保存工具”复选框,进行求和运算,如图 4 –27 所示。

图 4 –26　4 –1. prt

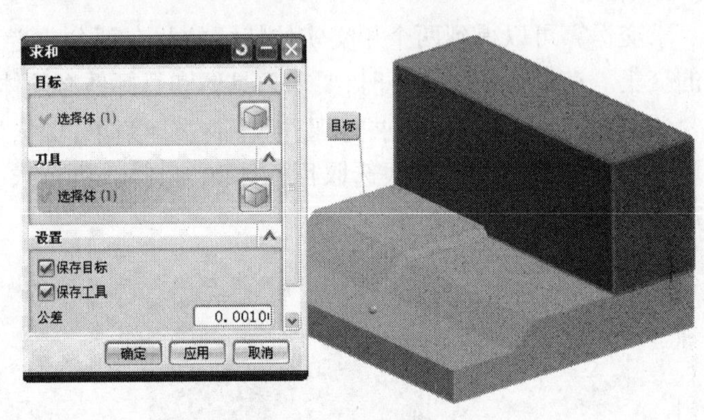

图 4 –27　求和设置

(4) 利用图层设置工具,将图层 1 和图层 2 设置为不可见,通过求和运算后的实体模型如图 4 –28 所示。

(5) 利用图层设置工具,将图层 1 设置为工作层,图层 2 和图层 3 设置为不可见,保留的目标体如图 4 –29 所示。

(6) 利用图层设置工具,将图层 2 设置为工作层,图层 1 和图层 3 设置为不可见,保留的刀具体如图 4 –30 所示。

图 4 –28　求和后的实体

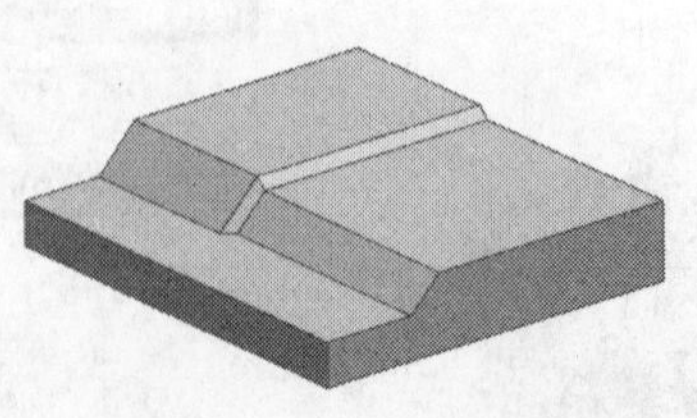

图 4 –29　保留的目标体

图 4 –30　保留的刀具体

4.5 基础特征

基础特征包括拉伸、回转、扫描等设计特征，通常需要设计其截面、方向、深度、布尔运算及其他参数来完成该类型特征的创建。

4.5.1 拉伸特征

拉伸特征是将一个截面沿着一个指定的方向拉伸一定距离生成的特征。拉伸的截面可以是草图、实体边缘等二维几何元素。

在“特征”工具栏单击“拉伸”按钮将打开如图4-31所示的“拉伸”对话框。在该对话框中可以依次设置拉伸特征的截面、方向、限制及布尔运算等参数，从而完成拉伸特征的创建。

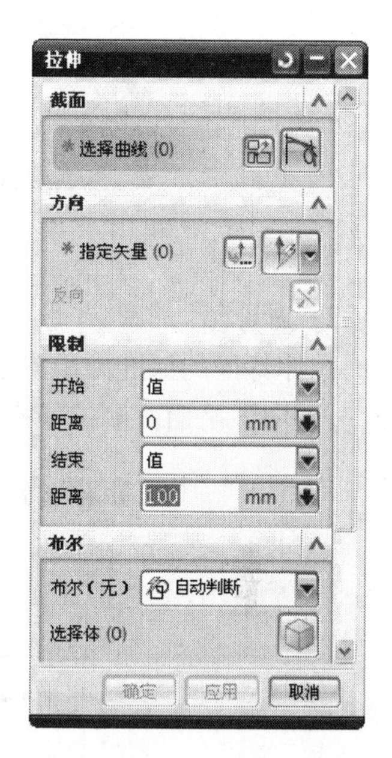

图4-31 “拉伸”对话框

1. 截面

拉伸特征的截面有绘制截面和选择曲线两种方式。通常在创建实体模型时，截面要求是封闭的图形。

1）绘制截面

单击“绘制截面”图标，进入草图环境，用户根据需要绘制相应的草图轮廓即建立用于生成特征的截面，截面绘制完成后返回“拉伸”对话框，建立的草图自动地被选为拉伸的截面。

2）选择曲线

单击“曲线”图标，在当前环境中选择用于建立拉伸特征的曲线或实体边缘。用户可以通过选择条工具快速进行相关曲线的选取，每一个完整的曲线或实体边缘组成拉伸的截面。

2. 方向

用来指定拉伸特征的生成方向。默认方向是截面的方向。用户也可以通过选择曲线、边缘或任一创建矢量的方法来规定拉伸的参考矢量，即指定矢量。如果指定矢量的方向与用户的要求正好相反，则可以选择反向按钮或者双击表示方向的箭头来改变指定矢量的方向。

3. 限制

用来指定拉伸特征在生成方向上的深度。“开始”选项用于指定拉伸特征在生成方向上的开始位置，“结束”选项用于指定拉伸特征在生成方向上的结束位置。“开始”和“结束”选项包括如下类型：

1）值

拉伸特征的深度由用户输入的距离决定。当输入值为负时，表示深度的开始或结束位置与当前的生成方向相反。如图4-32所示，图中箭头所示方向为指定矢量的方向，圆点手柄表示开始位置,箭头手柄表示结束位置,用户也可以通过拖动手柄来设置对应的距离。开始和结束的距离都是手柄相对于拉伸截面所在平面的距离值。

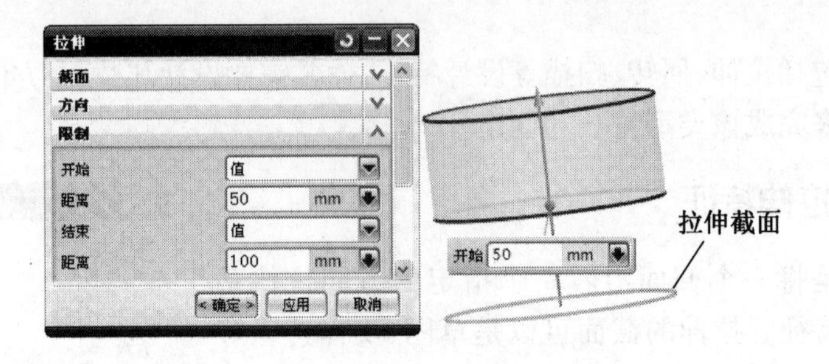

图 4-32　值的设置

2）对称值

拉伸特征的深度为用户输入距离值的 2 倍。拉伸特征以拉伸截面所在平面为对称面,分别向该平面两侧拉伸指定的距离,如图 4-33 所示。

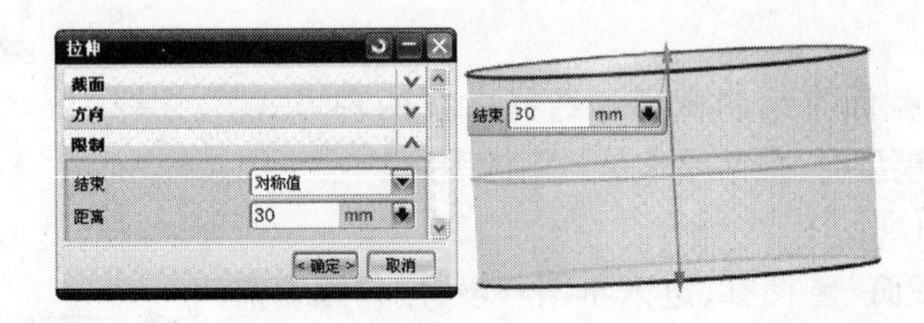

图 4-33　对称值的设置

3）直至下一个

拉伸特征的深度为从草图平面开始,沿拉伸方向延伸到第一个与截面完全相交的实体表面,如图 4-34 所示。如果延伸方向上没有与截面完全相交的实体表面,则会弹出相应的错误提示。

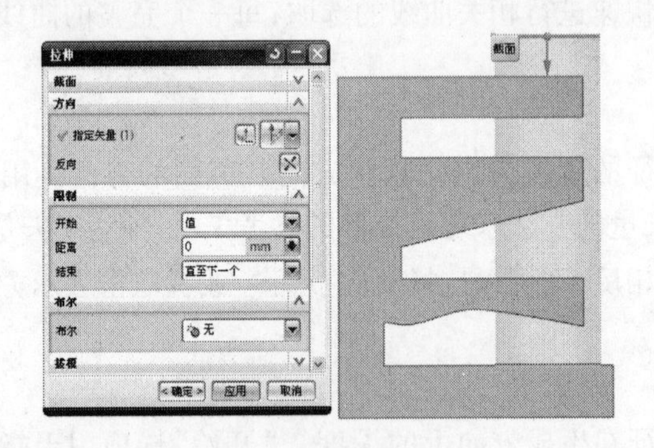

图 4-34　直至下一个的设置

4）直至选定对象

拉伸特征的深度为从草图平面开始,延伸到用户选定的参考平面、曲面或体,如图 4-35所示。需要注意的是,用户选定的参考对象要与截面在延伸方向上完全相交,否则会弹出相应的错误提示。

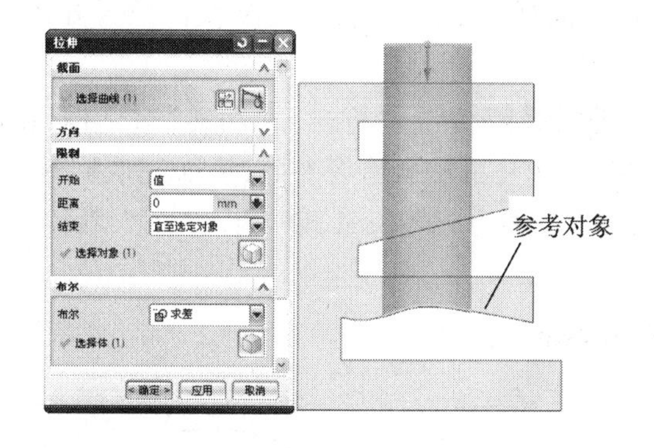

图 4－35　直至选定对象的设置

5）直到被延伸

拉伸特征的深度为从草图平面开始，延伸到用户选定的参考平面，如图 4－36 所示。需要注意的是，当拉伸截面在延伸方向上与用户选定的参考对象不完全相交时，用户选定的参考对象会进行延伸，使它与拉伸截面在延伸方向上完全相交。

6）贯通

拉伸特征的深度为从草图平面开始，延伸到拉伸方向上所有可能相交的体，如图 4－37所示。

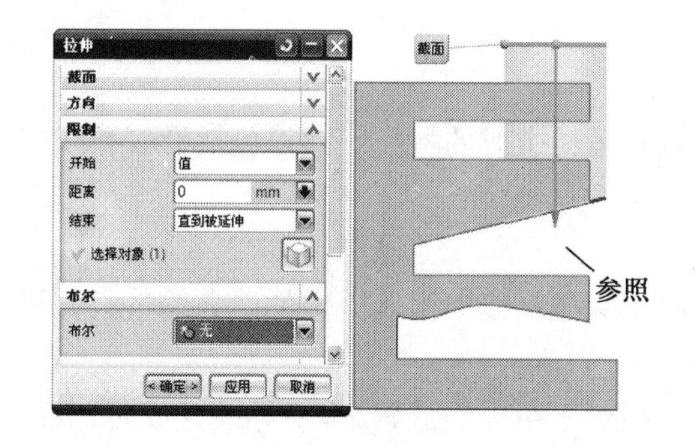

图 4－36　直到被延伸的设置

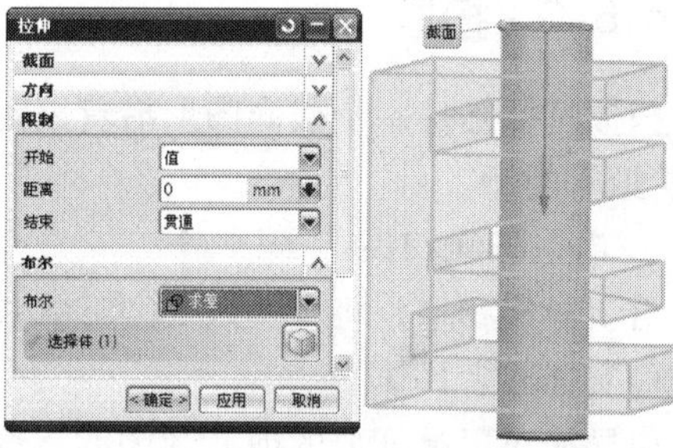

图 4－37　贯通的设置

4. 布尔运算

用来指定拉伸特征生成时的布尔运算，“布尔”选项包括无、求和、求差和求交共 4 种选项，其中“无”表示不对当前特征进行布尔运算，一般用于模型第 1 个特征的创建。当创建当前特征之前，模型已经有特征存在时，通常系统会根据拉伸特征的截面、方向和限制等选项，自动判断布尔运算的类型，即自动选择“求和”、“求差”或“求交”进行布尔运算。

4.5.2　回转特征

回转特征是将一个截面绕着一个指定的轴旋转一定的角度生成的特征。回转特征的操作与拉伸特征的操作类似，不同之处在于：

1）回转特征的旋转轴除了要指定矢量以外，还需要指定矢量通过的点；

2）回转特征的截面必须全部位于旋转轴的一侧，不允许跨越中心线；

3）回转特征的度量单位是角度，其旋转角度从截面位置开始算起，开始和结束角度的绝对值的和不能大于360°。

在“特征”工具栏单击“回转”按钮将打开“回转”对话框，在该对话框中可以依次设置回转特征的截面、轴、角度及布尔运算等参数，从而完成回转特征的创建。图4－38所示即是以基准坐标系的YC轴为旋转矢量，以坐标原点为旋转矢量通过点而创建的回转特征。

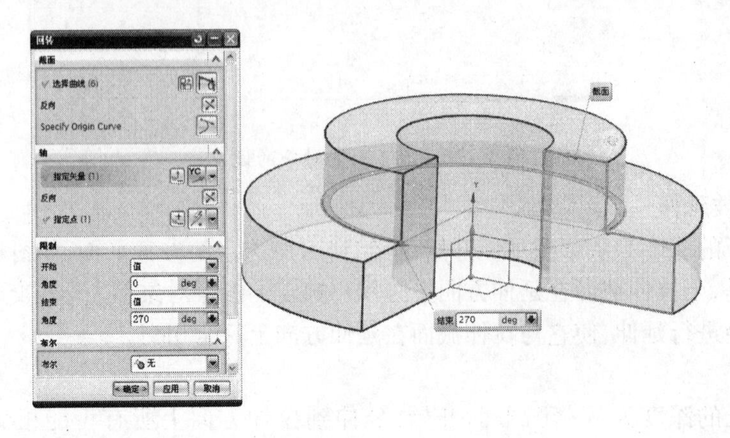

图4－38　回转特征

4.5.3　扫掠

扫掠特征是将一个截面图形沿着一定的轨迹运动生成的特征。扫掠包括沿引导线扫掠、管道等类型。

1. 沿引导线扫掠

沿引导线扫掠是将实体表面、实体边缘、曲线等截面线串沿着一定的引导线进行扫描生成的实体或者片体。

引导线可以是开放的或者封闭的。截面应相对于引导线放置，当引导线开放时，截面应位于引导线的起点；当引导线封闭时，截面应位于组成引导线的任一曲线的起点。沿引导线扫掠要求截面在沿引导线扫描过程中不能产生自相交，如图4－39所示，否则会产生错误，因此要求：

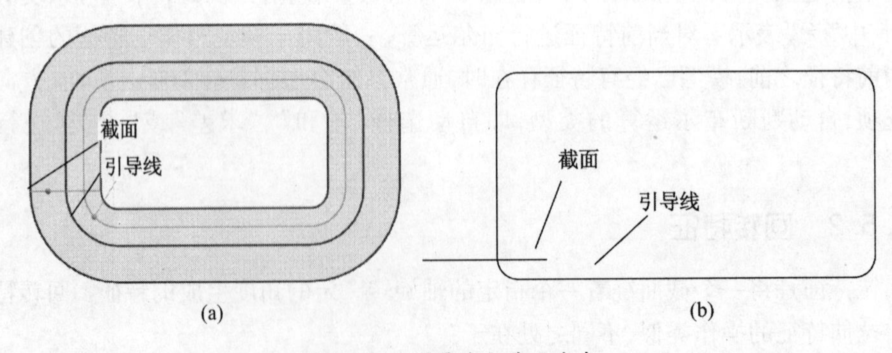

图4－39　引导线与截面线串

(a) 无自相交；(b) 自相交。

（1）引导线应该是光顺的，不要有尖锐拐角；

（2）引导线曲线上的曲率半径要比截面曲线上对应部分的曲率半径大。

用户通过“插入”→“扫掠”→“沿引导线扫掠”，打开“沿引导线扫掠”对话框，用户通过设置截面、引导线、偏置、布尔等选项完成该特征的创建。

1）引导线封闭

当引导线封闭、截面封闭时，如图 4 - 40 所示，扫掠特征是由封闭截面沿封闭引导线扫描后形成实体区域，如图 4 - 41 所示。

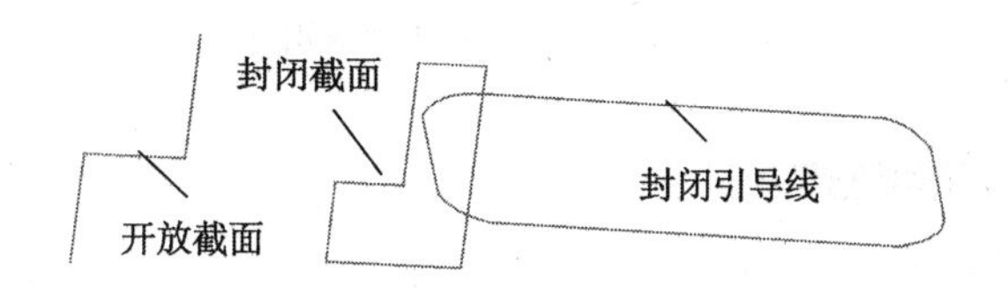

图 4 - 40　扫掠截面及封闭引导线

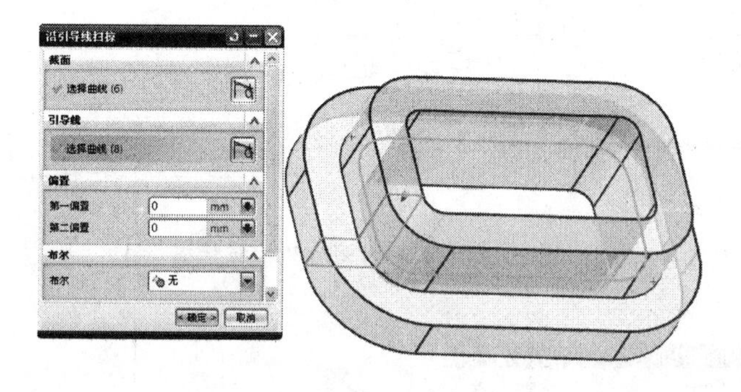

图 4 - 41　截面封闭时的扫掠特征

当引导线封闭、截面开放时，如图 4 - 40 所示，扫掠特征是由开放截面沿封闭引导线扫掠后所包围的区域用实体填充后形成的，如图 4 - 42 所示。

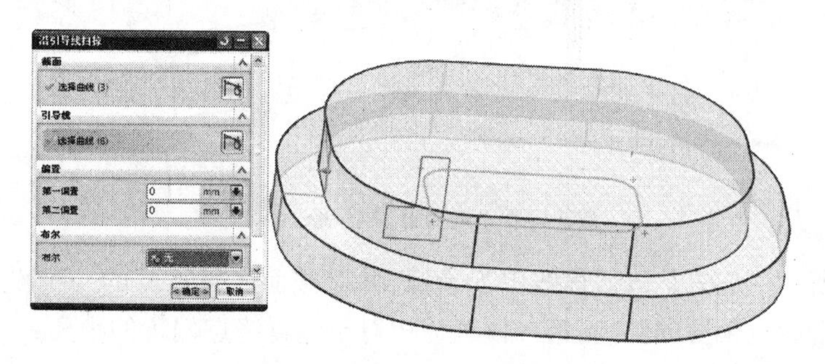

图 4 - 42　截面开放时的扫掠特征

2）引导线开放

当引导线开放、截面封闭时，如图 4 - 43 所示，扫掠特征是由封闭截面沿开放引导线扫描后形成实体区域，如图 4 - 44 所示。

当引导线开放、截面开放时，如图 4 - 43 所示，扫掠特征是由开放截面沿开放引导线扫描后形成的片体，如图 4 - 45 所示。此时，可能通过设置“偏置”选项，生成实体特征，

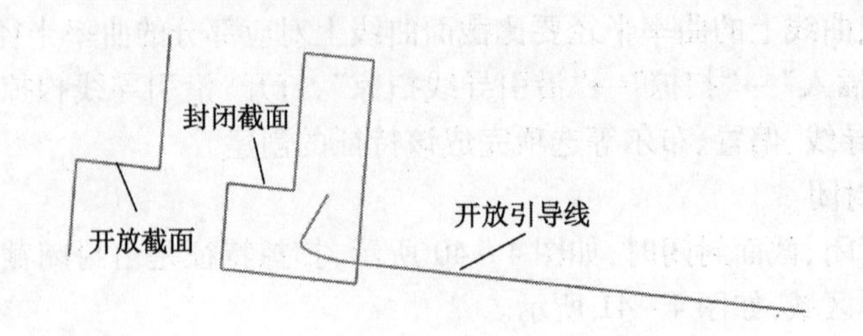

图 4－43　扫掠截面及开放引导线

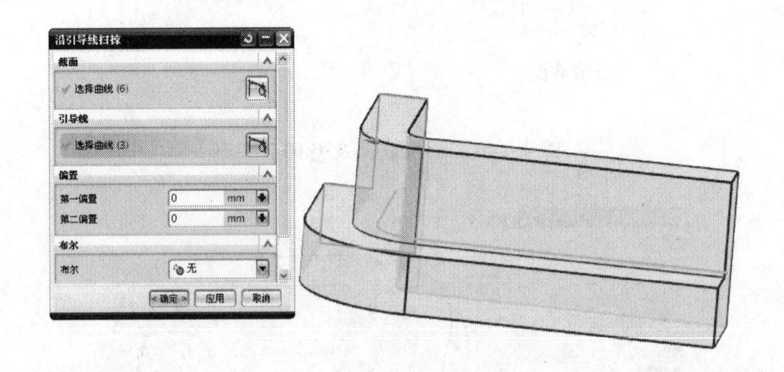

图 4－44　截面封闭时的扫掠特征

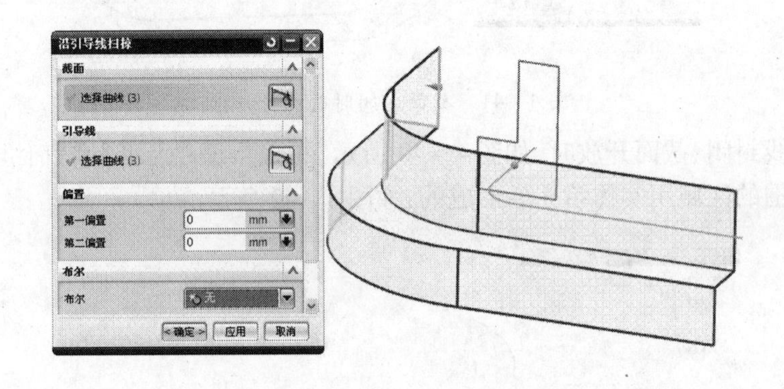

图 4－45　截面开放时的扫掠特征

如图 4－46 所示。偏置是以截面线串为参照，并对截面进行加厚的一种设置。第一偏置为相对于偏置起点偏置的距离，第二偏置为相对于偏置终点偏置的距离，二者之差的绝对值为扫掠截面的厚度。

2. 管道

管道是由指定参数的圆形截面沿着一定的路径进行扫描生成的实体特征。管道生成时需要输入截面的外径和内径，如果内径为零，所生成的为实心管道。

用户通过“插入”→“扫掠”→“管道”，打开“管道”对话框，用户通过设置路径、横截面等选项完成该特征的创建，如图 4－47 所示。

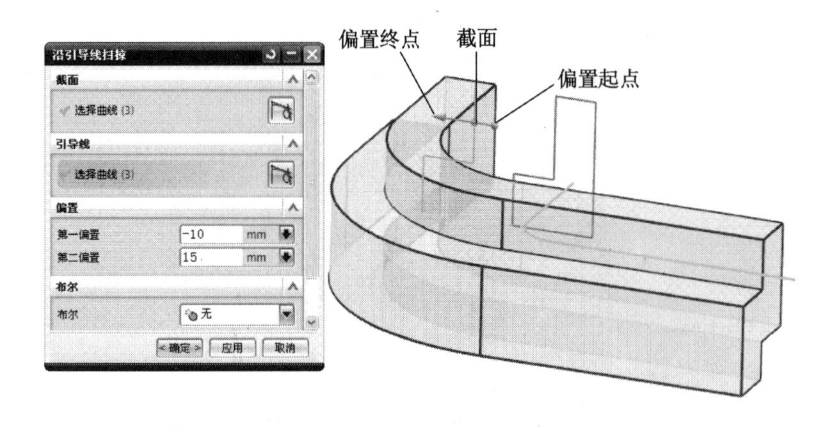

图 4-46　设置偏置的扫掠特征

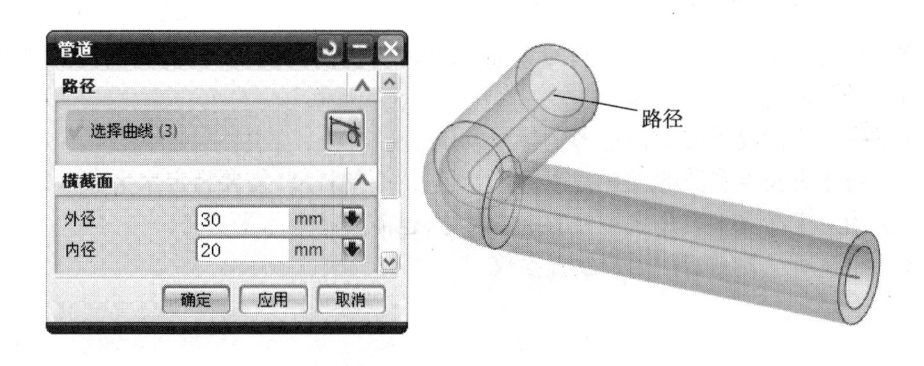

图 4-47　管道特征

4.6　工程特征的放置

工程特征主要包括孔、凸台、键槽、槽、三角形加强筋、螺纹等设计特征和倒角、倒圆等细节特征以及抽壳等偏置特征。这些特征通常是在创建基础特征后才能添加,并且在添加到基础特征上时,除了要根据特征类型指定相应的形状参数外,还需要指定它们相对于已有特征的位置,即要进行放置位置的设置。

4.6.1　放置面

对于大多数工程特征来说,放置面通常是平面的。槽特征的放置面例外,它的放置面必须是圆柱面或圆锥面。

放置面通常是选择已有实体的表面,如果没有合适的表面可以用作放置面,用户也可以使用基准平面作为放置面。如图 4-48 所示,为了在圆柱面上放置孔,需要在圆柱面上做一个基准平面作为孔的放置面。

工程特征是正交于放置面建立的,且与放置面相关联。

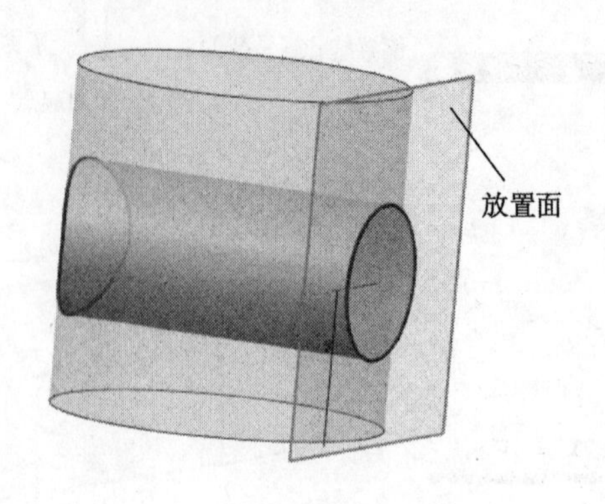

图 4－48　基准平面作为放置面

4.6.2　水平参考

水平参考用于定义特征坐标系的 X 轴。可以将投影到放置面上的线性边、平面、基准轴或基准平面定义为水平参考。

通常在下列情况下需要指定水平参考：

(1) 对于有长度参数的工程特征，为了度量特征的长度，需要指定水平参考；

(2) 为了定义水平或垂直类型的定位尺寸，也需要指定水平参考。

图 4－49 所示为键槽特征的放置参数。

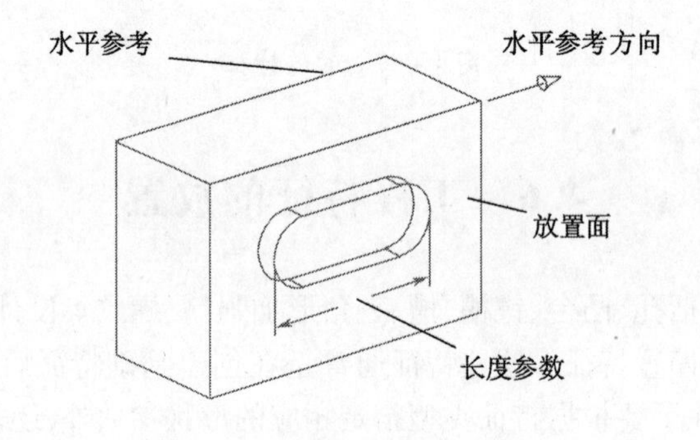

图 4－49　键槽特征的水平参考

4.6.3　定位尺寸

为了将工程特征正确地放置在放置面上，还需要通过设置定位尺寸来指定它们在放置面上的具体位置。

系统会根据工程特征的不同类型，提供不同的定位尺寸方法。对于圆形或圆锥形工程特征，有 6 种不同的定位方法；对于矩形工程特征，则有 9 种不同的定位方法，如图 4－50所示。各类型定位方法的含义见表 4－1。

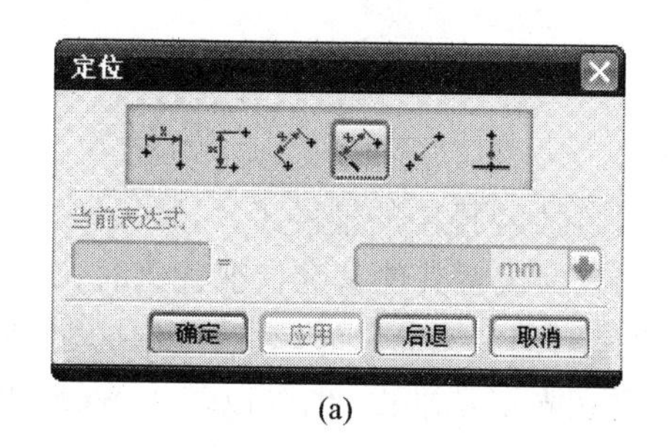

(a)

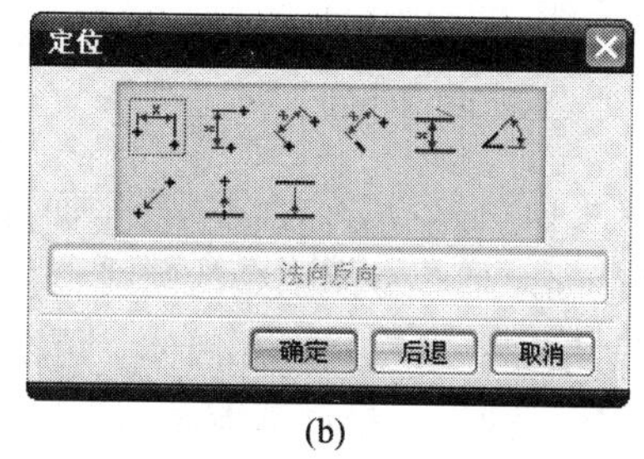

(b)

图 4-50　定位方法对话框

(a) 圆形工程特征的定位方法；(b) 矩形工程特征的定位方法。

表 4-1　定位方法

名称	图标	含　义
水平		在两点之间创建定位尺寸。水平尺寸与水平参考对齐,或与竖直参考成 90°
竖直		在两点之间创建定位尺寸。竖直尺寸与竖直参考对齐,或与水平参考成 90°
平行		在两点之间创建定位尺寸,是两点间的最短距离
垂直		指定一个线性边缘、基准面或轴和一个点之间的最短距离
按一定距离平行		指定工具特征上的一个线性边缘,使这个边与目标特征上的一个线性边缘、基准面或轴在一个给定的距离上保持平行
角度		在两个线性边缘间创建用角度度量的定位尺寸
点到点		指定两点间的距离为零,即使目标对象和工具对象上的选定点重合
点到线		指定一个点与一条边、基准面或轴之间的距离为零,即使工具对象上的点在目标体的参考对象上
线到线		指定两条边间的距离为零,即使目标对象和工具对象上选定的边重合

所有类型的定位尺寸都需要在选定的两个点或两个对象之间进行测量。其中第一个点或第一个对象是已有实体上的参照对象,把它作为定位尺寸的目标参考;第二个点或第二个对象是要创建的工程特征上的参照对象,把它作为定位尺寸的工具参考。

4.7　基准特征

基准特征是辅助用户在要求的位置或方位建立实体特征和草图的特征,主要包括基准平面、基准轴、基准坐标系和基准点等特征。

基准平面和基准轴可以相对于已有实体模型来建立,这时建立的基准称为相对基准。也可以固定在模型空间中建立,这时将其称为固定基准。因为相对基准是基于参照的实体模型建立的,因此它与这些参照相关联,且是参数化的特征。一般尽量使用相对基准。

4.7.1 基准平面

“基准平面”命令用来建立基准平面特征，作为建模中的辅助工具。

相对基准面是参考模型中的曲线、边、点、表面或者其他基准特征建立的。

固定基准面不参考其他几何体。可以通过取消“基准平面”对话框中的“关联”复选框，利用任何一种创建相对基准面的方法来建立固定基准面；也可以基于 WCS 和绝对坐标系来建立固定基准面。

基准平面可以作为草图平面、工程特征的放置面、定位工程特征的目标参考、基础特征限制的参考、装配中的约束定位等。

通常在一个模型中，可以建立多个基准面，但一般最多只建立 3 个固定基准面，即 XC－YC、YC－ZC 和 YC－ZC。

选择“插入”→“基准/点”→“基准平面”菜单命令或者单击特征工具条上的基准平面按钮，弹出如图 4－51 所示的“基准平面”对话框，从“类型”下拉列表中选择一种类型来创建基准平面。表 4－2 列出了创建基准平面的方法及其含义。

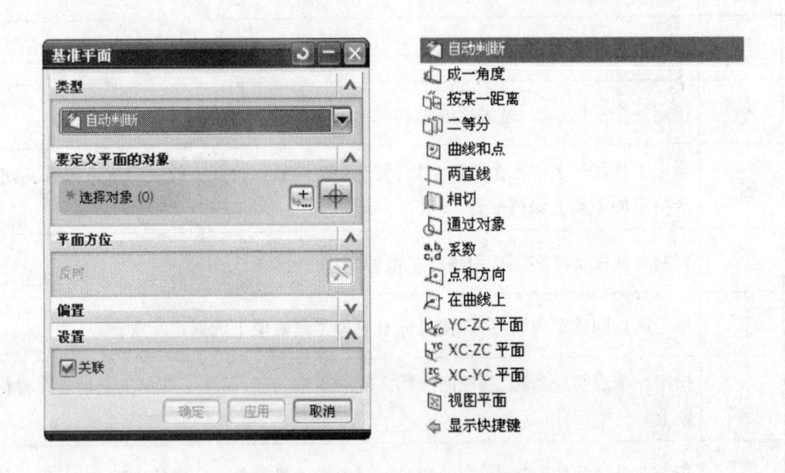

图 4－51 “基准平面”对话框

表 4－2 创建基准平面的方法及其含义

名称	图标	含义
自动判断		根据用户选择的对象来确定使用最佳的方法创建基准平面
成一角度		以用户选定一个平面对象为参照，指定一个与该平面的夹角来创建平面
按某一距离		创建与用户选定的一个平面或基准平面平行，且相距指定距离的基准平面
二等分		在两个选定平面的中间位置创建基准平面。如果选定的平面不平行，则以两平面的角平分面创建基准平面

（续）

名 称	图标	含　　义
曲线和点		使用点、直线、边、基准轴或平面的各种组合来创建基准平面(例如,三个点、一个点和一条曲线等)
两直线		使用任何两条线性曲线、线性边或基准轴的组合来创建基准平面
相切		创建与一个非平的曲面相切的基准平面
通过对象		在所选对象的曲面法向上创建基准平面
点和方向		根据一点和指定方向创建平面
在曲线上		在曲线或边上的位置处创建平面
系数		使用含 A、B、C 和 D 系数的方程在 WCS 或绝对坐标系上创建固定的、非关联基准平面,$Ax + By + Cz = D$
YC - ZC 平面		沿工作坐标系(WCS)或绝对坐标系(ABS)的 YC - ZC 平面创建固定基准平面
XC - ZC 平面		沿工作坐标系(WCS)或绝对坐标系(ABS)的 XC - ZC 平面创建固定基准平面
XC - YC 平面		沿工作坐标系(WCS)或绝对坐标系(ABS)的 XC - YC 平面创建固定基准平面
视图平面		创建平行于视图平面并穿过 WCS 原点的固定基准平面

4.7.2 基准轴

"基准轴"命令用来建立基准轴特征。

基准轴分为相对基准轴和固定基准轴。相对基准轴与一个或多个参考对象关联,固定基准轴固定在它建立的位置上,并且是不相关的。

基准轴可以用来作为回转特征的轴线、圆形阵列的参照、基准平面的参考等。

选择"插入"→"基准/点"→"基准轴"菜单命令或者单击特征工具条上的基准轴按钮,弹出如图 4 - 52 所示的"基准轴"对话框,从"类型"下拉列表中选择一种类型来创建基准轴。表 4 - 3 列出了创建基准轴的方法及其含义。

表 4 - 3　创建基准轴的方法

名 称	图标	含　　义
自动判断		根据用户选择的对象来确定使用最佳的方法创建基准轴
交点		在两个基准平面或平面的相交处创建基准轴
曲线/面轴		沿线性曲线或线性边,或者圆柱面、圆锥面,或环面的轴创建基准轴
曲线上矢量		创建与曲线或边上的指定点相切、垂直或双向垂直,或者与另一对象垂直或平行的基准轴

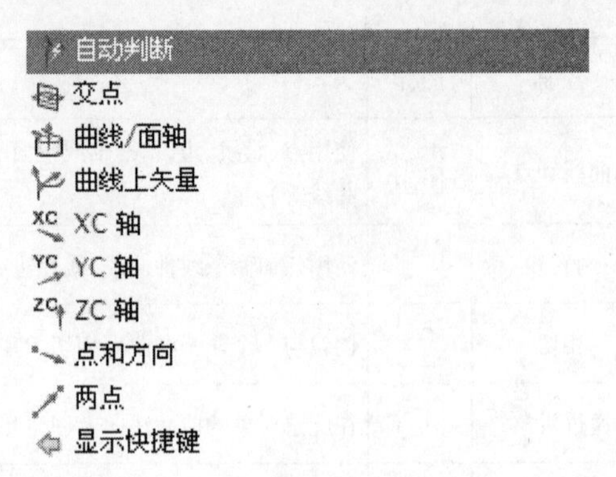

图 4－52 “基准轴”对话框

（续）

名 称	图标	含 义
XC 轴		在工作坐标系（WCS）的 XC 轴上创建固定基准轴
YC 轴		在工作坐标系（WCS）的 YC 轴上创建固定基准轴
ZC 轴		在工作坐标系（WCS）的 ZC 轴上创建固定基准轴
点和方向		经过指定的点，沿指定的方向创建基准轴
两点		指定两个点，经过这两个点创建基准轴

4.8 课堂练习——特征建模

本练习将通过拉伸特征、沿引导线扫掠特征和回转特征建立一个零件模型，如图 4－53所示。

操作步骤如下：

（1）打开练习 ch4\example\4－2.prt，如图 4－54 所示。

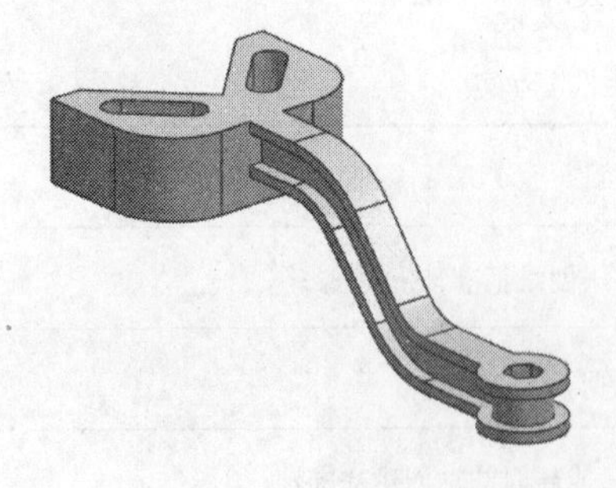

图 4－53 特征建模实例模型

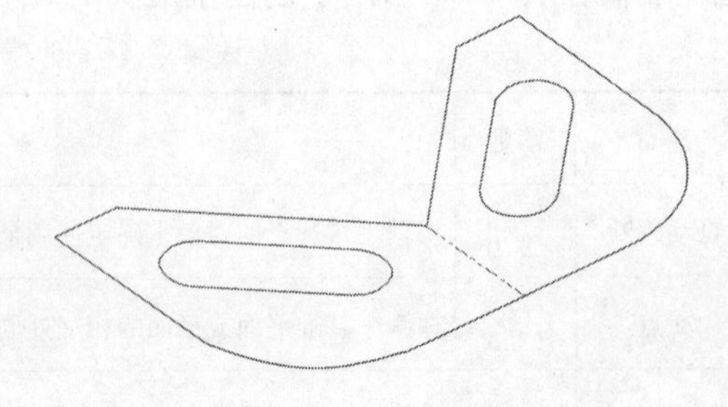

图 4－54 4－2.prt

（2）创建拉伸特征。选择“插入”→“设计特征”→“拉伸”命令或者在“特征”工具栏单击“拉伸”按钮，弹出“拉伸”对话框。

（3）选择图4－54所示草图为拉伸截面，指定－ZC轴为拉伸方向，然后设置拉伸的深度值，单击鼠标中键，完成拉伸特征，如图4－55所示。

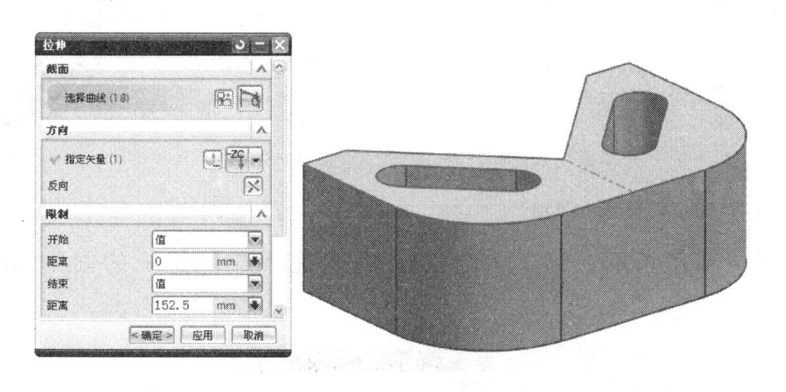

图4－55　拉伸特征

（4）创建沿引导线扫掠特征。在部件导航器中选择草图（8）和草图（10），将它们显示出来，如图4－56所示。选择“插入”→“扫掠”→“沿引导线扫掠”，打开“沿引导线扫掠”对话框。

（5）选择草图（10）为截面线串，单击鼠标中键，选择草图（8）为引导线串；选择求和布尔运算，选择拉伸特征为目标体。单击鼠标中键，完成扫掠特征的创建，如图4－57所示。

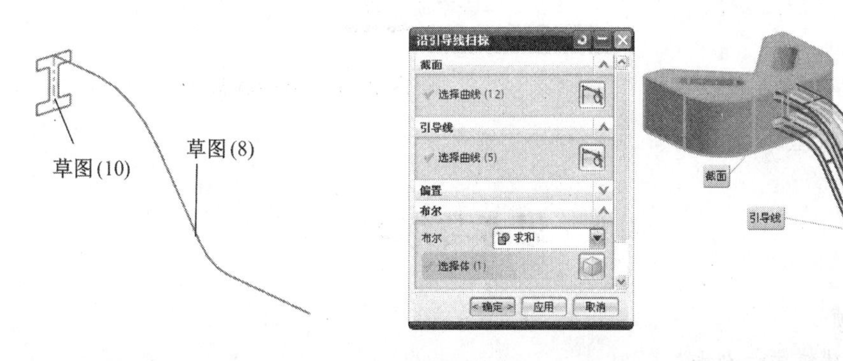

图4－56　扫掠草图

图4－57　沿引导线扫掠特征

（6）创建回转特征。将草图（8）和草图（10）隐藏，将草图（6）显示出来，如图4－58所示。在“特征”工具栏单击“回转”按钮将打开“回转”对话框。

（7）选择草图（6）作为截面；选择草图（6）的竖直线作为轴矢量；设置起始角度为0，终止角度为360；选择求和布尔运算。单击鼠标中键，完成回转特征的创建，如图4－59所示。

（8）通过拉伸特征去除材料。将草图（7）显示出来，如图4－60所示。在“特征”工具栏单击“拉伸”按钮，弹出“拉伸”对话框。

（9）选择草图（7）作为截面；拉伸方向指向已存实体；开始距离为0，结束选项为直

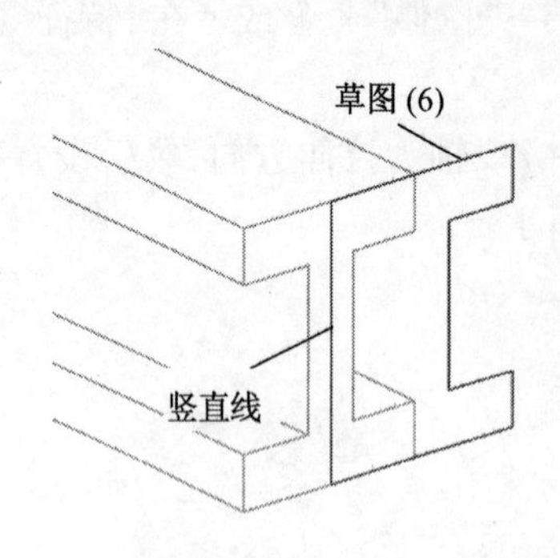

图 4-58　回转特征草图

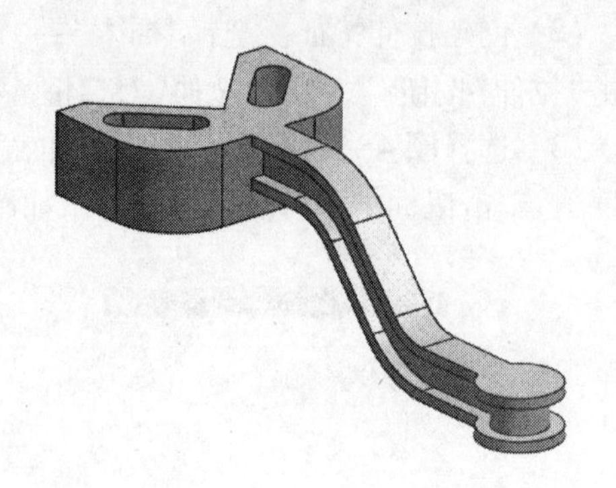

图 4-59　回转特征

至下一个；选择求差布尔运算。单击鼠标中键，完成拉伸特征的创建，如图 4-61 所示。

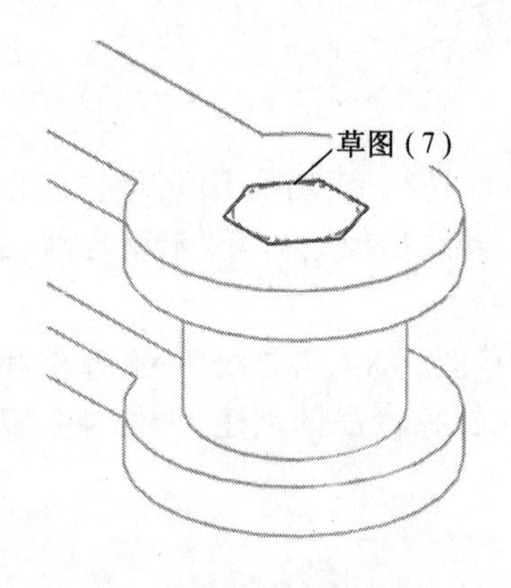

图 4-60　拉伸草图

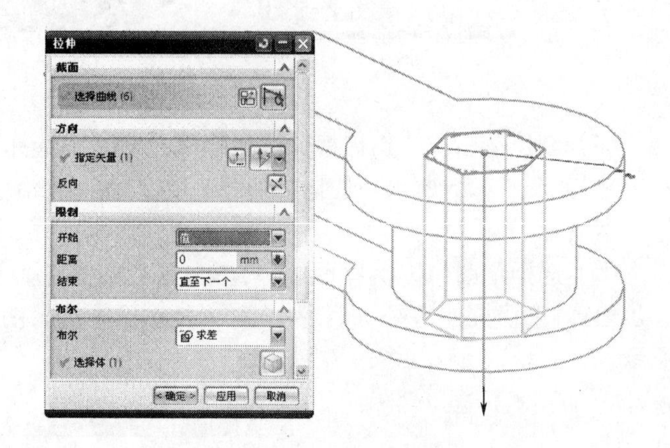

图 4-61　拉伸特征

(10) 保存模型。

4.9　思考与练习

一、填空题

1. 常用的建模方法包括________、________和________。

2. 在三维 CAD 软件中，零件模型通常由许多单独的具有一定参数的几何元素组合而成，就像装配体是由许多单独的零件组成一样，这些独立的几何元素称为________。

3. 零件三维模型是由一系列按照先后顺序构造的特征组成的，如果先后创建的特征之间具有参照关系，则在它们之间建立关联，即建立了________。

4. 用特征来创建零件可以采用________、________和________等方法。

5. 在三维 CAD 软件中，通常可以根据特征在建模过程中的作用分为________、________和________等特征。

6. 布尔运算包括________、________和________。

7. 基准特征包括________、________、________和________等特征。

二、选择题

1. ________特征是将一个截面绕着一个指定的轴旋转一定的角度生成的特征。

A. 拉伸　　B. 回转　　C. 沿引导线扫掠　　D. 管道

2. 对于大多数工程特征来说，放置面通常是________的。

A. 平面　　B. 曲面　　C. 圆柱面　　D. 圆锥面

3. 工程特征的水平参考用于定义特征坐标系的________。

A. X 轴　　B. Y 轴　　C. Z 轴　　D. 原点

4. 对于矩形工程特征，则有________种不同的定位方法。

A. 6　　B. 7　　C. 8　　D. 9

三、简答题

1. 回转特征的操作与拉伸特征的操作有何不同之处？
2. 沿引导线扫掠与管道操作的不同之处。
3. 工程特征为何要指定其放置面？

四、上机练习

1. 应用相关截面创建如图 4－62 所示的模型。

（1）打开 ch4\exercise\4－1. prt，如图 4－63 所示，通过拉伸特征创建第一个零件。

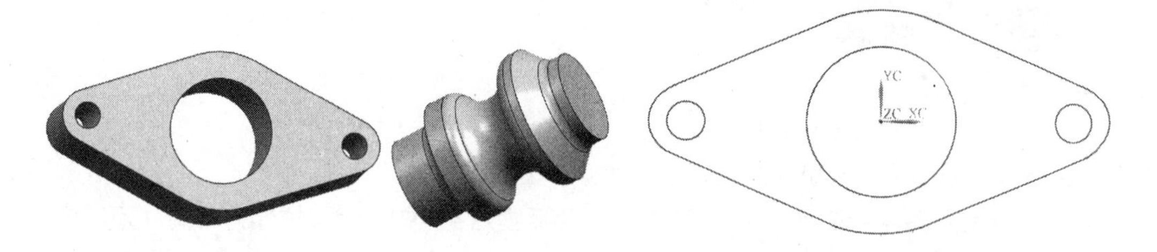

图 4－62　模型实例　　　　图 4－63　4－1. prt 截面

（2）打开 ch4\exercise\4－2. prt，如图 4－64 所示，通过回转特征创建第二个零件。

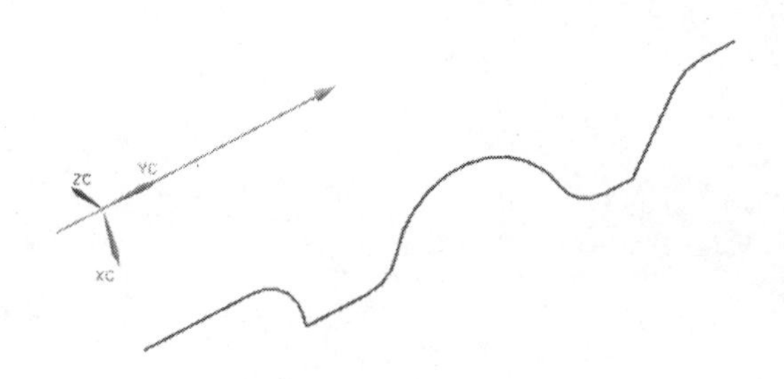

图 4－64　4－2. prt 截面

2. 打开 ch4\exercise\4－2. prt，如图 4－64 所示，应用回转特征创建模型。

（1）建立如图 4－65 所示的回转特征。以图 4－64 所示的草图为截面，以图 4－64 所示的基准轴为回转轴。

（2）建立如图 4－66 所示的回转特征。将选择条过滤器“曲线规则”选项设置为“面的边缘”，选择图 4－67 所示的实体面的边作为截面，以图 4－67 所示实体的短边作为回转轴；旋转角度为 90°，布尔运算为求和。

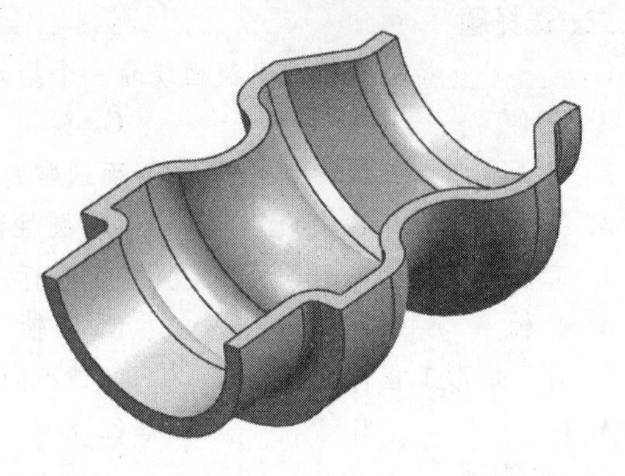

图4-65 回转特征及设置

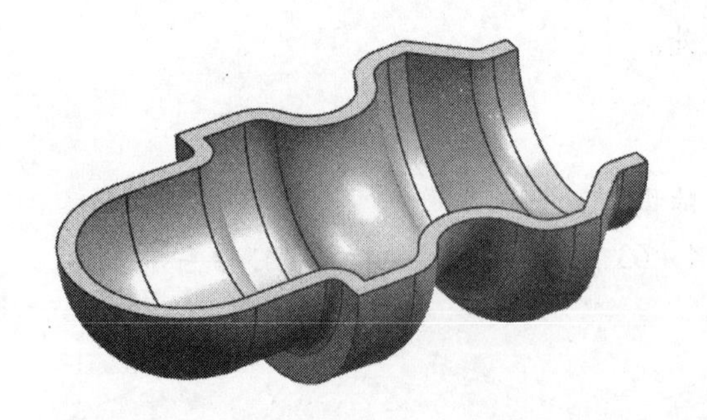

图4-66 回转特征

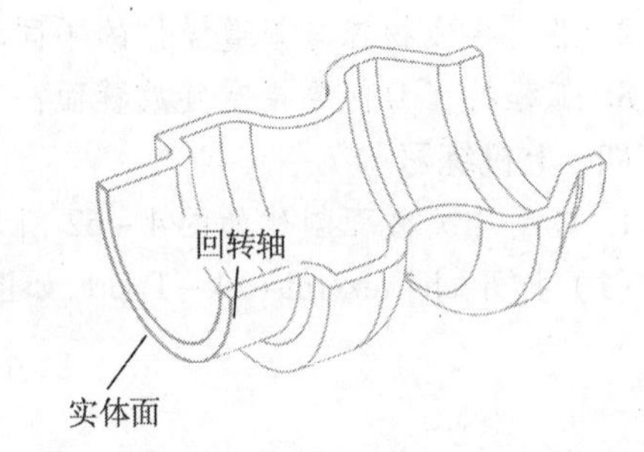

图4-67 回转特征设置

3. 打开 ch4\exercise\4-3. prt,应用拉伸特征创建模型。

(1) 建立如图4-68所示的拉伸特征。截面如图4-69所示,拉伸方向为+ZC,拉伸深度为0.5,布尔运算为无。

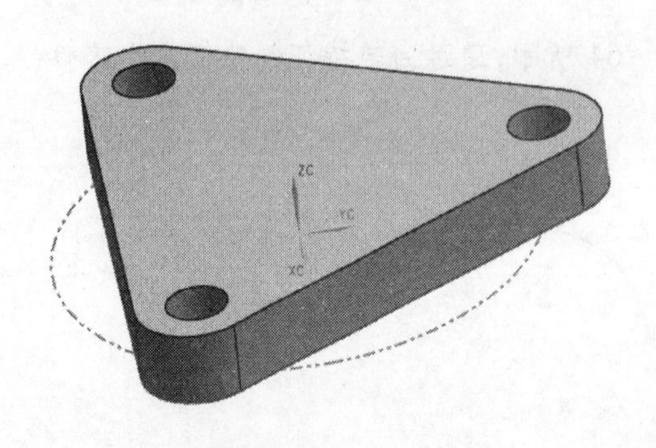

图4-68 拉伸特征

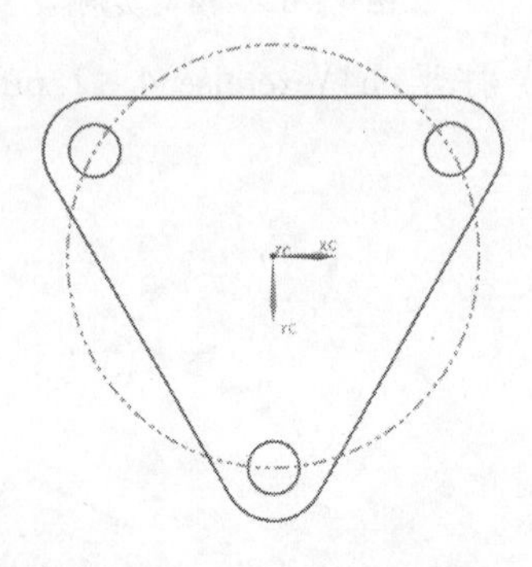

图4-69 拉伸特征截面

(2) 选择如图2-68所示的上表面,以其作为草绘平面,绘制如图4-70所示的草图。

(3) 以图4-70所示的草图为截面,创建拉伸特征,如图4-71所示。拉伸方向为+ZC,拉伸深度为2.5,布尔运算为求和。

(4) 选择如图2-71所示的上表面,以其作为草绘平面,绘制如图4-72所示的草图。

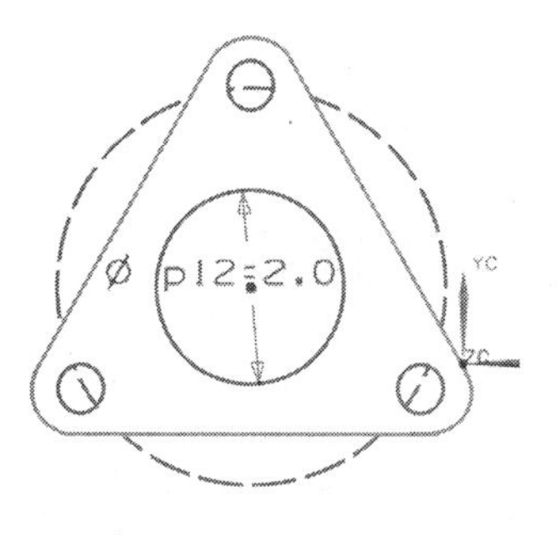

图 4-70 拉伸特征草图

图 4-71 拉伸特征

(5) 以图 4-72 所示的草图为截面,创建拉伸特征,如图 4-73 所示。拉伸方向为 +ZC,拉伸深度为 0.5,布尔运算为求和。

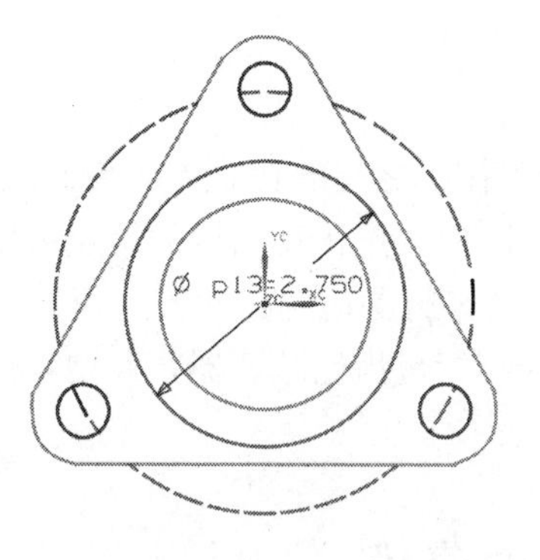

图 4-72 拉伸特征草图

图 4-73 拉伸特征

(6) 选择如图 4-73 所示的上表面,以其作为草绘平面,绘制如图 4-74 所示的草图。

(7) 以图 4-74 所示的草图为截面,创建拉伸特征,如图 4-75 所示。拉伸方向为 -ZC,拉伸深度为贯通,布尔运算为求差。

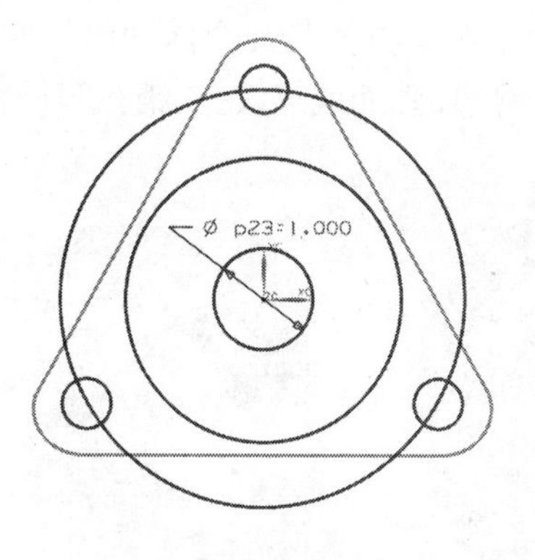

图 4-74 拉伸特征草图

图 4-75 拉伸特征

第5章　典型机械零件建模

大多数机械产品都是由轴类、箱体类、盘盖类、传动齿轮等零件组成的。本章主要介绍行星齿轮减速器中的典型零件建模，并在建模过程中，熟悉掌握各种零件的创建方法、特征的应用和编辑方法。

本章学习要点：

(1) 盘盖类零件建模方法及过程。

(2) 轴套类零件建模方法及过程。

(3) 箱体类零件建模方法及过程。

减速器作为常见的机械产品，是用于原动机和工作机之间的独立传动装置，主要功能是降低转速、增大转矩，以便于带动大扭矩的机械。减速器按传动结构的特点可以分为四大类：圆柱齿轮减速器、圆锥齿轮减速器、蜗轮减速器和行星齿轮减速器。齿轮减速器包括箱体、轴、齿轮、盖、轴承等典型零件。本章主要介绍行星齿轮减速器各典型零件的建模过程。

5.1　盘盖类零件建模

5.1.1　盘盖类零件的结构特点

盘盖类零件一般用于传递动力、支承、轴向定位或密封等作用。盘盖类零件的基本形状多为扁平的圆形或方形盘状结构，轴向尺寸相对于径向尺寸小很多，如图5-1所示。常见的零件主体一般由多个同轴的拉伸特征，或由一个正方体与几个同轴的拉伸特征组成。在主体上常有沿圆周方向均匀分布的光孔、凸缘、加强筋或螺纹孔、销孔等局部结构，常用作法兰盖、闷盖、支承盖等。

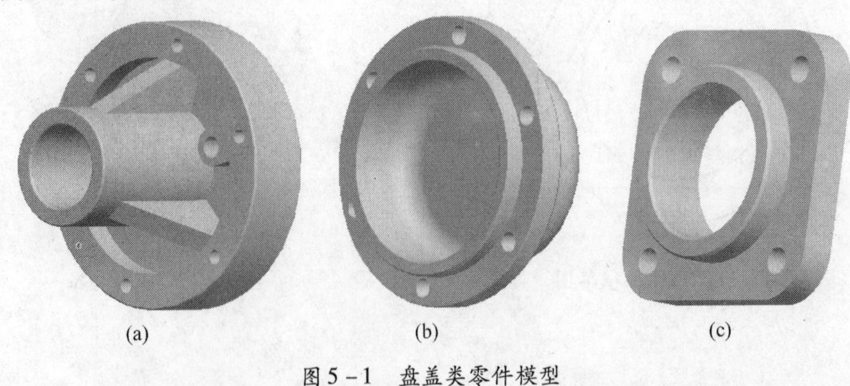

(a)　(b)　(c)

图5-1　盘盖类零件模型

(a) 法兰盘；(b) 闷盖；(c) 支承盖。

5.1.2 闷盖零件的建模

创建如图5－2所示的闷盖零件。该零件由基体、凸台、腔体、螺纹孔、圆角等特征组成。该零件的详细建模过程如下：

1. 新建文件

启动UG后，单击工具栏上的新建按钮，弹出“新建”对话框，在“模型”选项页中选择“模型”模板，单位为“毫米”，输入文件名为5－1.prt。单击鼠标中键，进入建模模块。

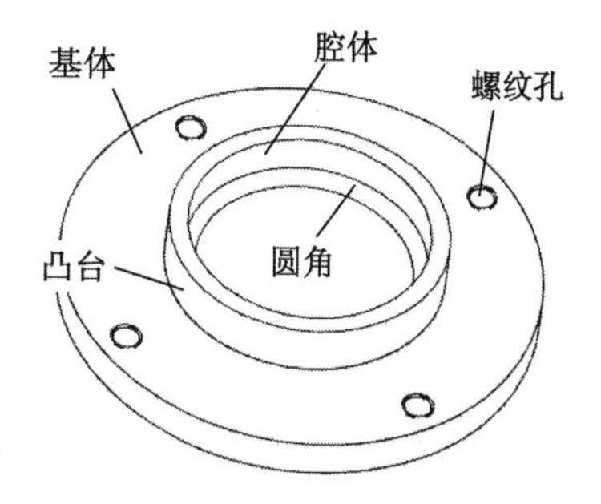

图5－2 闷盖零件模型

2. 创建基体

（1）选择菜单“插入”→“设计特征”→“拉伸”命令或者单击特征工具栏上的“拉伸”特征按钮，弹出“拉伸”对话框，如图5－3所示。在“截面”选项中，单击“绘制截面”按钮，弹出“创建草图”对话框。

（2）选择“类型”为“在平面上”；在绘图区选择XY坐标平面作为草图平面，选择X轴正向作为草图的水平参考方向，如图5－4所示，单击鼠标中键，进入草图环境。

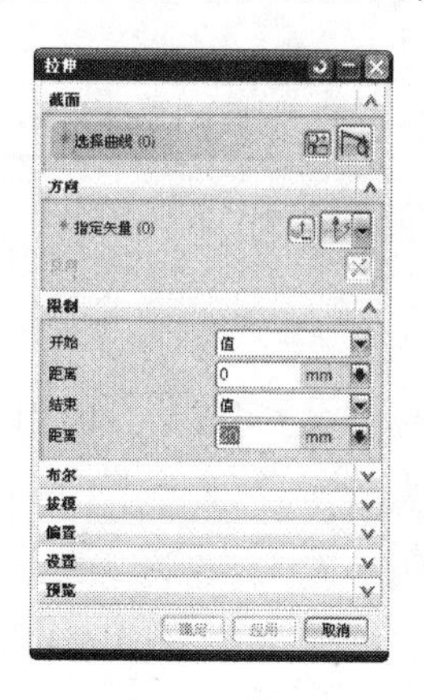

图5－3 拉伸界面

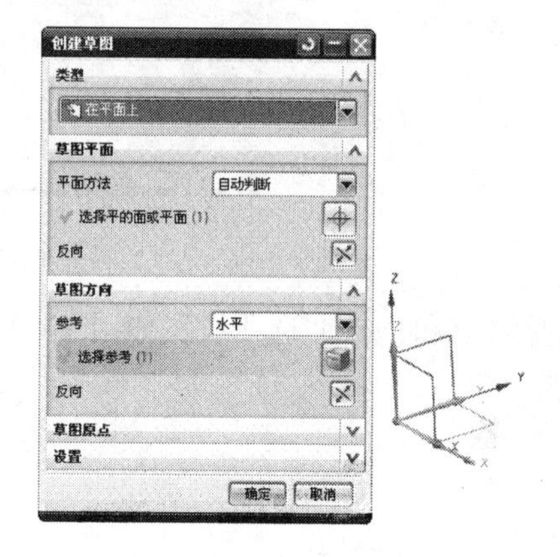

图5－4 草图设置

（3）绘制如图5－5所示草图，单击工具栏上的完成草图按钮 完成草图，退出草图环境，返回“拉伸”对话框。

（4）在“方向”选项中，选择基准轴Z轴正向作为“指定矢量”，“限制”选项的设置如图5－6所示。单击鼠标中键，完成基体的创建。

3. 创建凸台

（1）选择菜单“插入”→“任务环境中的草图”命令或者单击特征工具条上的任务环境中的草图按钮，弹出“创建草图”对话框，选择基体的一个端面作为“草图平面”，如图5－7所示，单击鼠标中键，进入草图环境，绘制如图5－8所示的截面。单击工具栏上的完成草图按钮 完成草图，退出草图环境。

（2）单击特征工具条上的“拉伸”图标，进入“拉伸”对话框，在“截面”选项中选择“曲线”按钮，选择图5－8绘制的草图；选择基准轴Z轴正向作为“指定矢量”；“布尔”选

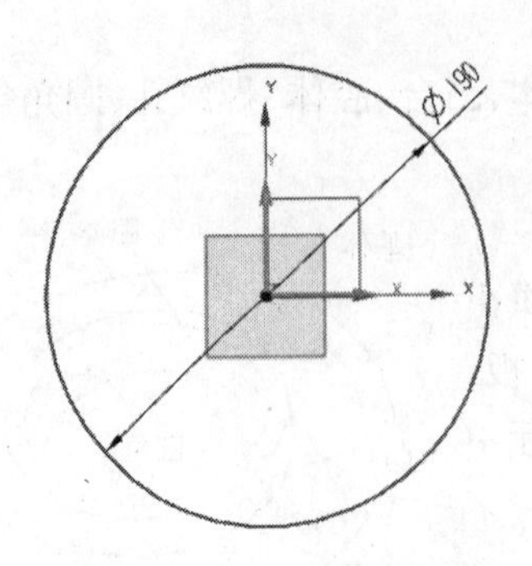

图 5-5　基体草图

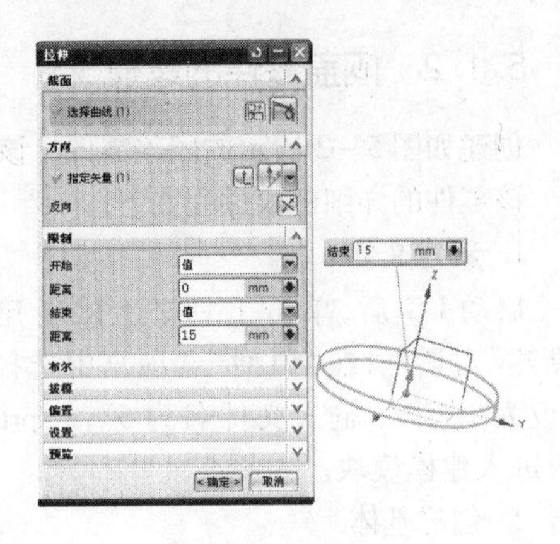

图 5-6　拉伸设置

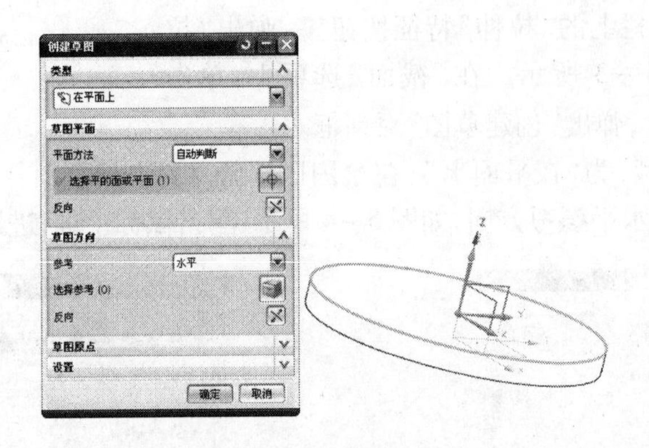

图 5-7　草图平面设置

项选择“求和”，拉伸选项设置如图 5-9 所示。单击鼠标中键，完成凸台的创建。

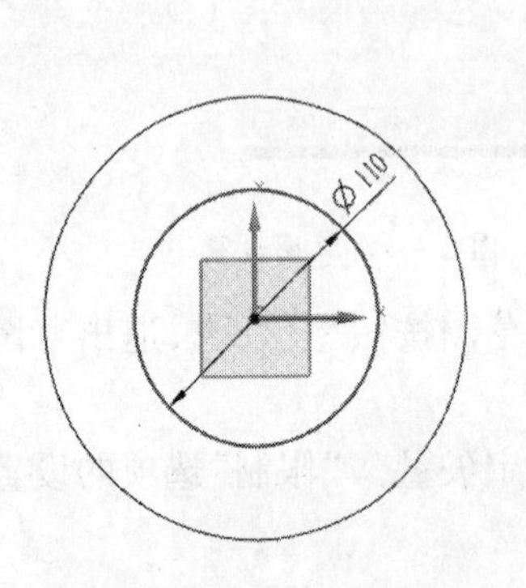

图 5-8　凸台截面草图

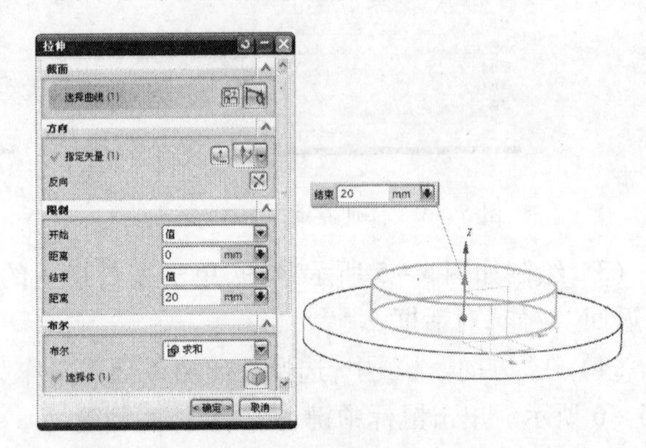

图 5-9　凸台拉伸设置

4. 创建腔体

(1) 单击特征工具条上的“拉伸”图标，进入“拉伸”对话框，在“截面”选项中选择“绘制截面”按钮，在弹出的“创建草图”对话框中，选择凸台的端面作为“草图平面”，单击鼠标中键，进入草图环境，绘制如图 5-10 所示的截面。单击鼠标中键，退出草图环境。

（2）拉伸选项设置如图 5－11 所示。其中，“方向”选项指定矢量为基准轴 Z 轴反向；“限制”选项中的结束选项为“直到被延伸”，选择对象为基体与凸台相交的端面；“布尔”选项选择“求差”；单击鼠标中键，完成腔体的创建。

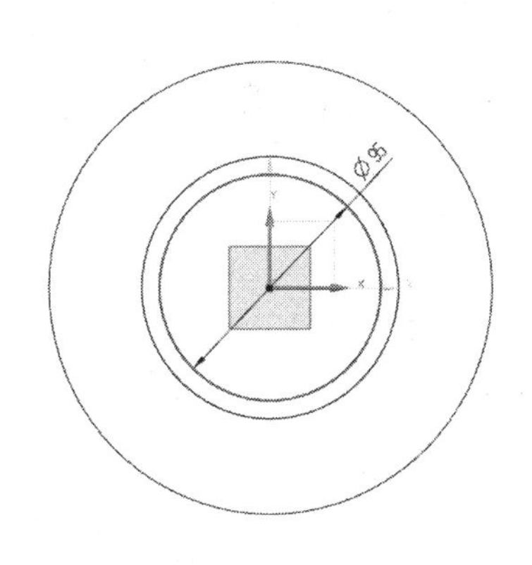

图 5－10　草图

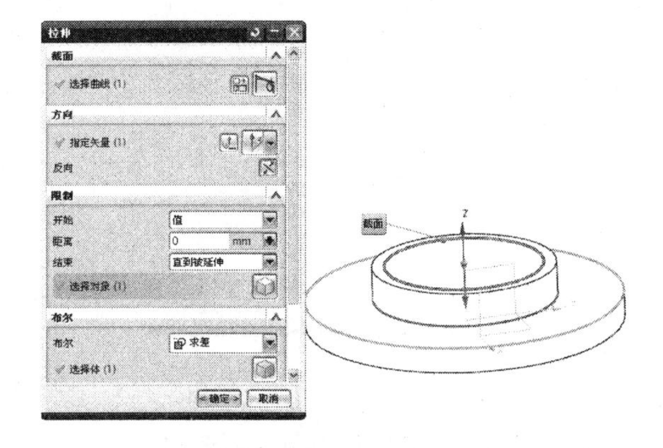

图 5－11　拉伸选项设置对话框

5. 创建螺纹孔

在 UG 中，螺纹孔中的螺纹是用符号螺纹表示的。

（1）选择菜单“插入”→“设计特征”→“孔”或者单击特征工具条上的“孔”按钮，弹出“孔”对话框。

（2）在“孔”对话框中，选择“类型”为“螺纹孔”；在“位置”选项中选择“绘制截面”按钮，在弹出的“创建草图”对话框中，选择基体与凸台相交的端面作为“草图平面”，单击鼠标中键，进入草图环境，绘制如图 5－12 所示的草图。单击鼠标中键，退出草图环境。

（3）设置孔的尺寸，如图 5－13 所示。单击鼠标中键，完成螺纹孔的创建，如图5－14 所示。

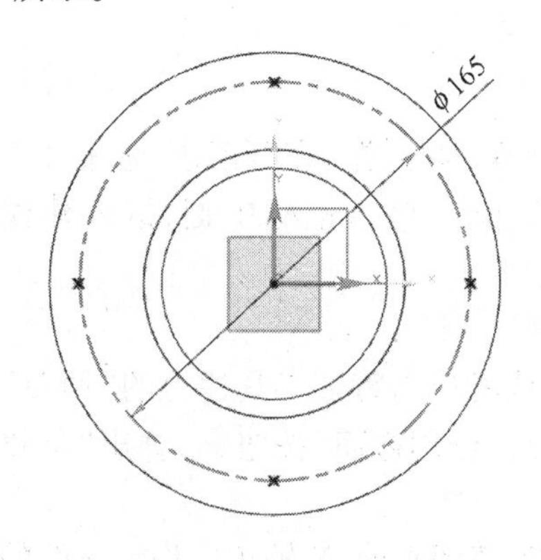

图 5－12　孔的位置

图 5－13　孔选项设置

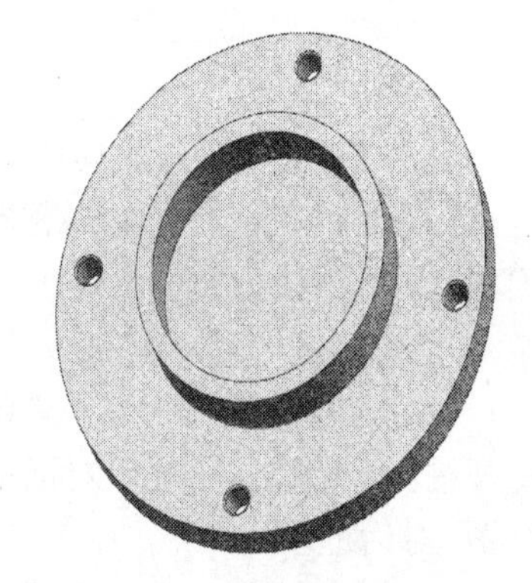

图 5－14　创建螺纹孔后的模型

6. 创建边圆角

（1）选择菜单“插入”→“细节特征”→“边倒圆”或者单击特征工具条上的“边倒圆”图标，弹出“边倒圆”对话框。

（2）边倒圆设置如图 5－15 所示，其中，选择腔体的底边作为“要倒圆的边”；设置倒圆角半径“Radius 1”为“5”。单击鼠标中键,完成圆角特征的创建。

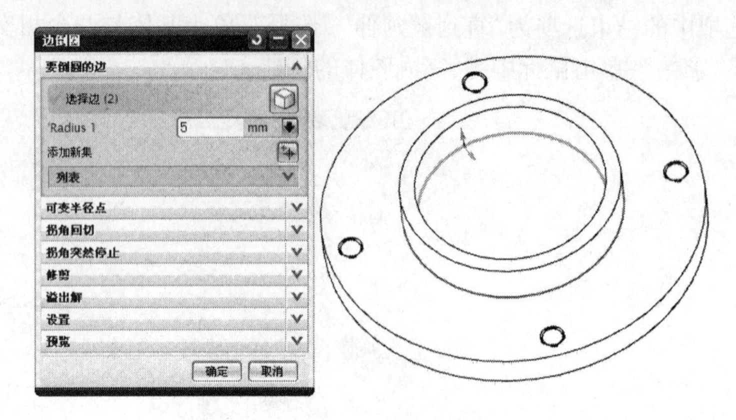

图 5 - 15　边倒圆设置

最后将文件保存,并关闭当前窗口。

5.1.3　端盖零件的建模

端盖零件模型如图 5 - 16 所示,该零件的详细建模过程如下:

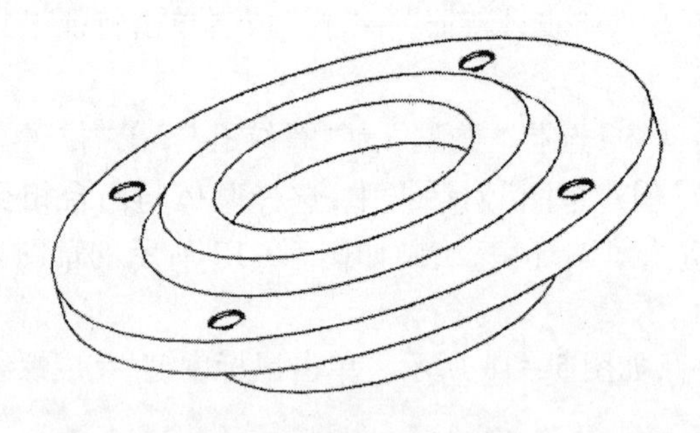

图 5 - 16　端盖零件模型

1. 新建文件

启动 UG 后,单击工具栏上的新建按钮,弹出“新建”对话框,在“模型”选项页中选择“模型”模板,单位为“毫米”,输入文件名为 5 - 2. prt。单击鼠标中键,进入建模模块。

2. 创建基体

(1) 选择菜单“插入”→“设计特征”→“回转”命令或者单击特征工具栏上的“回转”特征按钮,弹出“回转”对话框。在“截面”选项中,单击“绘制截面”按钮,弹出“创建草图”对话框。

(2) 在“创建草图”对话框中,选择 XY 坐标平面作为草图平面,X 轴正向作为草图的水平参考方向,单击鼠标中键,进入草图环境。

(3) 绘制如图 5 - 17 所示的截面。单击工具栏上的完成草图按钮 完成草图,退出草图环境,返回“回转”对话框。

(4) 在“轴”选项中,选择基准轴 Y 轴正向作为“指定矢量”,旋转角度为 360°,单击鼠标中键,完成基体的创建,如图 5 - 18 所示。

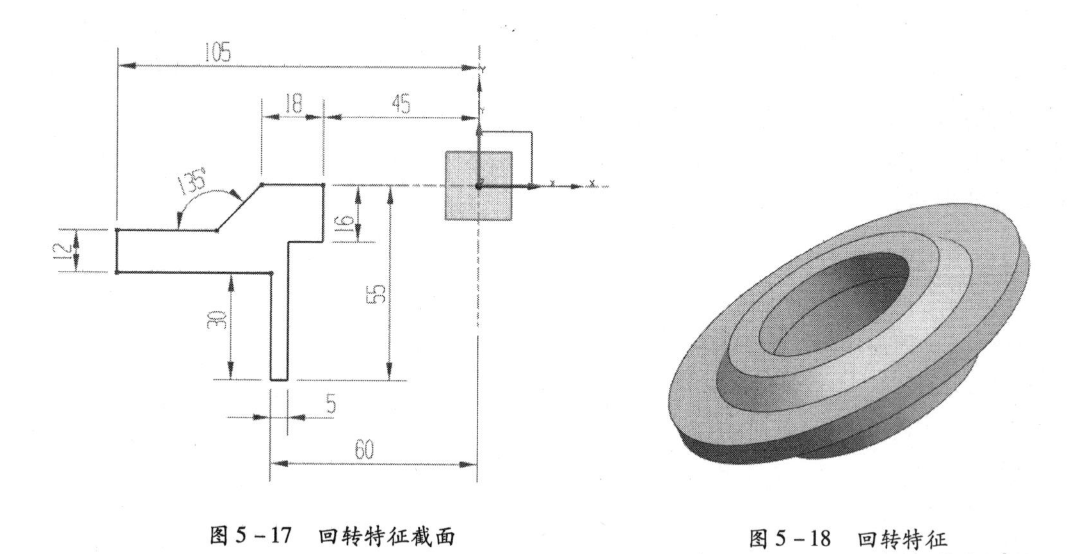

图 5-17　回转特征截面　　　　图 5-18　回转特征

3. 创建光孔

（1）选择菜单“插入”→“设计特征”→“孔”命令或者单击特征工具条上的“孔”按钮，弹出“孔”对话框。

（2）在“孔”对话框中，选择“类型”为“常规孔”；“位置”选项“绘制截面”按钮，在弹出的“创建草图”对话框中，选择图 5-18 中的端面作为“草图平面”，单击鼠标中键，进入草图环境，绘制如图 5-19 所示的草图。单击鼠标中键，退出草图环境。

（3）设置孔的尺寸，如图 5-20 所示，单击鼠标中键，完成孔的创建。

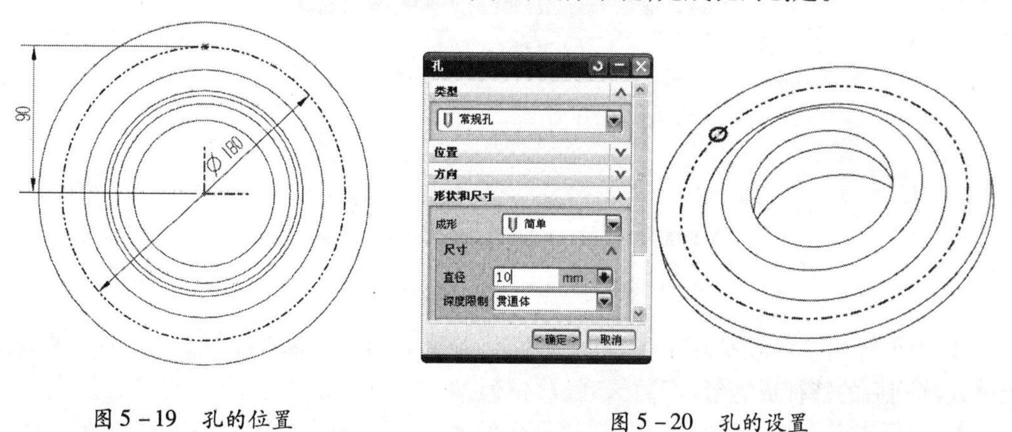

图 5-19　孔的位置　　　　图 5-20　孔的设置

4. 创建螺纹

（1）选择菜单“插入”→“设计特征”→“螺纹”或者单击特征工具条上的“螺纹”按钮，弹出“螺纹”对话框。该对话框提供了两种创建螺纹的方式，即符号螺纹和详细螺纹。

① 符号螺纹。该方式用于创建符号螺纹。符号螺纹用虚线表示，并不显示螺纹实体，在工程图中可用于表示螺纹和标注螺纹。这种螺纹由于只产生符号而不生成螺纹实体，因此生成螺纹的速度快，与螺纹孔特征具有相同的特点。

② 详细螺纹。该方式用于创建详细螺纹。这种类型的螺纹显示得更加真实，但由于这种螺纹几何形状的复杂性，占用的设备资源较多，使其创建和更新的速度较慢。

（2）在“螺纹”对话框中，选择“螺纹类型”为“详细”；“旋转方向”为“右手”；选择图5－20中的孔；螺纹参数如图5－21所示。如果此时螺纹轴的方向没有指向实体，则可以单击“选择起始”按钮，在弹出的对话框中选择图5－21所示的平面作为起始面；在接下来弹出的对话框中，单击“螺纹轴反向”按钮，使螺纹轴方向指向实体。单击鼠标中键，完成螺纹的创建，如图5－22所示。

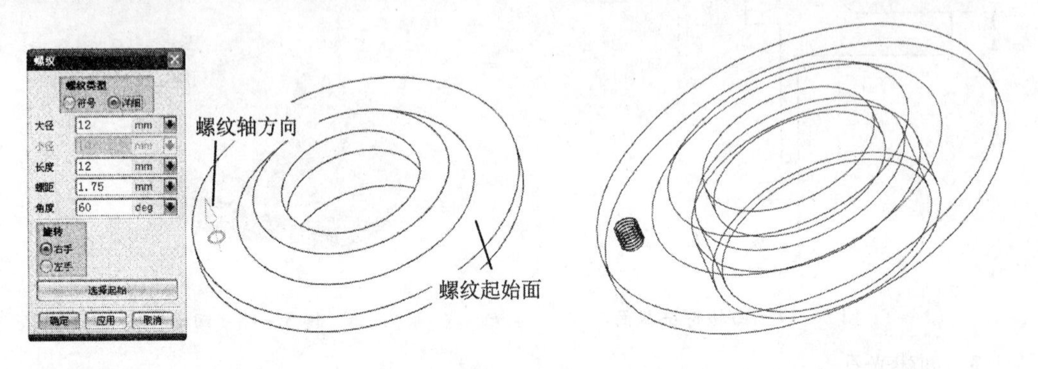

图5－21　光孔特征　　　　图5－22　螺纹特征

5. 均布螺纹孔

（1）选择菜单“插入”→“关联复制”→“实例特征”或者单击特征工具条上的“实例特征”按钮，弹出“实例”对话框，如图5－23所示。在该对话框可以创建以下3种实例特征。

图5－23　“实例”对话框

① 矩形阵列。矩形阵列方式用于以矩形阵列的形式来复制所选的实体特征，该阵列方式使阵列后的特征成矩形（行数×列数）排列。

② 圆形阵列。圆形阵列方式用于以环形的形式来复制所选的实体特征，该阵列方式使阵列后的特征成圆周排列。

③ 阵列面。阵列面是将选择的一组表面而不是某些实体特征作为阵列对象，既可以创建矩形阵列，也可以创建圆形阵列，还可以创建镜像特征。它比矩形阵列和圆形阵列更加灵活。

（2）单击“圆形阵列”按钮，弹出新的“实例”对话框，如图5－24所示。在选择列表框中列出了可供阵列的特征，选择“简单孔”和“螺纹”特征作为阵列特征，单击鼠标中键，弹出新的“实例”对话框，如图5－25所示，该对话框中提供了以下3种方式来创建圆形阵列。

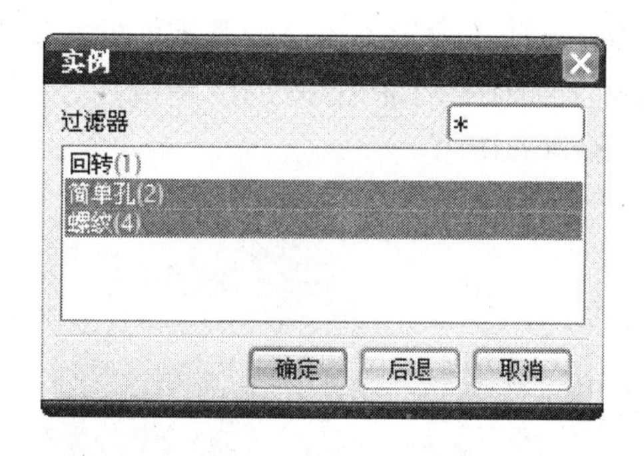

图 5-24　实例特征列表

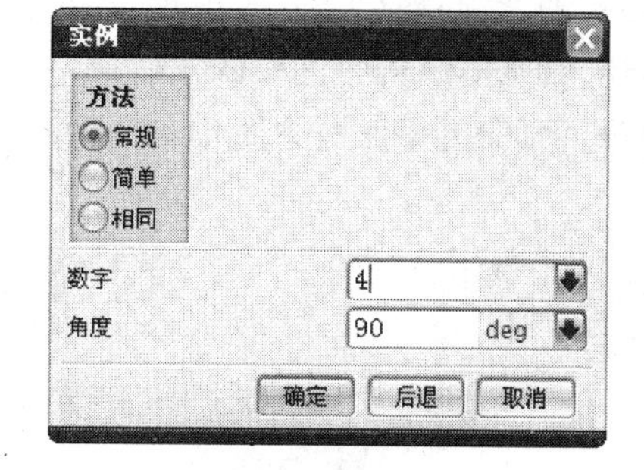

图 5-25　实例特征方法

① 常规。该方式用于以一般的方式来阵列特征。由于其阵列形式以执行布尔运算为基础,并对所有的几何特征进行合法性验证,因此执行该操作时阵列的范围可以超过原始实体的表面范围,其阵列可以和一个表面的边相交,也可以从一个面贯穿到另一个面。

② 简单。该方式用于以简单的方式来阵列特征。该选项的计算方式与"常规"方式相类似,但不进行合法性验证和数据优化操作,其创建速度更快。

③ 相同。该方式用于以相同的方式来阵列特征。该方式不执行布尔运算,是在尽可能少的合法性验证下复制和转换原始特征的所有面和边。因此每个阵列的成员都是原始特征的一个精确的复制。在阵列特征较多,以及能确定它们完全相同的情况下可以选用此方式。这种方式创建速度最快。

(3) 如图 5-25 所示,选择"常规"方式,阵列个数为 4(包括原特征),阵列特征之间的夹角为 90°。单击鼠标中键,弹出新的"实例"对话框,如图 5-26 所示。

(4) 单击"基准轴"按钮,然后选择基准坐标系的 Y 轴作为基准轴,在弹出的对话框中单击"是"按钮,完成螺纹孔的阵列,如图 5-27 所示。

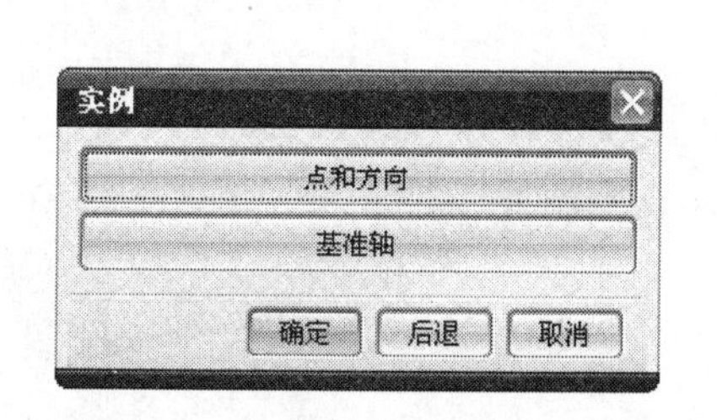

图 5-26　实例轴线确定方法

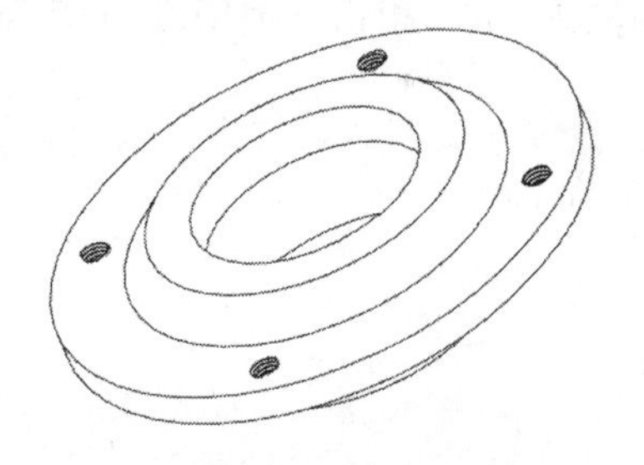

图 5-27　均布螺纹孔

最后将文件保存,并关闭当前窗口。

5.2　轴套类零件建模

5.2.1　轴套类零件的结构特点

轴套类零件是最常见的机械零件,如图 5-28 所示。轴类零件主要用于支承齿轮、带轮、凸轮以及连杆等传动零部件,以传递扭矩。根据功用和结构形状,轴类零件有多种形式，如光轴、空心轴、半轴、阶梯轴、花键轴、偏心轴、曲轴及齿轮轴等。轴类零件的长度大于直径，其基本结构为细长的实心或空心回转体，表面通常分布有中心孔、键槽、退刀槽、倒角等。套筒类零件更为简单，主要起到定距和隔离的作用。

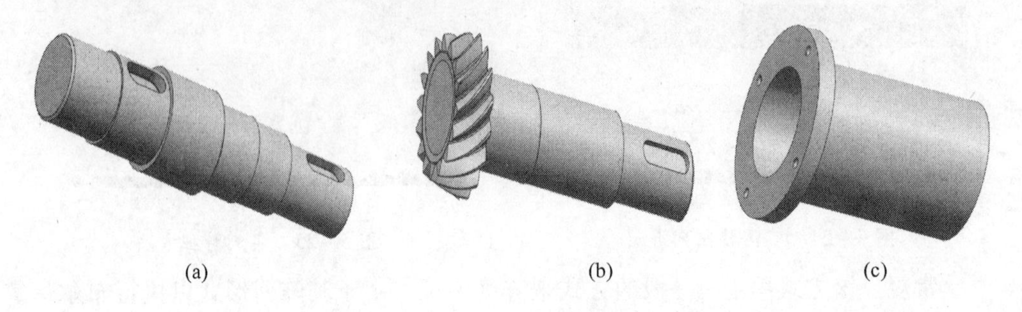

图 5-28　轴套类零件模型

(a) 阶梯轴；(b) 齿轮轴；(c) 套筒。

5.2.2　阶梯轴零件的建模

创建如图 5-29 所示的阶梯轴零件。该零件由回转基体、凸台、中心孔、键槽、退刀槽、倒角、圆角等特征组成。该零件的详细建模过程如下：

1. 打开文件

启动 UG 后，单击工具栏上的打开按钮，打开实例 ch5\example\5-3. prt。

2. 创建基体

单击特征工具栏上的“回转”特征按钮，弹出“回转”对话框。在“截面”选项中，单击“曲线”按钮，选择当前草图作为截面图形。选择基准轴 X 轴正向作为“指定矢量”，旋转角度为 360°，单击鼠标中键，完成基体的创建，如图 5-30 所示。

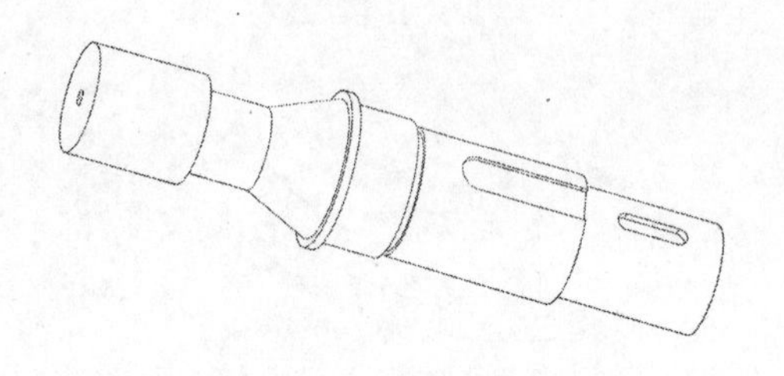

图 5-29　阶梯轴零件模型

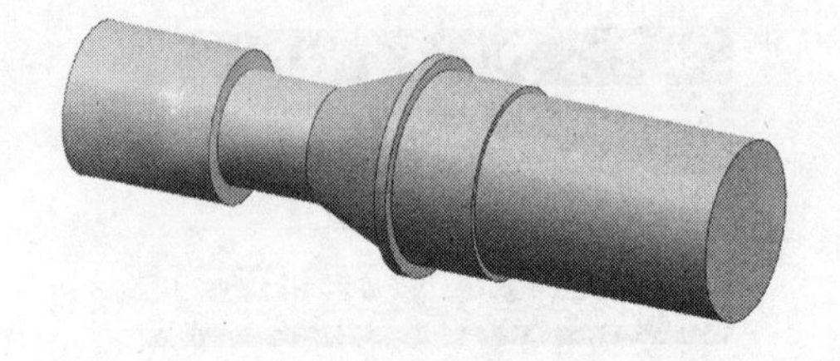

图 5-30　回转基体特征

3. 创建凸台

(1) 选择菜单“插入”→“设计特征”→“凸台”命令或单击特征工具栏上的“凸台”特征按钮，弹出“凸台”对话框。

(2) 选择模型基体端面作为放置面，并设置凸台参数，如图 5-31 所示。单击鼠标中键，弹出“定位”对话框。

(3) 如图 5-32 所示，选择“定位”对话框中的“点到点”定位按钮。在弹出的“点到点”对话框中，选择图 5-33 中光标所在位置的圆弧作为目标边；弹出“设置圆弧的位置”对话框，单击“圆弧中心”按钮，完成凸台的定位，如图 5-34 所示。

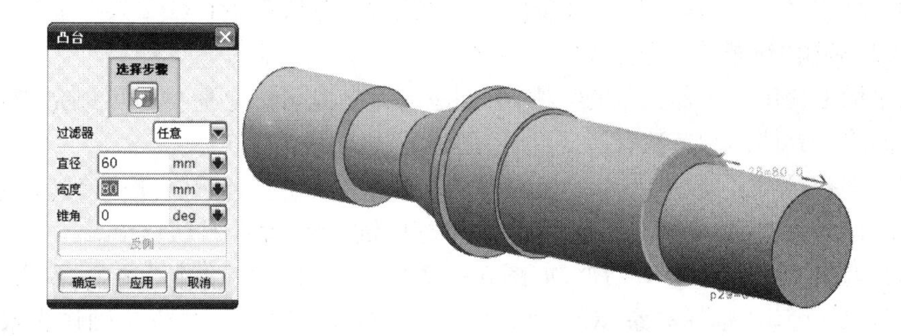

图 5－31　凸台设置参数及放置面

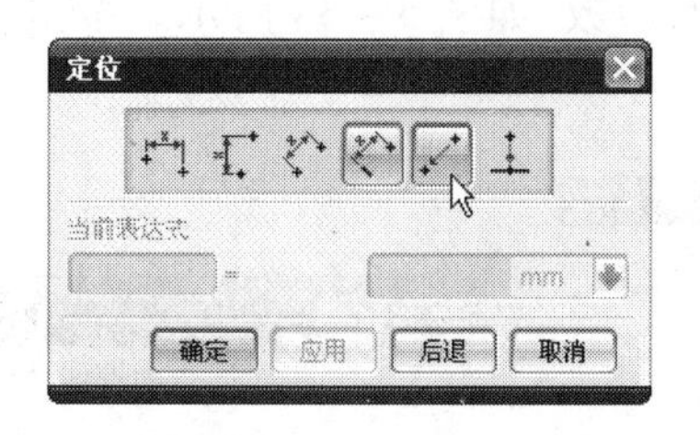

图 5－32　选择定位方式

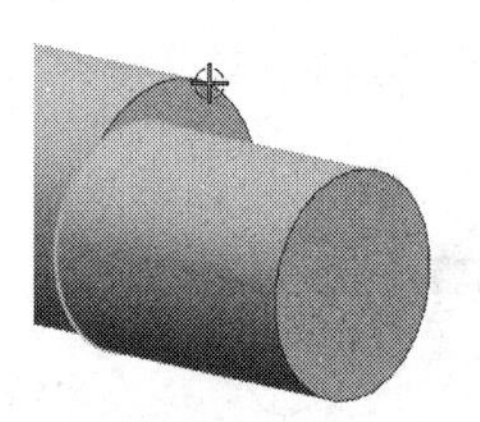

图 5－33　选择目标边

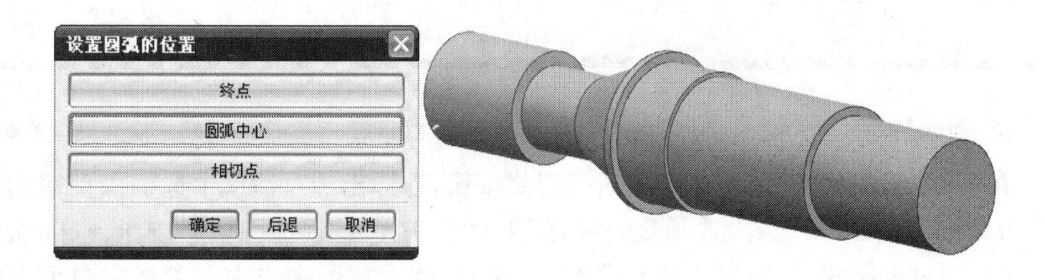

图 5－34　凸台定位

4. 创建键槽

（1）创建基准平面作为键槽的放置面。选择菜单“插入”→“基准/点”→“基准平面”命令或单击特征工具栏上的“基准平面”特征按钮，弹出“基准平面”对话框。依次选择基准坐标系 XY 平面和端面圆弧边的象限点作为参照，建立基准平面，如图 5－35 所示。

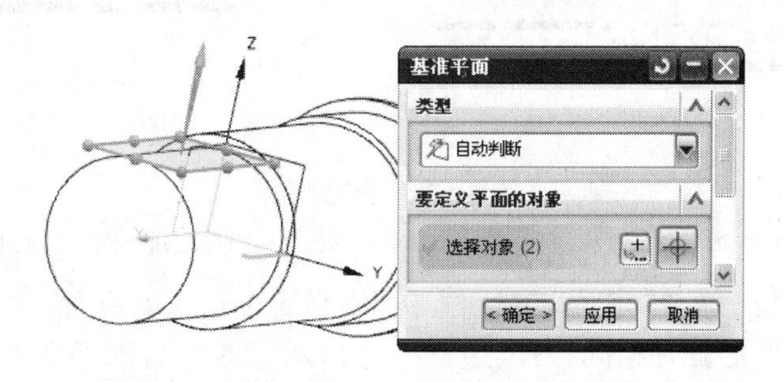

图 5－35　创建基准平面

（2）选择菜单“插入”→“设计特征”→“键槽”命令或单击特征工具栏上的“键槽”特征按钮，弹出“键槽”对话框，如图5-36所示。

该对话框提供了5种类型的键槽，所创建的键槽既可以是通槽也可以是指定长度的槽。它们除了具体形状参数有所区别外，创建方法大致相同。

（3）选择“矩形”键槽，单击鼠标中键，弹出“矩形键槽”对话框，选择第（1）步所做的基准平面作为放置面；在新对话框中，单击鼠标中键，接受系统默认选项。

（4）弹出“水平参考”对话框，如图5-37所示。选择“基准轴”选项，作为水平参考的参照对象。弹出“选择对象”对话框，在图形工作区中选择基准轴X轴作为水平参考，用来指定键槽长度的方向。

（5）在弹出的“矩形键槽”对话框中，设置键槽参数，如图5-38所示。单击鼠标中键，弹出“定位”对话框。

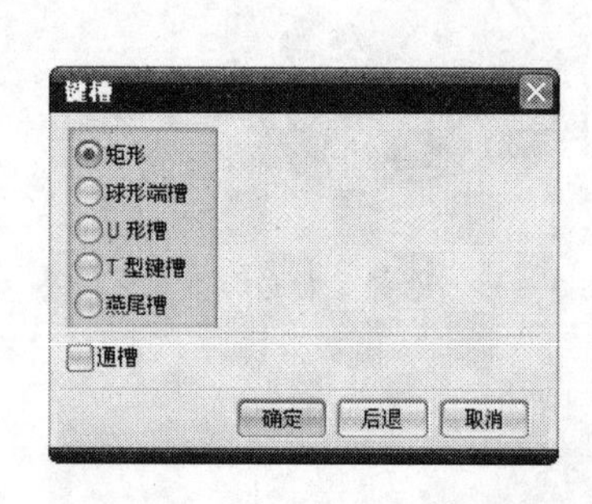

图5-36 “键槽”对话框

图5-37 “水平参考”对话框

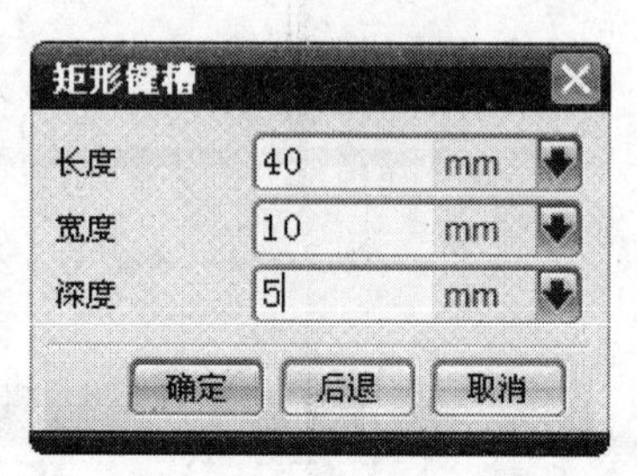

图5-38 设置键槽参数

（6）单击“定位”对话框中的“水平”定位按钮；在弹出的对话框中选择模型端面圆弧边作为目标边，在弹出的“设置圆弧的位置”对话框中单击“圆弧中心”按钮，以圆弧中心作为水平尺寸的测量点；在弹出的对话框中选择键槽示意图中与水平参考方向垂直的中心线即直线，作为刀具边；在弹出的“创建表达式”对话框中，输入40，确定水平方向的定位尺寸，如图5-39所示。

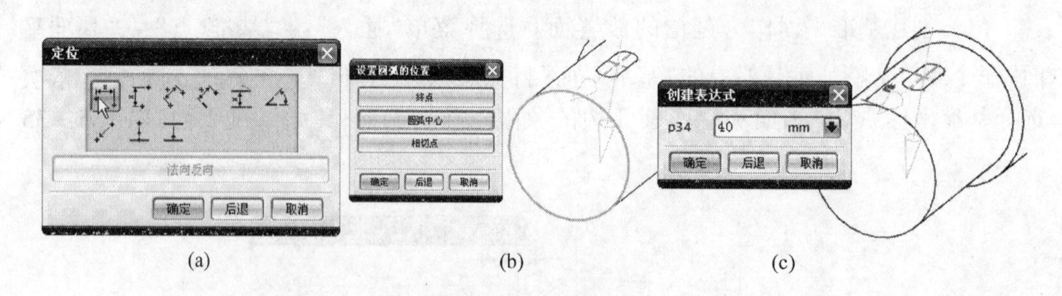

图5-39 键槽定位

（a）选择水平定位方式；（b）选择目标边；（c）选择刀具边，确定水平定位尺寸。

（7）继续定位，单击“定位”对话框中的“竖直”定位按钮，依次选择定位尺寸参考。目标边与水平定位时相同，刀具边选择键槽示意图中与水平参考方向平行的中心线，定位尺寸值为0。单击鼠标中键，完成键槽的定位，生成的键槽特征如图5-40所示。

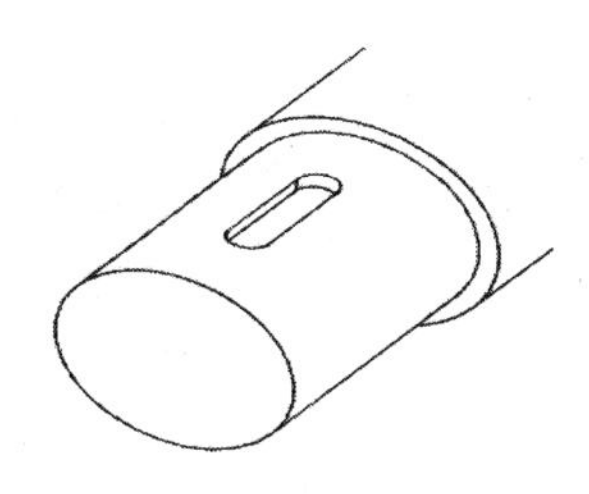

图 5-40　键槽特征

按照上述步骤，创建如图 5-41 所示的第二个键槽，需要注意的是要新建放置平面。其形状参数如图 5-42 所示。水平定位尺寸值为 -33，竖直定位尺寸值为 0。

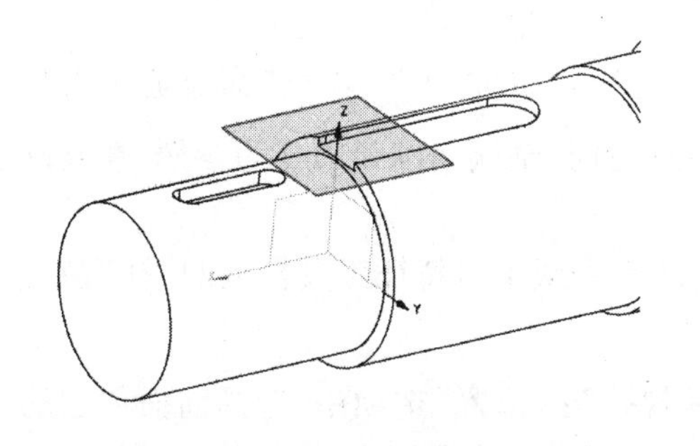

图 5-41　第二个键槽

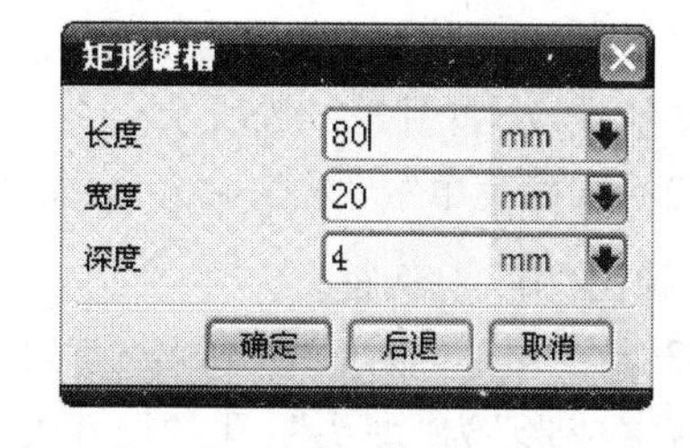

图 5-42　设置键槽参数

5. 创建退刀槽

（1）选择菜单“插入”→“设计特征”→“槽”命令或单击特征工具栏上的“槽”特征按钮，弹出“槽”对话框，如图 5-43 所示。

该对话框提供了 3 种类型的槽，它们除了具体形状参数有所区别外，创建方法大致相同。

（2）选择“矩形”槽，单击鼠标中键，弹出“矩形槽”对话框，选择第二个键槽所在的圆柱面作为放置面；在新“矩形槽”对话框中，输入槽参数，如图 5-44 所示。单击鼠标中键，弹出“定位槽”对话框。

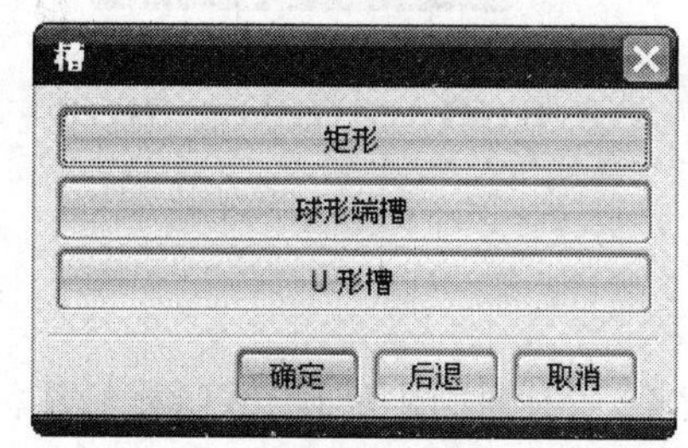

图 5-43　“槽”对话框

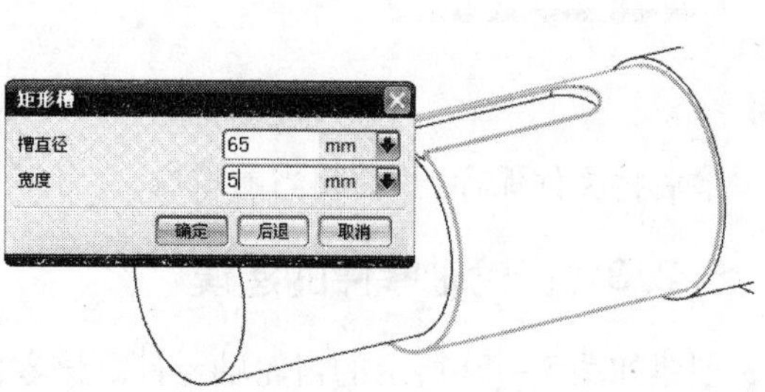

图 5-44　槽放置面及其参数

（3）依次选择如图 5-45 所示的边作为目标对象和刀具对象，输入定位尺寸值为“0”。单击鼠标中键，完成槽特征的创建，如图 5-46 所示。

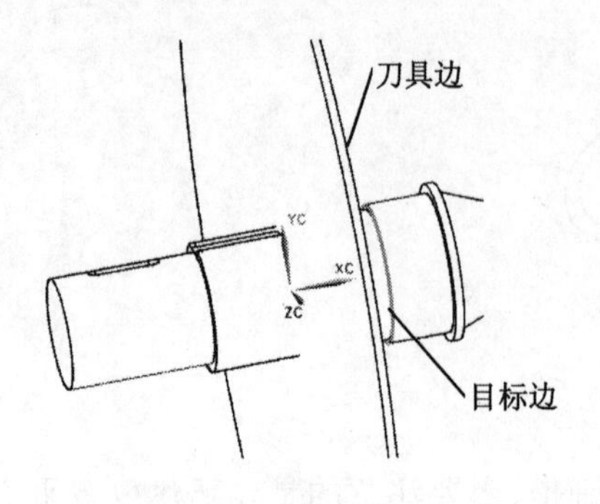

图 5-45　槽的定位参照

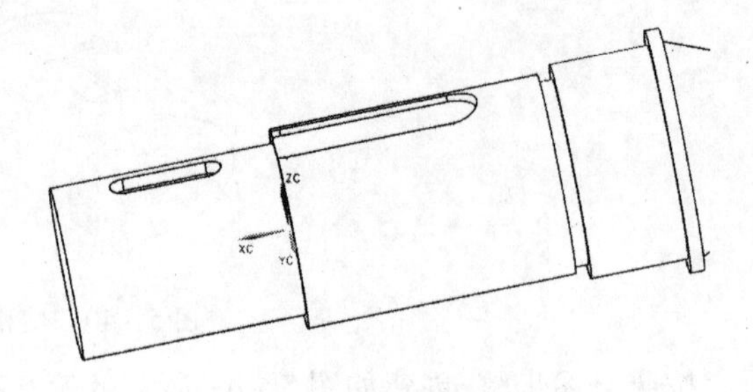

图 5-46　槽特征

6. 创建中心孔

(1) 创建点作为孔的放置。选择菜单“插入”→“基准/点”→“点”命令或单击特征工具栏上的“点”特征按钮，弹出“点”对话框。选择轴端面圆弧边作为参照，在其圆心处建立基准点，如图 5-47 所示。

(2) 选择菜单“插入”→“设计特征”→“孔”命令或单击特征工具栏上的“孔”特征按钮，弹出“孔”对话框。

(3) 在“孔”对话框中，选择“类型”为“常规孔”；“位置”选项中，选择前面创建的基准点；孔“成形”为“埋头”；孔的尺寸如图 5-48 所示。单击鼠标中键，完成孔的创建。

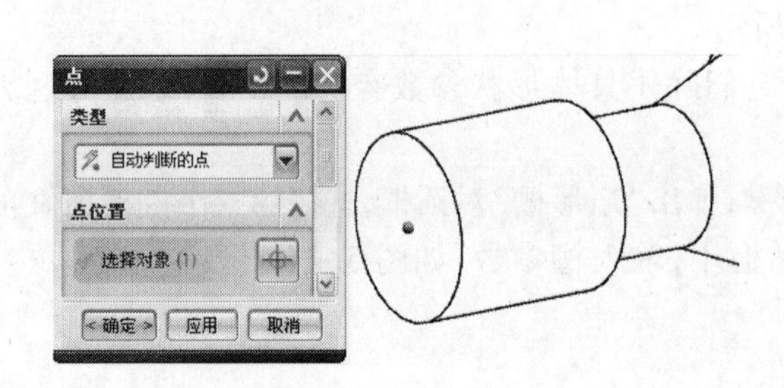

图 5-47　创建基准点

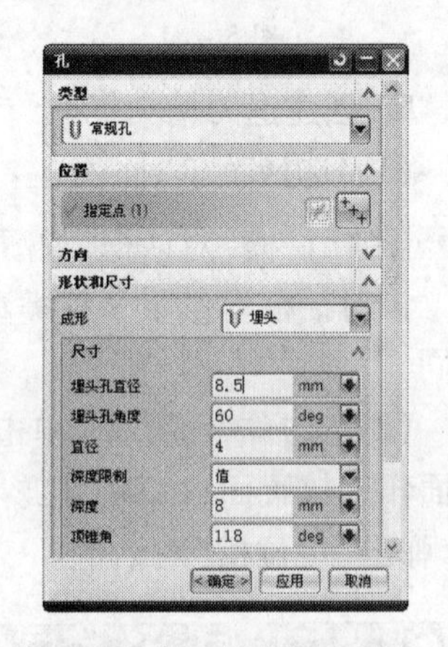

图 5-48　孔的设置

最后将文件保存，并关闭当前窗口。

5.2.3　齿轮轴零件的建模

创建如图 5-49 所示的齿轮轴零件。该零件由齿轮、阶梯轴、倒角、圆角、键槽等特征组成。该零件的详细建模过程如下：

1. 新建文件

启动 UG 后，单击工具栏上的新建按钮，弹出“新建”对话框，在“模型”选项页中选择“模型”模板，单位为“毫米”，输入文件名为 5-4.prt。单击鼠标中键，进入建模模块。

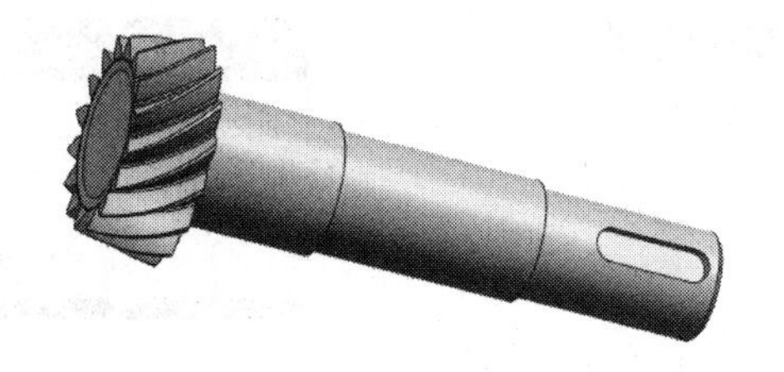

图 5－49　齿轮轴零件模型

2. 创建齿轮

UG 提供了专门的齿轮工具箱即“GC 工具箱”中的“齿轮建模”功能来完成常用齿轮零件及装配的创建、编辑功能。

齿轮建模工具提供了两大类齿轮的创建，即圆柱齿轮和圆锥齿轮，其中圆锥齿轮又分为普通锥齿轮、弧齿锥齿轮、准双曲线齿轮等。这些齿轮除了具体几何参数有所区别外，其创建方法大致相同。

（1）选择菜单“GC 工具箱”→“齿轮建模”→“格利森锥齿轮”命令或者单击特征工具栏上的“格利森锥齿轮建模”按钮，弹出“格利森弧齿锥齿轮建模”对话框，如图 5－50。选择“创建齿轮”，单击鼠标中键，弹出“格利森弧齿锥齿轮类型”对话框，如图 5－51所示。选择齿轮类型为“格利森弧齿锥齿轮”，齿高形式为“等高齿”，单击鼠标中键，弹出“格利森弧齿锥齿轮参数”对话框，如图 5－52 所示。

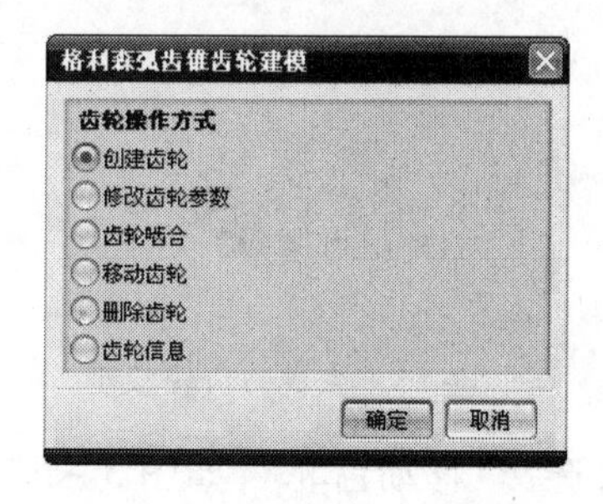

图 5－50　“格利森弧齿锥齿轮建模”对话框

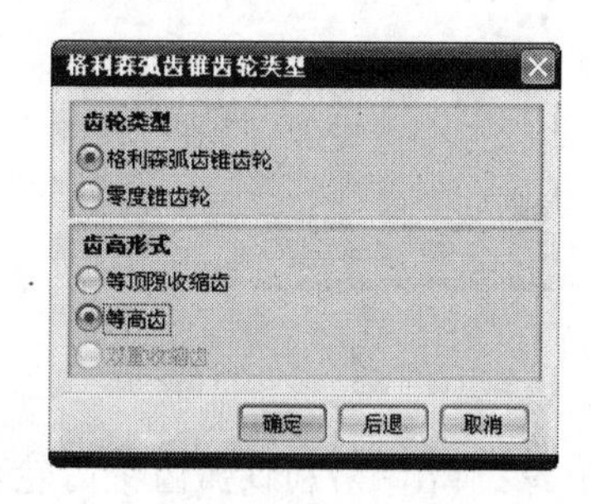

图 5－51　“格利森弧齿锥齿轮类型”对话框

（2）输入齿轮参数。在如图 5－52 所示的对话框中，单击“默认参数（主动齿轮）”按钮，系统自动对齿轮名称及其参数进行赋值，也可以自己输入相应的参数。单击“参数估计”按钮，弹出如图 5－53 所示的对话框，输入相应的参数，系统将进行对应参数的估计，帮助用户完成参数的输入。用户输入正确的参数后，单击鼠标中键，弹出“矢量”对话框。

（3）“矢量”对话框用于指定齿轮的轴线方向，在图形工作区选择 Z 轴正向作为齿轮轴的矢量方向，如图 5－54 所示。单击鼠标中键，弹出“点”对话框。

（4）“点”对话框用于指定齿轮的顶点位置，在图形工作区选择坐标原点作为顶点位置，如图 5－55 所示。单击鼠标中键，系统将自动完成给定参数齿轮的创建。创建完成的齿轮如图 5－56 所示。

（5）为了将齿轮小端圆心的位置与原点重合，需要移动齿轮。选择菜单“GC 工具箱”→“齿轮建模”→“格利森锥齿轮”命令或者单击特征工具栏上的“格利森锥齿轮建

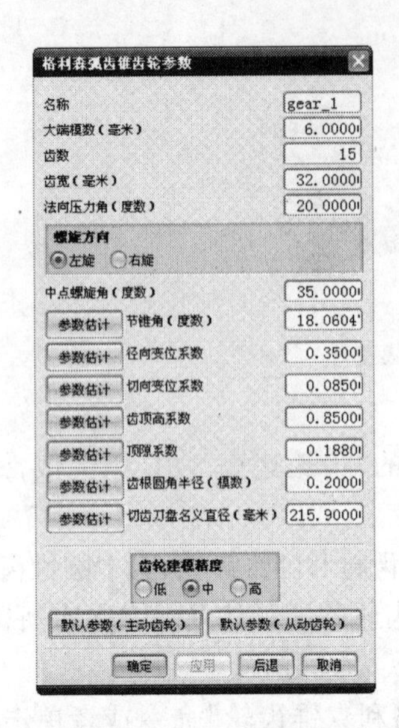

图 5－52 “格利森弧齿锥齿轮参数”对话框

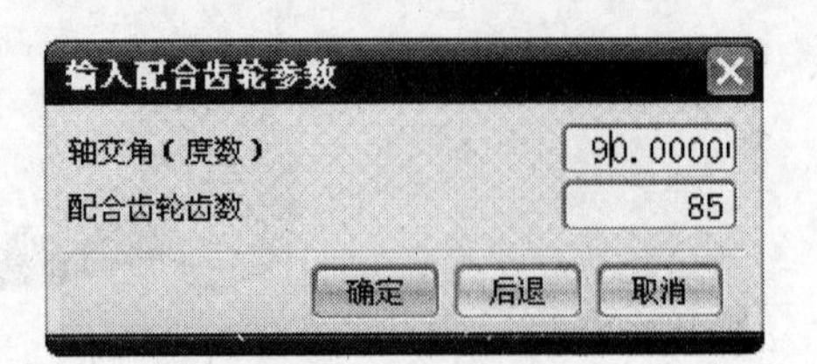

图 5－53 “输入配合齿轮参数”对话框

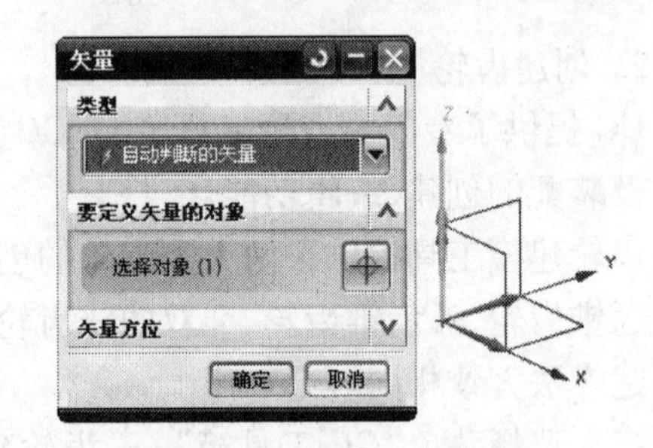

图 5－54 “矢量”对话框

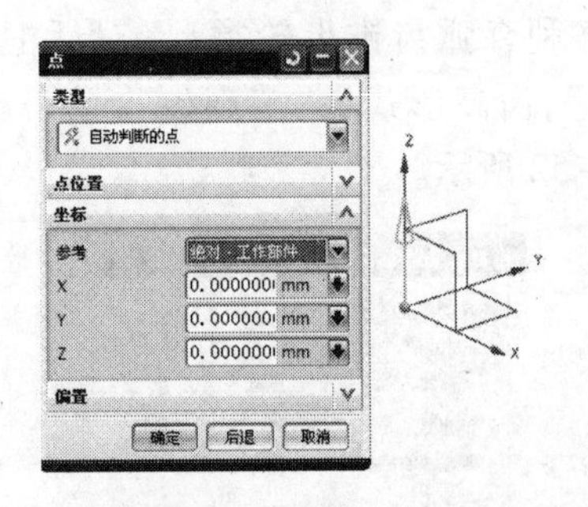

图 5－55 “点”对话框

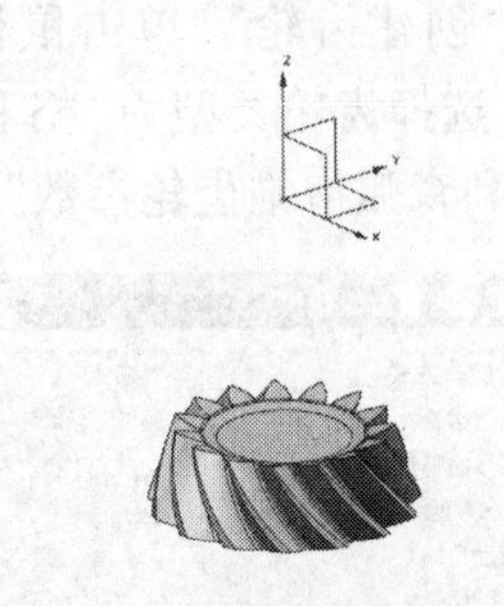

图 5－56 生成的齿轮模型

模”按钮，弹出“格利森弧齿锥齿轮建模”对话框，选择“移动齿轮”，如图 5－57 所示。单击鼠标中键，弹出“选择齿轮进行操作”对话框。

（6）在“选择齿轮进行操作”对话框中，选择要进行移动的齿轮，如图 5－58 所示。单击鼠标中键，弹出“移动齿轮”对话框。

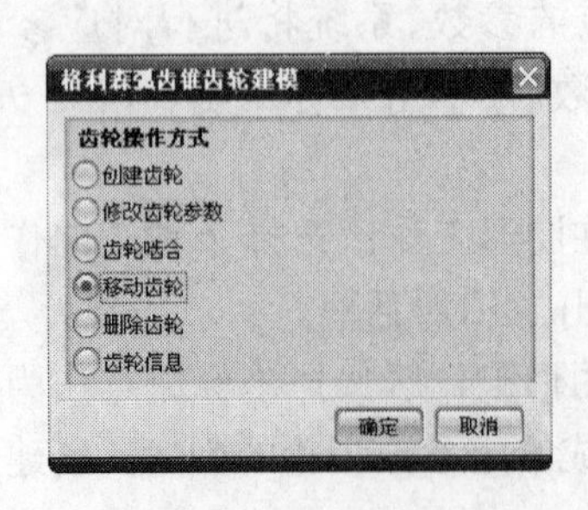

图 5－57 “格利森弧齿锥齿轮建模”对话框

图 5－58 “选择齿轮进行操作”对话框

（7）在“移动齿轮”对话框中，单击“从一点移到另一点”按钮，如图 5－59 所示。单击鼠标中键，弹出“点”对话框。

（8）在“点”对话框中，依次选择小端圆心和坐标原点，如图 5－60 所示。移动后的齿轮如图 5－61 所示。

图 5－59 “移动齿轮”对话框

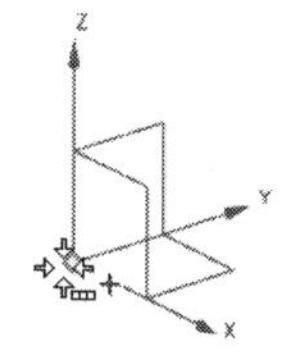

图 5－60 选择点

3. 建立其他轴段

（1）选择菜单“插入”→“设计特征”→“回转”命令或者单击特征工具栏上的“回转”特征按钮，弹出“回转”对话框。在“截面”选项中，单击“绘制截面”按钮，弹出“创建草图”对话框。

（2）在“创建草图”对话框中，选择 XZ 坐标平面作为草图平面，Z 轴正向作为草图的水平参考方向，如图 5－62 所示。单击鼠标中键，进入草图环境。

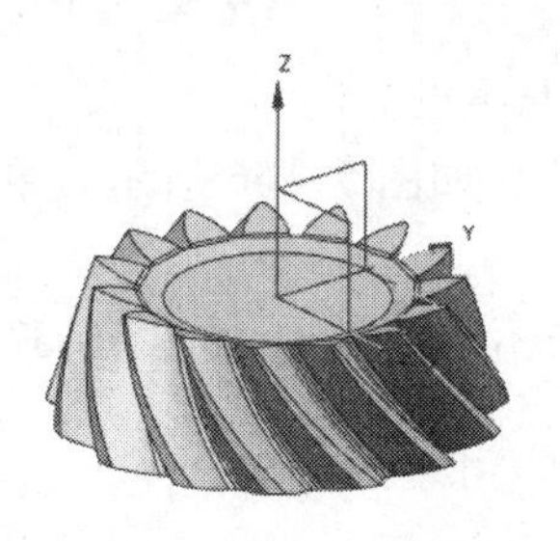

图 5－61 完成移动的齿轮

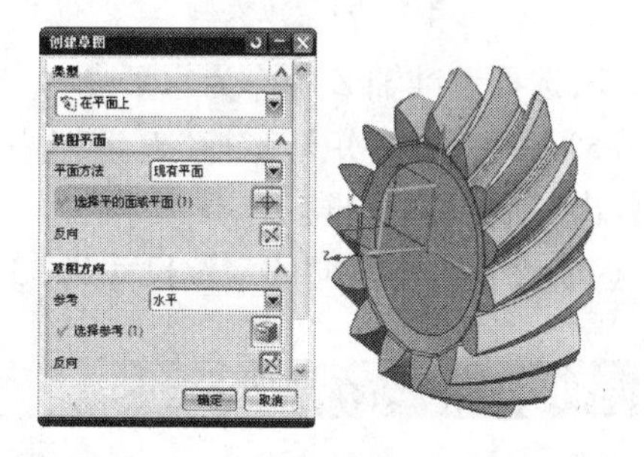

图 5－62 草图选项设置

（3）绘制如图 5－63 所示的截面。单击工具栏上的完成草图按钮 完成草图，退出草图环境，返回“回转”对话框。

（4）在“轴”选项中，选择基准轴 Z 轴正向作为“指定矢量”，旋转角度为 360°，单击鼠标中键，完成其他轴段的创建，如图 5－64 所示。

4. 创建键槽

（1）创建基准平面作为键槽的放置面。选择轴的外圆柱面作为参照，建立基准平面，如图 5－65 所示。

（2）选择菜单“插入”→“设计特征”→“键槽”命令或单击特征工具栏上的“键槽”特征按钮，弹出“键槽”对话框。选择“矩形”键槽，单击鼠标中键，弹出“矩形键槽”对话框，选择第（1）步所做的基准平面作为放置面；在新对话框中，单击鼠标中键，接受系统默

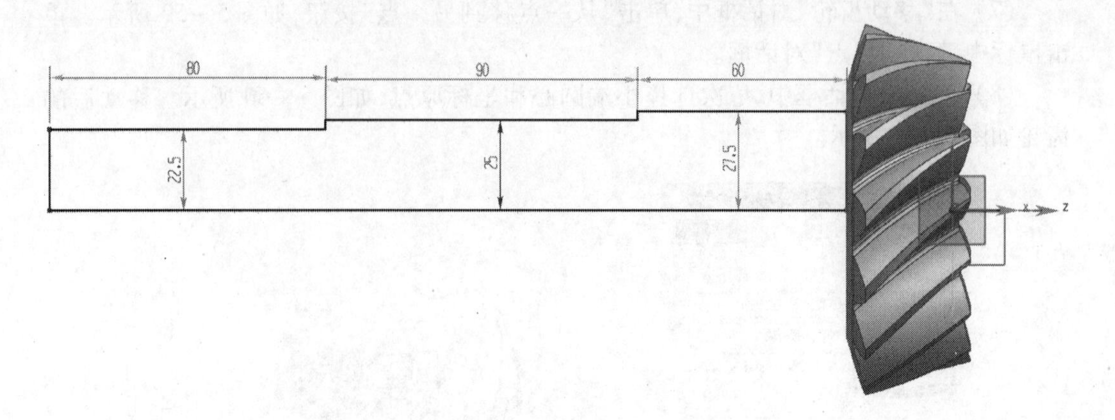

图 5-63　草图截面

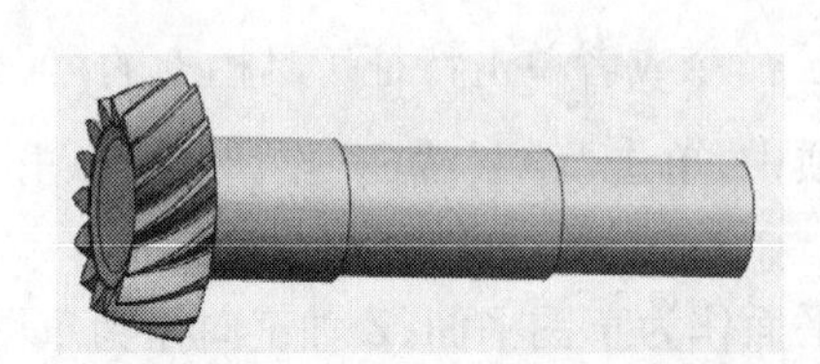

图 5-64　轴模型

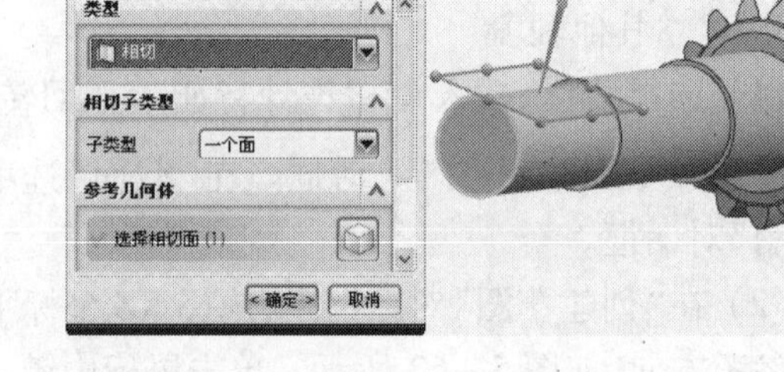

图 5-65　创建基准平面

认选项;选择基准轴 Z 轴作为水平参考,用来指定键槽长度的方向。

(3) 在弹出的“矩形键槽”对话框中,设置键槽参数,如图 5-66 所示。单击鼠标中键,弹出“定位”对话框。

(4) 设置水平方向的定位尺寸为 33,竖直方向的定位尺寸为 0,如图 5-67 所示。

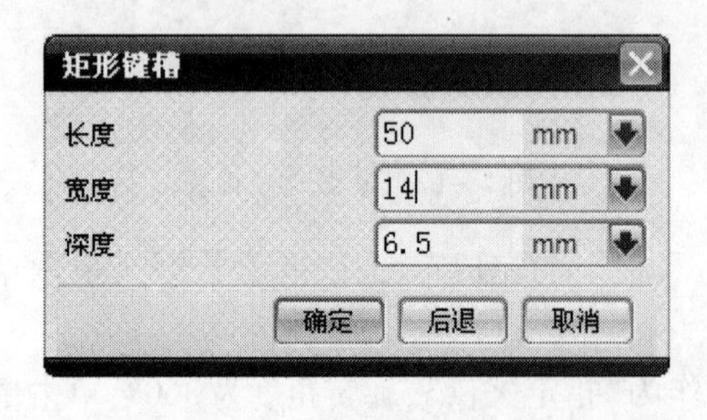

图 5-66　设置键槽参数

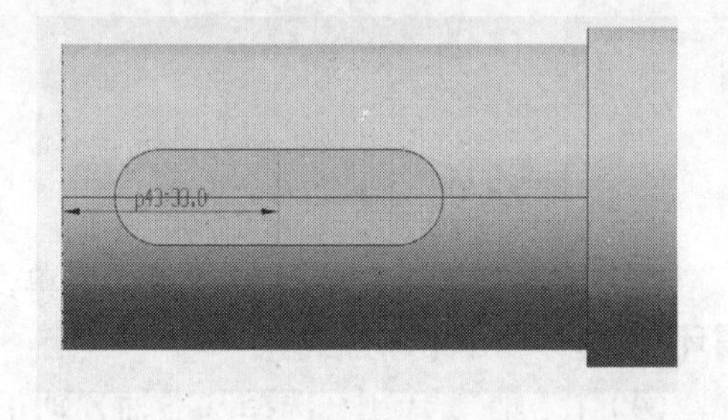

图 5-67　设置定位尺寸

5. 创建倒角

(1) 选择菜单“插入”→“细节特征”→“倒斜角”或者单击特征工具条上的“倒斜角”图标,弹出“倒斜角”对话框。

(2) 倒斜角设置如图 5-68 所示,其中,选择轴的端面底边作为参照;设置“偏置”中的“横截面”和“距离”分别为“对称”和“3”,即倒角的边长为 3,两个倒角的边长相等。单击鼠标中键,完成倒角特征的创建。

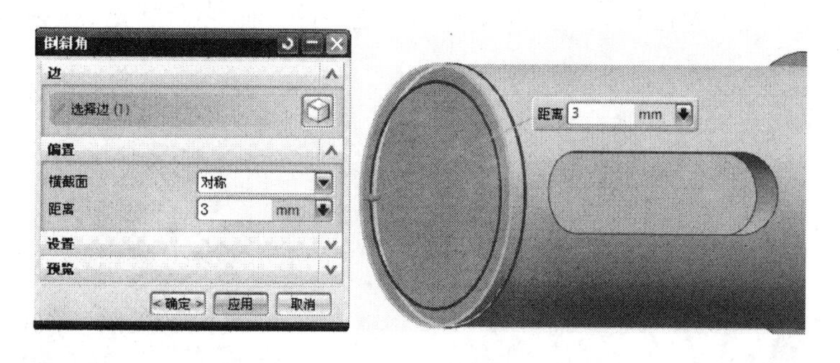

图 5-68　倒角设置

6. 创建面圆角

(1) 选择菜单“插入”→“细节特征”→“面倒圆”或者单击特征工具条上的“面倒圆”图标 ，弹出“面倒圆”对话框。

(2) 分别选择齿轮大端底面和轴的外圆柱面作为面链 1 和面链 2；通过“反向”按钮 调整生成圆角特征的参照面方向；设置倒圆角半径为 3，面倒圆设置如图 5-69 所示。单击鼠标中键，完成面圆角特征的创建。

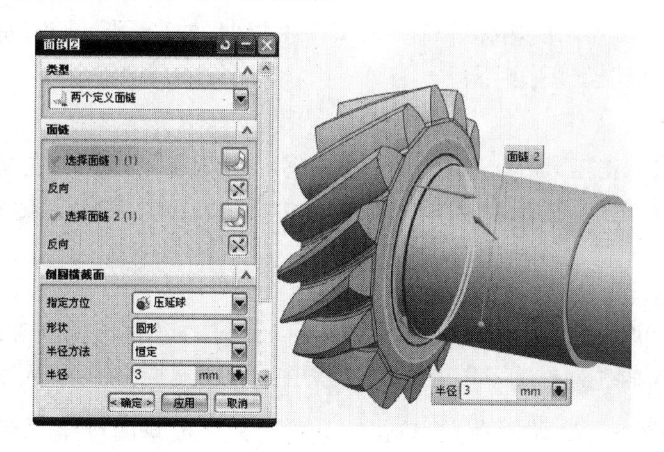

图 5-69　面倒圆设置

最后将文件保存，并关闭当前窗口。

5.3　箱体类零件建模

5.3.1　箱体类零件的结构特点

箱体类零件的内、外结构都很复杂，由于它主要用来支承、包容运动零件或其他零件，因此，箱体类零件内部常有空腔。箱体的空腔常用来安装传动轴、齿轮（或凸轮）及滚动轴承等，因此两端均有装轴承盖及套的孔；箱体类零件在使用时常要安装、合箱，所以箱体的座、盖上有许多安装孔、定位箱孔、连接孔等。为了合箱严密，箱体上还常设有凸缘；由于箱体是空腔的，通常壁比较薄，为了增加箱体的刚度，这类零件上一般都设有加强筋。

由于形状复杂，它们多为铸件，具有许多铸造工艺结构，如铸造圆角、拔模斜度等，如图 5-70所示。

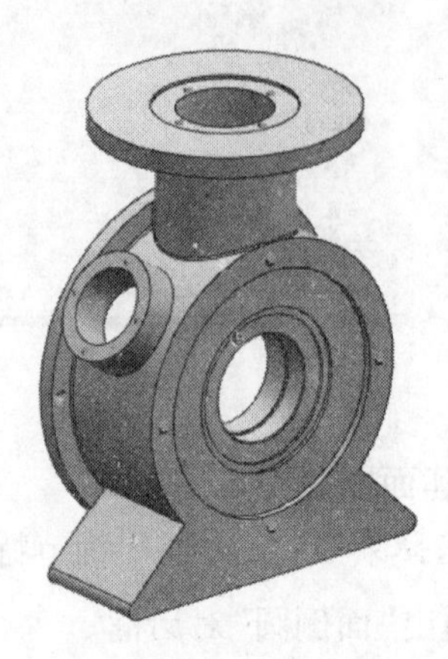

图 5-70 箱体类零件

5.3.2 箱体零件的建模

创建如图 5-71 所示的箱体零件。该零件由拉伸、抽壳、孔、圆角、加强筋等特征组成。该零件的详细建模过程如下：

1. 新建文件

启动 UG 后，单击工具栏上的新建按钮，弹出“新建”对话框，在“模型”选项页中选择“模型”模板，单位为“毫米”，输入文件名为 5-5. prt。单击鼠标中键，进入建模模块

2. 创建箱体基体

(1) 选择菜单“插入”→“任务环境中的草图”命令，在绘图区选择 XY 坐标平面作为草图平面，选择 X 轴正向作为草图的水平参考方向，单击鼠标中键，进入草图环境。

(2) 绘制如图 5-72 所示草图，单击工具栏上的完成草图按钮“完成草图”，退出草图环境。

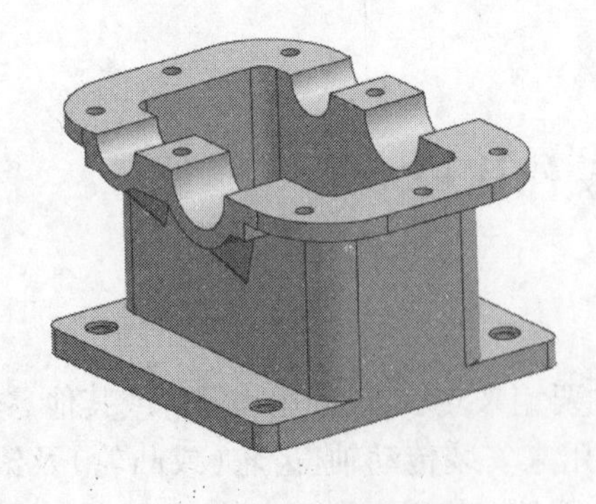

图 5-71 箱件零件

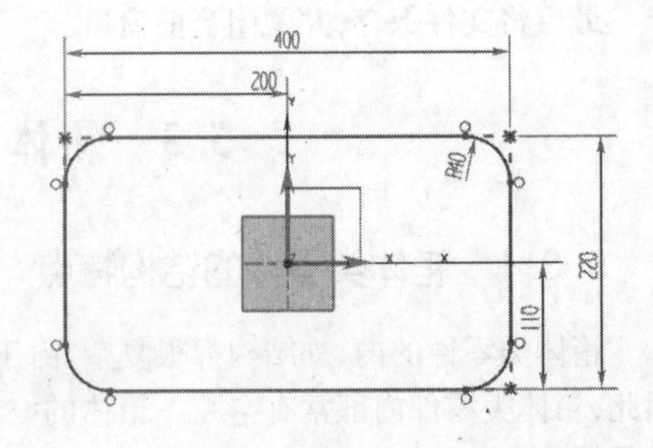

图 5-72 基体截面草图

（3）选择菜单“插入”→“设计特征”→“拉伸”命令或者单击特征工具栏上的“拉伸”特征按钮，弹出“拉伸”对话框。在“截面”选项中，选择上一步创建的草图，选择 Z 轴正向作为拉伸方向，“限制”选项的设置如图 5－73 所示。单击鼠标中键，完成拉伸特征的创建。

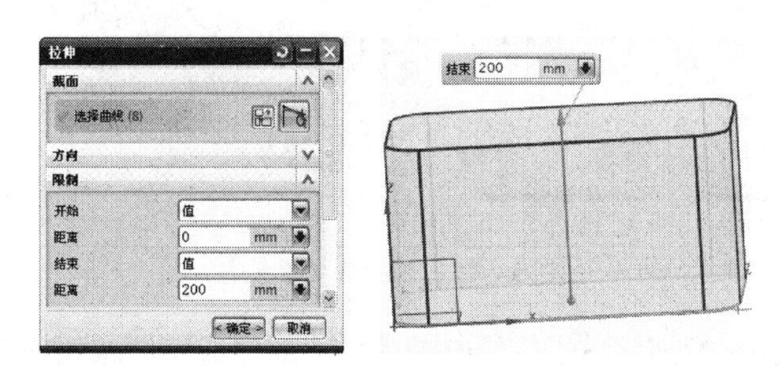

图 5－73　拉伸设置

（4）单击特征工具栏上的“拉伸”特征按钮，弹出“拉伸”对话框。在“截面”选项中，选择上一步创建的拉伸特征上表面边缘作为拉伸的草图，选择 Z 轴正向作为拉伸方向，“限制”选项和“偏置”选项的设置如图 5－74 所示。单击鼠标中键，完成基体的创建。

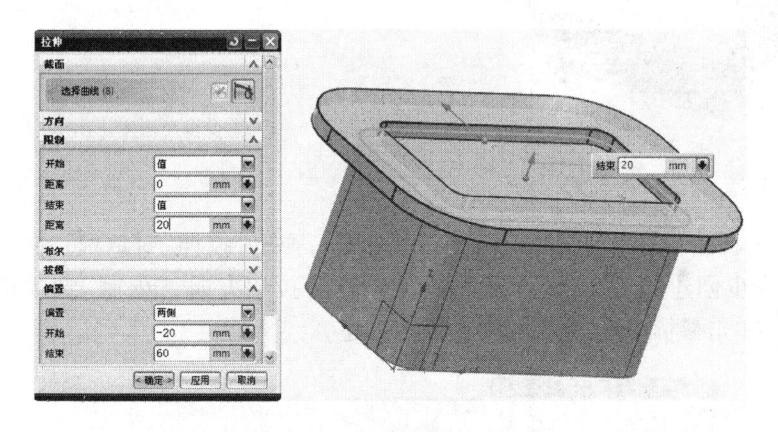

图 5－74　拉伸选项设置

3. 创建箱体空腔

抽壳特征用于去除实体内部的材料，并按指定厚度形成薄壁体。

选择菜单“插入”→“偏置/缩放”→“抽壳”命令或者单击特征工具栏上的“抽壳”特征按钮，弹出“壳”对话框。设置抽壳厚度为 20，在绘图工作区中选择如图 5－75 中光标所在位置的面作为“要穿透的面”。单击鼠标中键，完成空腔的创建，结果如图 5－76 所示。

4. 创建箱体底板

（1）选择菜单“插入”→“任务环境中的草图”命令，选择图 5－76 所示的基体下底面作为草图平面，选择 X 轴正向作为草图的水平参考方向，单击鼠标中键，进入草图环境。

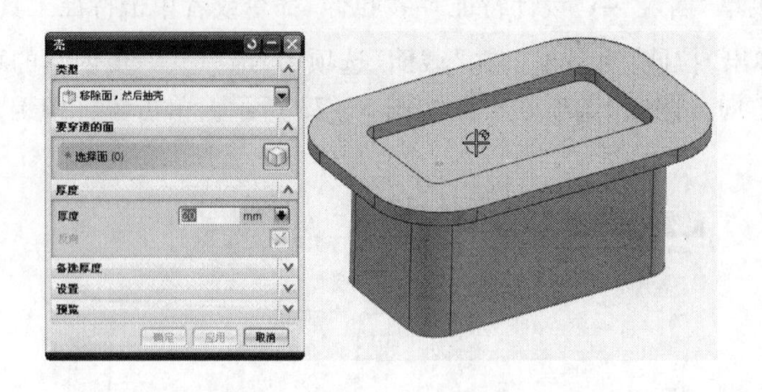

图 5－75 抽壳选项设置

（2）绘制如图 5－77 所示草图，单击工具栏上的完成草图按钮 完成草图，退出草图环境。

图 5－76 完成后的空腔

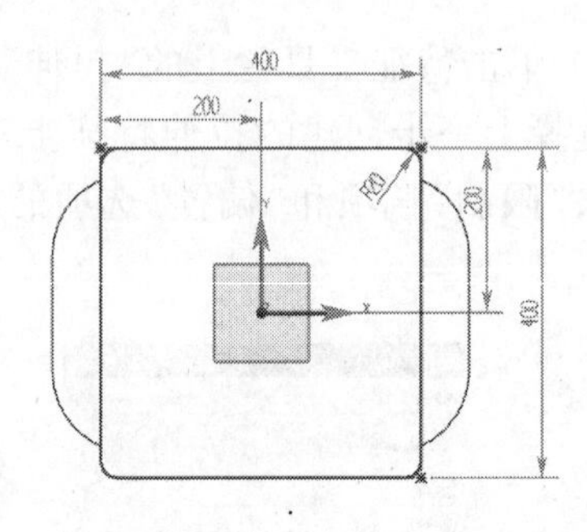

图 5－77 底板截面草图

（3）单击特征工具栏上的“拉伸”特征按钮，弹出“拉伸”对话框。在“截面”选项中，选择上一步创建的草图，选择 Z 轴负方向作为拉伸方向，“限制”选项的设置如图 5－78所示。单击鼠标中键，完成箱体底板的创建。

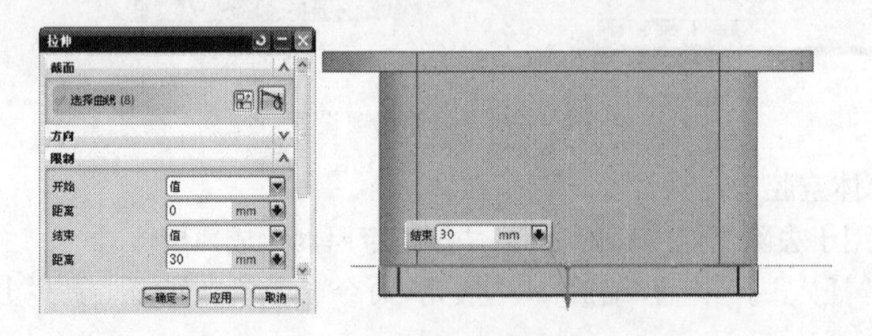

图 5－78 底板拉伸选项设置

5. 创建箱体轴承孔支座

（1）选择菜单“插入”→“任务环境中的草图”命令，选择光标所在位置的平面作为草图平面；选择底板的一条边作为草图的水平参考方向，如图 5－79 所示。单击鼠标中键，进入草图环境。

（2）绘制如图 5－80 所示草图，单击工具栏上的完成草图按钮 完成草图，退出草图

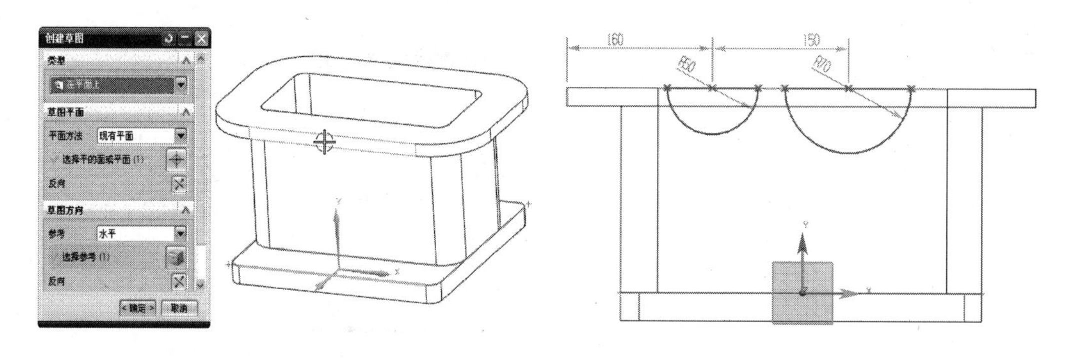

图 5－79　截面草图选项　　　　　　图 5－80　截面草图

环境。

（3）单击特征工具栏上的“拉伸”特征按钮，弹出“拉伸”对话框。在“截面”选项中，选择上一步创建的草图，选择光标所在位置的面作为拉伸的“限制”参照，如图 5－81 所示。单击鼠标中键，完成拉伸特征。

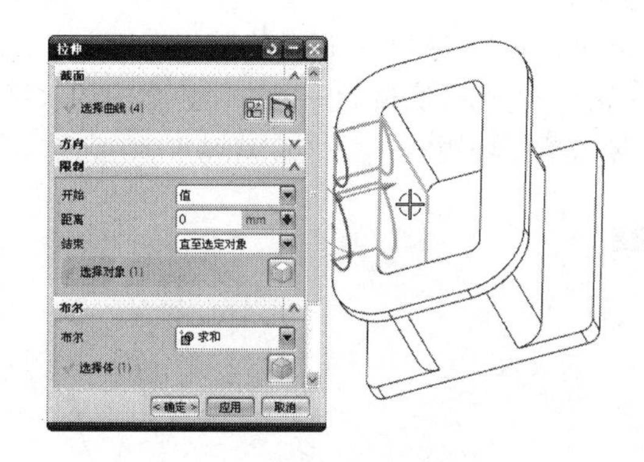

图 5－81　拉伸选项设置

（4）选择菜单“插入”→“任务环境中的草图”命令，草图选项如图 5－79 所示。单击鼠标中键，进入草图环境。绘制如图 5－82 所示草图，单击工具栏上的完成草图按钮，退出草图环境。

（5）单击特征工具栏上的“拉伸”特征按钮，弹出“拉伸”对话框。在“截面”选项中，选择上一步创建的草图，其余选项的设置如图 5－83 所示。单击鼠标中键，完成支座的创建。

6. 创建轴承孔

（1）选择菜单“插入”→“任务环境中的草图”命令，选择光标所在位置的平面作为草图平面；选择底板的一条边作为草图的水平参考方向，如图 5－79 所示。单击鼠标中键，进入草图环境。

（2）在草图环境中，分别绘制两个直径为 100 和 70 的圆，圆心分别与轴承孔支座的圆弧同心。单击工具栏上的完成草图按钮，退出草图环境。

（3）单击特征工具栏上的“拉伸”特征按钮，弹出“拉伸”对话框。在“截面”选项中，选择上一步创建的草图，其余选项的设置如图 5－84 所示。单击鼠标中键，完成轴承

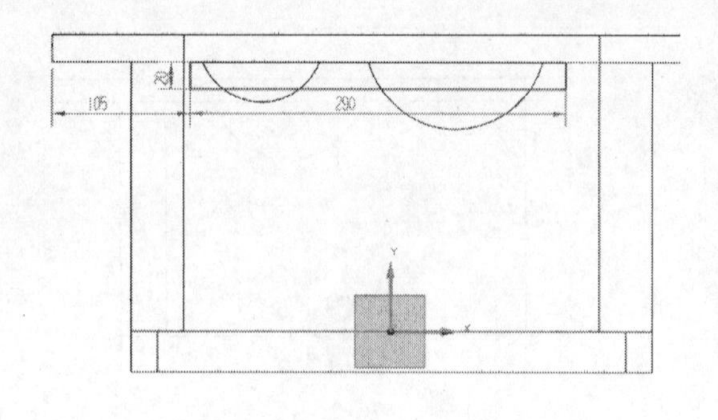

图 5－82　拉伸截面草图

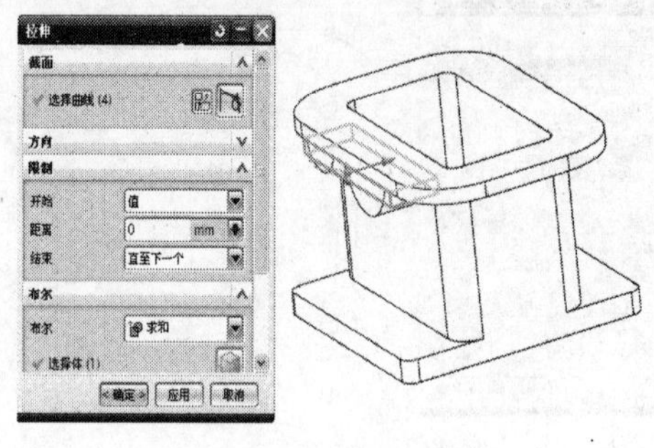

图 5－83　拉伸选项设置

孔的创建。

7. 创建合箱面连接孔

(1) 选择菜单“插入”→“设计特征”→“孔”命令或单击特征工具栏上的“孔”特征按钮 ,弹出“孔”对话框。

(2) 在“孔”对话框中,“位置”选项中,通过绘制截面来指定孔的中心所在点,选择光标所在位置的面作为草图平面,选择底板的一条边作为草图的水平参考方向,如图 5－85 所示。单击鼠标中键,进入草图环境。

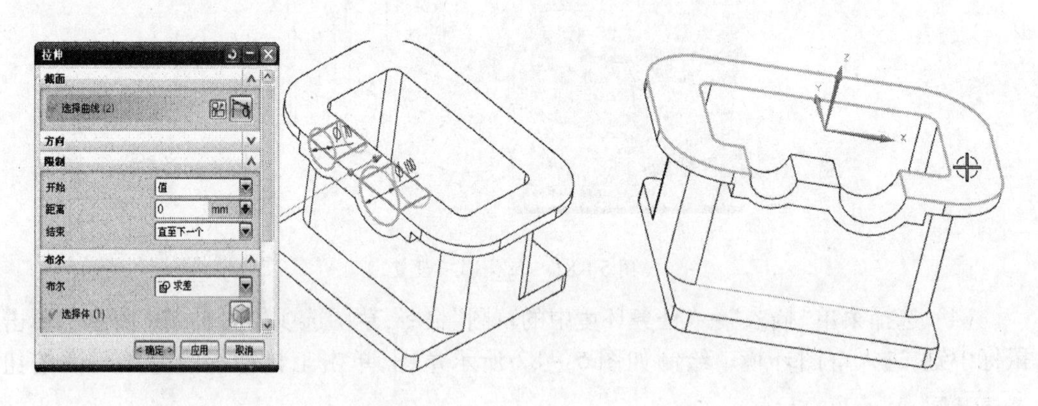

图 5－84　轴承孔拉伸选项设置

图 5－85　孔位置草图设置

(3) 绘制如图 5－86 所示草图,单击工具栏上的完成草图按钮 完成草图,退出草图环境。

(4) 在“孔”对话框中,选择“类型”为“常规孔”;“成形”为“简单”;孔的尺寸如图 5－87所示。单击鼠标中键,完成孔的创建。

8. 创建底板安装孔

(1) 选择菜单“插入”→“设计特征”→“孔”命令或单击特征工具栏上的“孔”特征按钮 ,弹出“孔”对话框。

(2) 在“孔”对话框中,“位置”选项中,通过绘制截面来指定孔的中心所在点,选择光标所在位置的面作为草图平面,选择底板的一条边作为草图的水平参考方向,如图 5－87 所示。单击鼠标中键,进入草图环境。

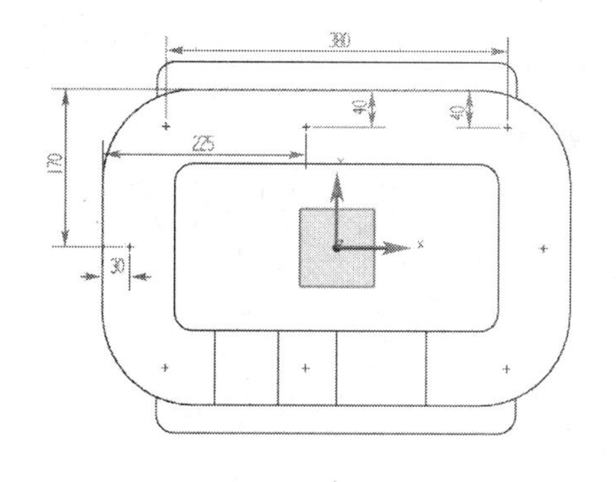

图 5-86　孔位置草图

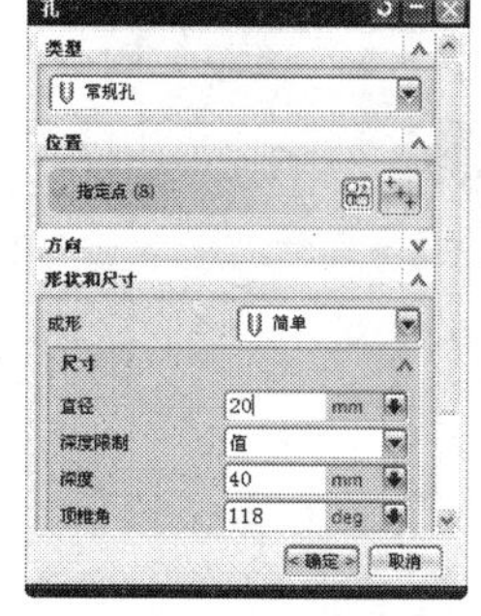

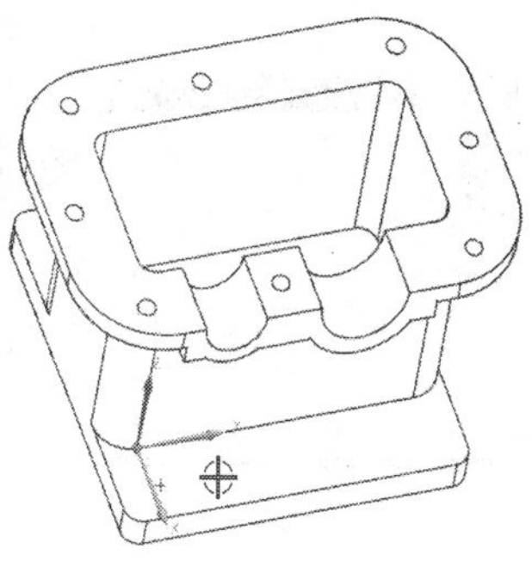

图 5-87　孔参数设置

(3) 绘制如图 5-88 所示草图,单击工具栏上的完成草图按钮 完成草图,退出草图环境。

(4) 在"孔"对话框中,选择"类型"为"常规孔";"成形"为"沉头";孔的尺寸如图 5-89所示。单击鼠标中键,完成孔的创建。

(5) 选择菜单"插入"→"关联复制"→"实例特征"或者单击特征工具条上的"实例特征"按钮,弹出"实例"对话框,单击"矩形阵列"按钮,弹出新的"实例"对话框,在选择列表框中列出了可供阵列的特征,选择"沉头孔"特征作为阵列特征,如图 5-90 所示。

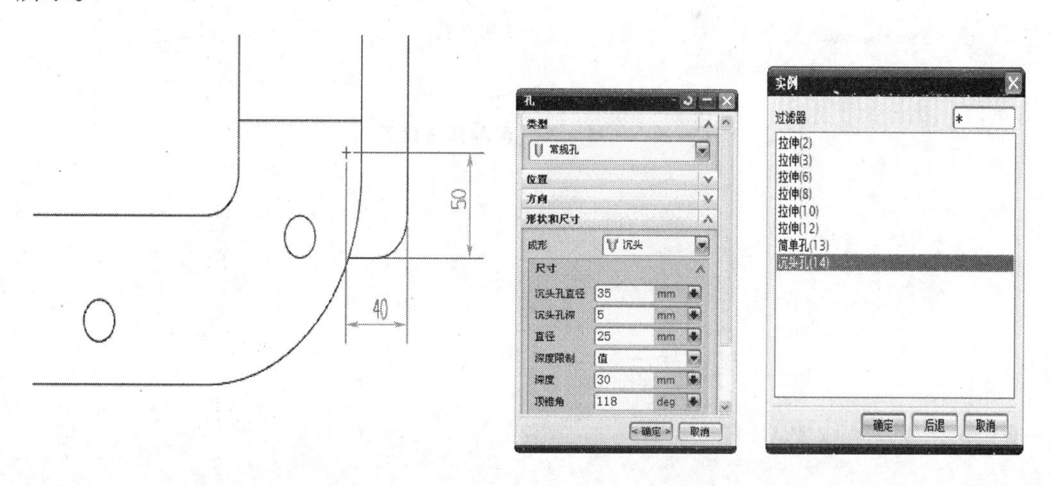

图 5-88　孔位置草图　　　图 5-89　孔参数设置　　图 5-90　选择阵列特征

(6) 单击鼠标中键,弹出新的"输入参数"对话框,选择"常规"方式,设置阵列参数如图 5-91 所示。

(7) 单击鼠标中键,完成安装孔的创建,如图 5-92 所示。

(8) 在"三角形加强筋"对话框中,选择轴承孔支座的外圆柱面作为第 1 组参照面;单击鼠标中键,选择基体外表面作为第 2 组参照面;设置形状参数,如图 5-93 所示。单击鼠标中键,完成加强筋的创建。

(9) 按上述步骤,完成另一个轴承孔支座处的三角形加强筋,其形状参数同上。完成后的模型如图 5-94 所示。

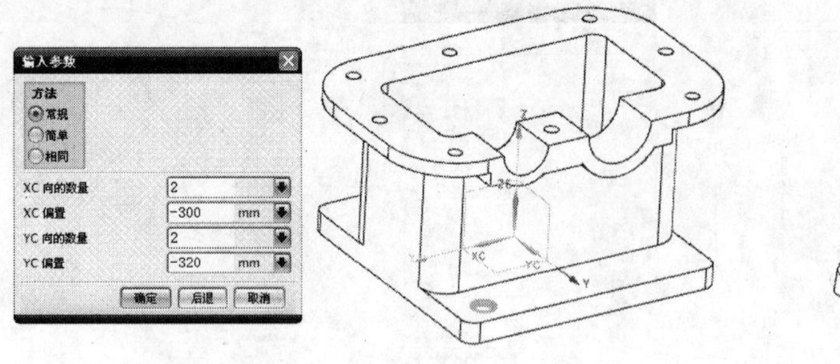

图 5-91　阵列参数　　　　图 5-92　安装孔创建完成后的零件

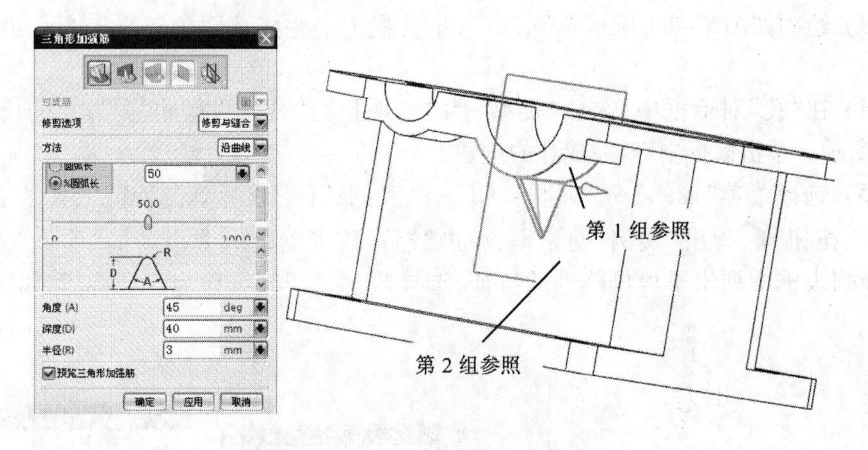

图 5-93　三解形加强筋设置

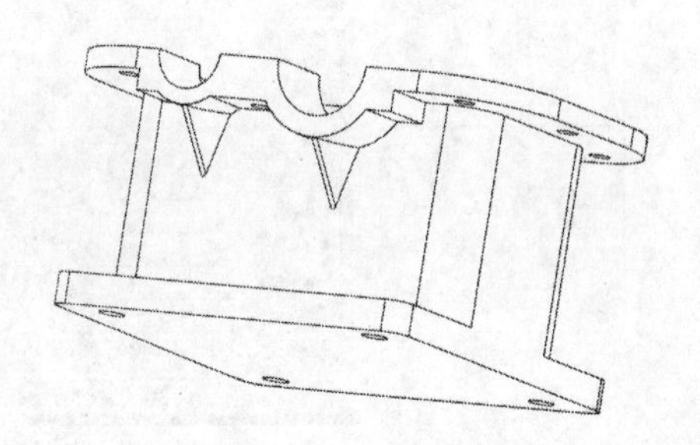

图 5-94　三角形加强筋完成后的模型

10. 创建镜像特征

(1) 选择菜单“插入”→“关联复制”→“镜像特征”或者单击特征工具条上的“实例特征”按钮，弹出“镜像特征”对话框。

(2) 在“镜像特征”对话框中，选择轴承孔支座的两个拉伸特征、轴承孔特征和两个加强筋特征共 5 个特征作为要镜像的特征；选择 XY 坐标平面作为镜像平面，如图 5-95 所示。单击鼠标中键，完成所选特征的镜像。

最后将文件保存，并关闭当前窗口。

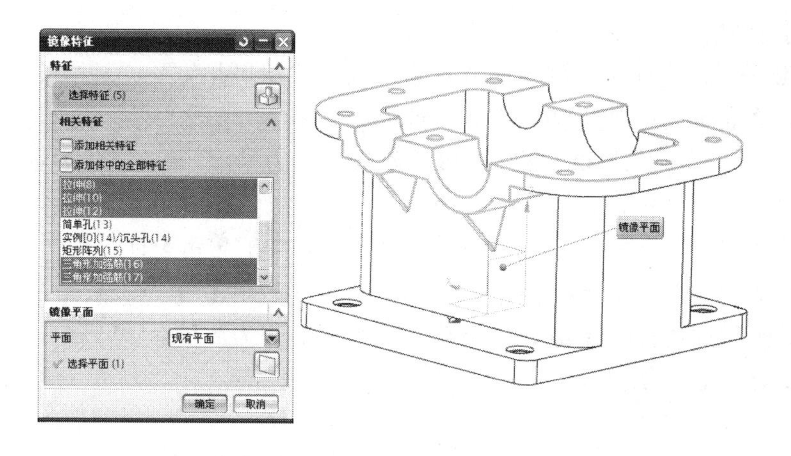

图 5－95　镜像特征设置

5.4　课堂练习——圆柱齿轮轴

本练习将创建如图 5－96 所示的圆柱齿轮轴零件。该零件主要结构由齿轮、阶梯轴、螺纹、倒角、键槽等特征组成。

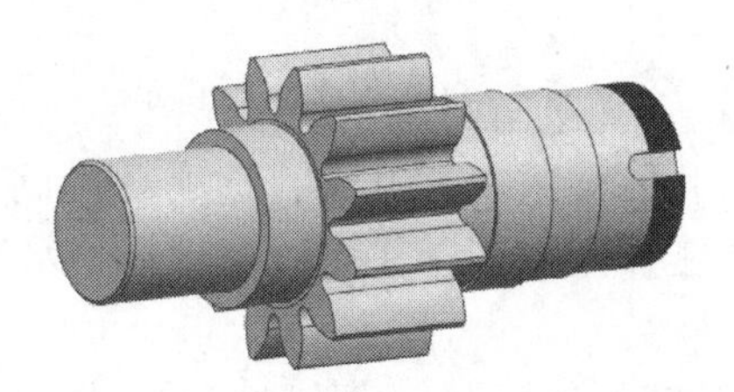

图 5－96　圆柱齿轮轴零件

操作步骤如下：

1. 创建阶梯轴

（1）打开练习 ch5\example\5－6. prt，如图 5－97 所示。

（2）创建拉伸特征。选择“插入”→“设计特征”→“回转”命令或者在“特征”工具栏单击“回转”按钮，弹出“回转”对话框。

（3）在“回转”对话框中，选择图 5－97 所示的草图作为截面；选择 X 轴作为轴矢量；设置起始角度为 0，终止角度为 360。单击鼠标中键，完成阶梯轴的创建，如图 5－98 所示。

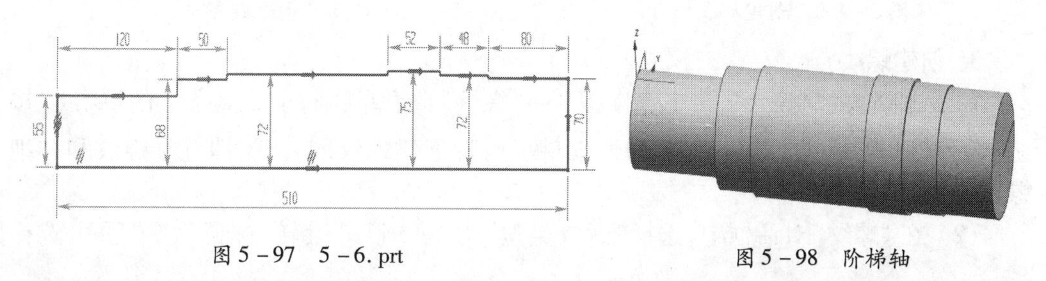

图 5－97　5－6. prt

图 5－98　阶梯轴

2. 创建键槽

(1) 创建基准平面作为键槽的放置面。选择菜单“插入”→“基准/点”→“基准平面”命令或单击特征工具栏上的“基准平面”特征按钮，弹出“基准平面”对话框。依次选择基准坐标系 XZ 平面和端面圆弧边的象限点作为参照，建立基准平面，如图 5－99 所示。

(2) 选择菜单“插入”→“设计特征”→“键槽”命令或单击特征工具栏上的“键槽”特征按钮，弹出“键槽”对话框，如图 5－100 所示。选择“矩形”键槽，单击鼠标中键，弹出“矩形键槽”对话框，选择第(1)步所做的基准平面作为放置面；在新对话框中，单击鼠标中键，接受系统默认选项。

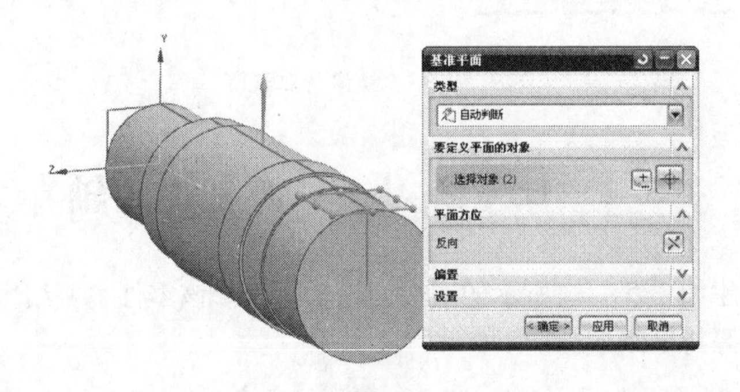

图 5－99 创建基准平面

(3) 弹出“水平参考”对话框，选择“基准轴”选项，作为水平参考的参照对象。弹出“选择对象”对话框，在图形工作区中选择基准轴 X 轴作为水平参考，用来指定键槽长度的方向。

(4) 在弹出的“矩形键槽”对话框中，设置键槽参数，如图 5－101 所示。单击鼠标中键，弹出“定位”对话框。

(5) 设置水平方向的定位尺寸为 0，竖直方向的定位尺寸为 0。

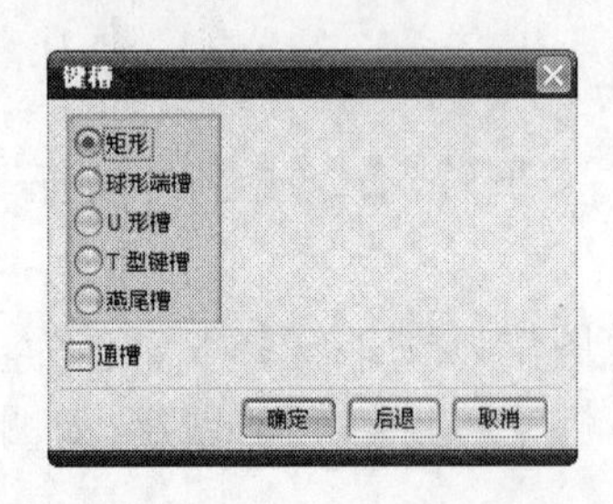

图 5－100 创建基准平面

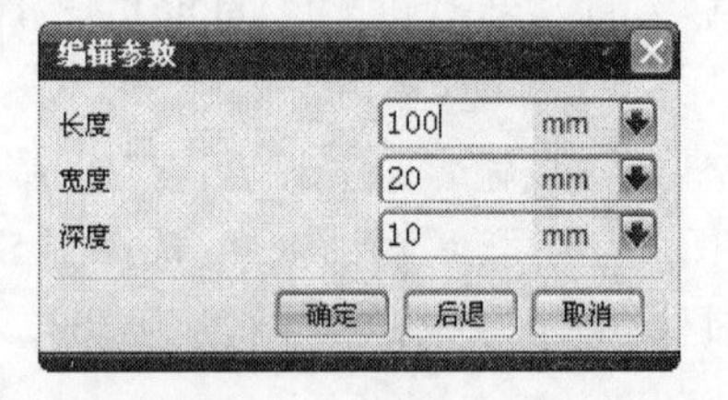

图 5－101 键槽参数

3. 创建螺纹

(1) 选择菜单“插入”→“设计特征”→“螺纹”或者单击特征工具条上的“螺纹”按钮，弹出“螺纹”对话框。该对话框提供了两种创建螺纹的方式，即符号螺纹和详细螺纹。

(2) 在“螺纹”对话框中，选择“螺纹类型”为“详细”；“旋转方向”为“右手”；选择键槽所在圆柱面为参照面；螺纹参数如图 5－102 所示。单击鼠标中键，完成螺纹的创建。

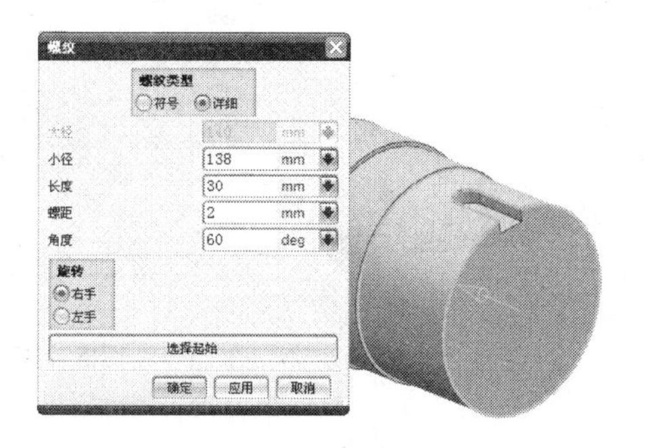

图 5－102　螺纹参数

4. 创建圆柱齿轮

（1）选择菜单“GC 工具箱”→“齿轮建模”→“柱齿轮”命令或者单击特征工具栏上的“柱齿轮建模”按钮，在弹出的“渐开线圆柱齿轮建模”对话框中选择“创建齿轮”，单击鼠标中键，在弹出的“渐开线圆柱齿轮类型”对话框中，设置类型参数如图 5－103 所示。

（2）在弹出的对话框中，选择“变位齿轮”选项，输入如图 5－104 所示的齿轮参数。单击鼠标中键，弹出“矢量”对话框。

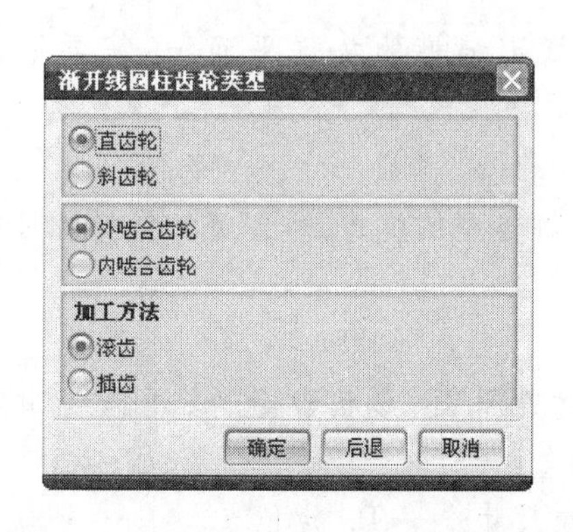

图 5－103　“渐开线圆柱齿轮类型”对话框

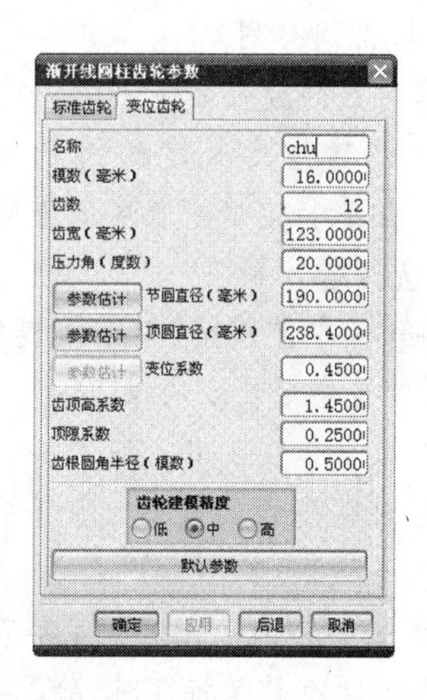

图 5－104　“渐开线圆柱齿轮参数”对话框

（3）“矢量”对话框用于指定齿轮的轴线方向，在图形工作区选择 X 轴正向作为齿轮轴的矢量方向，如图 5－105 所示。单击鼠标中键，弹出“点”对话框。

（4）“点”对话框用于指定齿轮的顶点位置，在图形工作区选择坐标原点作为顶点位置，如图 5－106 所示。单击鼠标中键，系统将自动完成给定参数齿轮的创建。

最后将文件保存，并关闭当前窗口。

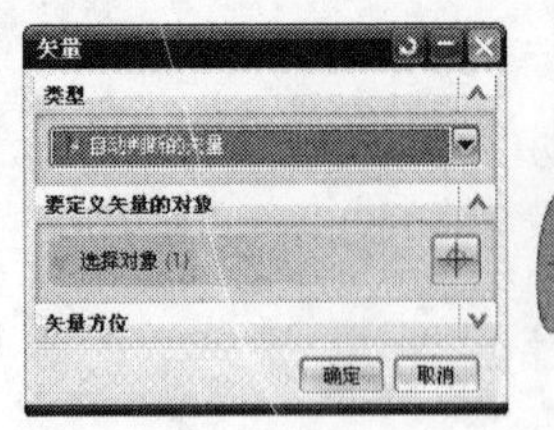

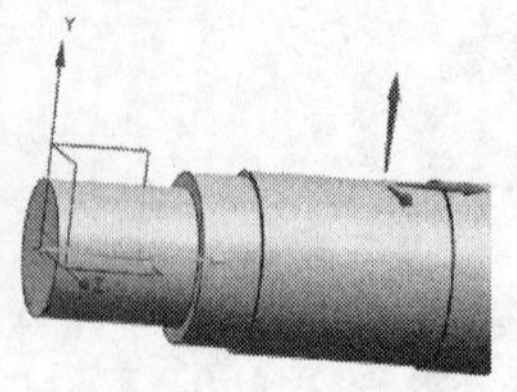

图 5-105 “矢量”对话框

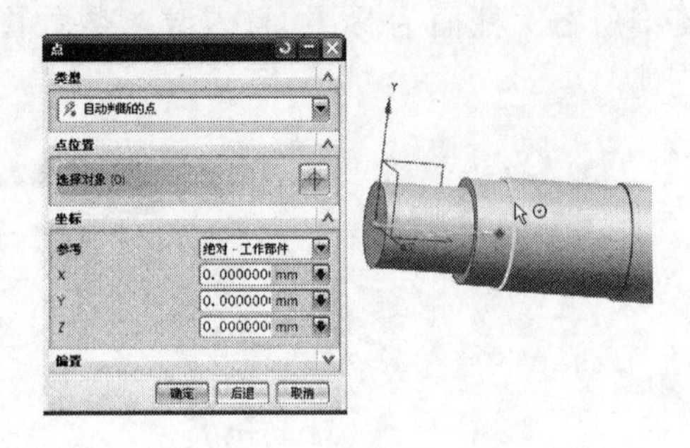

图 5-106 “点”对话框

5.5 思考与练习

一、填空题

1. 在 UG 中,螺纹孔中的螺纹是用________表示的。

2. 在 UG 中,有两种创建螺纹的方式,即________和________。

3. 矩形阵列方式用于以________的形式来复制所选的实体特征,该阵列方式使阵列后的特征成矩形(行数×列数)排列。

4. 圆形阵列方式用于以________的形式来复制所选的实体特征,该阵列方式使阵列后的特征成圆周排列。

5. 槽特征的放置面应该是________。

6. 在创建指定长度的键槽时,除了需要指定键槽的放置平面,还需要指定其________,用来指定键槽长度的方向。

二、选择题

1. 在 UG 中,“键槽”对话框提供了________种类型的键槽,所创建的键槽既可以是通槽也可以是指定长度的槽。

A. 3　　B. 4　　C. 5　　D. 6

2. 在创建凸台特征时,除了需要指定其放置平面、形状参数外,还需要指定其________。

A. 水平参考　　B. 竖直参考　　C. 定位尺寸　　D. 定位点

3. 在创建倒斜角特征时,除了要指定其形状参数处,还需要指定其________。

A. 参考点　　B. 参考边　　C. 参考面　　D. 参考坐标系

4. ________特征用于去除实体内部的材料,并按指定厚度形成薄壁体。

A. 腔体　　B. 凸台　　C. 抽壳　　D. 拔模

5. 创建面圆角特征时,除了指定圆角半径及生成方法外,还需要指定其________作为参考。

A. 边　　B. 面　　C. 点　　D. 坐标系

三、简答题

1. 简述 GC 工具箱中圆柱齿轮建模的过程。

2. 螺纹特征有哪两种形式，它们有哪些不同之处？

3. 简述创建镜像特征的过程。

4. 简述创建阶梯轴的方法及过程。

5. 简述三角形加强筋创建的一般过程。

四、上机练习

(1) 创建行星齿轮减速器箱体，如图 5－107 所示。该零件主要用于支承行星齿轮减速器的输出轴，并对该轴及其轴承定位。其主要由中部具有阶梯形式的空心腔体组成，这些阶梯状结构用来提供轴承的安装及定位。箱体大端面用来与箱座连接，端面上有 4 个均布的螺纹孔。

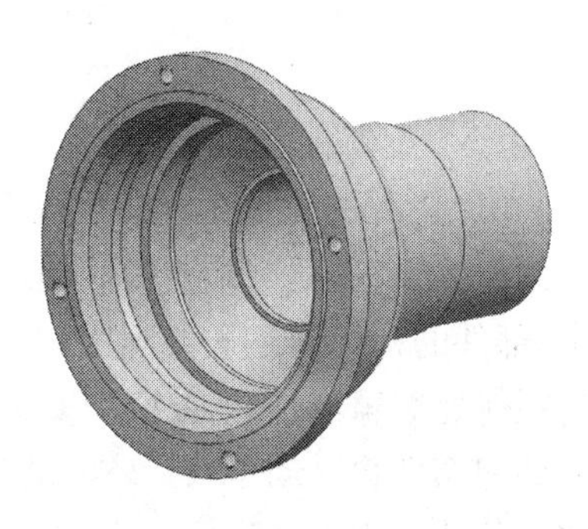

图 5－107　行星齿轮减速器箱体

创建该零件模型时可以先利用回转工具创建箱体的基体，然后分别创建螺纹孔或者通过阵列来完成螺纹孔的创建。

(2) 创建支承架模型，如图 5－108 所示。该零件主要用于轴类零件与其他零件之间的垂直定位。其主要结构由底板上的沉头孔、支承板、圆柱体以及三角形加强筋等组成。

创建该零件时，首先利用对称拉伸创建底板和支承板的主要部分，并用拉伸特征求差创建底部的槽特征。接着用孔工具在底板上制作沉头孔；然后绘制圆柱体，再在圆柱体上制作孔特征；最后利用三角形加强筋工具完成三角形加强筋特征的创建，完成整个模型的建立。

(3) 创建油泵壳体零件，如图 5－109 所示。该壳体主要用于保护和固定泵体系统。其主要结构由外壳、底座、轴承孔以及加强筋等组成。

创建该零件时，首先利用拉伸工具创建底板部分，然后利用拉伸工具创建外壳实体，并利用拉伸工具求差创建腔体；接着在外壳端面上创建轴承孔底座和轴承孔，并用拉伸工具创建加强筋实体；然后用拉伸特征求差完成底板的槽结构；最后利用倒圆角和螺纹等工具完善零件模型。

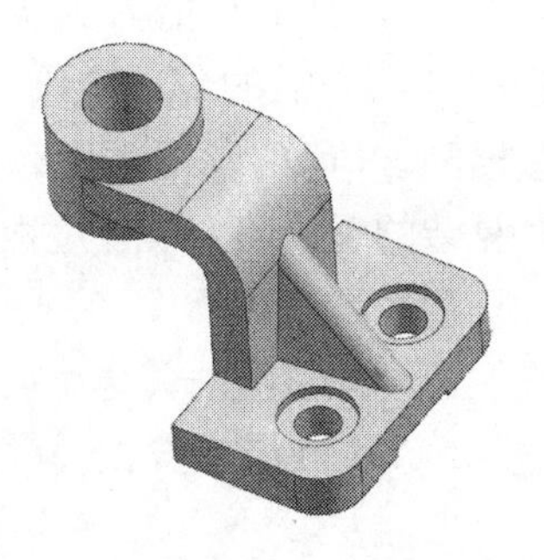

图 5－108　支承架

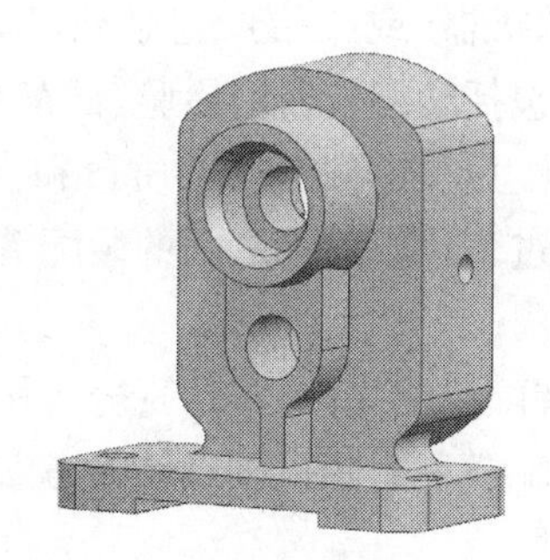

图 5－109　油泵壳体

第6章 装配设计

UG装配过程是在装配中建立部件之间的连接关系。它是通过关联条件在部件间建立约束关系,进而来确定部件在产品中的位置,形成产品的整体机构。在UG装配过程中,部件的几何体是被装配引用,它是对部件文件的映射,而不是复制到装配中。因此无论在何处编辑部件和如何编辑部件,其装配部件保持关联性。如果某部件修改,则引用它的装配部件将自动更新。本章将在前面章节的基础上,讲述如何利用UG的装配功能将多个部件或零件装配成一个完整的组件。

本章主要介绍UG的装配术语、引用集、装配约束、装配导航器、装配组件的编辑等内容。

本章学习要点:

(1) 理解装配设计的基本思路。

(2) 熟练掌握草图的基本绘制和约束功能。

(3) 熟练掌握草图的常用操作。

6.1 装配概述

6.1.1 UG装配的基本过程

通过UG装配模块生成装配文件,装配文件用来记录组件对象的空间位置关系。

现实世界的装配就是把加工好的零件按一定的顺序和技术要求连接到一起,成为一部完整的机器(或产品),它必须可靠地实现机器(或产品)设计的功能。机器的装配工作,一般包括装配、调整、检验、试车等。它不仅是制造机器所必需的最后阶段,也是对机器的设计思想、零件的加工质量和机器装配质量的总检验。UG的装配模块来源于现实世界,通过表达各零件之间的装配关系和位置关系,对复杂的现实装配设计过程给予高度的重现。

在装配建模之前,需认真分析构思装配草图,明确保证设计意图的关键特征和功能指标,为装配模型绘制提供具体参考参数。一般先装配主要零件,再装配辅助零件,最后是次要零件。

在装配模型的约束下展开各零件的详细设计,同时对原先定义比较粗略的装配模型予以细化或修改;经过几次循环修改,最终得到符合要求的产品设计。

UG装配模块提供了两个基本的装配方法:① 自底向上的装配设计方法,它把建模模块设计好的零件按一定的顺序和配合技术要求连接到一起,成为一部完整的机器(或产品),它必须可靠地实现机器(或产品)设计的功能;② 自顶向下的装配设计方法,它参照其他部件进行部件关联设计，用于产品的概念设计阶段，构造拓朴模型。从顶向下地设计出单个零件。这两种设计思路，都要经过对装配模型进行间隙分析、重量管理等操作，不断地调整和检验装配模型，实现对机器的设计思想、零件的设计质量和机器装配质量的检验。

通常在使用UG进行产品的装配时，是将自顶向下装配和自底向上装配结合在一起进行的，即采用混合装配的方法。例如，先创建几个主要部件模型，再将其装配在一起，然后在装配中设计其他部件。

6.1.2 UG装配概念

1. 装配部件

装配部件是由零件和子装配构成的部件。在UG中允许向任何一个Part文件中添加部件构成装配，因此任何一个Part文件都可以作为装配部件。在UG中，零件和部件不必严格区分。需要注意的是，当存储一个装配时，各部件的实际几何数据并不是存储在装配部件文件中，而是存储在相应的部件（零件文件）中。

2. 子装配

子装配是在高一级装配中被用作组件的装配，子装配也拥有自己的组件。子装配是一个相对的概念，任何一个装配部件可在更高级装配中用作子装配。

3. 组件对象

组件对象是一个从装配部件连接到部件主模型的指针实体。一个组件对象记录的信息有部件名称、层、颜色、线型、线宽、引用集和配对条件等。

4. 组件

组件是装配中由组件对象所指的部件文件。组件可以是单个部件（即零件）也可以是一个子装配。组件是由装配部件引用而不是复制到装配部件中。

5. 约束条件

约束条件又称为配对条件，就是在一个装配中对相应的组件进行定位操作时，需要指定的具体定位条件。通常规定装配过程中两个组件间的约束关系要完成配对。例如，轴孔配合装配时，规定孔的轴线与轴的轴线为同轴约束。

在装配过程中，用户可以通过组合使用不同的约束进行组件位置的固定。两个组件间的关系是相关的，如果移动固定组件的位置，与它相关联的子组件也会随之移动。

6. 主模型

主模型是供UG模块共同引用的部件模型。同一主模型，可同时被工程图、装配、加工、机构分析和有限元分析等模块引用，当主模型修改时，相关应用自动更新。

7. 显示部件

显示部件是指在当前图形窗口中显示的部件。

8. 工作部件

工作部件是指用户正在创建或编辑的部件，它可以是显示部件或者是包含在显示部件里的任何组件部件。当显示单位部件时，工作部件也就是显示部件。在UG装配中，工件部件只能有一个。

6.1.3 装配界面介绍

用 UG 进行装配时，首先要进入装配界面。启动 UG 软件后，用户可以通过新建装配文件，或者打开已有的装配文件，或者通过选择工具栏“开始”→“所有应用模块”→“装配”命令，进入装配模块，装配界面如图 6－1 所示。

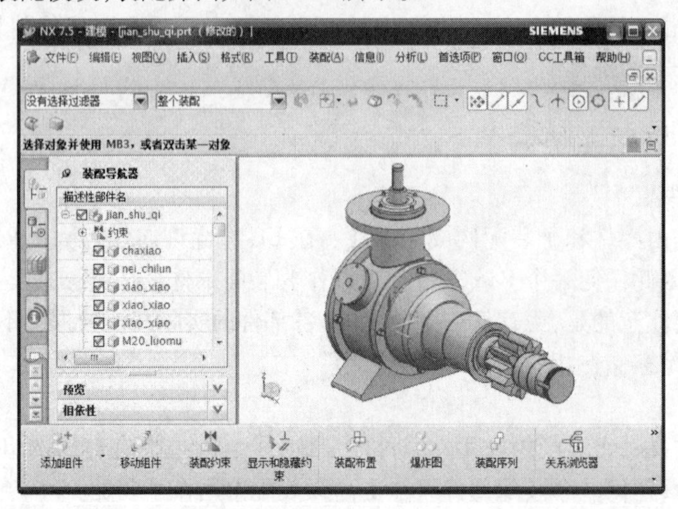

图 6－1　装配界面

UG 装配界面中主要包括装配导航器、装配工具栏、图形工作区等。其中装配工具栏如图 6－2 所示，利用工具栏中的各个工具可以进行装配中组件的添加、定位、编辑以及装配的编辑等操作，也可以通过“装配”菜单中的相应命令来实现同样的功能。工具栏中常用的功能及其使用方法将在以下章节详细讲解，这里不再赘述。

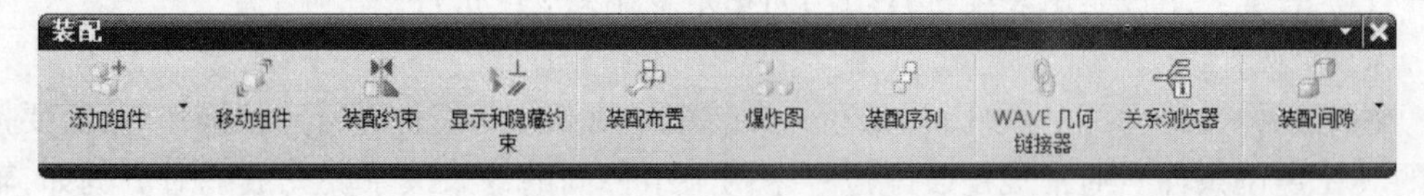

图 6－2　装配工具栏

装配界面提供了一组在装配环境中操作组件的命令，用来完成装配中组件的添加、新建、替换以及组件的阵列、镜像等编辑功能。

6.1.4 装配导航器

装配导航器也称为装配导航工具，位于资源条上，它提供了一种选择组件和操作组件的快速而简单的方法，在装配导航器下，可以查看装配零件的层次关系，修改部件的名称、新建父项、新建组件。并可以对被选择的组件进行装配关系（约束关系）的修改。在装配导航器中，装配结构以树状图形方式显示，即“装配结构树”，其中每个组件作为该结构树的一个节点。

1. 打开装配导航器

在资源条上单击“装配导航器”图标，或者将光标滑动到该图标上，即可打开装配导航器，如图 6－3 所示。

装配导航器					
描述性部件名	信息	只	已	位置	引用集
jian_shu_qi					
约束				?	
chaxiao					模型（"MODEL"）
nei_chilun					模型（"MODEL"）
xiao_xiao					模型（"MODEL"）
xiao_xiao					模型（"MODEL"）
xiao_xiao					模型（"MODEL"）
M20_luomu					模型（"MODEL"）
M20_luomu					模型（"MODEL"）
M20_luoshuan					模型（"MODEL"）
M20_luoshuan					模型（"MODEL"）
M20LUO					模型（"MODEL"）
M20LUO					模型（"MODEL"）
M12					模型（"MODEL"）
M12					模型（"MODEL"）
M12					模型（"MODEL"）
M12					模型（"MODEL"）
预览					
相依性					

图 6－3　装配导航器

在装配导航器中，为了识别各个节点，装配中的子装配和各部件分别用不同图标表示。同时，对于装配件或部件的不同状态，其表示的图标也有差别。

（1）装配或子装配。当该图标显示黄色时，表示装配或子装配是在工作部件；若是灰色，但有黑色的实边框，则表示装配或子装配是非工作部件；若全部是灰色，则表示装配或子装配被关闭；若是蓝色，则表示该装配已被抑制。

（2）组件。当该图标显示黄色时，表示组件是在工作部件内；若是灰色，但有黑色的实边框，则表示组件是非工作部件；若全部是灰色，则表示组件被关闭；若是蓝色，则表示该组件已被抑制。

（3）检查框。表示装配或组件的显示状态。若检查框被选中，呈现红色，表示当前部件或装配处于显示状态；若是呈现灰色，表示当前部件或装配处于隐藏状态；若没有选取（单框表示）□，表示当前部件或装配处于关闭状态；若是虚线框显示，则表示部件已被抑制。各组件及其检查框处于不同状态时的显示效果，如图 6－4 所示。

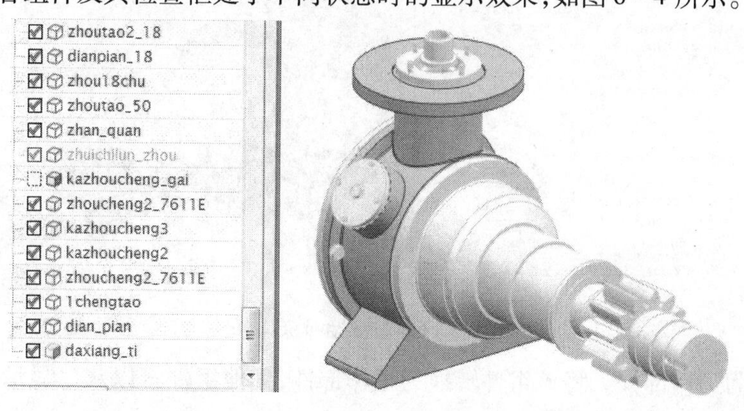

图 6－4　组件的不同状态

(4) 装配树节点的展开⊞和压缩⊟。单击加号表示展开装配或子装配，显示装配或子装配的所有组件，一旦单击它，加号变减号。单击减号表示压缩装配或子装配，不显示其下属的组件，即把一个装配或子装配压缩成一个节点，同时减号变加号。

(5) 预览。对选定的组件进行预览。

(6) 相依性。显示选定装配或组件节点的父项和子项。

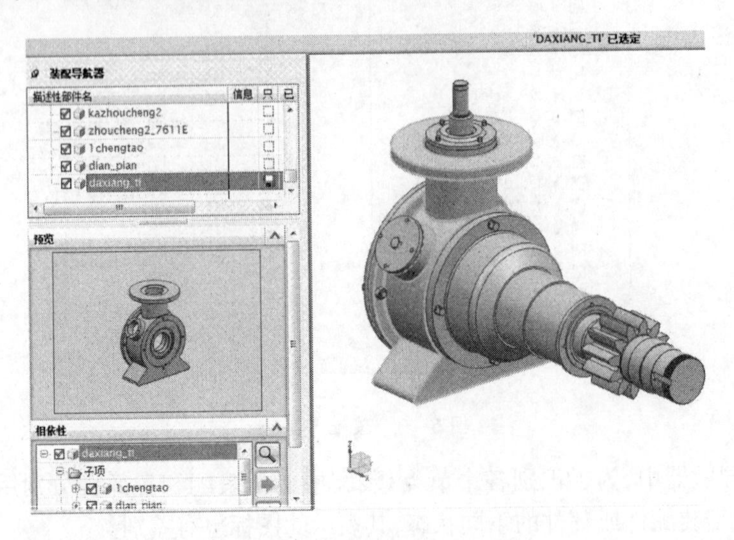

图 6-5　预览和相依性

2. 装配导航器中的右键菜单

1) 节点右键菜单

选中装配导航器的某个节点，单击右键，弹出快捷菜单，如图 6-6 所示。该菜单中的选项随组件状态的不同而不同。常用的菜单功能如下：

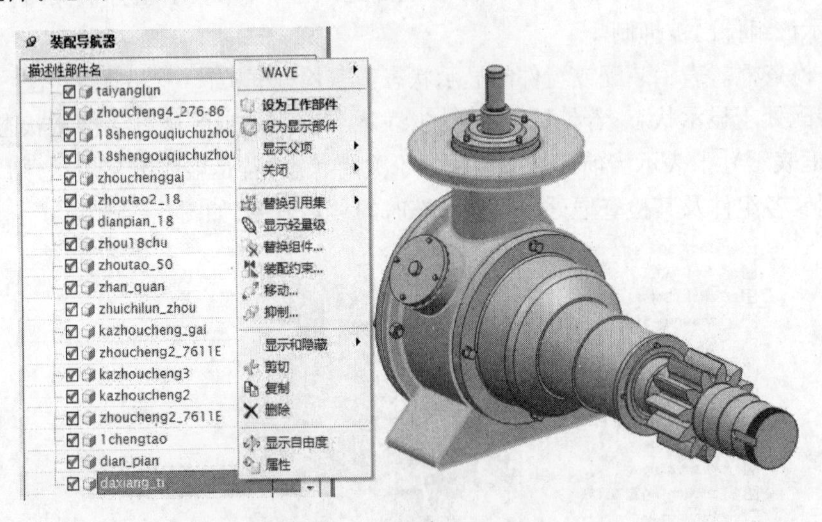

图 6-6　节点右键菜单

(1) 设为工作部件。将该组件转换为工作部件，其他组件将以灰色显示。如图 6-4 所示，组件 daxiang_ti 为工作部件。

(2) 设为显示部件。将该组件转换为显示部件,并在新窗口中将其显示出来,如图6-7所示。

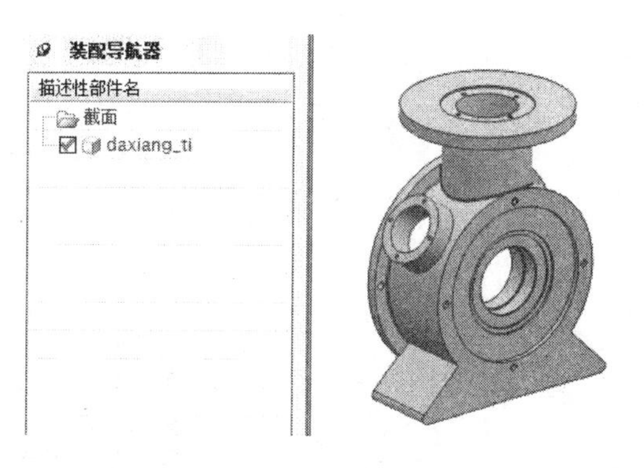

图6-7 显示部件

(3) 显示父项。将改变显示部件为所选部件的上级装配。如果所选部件有多个父项时,则自底向上全部列出供用户进行选择。父装配成为显示部件时,工作部件保持不变。

(4) 替换引用集。替换当前选择组件的引用集。可以将所选组件替换成自定义引用集或系统默认引用集。

(5) 打开。在装配结构树中打开组件。如果一个装配已经打开,其下级组件处于关闭状态,则可以用这种方法打开这些处于关闭状态的组件。

(6) 关闭。关闭所选择的组件或整个装配,能提高操作速度。

(7) 显示和隐藏。此项命令在装配的约束时候很有用,显示为图形区显示选中的组件或装配可视,隐藏为图形区显示选中的组件或装配不可视;对选中的组件执行隐藏命令后的效果如图6-8所示。

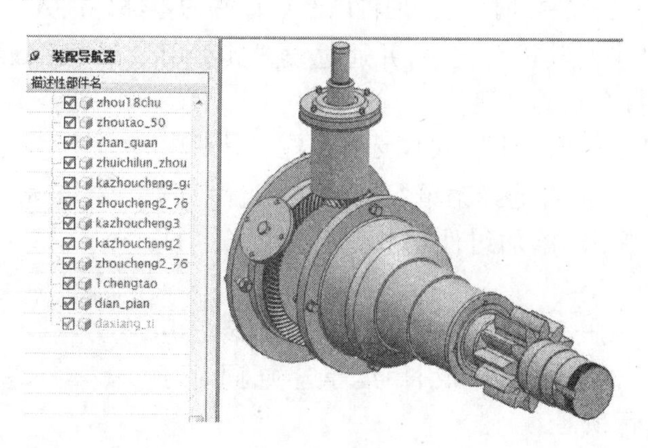

图6-8 隐藏部件

(8) 属性。列出所选组件的相关信息。这些信息包括组件名称、所属装配名称、颜色、引用集、约束名称及属性等。

2) 空白区右键菜单

在装配导航器的任意空白区域,单击右键,弹出快捷菜单,如图6-9所示。

在该快捷菜单中选择指定的命令,即可执行相应的操作。例如,分别选择"列"→"位置”和“列”→“引用集”时，装配导航器的列中只显示部件的位置及引用集，如图 6－10 所示。

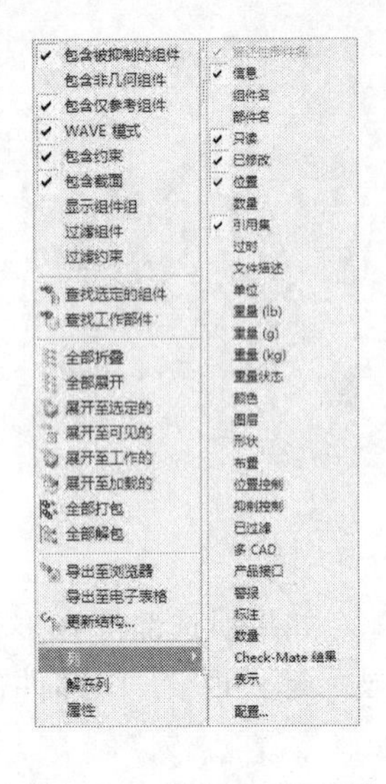

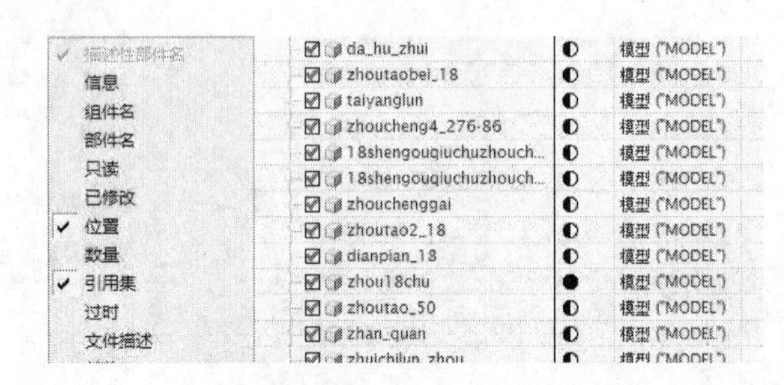

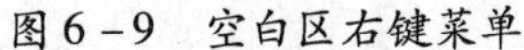
图 6－9　空白区右键菜单

图 6－10　列的设置

6.2　自底向上的装配

在自底向上的装配中，产品的整个装配模型是将预先设计好的单个部件或子装配进行装配而得到的，将这些对象添加到装配模型中形成装配组件。这是装配建模中常用的装配方法，适用于装配关系比较清晰且装配中的各个部件都已经设计完成的情况。

在进行自底向上的装配时，通常是将已经设计好的零部件调入装配环境中，然后通过设置其约束条件来对其进行定位，并通过设置其引用集，对组件数据进行有效的管理。

要添加已经创建完成的组件，可以选择装配工具栏中的“添加组件”按钮或者选择菜单“装配”→“组件”→“添加组件”命令，弹出“添加组件”对话框，如图 6－11 所示。

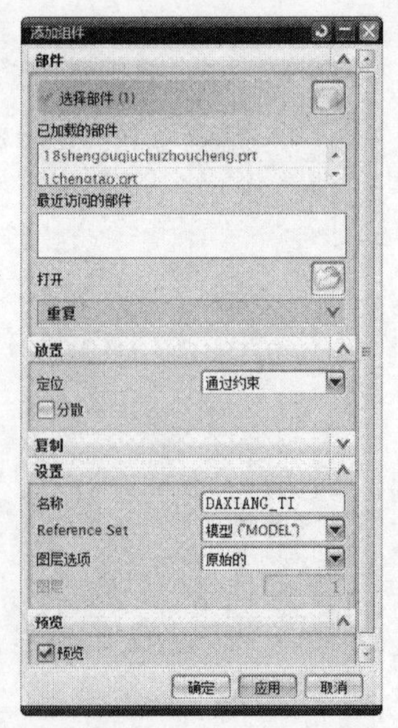

图 6－11　“添加组件”对话框

在该对话框中，用户可以打开或指定要添加到装配中的部件，并设置相应的定位方式和引用集等选项，同时可以对指定的部件进行预览。

1. 指定部件

在该对话框中，提供了 4 种方式用来指定现有部件，分别为：

（1）选择部件。单击“选择部件”按钮，然后在图形工作区中选择相应的部件作为指定部件。

（2）已加载的部件。在“已加载的部件”列表框中，系统自动将已经加载的部件收集到列表框中,用户可以选择相应的部件作为指定部件。

(3) 最近访问的部件。在"最近访问的部件"列表框中,系统自动将最近访问过的部件收集到列表框中,用户可以选择相应的部件作为指定部件。

(4) 打开部件。单击"打开"按钮,弹出"部件名"对话框,用户可以指定部件路径,然后选择相应的部件作为指定部件。

2. 设置放置方式

在 UG 中,系统提供了 4 种部件的放置定位方式,分别为:

(1) 绝对原点。绝对原点定位,将要定位的组件的工作坐标系与装配环境中的工作坐标系重合。

在装配模型中仅有一个零件可以用这种方式定位。通常,第一个添加的组件都是通过该定位方式进行定位的。

(2) 选择原点。系统通过指定原点的方式确定组件的位置,要定位的组件的坐标系原点与选择的原点重合。选择该选项后,单击鼠标中键,弹出"点"对话框,用户在该对话框中指定点的位置,完成组件的定位。

(3) 通过约束。通过选取组件参照并设置相应的约束类型来完成组件的定位。具体的约束类型在后面的章节中将详细介绍,此处不再赘述。

(4) 移动。将要定位的组件先通过指定点放置在装配中,然后将该指定点作为基点指定组件的移动方式和移动距离,将组件定位。具体的设置方法将在后面的章节中将详细介绍,此处不再赘述。

3. 引用集

引用集选项用来设置指定的部件添加到装配中时所选择的引用集。引用集的具体使用方法将在后面的章节中将详细介绍,此处不再赘述。

4. 预览

选中预览选项后,系统将弹出"组件预览"对话框,并根据用户设置的引用集选项显示相应的组件显示内容,在用户选择完放置方式等选项后,还可以辅助用户完成定位参照的选择,如图 6-12 所示。

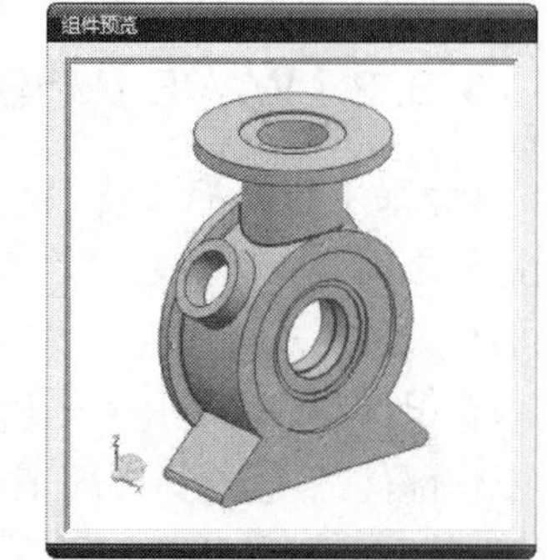

图 6-12 "组件预览"对话框

6.3 自顶向下的装配

在自顶向下装配中,通常是用一些基准将装配结构表示出来,组件间的装配关系由这些基准进行控制,或者是组件的形状或位置由先前已经装配好的组件确定。

在进行自顶向下的装配时,通常是在当前装配中新建一个组件,然后将该组件作为工作部件,再进行该组件的结构设计。在进行组件结构设计时,通常要使其与现在装配组件之间建立关联,即采用 WAVE 几何链接器将对象链接到当前装配环境中。

6.3.1 新建组件

要在现有装配中新建组件,可以选择装配工具栏中的"新建组件"按钮或者选择菜单“装配”→“组件”→“新建组件”命令，弹出“新组件文件”对话框，该对话框如同新建文件对话框，用户在该对话框中选择组件类型，然后输入组件文件名称以及该组件文件的保存路径，单击鼠标中键，弹出“新建组件”对话框，如图6－13所示。在该对话框中，单击鼠标中键，完成新组件的创建。

图6－13 新建组件对话框

新组件产生后，由于它不含有任何几何对象，需要用户建立其几何结构，因此需要将新组件设置为工作部件，然后再完成其模型的创建工作，通常有以下两种建立新组件几何对象的方法。

1）建立非关联的几何对象

直接在新组件中用建模的方法建立其几何对象，建模完成后再将其定位到指定位置。由于新组件建模过程中，没有参考现有组件的几何对象，因此它与其他组件间没有尺寸间的相互关联关系。

2）建立关联的几何对象

与上一种组件建模的方法不同，采用这种方法建模时，通常要求新组件与装配中的其他组件有几何尺寸的关联关系，即在组件间建立几何链接关系。在UG中，采用WAVE几何链接器技术来实现这种关联性。

6.3.2 WAVE几何链接器

UG采用的WAVE技术是一种基于装配建模的相关性参数化设计技术，它允许在不同部件之间建立参数之间的相关关系，即“部件间关联”关系，从而实现部件之间几何对象的相关复制。

在组件间建立链接关系的方法主要是采用WAVE几何链接器。首先将新组件设置为工作部件，然后选择装配工具栏中的“WAVE几何链接器”按钮，弹出“WAVE几何链接器”对话框，如图6－14所示。

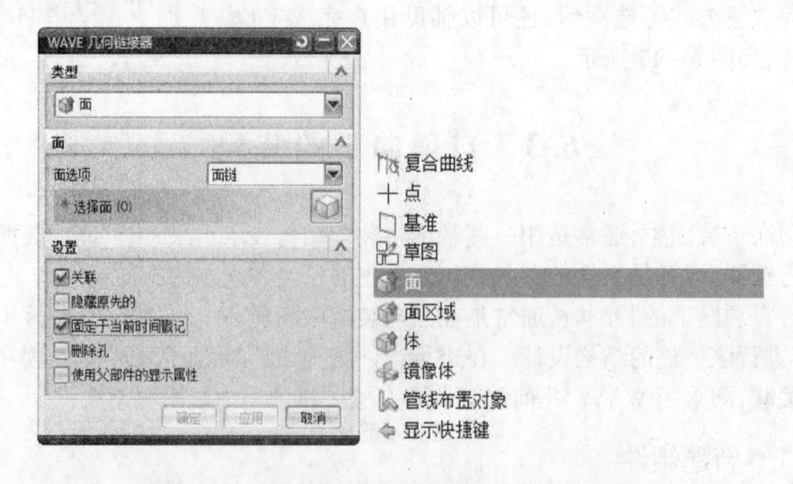

图6－14 “WAVE几何链接器”对话框及类型选项

该对话框用于将其他组件的曲线、面、体等对象链接到当前工件组件中。链接几何对象中各种类型的具体含义和操作方法如下。

（1）复合曲线。该选项用来从其他组件上选择指定的曲线或边，从而建立链接曲线，并将所选的曲线链接到指定工作部件中，即该曲线可以作为工作部件的一部分进行操作。如图 6－15 所示，将选择过滤器中的曲线规则设置为面的边缘，在图形工作区中选择端盖接合面作为参照面，单击鼠标中键，完成复合曲线的创建。链接的复合曲线可以在部件导航器中查看，也可以将参照组件隐藏进行查看，如图 6－16 所示。

图 6－15　复合曲线操作

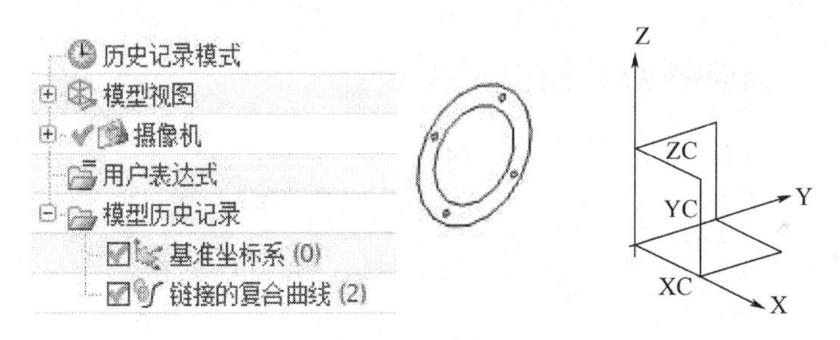

图 6－16　链接的复合曲线

（2）点。该选项用来从其他组件上选取一个点，从而建立链接点，并将该点作为工作部件的一部分进行操作。

（3）基准。该选项用来从其他组件上选取相应的基准面或基准轴，从而建立链接基准，并将该基准作为工作部件的一部分进行操作。

（4）草图。该选项用来从其他组件上选取相应的草图，从而建立链接草图，并将该草图作为工作部件的一部分进行操作。

（5）面。该选项用来从其他组件上选取一个或多个指定的实体表面，从而建立链接面，并将该面作为工作部件的一部分进行操作。如图 6－17 所示，在图形工作区中选择端盖接合面作为参照面，单击鼠标中键，完成面的创建。链接面的效果如图 6－18 所示。

图 6－19 所示为用户以该链接面的边缘作为草图截面曲线，建立的拉伸特征。将链接面的参考面修改后，由于链接面与其有几何关联关系，所以该链接面也会随之发生变

图 6－17　面操作

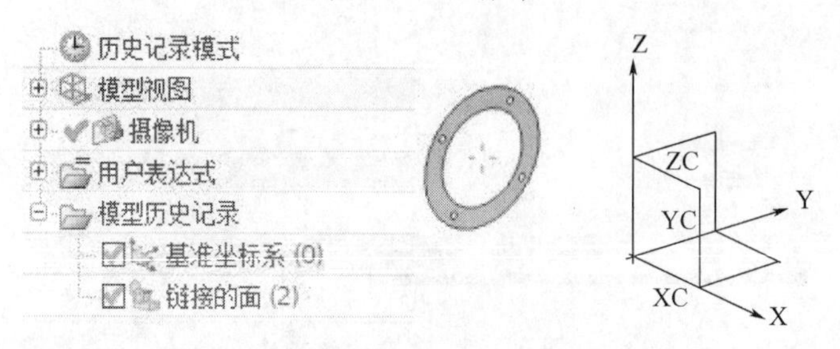

图 6－18　链接的面

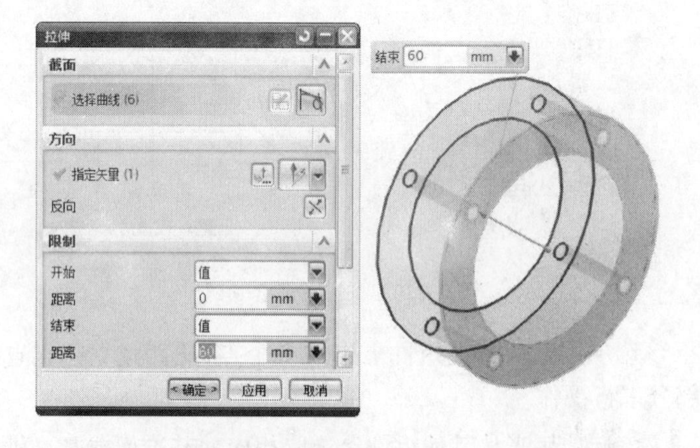

图 6－19　链接面的应用

化，以此链接面为参照的拉伸特征也会自动更新，效果如图 6－20 所示。

（6）面区域。该选项用来从其他组件上选取指定的种子面和边界面，从而建立由指定边界包围的链接区域，并将该区域作为工作部件的一部分进行操作。

（7）体。该选项用来从其他组件上选取指定的实体，从而建立链接体，并将该体作为工作部件的一部分进行操作。

（8）镜像体。该选项用来从其他组件上选取指定的实体，然后指定镜像平面，从而建立指定实体的链接体，并将指定的实体连同其镜像实体一起作为工作部件的一部分

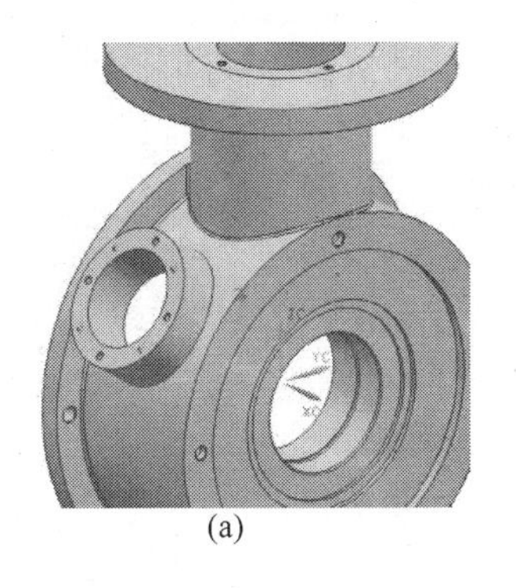

(a)

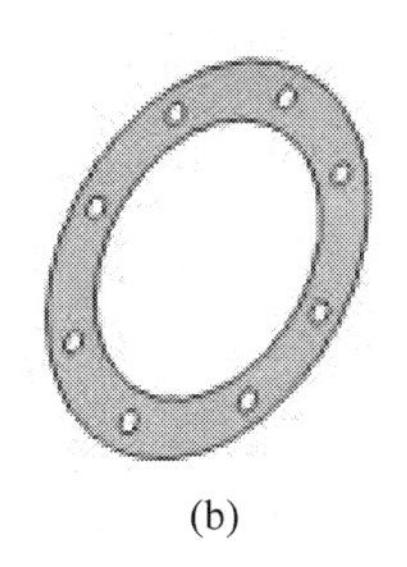

(b)

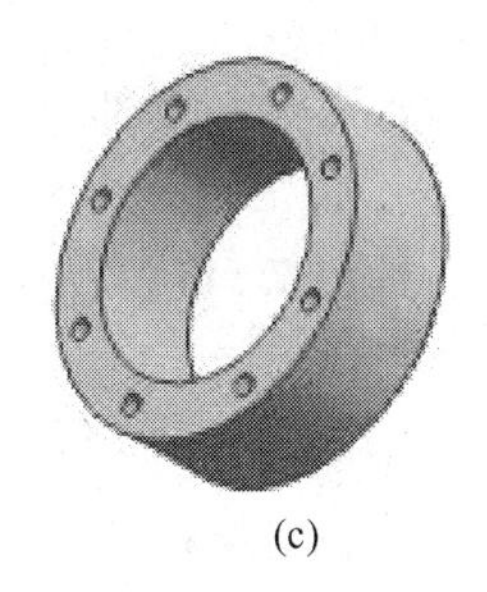

(c)

图 6－20　链接面的关联性

(a) 修改后的参考面；(b) 更新后的链接面；(c) 更新后的拉伸特征。

进行操作。

(9) 管线布置对象。该选项用来从其他组件上选取相应的对象，从而建立链接的管线布置对象，并将该对象作为工作部件的一部分进行操作。

6.4　装 配 约 束

任何组件在空间包括 X、Y、Z 三个方向的移动和绕这三轴转动的 6 个自由度，未装配的零件在空间是浮动的。装配建模就是确定零件空间位置的过程，也就是限制其自由度，即施加约束的过程。

在施加装配约束的过程中，通常包括约束组件和基础组件两部分，其中约束组件是指需要添加约束进行定位的组件，基础组件是指位置已经确定的组件。

用户可以通过在自底向上装配中设置部件的放置定位方式为“通过约束”或者在装配环境中选择装配工具栏上的“装配约束”按钮或者选择菜单“装配”→“组件位置”→“装配约束”命令，弹出“装配约束”对话框，如图 6－21 所示。

图 6－21　“装配约束”对话框

6.4.1　约束状态

约束关系在组件装配中起连接作用。根据施加给被装配零件的约束数量，可以分为以下四种约束状态：

(1) 完全约束●。组件的 6 个自由度均被限制，表示部件已经完全约束，没有自由度，不能随便移动；达到完全约束状态的组件，在运动分析时候，可看成一个刚体。

(2) 不完全约束◐。被限制的自由度小于 6；表示部件部分约束，仍存在一部分自由度。

(3) 无约束○。该被限制的自由度没有被约束，表示部件未约束，可任意移动。

(4) 约束不一致⊗。表示约束存在,但存在矛盾或不一致。如:同一个自由度被多次限制的过约束。

通常在施加约束时,要避免约束不一致和无约束。

定义约束后,可以选择装配工具栏上的"显示自由度"按钮或者选择菜单"装配"→"组件位置"→"显示自由度"命令在图形窗口中可以显示约束符号,如图6-22所示,其中移动自由度表示允许部件上下和左右平移,转动自由度表示允许部件绕轴线旋转。如果组件全部自由度被限制,在图形窗口中看不到约束符号。

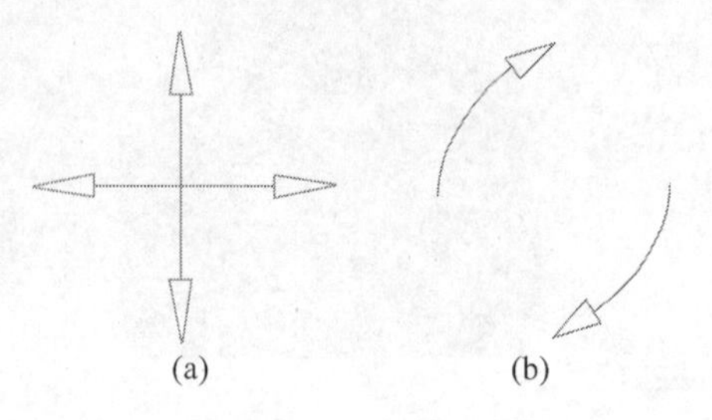

图6-22 约束符号
(a) 移动自由度;(b) 转动自由度。

6.4.2 固定约束

固定约束用于将组件固定在当前的位置。通常第一个添加到装配中的组件要进行固定约束。

6.4.3 接触对齐约束

在UG中,将接触约束和对齐约束合为一个约束类型,即接触对齐约束,下面介绍该约束类型的几种定位方式:

1. 首选接触

首选接触约束与接触约束属于相同的约束类型,它用来指定接触对齐约束类型在指定对象间的约束时,优先考虑设定为接触约束类型。

2. 接触

接触约束用来使定位的两个同类对象法线方向相反。如两个平面对象的法线方向相反或孔轴对象的轴线重合等。

在设置接触约束时,当指定两个平面对象为约束参照时,这两个平面共面且法线方向相反,如图6-23所示,图中加亮显示的平面为指定的平面,与平面垂直的箭头表示平面的法线方向,其他箭头表示所选部件的自由度,组件沿两个平面法线方向的平移运动被约束,而其他的方向均有自由度;对于锥体对象,系统首先检查其角度是否相等,如果相等,则对齐其轴线,如图6-24所示;对于曲面对象,系统先检验两个面的内外直径是否相等,

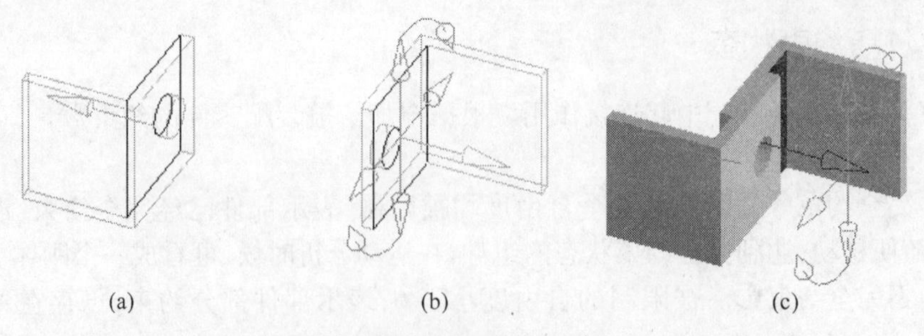

图6-23 平面接触约束
(a) 基础组件的指定平面;(b) 约束组件的指定平面;(c) 接触约束后的效果。

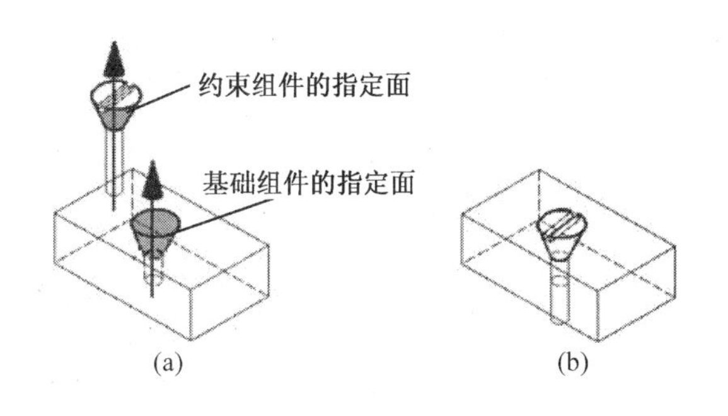

图 6-24　圆锥面接触约束
(a) 约束参照；(b) 约束后的效果。

如果相等则对齐两个面的轴线和位置;对于圆柱面对象,要求相互配合的两个圆柱面直径相等才能对齐轴线。

3. 对齐

对齐约束用来使定位的两个同类对象法向方向相同。在设置对齐约束时,当指定两个平面对象为约束参照时,这两个平面共面且法线方向相同,如图 6-25 所示,图中加亮显示的平面为指定的平面,与平面垂直的箭头表示平面的法线方向,其他箭头表示所选部件的自由度,组件沿两个平面法线方向的平移运动被约束,而其他的方向均有自由度;当指定的圆柱、圆锥或圆环面为约束参照时,将使其轴线保持一致,并不要求它们的直径相同;当对齐边缘和线时,是使两者共线。

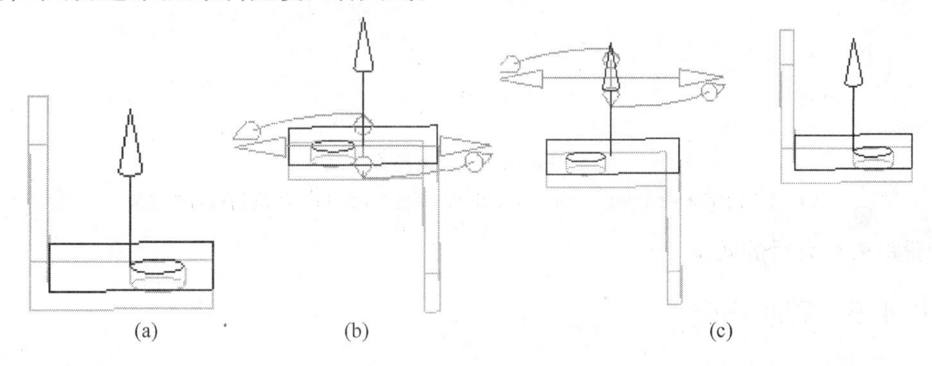

图 6-25　平面对齐约束
(a) 基础组件的指定平面；(b) 约束组件的指定平面；(c) 接触约束后的效果。

4. 自动判断中心/轴

自动判断中心/轴约束对指定的圆柱面或圆锥面参照,系统将自动使用面的中心或轴而不是面本身作为约束。如图 6-26 所示,图中加亮显示的圆柱面为指定的参照,黑色箭头表示圆柱面的轴线,其他箭头表示所选部件的自由度,组件垂直轴线方向的平移运动被约束,而其他的方向均有自由度。

6.4.4 距离

距离约束用于指定两个组件选定参照之间的最小距离,距离可以是正值也可以是负值,正负号用于确定约束组件是在基础组件的哪一侧。图 6-27 所示为两指定平面之

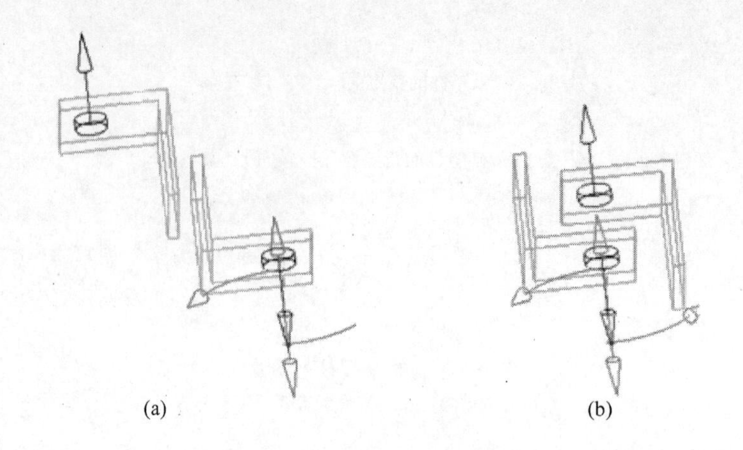

图 6-26 圆柱面自动判断中心/轴约束

(a) 约束参照; (b) 约束后的效果。

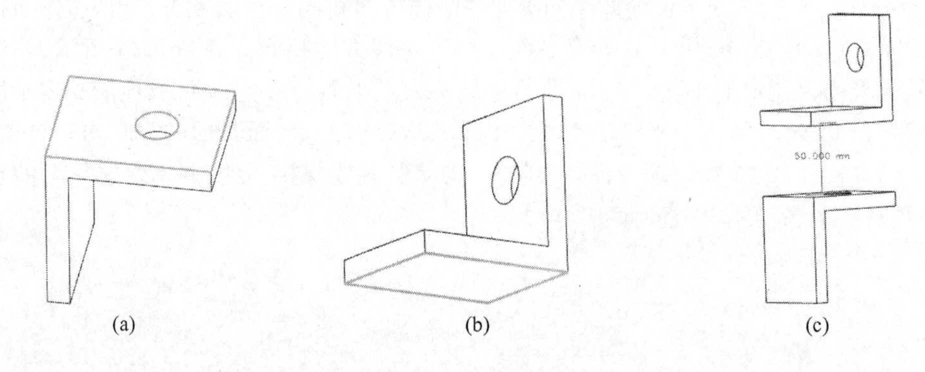

图 6-27 距离约束

(a) 基础组件的指定平面; (b) 约束组件的指定平面; (c) 距离约束后的效果。

间设置距离约束后的效果。

6.4.5 同心约束

同心约束◎指定两个组件的圆形边或椭圆形边作为参照,用来使选定参照的圆心重合,并使参照边所在的平面共面。图 6-28 所示为两指定圆形边之间设置同心约束后的效果。

6.4.6 中心约束

中心约束⫲使基础组件与约束组件选定对象的中心对齐。在进行中心约束设置时,应该根据系统提示,依次选择约束组件和基础组件上的参照对象。

该约束包括以下子类型:

(1) 1 对 2。将约束组件中的一个对象定位到基础组件中两个对象的对称中心上。如图 6-29 所示,选择圆柱面作为约束组件参照,矩形槽的两个侧面作为基础组件参照,将圆柱面中心与槽中心对齐。

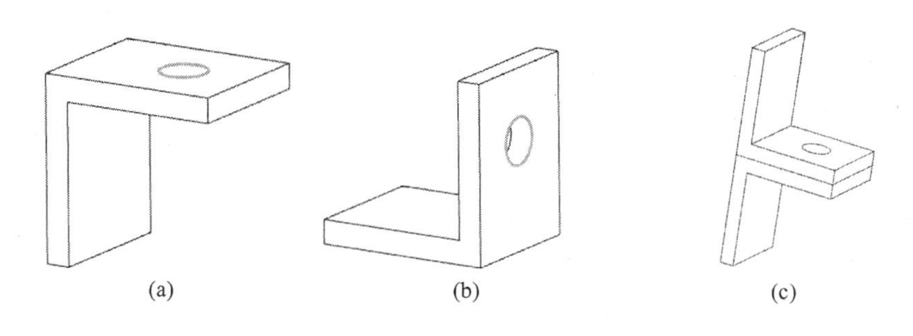

图 6－28　同心约束

（a）基础组件的指定圆形边；（b）约束组件的指定圆形边；（c）同心约束后的效果。

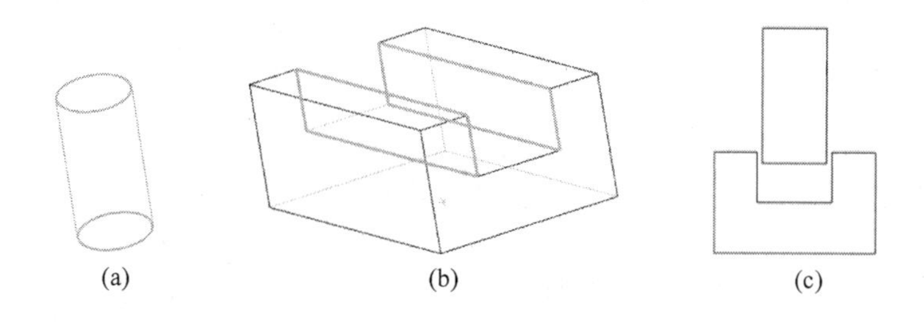

图 6－29　中心约束

（a）约束组件的指定参照；（b）基础组件的两个指定参照；（c）中心约束后的效果。

（2）2 对 1。将约束组件中的两个对象的对称中心定位到基础组件中的一个对象中心位置上。

（3）2 对 2。使约束组件中的两个对象与基础组件中的两个对象成对称布置。

6.4.7　角度约束

角度约束是在两个对象间定义角度尺寸,用于约束组件选定到正确的方位上。角度约束可以在两个具有方向矢量的对象间产生,角度是两个方向矢量的夹角,且逆时针方向为正。角度约束允许选择不同类型的对象,例如可以在面和边缘之间指定一个角度约束。

如图 6－30 所示,黑色加粗显示的为两个选定的参照面,箭头表示两个参照面对应的法线方向,角度约束值为 0°时,两个平面的矢量方向相同;角度约束值为 90°时,两个平面的矢量方向垂直。

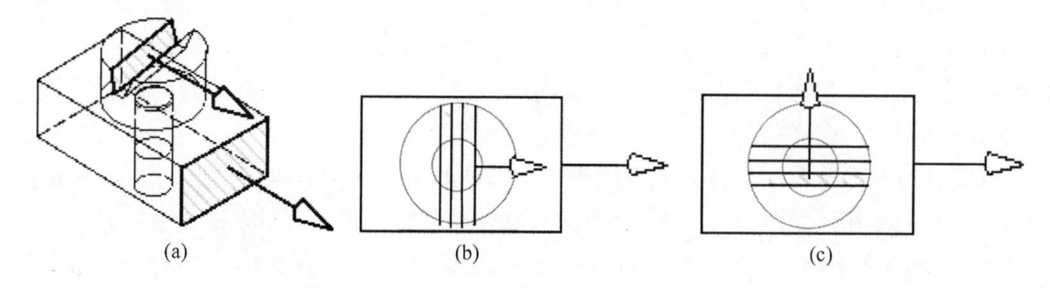

图 6－30　角度约束

（a）约束参照；（b）角度值为 0°时的效果；（c）角度值为 90°时的效果。

6.4.8 平行和垂直约束

平行约束和垂直约束属于定向约束，即它们只限定指定参照对象的几何关系，并不限定它们组件之间的位置。平行约束使两个对象的方向矢量彼此平行，垂直约束使两个对象的方向矢量彼此垂直。

6.4.9 拟合和胶合约束

拟合约束用来将半径相等的两个圆柱面结合在一起。此约束对确定孔中销或螺栓的位置很有用。如果以后半径变为不等，则该约束无效。

胶合约束用来将组件“焊接”在一起，使它们可以像刚体那样移动。胶合约束只能应用于组件，或组件和装配级的几何体，其他对象不可选。

6.5 引用集

在装配中，由于各部件中含有草图、基准平面、辅助图形的数据，如果要显示装配中所有的组件或子装配部件的所有内容，由于数据量大，需要占用大量的内存，不利于装配操作和管理。通过引用集能够选定组件进入装配体，从而控制信息数据量，避免加载不必要的几何信息，提高机器的运算速度。

在制图方面，应用引用集，图形显示更整齐清晰。

6.5.1 引用集的定义和种类

1. 引用集的定义

引用集是组件部件或子装配中对象的命名集合，且可用来简化较高级别装配中组件部件的表示。编辑装配时，可以通过显示组件或子装配的引用集来减少显示的混乱和降低内存使用量。

通常引用集是在建模环境下建立的，它是在一个单独的零件中定义的一系列几何体的集合，它可以在装配和工程图环境下使用。同一个几何体可以定义几个不同的引用集。以下的数据可以被包含在参考集中：名称，原点和方位；几何体，基准平面，基准轴，坐标系，组件，链接几何等；图样对象、部件的直系组件；属性（可以用于制图）等。

2. 引用集的种类

（1）Empty 空引用集。该引用集是不包含任何对象，当部件以空引用集的形式添加到装配中时，在装配中看不到该部件，这样可以提高显示速度。当部件的几何对你不需要在装配中显示时，在添加部件时，可以使用空引用集。

（2）Entire Part 整个部件。该引用集引用部件的全部几何数据，包括模型、构造几何体、参考几何体和其他适当对象等。在装配中添加部件时，缺省引用集将使用该引用集。

（3）Body 实体引用集。该引用集用来引用零件中的所有实体，即用实体来表示组件。

空引用集和整个部件引用集始终存在。系统默认的三个引用集：整个部件、空集、模型;系统最多自动管理五个引用集(空、整个部件、模型、轻量级和简化)。

用户也可以自定义引用集,自定义引用集通常有三大类:

① 配对引用集,存取用来配对的基准;② 简单引用集,以简单件代替复杂件;③ 图引用集,在制图中引用几何体标注尺寸,将这种几何体放入非主模型文件时使用,如 Drawing 引用集。

自定义引用集没有数目限制。

6.5.2 引用集操作

用户可以选择菜单“格式”→“引用集”命令,系统将打开“引用集”对话框。应用该对话框中的选项,可进行引用集的建立、删除、更名、查看、指定引用集属性以及修改引用集的内容等操作。下面对“引用集”对话框中的各个选项进行说明。

1. 新建引用集

要使用引用集来管理装配数据,除了系统提供的引用集外,用户还可以自定义引用集,即创建引用集。在创建引用集时,需要指定该引用集是部件还是子装配,因为部件的引用集可以在部件中建立,也可以在装配中建立。如果要在装配中建立部件的引用集,应使该部件成为工作部件。

在“引用集”对话框中,单击“添加新的引用集”按钮,然后在“引用集名称”文本框中输入引用集名称并单击回车键,需要注意的是引用集名称不能超过 30 个字体,且不允许有空格。接下来单击“选择对象”按钮,在图形工作区中选取一个或多个对象添加到引用集中,完成一个新引用集的创建,即可以用所选的对象实现对该部件的表达,如图 6-31 所示。

图 6-31 “引用集”对话框

2. 删除引用集

在“引用集”对话框的列表框中选择需要删除的引用集,单击“移除”按钮,即可将该引用集删除。

3. 设为当前的引用集

通常在装配环境下执行设为当前的引用集或替换引用集,首先使部件成为工作部件,然后打开“引用集”对话框,在对话框的列表框中选择要替换的引用集,然后单击“设为当前的”按钮，即完成引用集的设置，如图 6－32 所示。也可以在装配导航器或图形工作区中选择部件，在弹出的右键菜单中选择“替换引用集”，如图 6－33 所示，选择适当的引用集，即可完成引用集的替换。

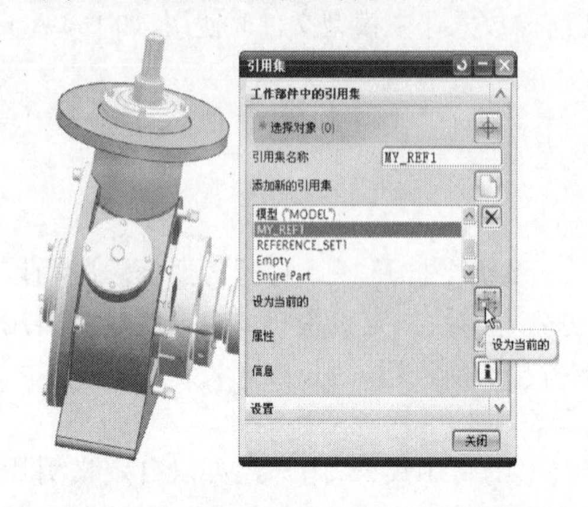

图 6－32　将引用集设为当前的

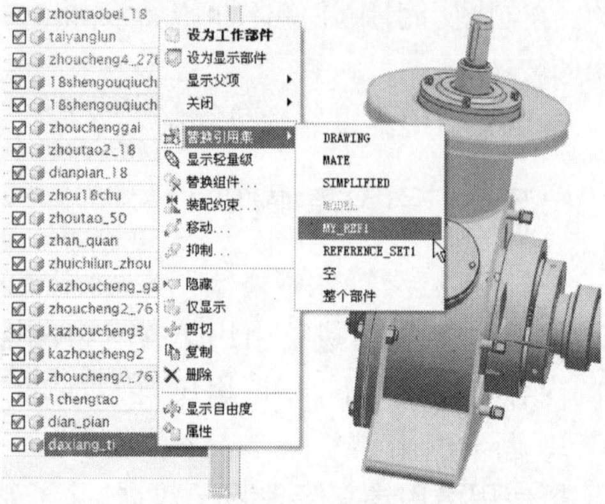

图 6－33　替换引用集

4. 编辑引用集属性

用户可以对引用集的属性进行相应的编辑操作。在“引用集”对话框的列表框中选择某一引用集，然后单击“属性”按钮，系统将打开“引用集属性”对话框，如图 6－34 所示，在该对话框中输入属性的名称和属性值，单击鼠标中键即可完成该引用集属性的编辑。

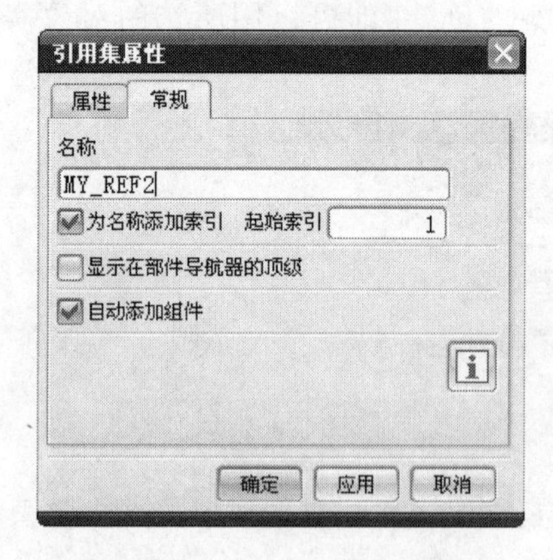

图 6－34　“引用集属性”对话框

5. 信息查询

用户可以查看当前零部件中已建引用集的有关信息。在“引用集”对话框的列表框中选择某一引用集，然后单击“信息”按钮，系统将弹出“信息”窗口，列出当前工作部件中指定引用集的信息。

也可以选择菜单“信息”→“装配”→“引用集”命令，在弹出的“选择名称”对话框中选择要查看的引用集，单击鼠标中键，系统将弹出“信息”窗口，并给出一个含引用集名称、成员数目、坐标原点方向和属性的信息列表。

6.6 移动组件

移动组件也称为组件的重定位，即重新定位组件。在 UG 装配环境中，单纯地靠约束命令很难对复杂的零件进行装配，这时需要在零件进行初步放置以后，对其进行更细致的移动，弥补放置约束的局限性，便于快速装配。即在装配环境中，在组件的自由度内对其进行移动或旋转操作，以方便建立组件之间的约束关系。

用户选择装配工具栏上的“移动组件”按钮或者选择菜单“装配”→“组件位置”→“移动组件”命令，弹出“移动组件”对话框，如图 6-35 所示。在该对话框中，用户选择要移动的组件，然后选择组件的变换运动方式及其设置，单击鼠标中键，即可完成组件的移动。

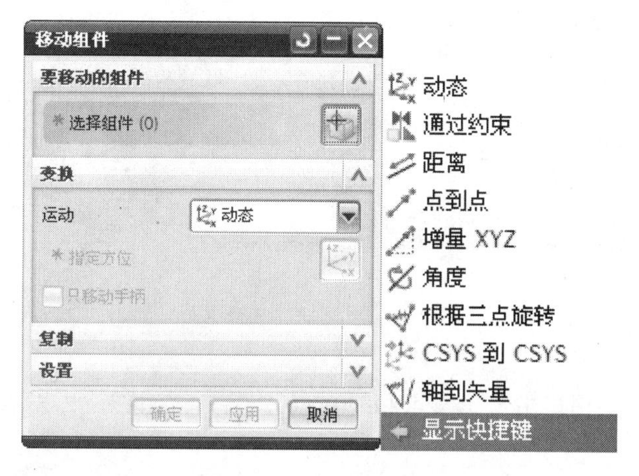

图 6-35 “移动组件”对话框及运动方式

组件的变换运动有以下方式：

1. 动态

动态方式是将选定的组件，根据其指定的方位，拖动或旋转手柄，将组件移动到所需要的位置，如图 6-36 所示。

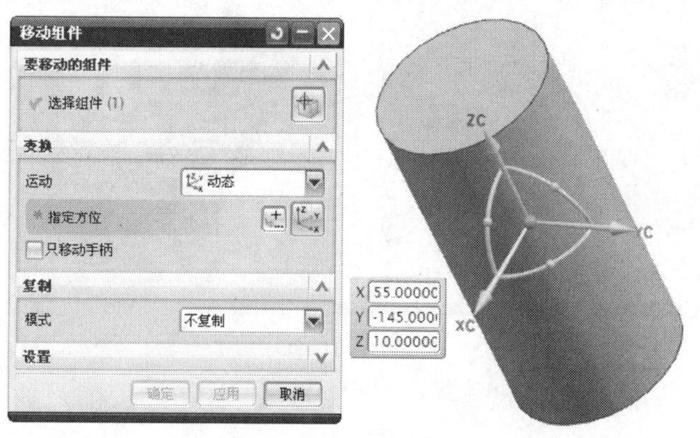

图 6-36 “动态”运动方式

2. 通过约束

通过约束方式是将选定的组件,根据指定的装配约束类型,对组件进行约束定位。约束的定位过程与装配约束相同。

3. 距离

距离方式用于平移所选的组件。选择该方式后,需要用户指定平移的方向矢量,在用户指定矢量后,在距离文本框中输入沿指定矢量方向的增量,单击回车键,组件将会沿着指定矢量方向移动指定的距离。如果输入值为正,则沿矢量正向移动;反之,沿负向移动,如图 6-37 所示。

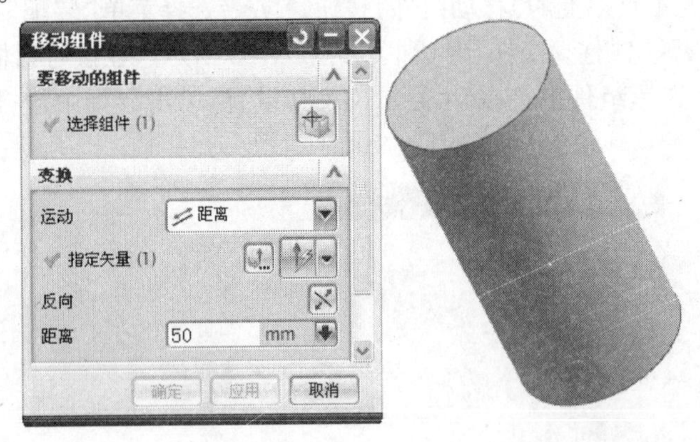

图 6-37 "距离"运动方式

4. 点到点

点到点方式需要用户指定出发点和终止点,它将所选组件从出发点移动到终止点。

5. 增量 XYZ

增量 XYZ 方式以组件的工作坐标系为参考,在用户输入沿指定坐标轴方向的增量后,组件将会沿着指定坐标轴方向移动指定的距离。如果输入值为正,则沿矢量正向移动;反之,沿负向移动,如图 6-38 所示。

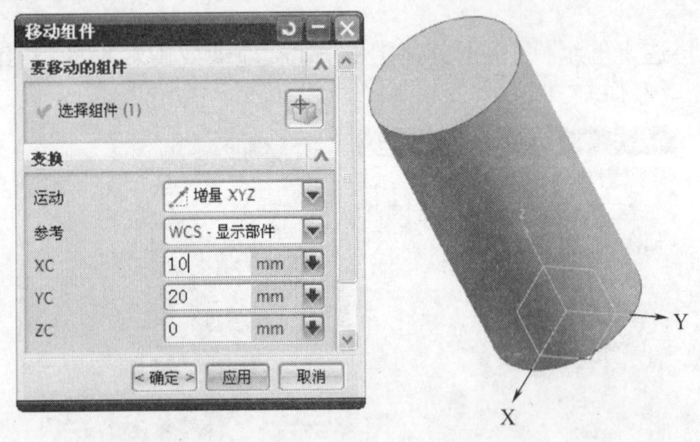

图 6-38 "增量 XYZ"运动方式

6. 角度

角度运动方式用于使选定的组件绕指定轴线按指定的角度旋转。

7. 根据三点旋转

根据三点旋转方式用于使选定的组件绕指定的旋转轴、旋转枢轴点,从起点向终点旋转。如图 6-39 所示,选择垂直屏幕的矢量作为指定矢量,按图中所示分别指定枢轴点、起点和终点等三点,即可完成组件的移动。

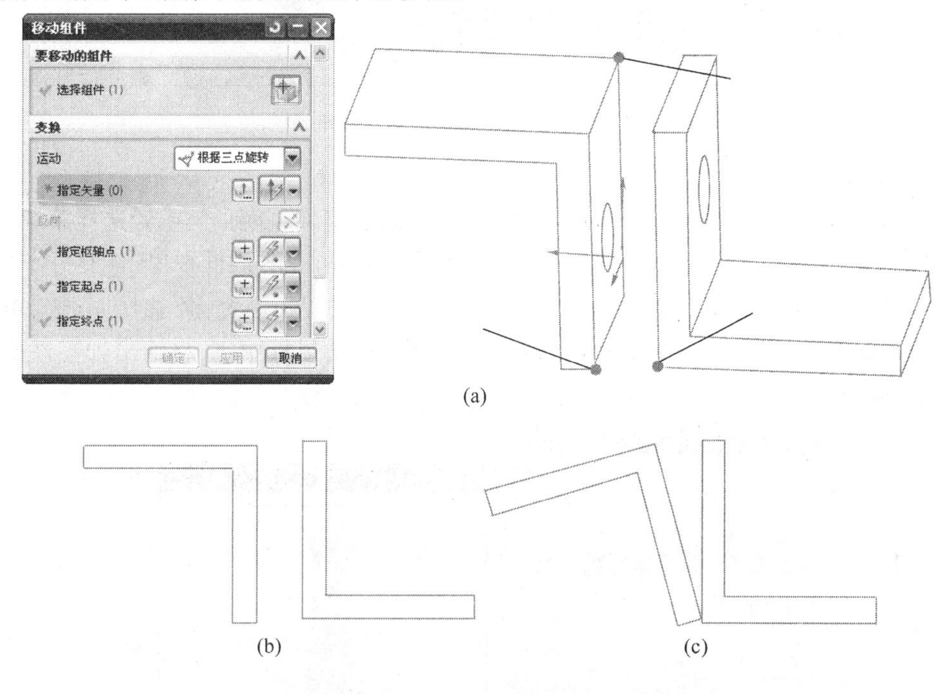

图 6-39 “根据三点旋转”运动方式

(a) 选项设置;(b) 组件变换前;(c) 组件变换后。

8. CSYS 至 CSYS

CSYS 至 CSYS 运动方式是用移动坐标系的方式重新定位所选组件。选择该方式后,需要用户指定起始坐标系和终止坐标系,在完成坐标系指定后,组件从起始坐标系的相对位置移动到终止坐标系中的对应位置。

9. 轴到矢量

轴到矢量运动方式用于在指定的两轴间按指定的枢轴点为基点旋转所选的组件。选择该方式后,需要用户分别指定起始矢量、终止矢量和枢轴点。在完成这些选项的设定后,组件将在选择的两轴间旋转。

6.7 课堂练习——行星减速器输出轴装配

行星减速器输出轴为一个齿轮轴,左端为花键,与行星架的花键槽配合连接;右端为输出端,有平键槽和皮带轮与执行机构相连。中部为相距一定距离的轴承,轴承之间用套筒内圈定位,如图 6-40 所示。

行星减速器输出轴装配采用自底向上的装配方法,其装配过程如下:

(1) 新建文件。打开 UG 软件,新建装配文件,文件名称为“outputshaft”,单击鼠标中

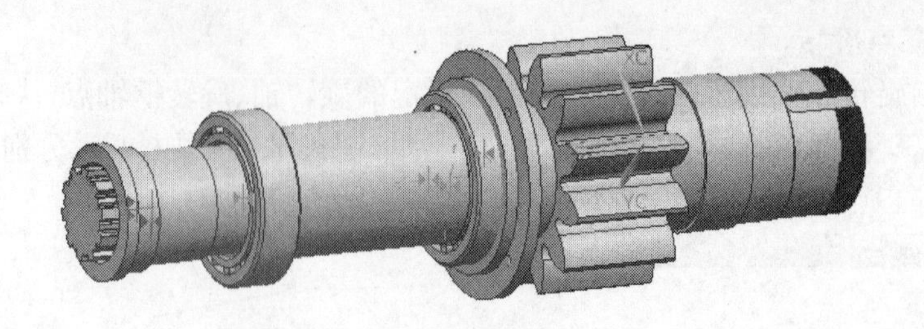

图 6-40 行星减速器输出轴装配模型

键进入装配环境。

(2) 装入输出轴零件。选择装配工具栏中的“添加组件”按钮或者选择菜单“装配”→“组件”→“添加组件”命令，弹出“添加组件”对话框，在对话框中单击“打开”按钮，在文件夹 ch6\example 下选择“shuchuzhou”文件，定位方式设置为“选择原点”，单击鼠标中键，如图 6-41 所示；在弹出的“点”对话框中，单击鼠标中键，将输出轴零件放置到装配环境中。

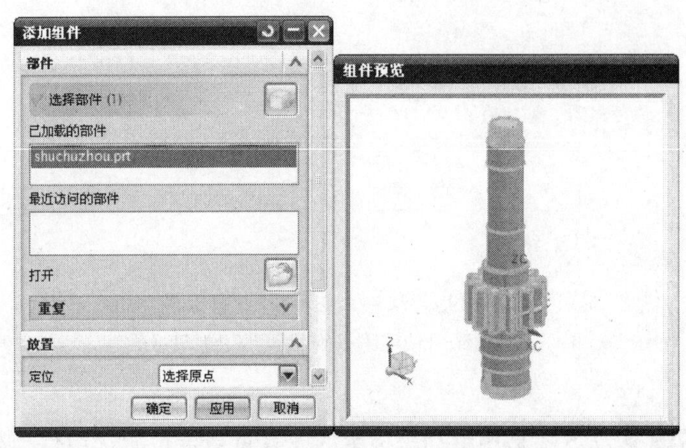

图 6-41 装入输出轴零件

(3) 输出轴定位。选择装配工具栏上的“装配约束”按钮或者选择菜单“装配”→“组件位置”→“装配约束”命令，弹出“装配约束”对话框。在弹出的对话框中，选择约束“类型”为“固定”，选择输出轴作为要约束的几何体，将输出轴固定在当前的位置上。

(4) 装入轴套。选择装配工具栏中的“添加组件”按钮弹出“添加组件”对话框，在对话框中单击“打开”按钮，文件夹 ch6\example 下的“youzhoutao_9”文件，定位方式设置为“通过约束”。单击鼠标中键，弹出“装配约束”对话框。

(5) 在“装配约束”对话框中，选择约束类型为“接触对齐”，定位方式为“首选接触”，然后依次选择轴套端面和输出轴上的端面作为参照，系统将执行接触约束操作，如图 6-42 所示。

(6) 在“装配约束”对话框中，选择约束类型为“接触对齐”，定位方式为“自动判断中心/轴”，然后依次选择轴套的外圆柱面和输出轴上的圆柱面作为参照，系统将执行轴线接触约束操作，如图 6-43 所示；轴套装配完成的效果如图 6-44 所示。

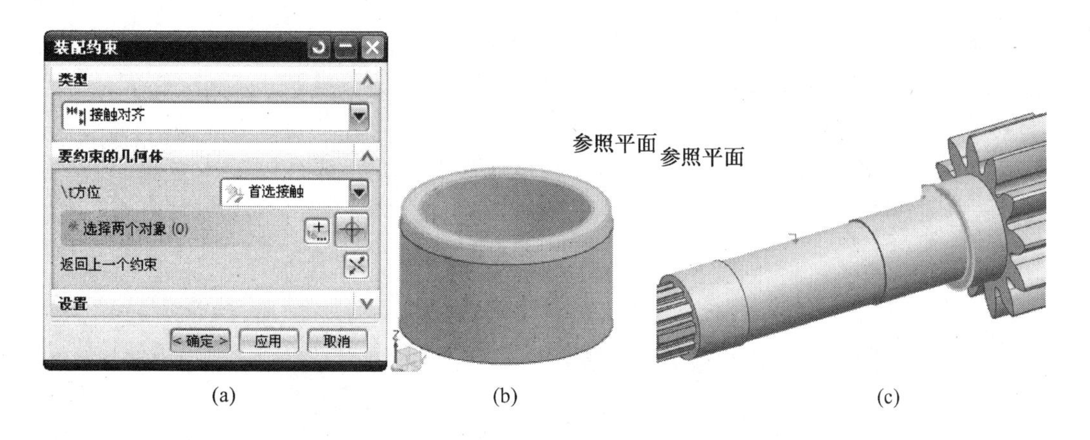

(a) (b) (c)

图 6－42 轴套接触约束设置

(a) 接触约束选项设置；(b) 约束组件参照；(c) 基础组件参照。

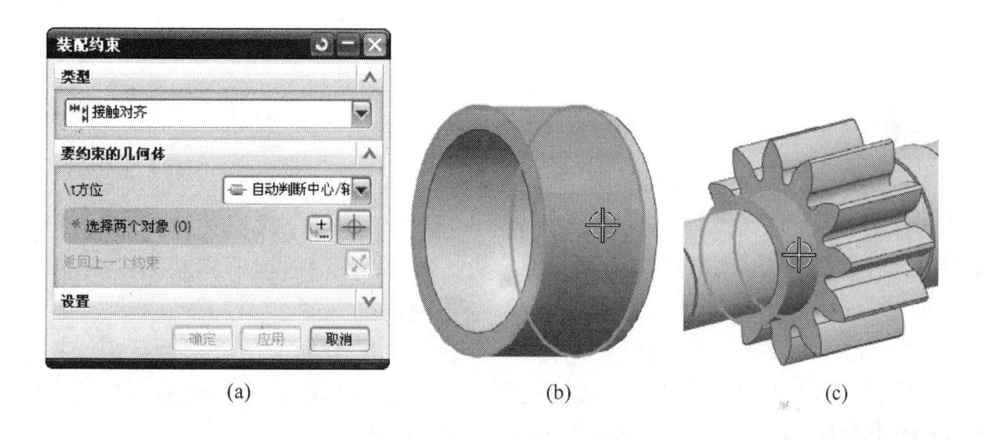

(a) (b) (c)

图 6－43 轴套约束设置

(a) 约束方式选项设置；(b) 约束组件参照；(c) 基础组件参照。

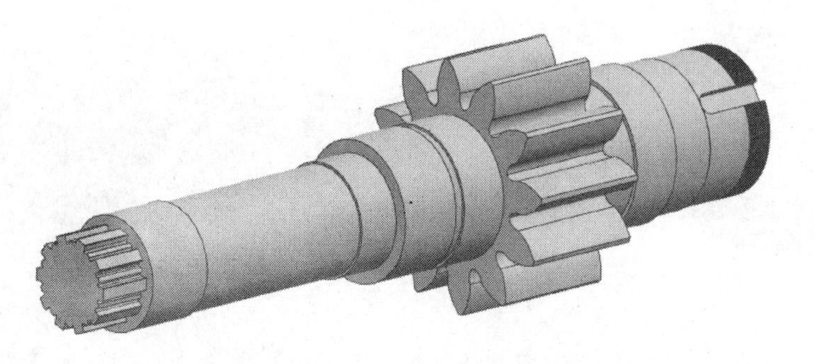

图 6－44 轴套约束后的效果

(7) 装配透盖总成。选择装配工具栏中的“添加组件”按钮弹出“添加组件”对话框，在对话框中单击“打开”按钮，在文件夹 ch6\example 下“outputsub2ass”文件，定位方式设置为“通过约束”。单击鼠标中键，弹出“装配约束”对话框。

（8）在“装配约束”对话框中，选择约束类型为“接触对齐”，定位方式为“对齐”，如图6－45所示，然后依次选择透盖总成端面和轴套的端面作为参照，即图中光标所在位置的面，系统将执行对齐约束操作。

（9）在“装配约束”对话框中，选择约束类型为“接触对齐”，定位方式为“自动判断中心/轴”，然后依次选择透盖总成的外圆柱面和轴套上的圆柱面作为参照，系统将执行轴线接触约束操作，轴套装配完成的效果如图6－46所示。

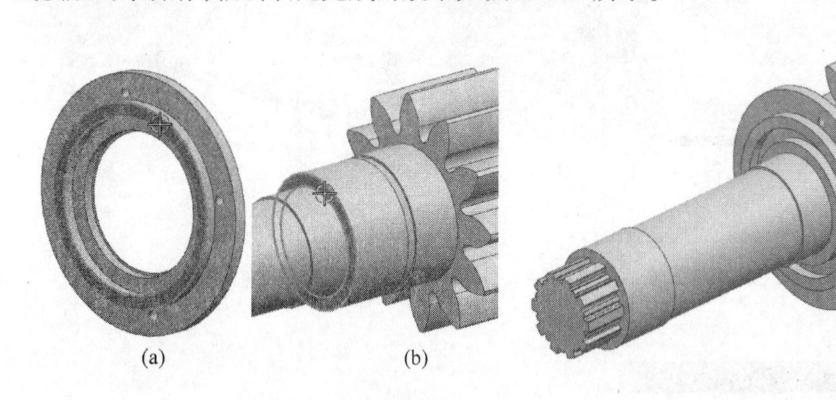

图6－45 透盖约束设置

（a）约束组件参照；（b）基础组件参照。

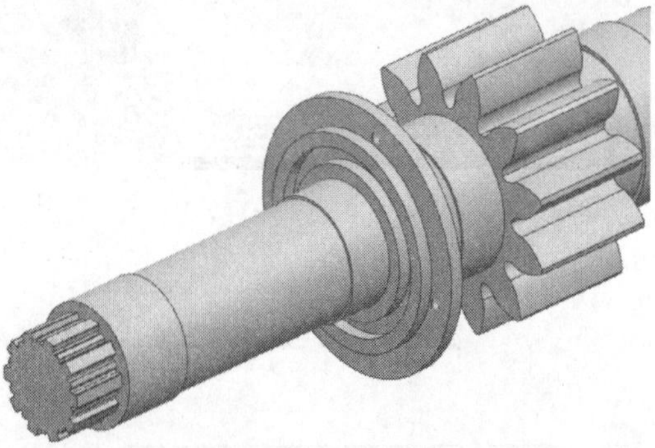

图6－46 透盖约束效果

（10）装配轴承总成：选择装配工具栏中的“添加组件”按钮，文件夹 ch6\example 下的“zhoucheng_11”文件，定位方式设置为“通过约束”。单击鼠标中键，在弹出“装配约束”对话框，选择约束类型为“接触对齐”，定位方式为“首选接触”，然后依次选择轴承端面和透盖总成端面作为参照，系统将执行接触约束操作，如图6－47所示。

（11）在“装配约束”对话框中，选择约束类型为“接触对齐”，定位方式为“自动判断中心/轴”，然后依次选择轴承的外圆柱面和透盖总成的圆柱面作为参照，系统将执行轴线接触约束操作，轴承装配完成的效果如图6－48所示。

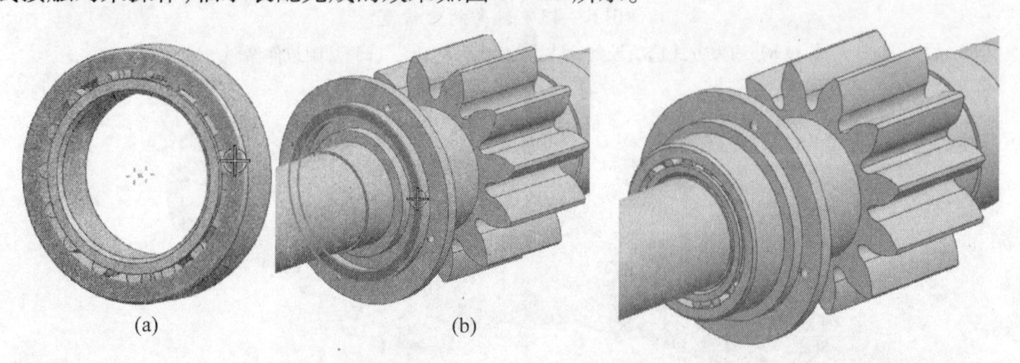

图6－47 轴承约束设置

（a）约束组件参照；（b）基础组件参照。

图6－48 轴承约束效果

（12）装配轴套。选择装配工具栏中的“添加组件”按钮，打开文件夹 ch6\example 下的“youbanbu_zhouchengtao”文件，定位方式设置为“通过约束”。单击鼠标中键，在弹出“装配约束”对话框中，选择约束类型为“接触对齐”，定位方式为“首选接触”，然后依次选择轴套端面和轴承内圈端面作为参照,系统将执行接触约束操作,如图 6－49 所示。

(13) 在“装配约束”对话框中,选择约束类型为“接触对齐”,定位方式为“自动判断中心/轴”,然后依次选择轴套的圆柱面和轴承的外圆柱面作为参照,系统将执行轴线接触约束操作,轴承装配完成的效果如图 6－50 所示。

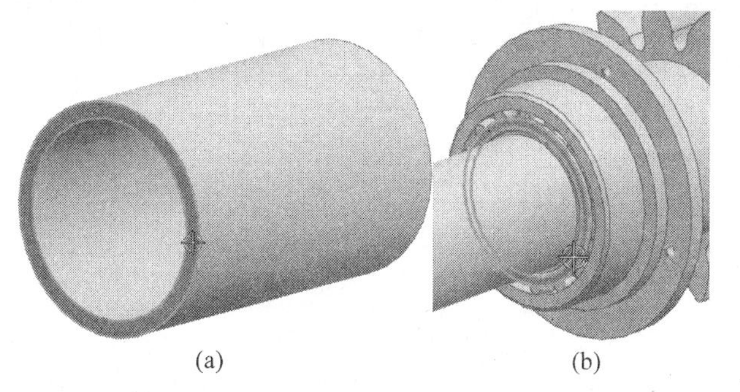

(a)　　(b)

图 6－49　轴承约束设置

(a) 约束组件参照; (b) 基础组件参照。

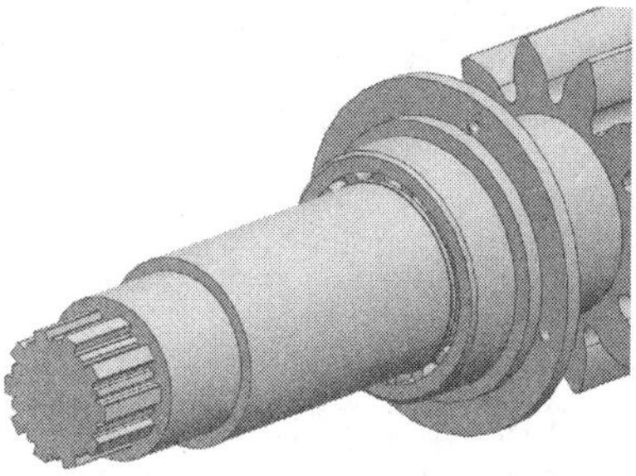

图 6－50　轴套约束效果

(14) 移动轴承。选择装配工具栏中的“移动组件”按钮,在弹出“移动组件”对话框中,选择轴承作为“选定组件”,运动方式为“距离”;复制选项中模式选择“复制”,选择轴承作为要“复制的组件”;选择输出轴端面作为指定矢量的参照;距离文本框中输入“245”,如图 6－51 所示;单击鼠标中键,完成轴承的复制移动,如图 6－52 所示。

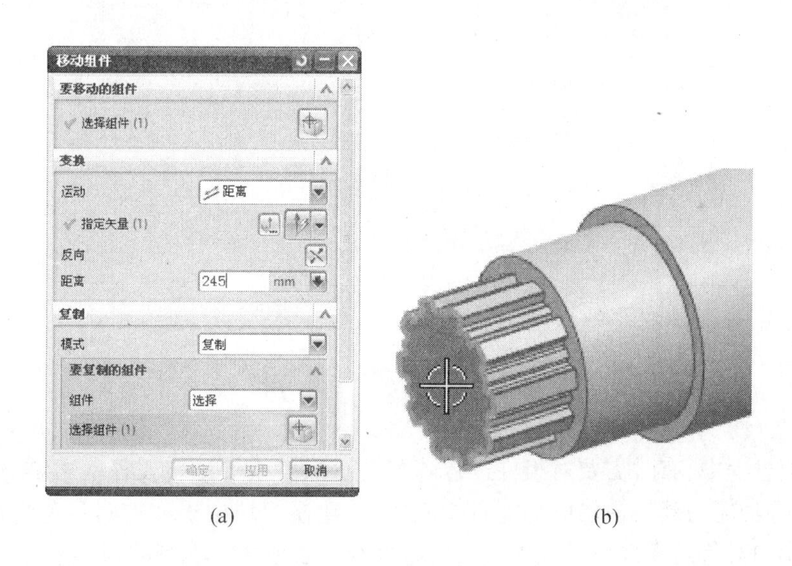

(a)　　(b)

图 6－51　轴承移动设置

(a) 移动组件参数设置; (b) 指定矢量参照。

(15) 选择装配工具栏中的“添加组件”按钮,打开文件夹 ch6 \ example 下的“xingxing_youzhoutao”文件,定位方式设置为“通过约束”。在弹出“装配约束”对话框中,选择约束类型为“接触对齐”,定位方式为“首选接触”,然后依次选择轴套端面和轴承内圈端面作为参照,系统将执行接触约束操作,如图 6－53 所示。

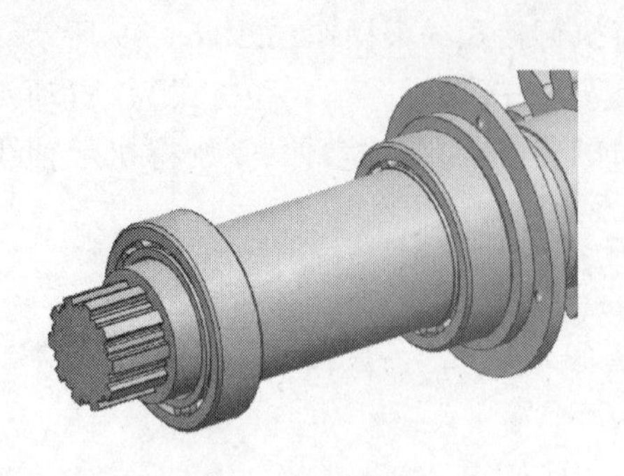

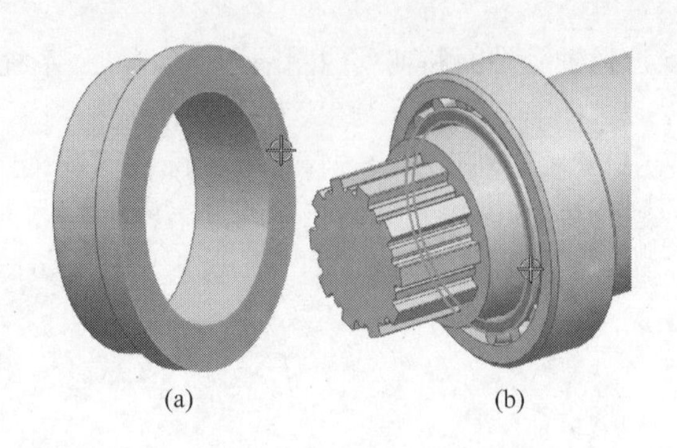

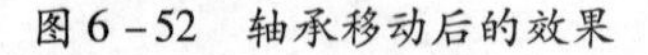

图 6-52　轴承移动后的效果

图 6-53　轴套约束设置
(a) 约束组件参照；(b) 基础组件参照。

(16) 在“装配约束”对话框中，选择约束类型为“接触对齐”，定位方式为“自动判断中心/轴”，然后依次选择轴套的圆柱面和轴承的外圆柱面作为参照，系统将执行轴线接触约束操作，完成输出轴的装配。

最后可以通过装配导航器查看装配情况，如图 6-54 所示，从图中可以看出整个装配中没有出现无效约束和约束冲突，各部件的约束符合要求。

装配导航器

描述性部件名	信息	只	已	位	数量	引用集
截面						
outputshaft					10	
约束					12	
shuchuzhou						模型 (
youzhoutao_9						模型 (
outputsub2ass					3	整个部
zhoucheng_11						模型 (
youbanbu_zhouchengtao						模型 (
zhoucheng_11						模型 (
xingxing_youzhoutao						模型 (

图 6-54　输出轴装配导航器

6.8　组件编辑

在装配过程中，有时需要对组件进行阵列、镜像、替换等编辑操作。本节介绍的组件阵列、镜像等功能与建模模块的功能有相似之处，建模模块中操作的对象是特征，而装配模块中操作的对象是零件或子装配。读者应该有联系地学习本节的内容。

6.8.1　镜像

组件镜像功能用来处理具有组件对称结构的装配。组件镜像可以在装配中按照镜像的关系装配指定零件的另一实例（复制），也可以产生关于指定零件在某一平面位置的镜像零件，镜像装配能减少繁琐的装配操作，快速得到左右对称的镜像装配组件。利用镜像功能进行零部件的装配，可以保持源零件与镜像零件的镜像对称关系。镜像功能允许用户创建零件和装配的镜像副本，可以将模型的几何与位置镜像为原始模型从属的或独立的副本。

对于从属的副本,如果原零部件更改,所复制或镜像的零部件也随之更改。原零部件之间的配合可保存在复制或镜像的零部件中。原零部件中的配置出现在复制或镜像的零部件中。

建模模块的特征镜像、体镜像与装配模块的装配镜像三者有相似之处,都可以进行选择操作(选择特征或者是零件)。不同的是,特征镜像、体镜像引用的是特征和几何约束和尺寸约束,装配镜像引用的是零件和零件间的装配约束。

要执行组件镜像操作,用户可以选择装配工具栏中的“镜像装配”按钮或者选择菜单“装配”→“组件”→“镜像装配”命令,弹出“镜像装配向导”对话框,如图6-55所示。

在该对话框中单击“下一步”按钮,然后在打开的对话框中选择要进行镜像的组件,可选择多个零件或子装配来创建镜像,需要注意的是只能选择工作部件下的组件来创建镜像,如图6-56所示。

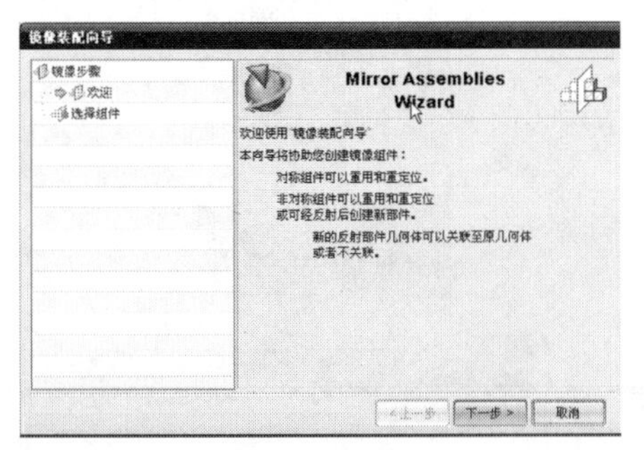

图6-55 镜像/欢迎界面

图6-56 镜像/选择组件

接着单击“下一步”按钮,在打开的对话框中选择相应的基准平面作为镜像平面,如图6-57所示。如果没有合适的基准平面,可以单击“创建基准平面”按钮,在打开的对话框中创建一个新的基准平面作为镜像平面。

完成镜像平面的选取后,单击对话框中的“下一步”按钮,在打开的对话框中设置镜像的类型,如图6-58所示。用户可以选择相应的镜像组件,然后单击“关联镜像”按钮或“非关联镜像”按钮,设置相应的镜像类型,同时“重用和重定位”按钮被激活,单击此按钮可以重新设置镜像类型;单击“排除”按钮,将删除指定的组件,不对其进行镜像操作。

镜像设置完成后,单击“下一步”按钮,在打开的对话框中进行镜像结果的查看,如图6-59所示。在该对话框中,如果对之前的结果不满意,可以在选中镜像组件后,单击“重用和重定位”按钮,指定相应组件的定位方式。组件有多种定位方式,系统将它们收集在“定位”列表框中,用户可以选择相应的列表项查看镜像结果,也可以通过多次单击“循环重定位解算方案”按钮,来查看相应的定位结果。

在确定镜像结果后,单击“下一步”按钮,在打开的对话框中对镜像结果文件进行命名,如图6-60所示。确定新文件名称后,单击“完成”按钮即可完成镜像组件的创建,如图6-61所示。

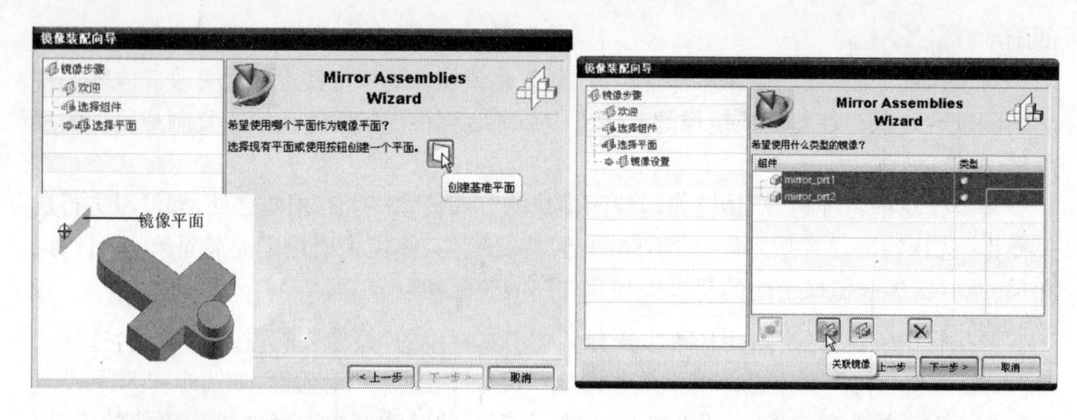

镜像装配向导
镜像步骤
欢迎
选择组件
选择平面
Mirror Assemblies Wizard
希望使用哪个平面作为镜像平面？
选择现有平面或使用按钮创建一个平面。
创建基准平面
镜像平面
< 上一步
下一步 >
取消

图 6-57　镜像/选择镜像面

镜像装配向导
镜像步骤
欢迎
选择组件
选择平面
镜像设置
Mirror Assemblies Wizard
希望使用什么类型的镜像？
组件
类型
mirror_prt1
mirror_prt2
关联镜像
上一步
下一步 >
取消

图 6-58　镜像/镜像设置

镜像装配向导
镜像步骤
欢迎
选择组件
选择平面
镜像查看
Mirror Assemblies Wizard
您希望如何定位镜像的实例？
镜像组件
类型
重定位解算方案
mirror_prt1
5 / 6
mirror_prt2
5/6
循环重定位解算方案
完成
取消

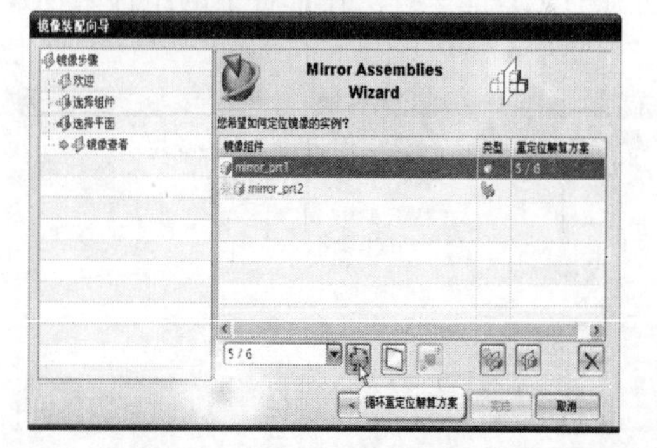

图 6-59　镜像/查看

镜像装配向导
镜像步骤
欢迎
选择组件
选择平面
镜像查看
命名策略
命名新部件文件
Mirror Assemblies Wizard
希望如何命名新部件文件？
命名规则
将此作为前缀添加到原名中
将此作为后缀添加到原名中
用原名替换字符串
mirror_
目录规则
将新部件添加到与其源相同的目录中
将新部件添加到指定目录
< 上一步
下一步 >
完成
取消

图 6-60　镜像/命名

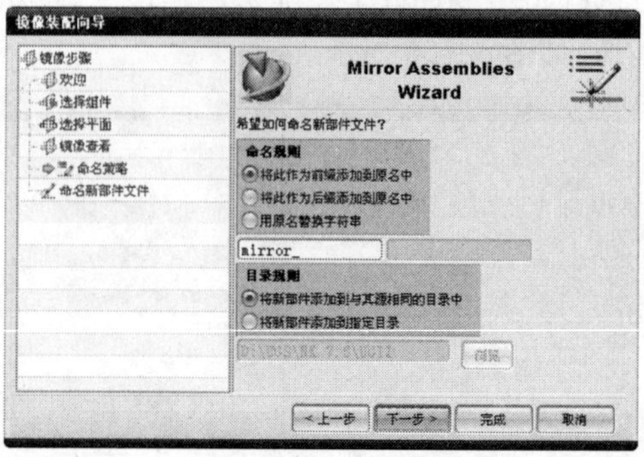

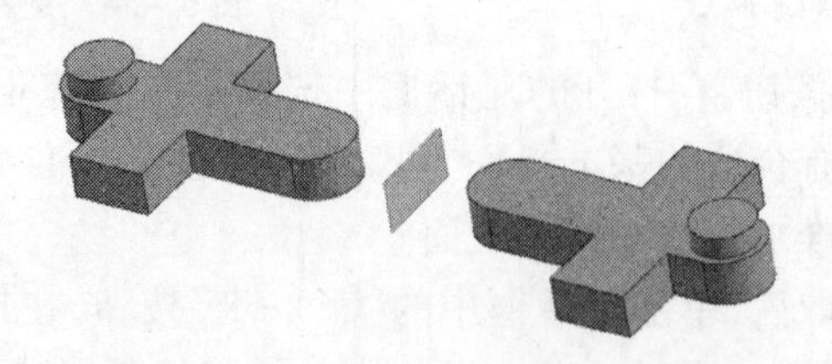

图 6-61　组件镜像结果

需要说明的是：镜像对象产生后，镜像面是不能删除的，但是为了使图形清晰，镜像产生后一般不需要镜像平面的显示，这时可以运用图层管理工具，把镜像面移至另外的图层，再使该图层不可见。

6.8.2　阵列

组件阵列用于快速地将组件按一定规律定位到装配模型之中。

在装配建模过程中，经常需要将螺母、螺栓和其他紧固件放在零件（它们在该零件上固定在一起）上的矩形或圆形阵列中。可以使用“组件阵列”工具快速地创建一个或多个零件或子装配的阵列，实现多个组件的快速装配。需要注意的是，组件阵列不是使用装配关系定位的，而是根据零件上或装配中的阵列特征进行定位的。

要进行组件阵列，用户可以选择装配工具栏中的“创建组件阵列”按钮或者选择菜单“装配”→“组件”→“创建组件阵列”命令，弹出“类选择”对话框，如图 6－62 所示。在该对话框中，可以选择活动装配中的零件、活动装配中的子装配、活动装配中的零件阵列等作为要进行阵列的组件。指定阵列组件后，单击鼠标中键，弹出“创建组件阵列”对话框，如图 6－63 所示。

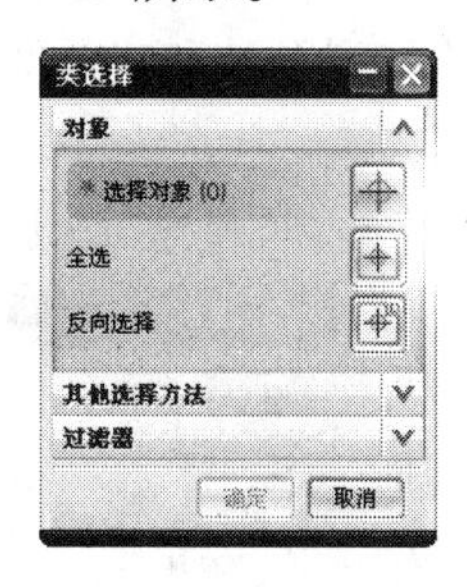

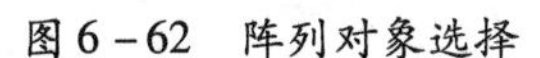

图 6－62 阵列对象选择

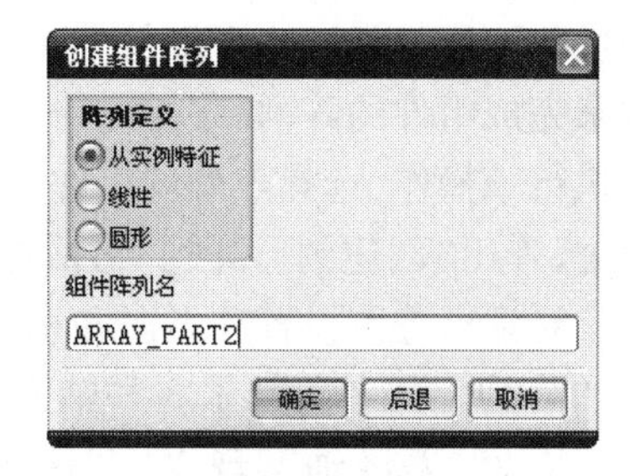

图 6－63 “创建组件阵列”对话框

组件阵列有从实例特征和主组件阵列两种方式，其中主组件阵列又可分为线性阵列和圆形阵列。

1. 线性阵列

线性阵列通过指定阵列的方向并设置对应方向上的阵列个数和偏置等参数来完成组件的阵列。

要执行该操作，选择图 6－61 中的“线性”选项，单击鼠标中键，弹出“创建线性阵列”对话框，如图 6－64 所示。

在该对话框分别设置阵列方向和相应的阵列参数，即可完成组件的阵列。其中包含了 4 种阵列方向的定义方式，即“面的法向”、“基准平面法向”、“边”和“基准轴”。它们共同的特点是要确定阵列的 X 方向和 Y 方向，不同之处是确定方向的参照分别为曲面、基准平面、边和基准轴，现以“边”定义方式说明线性阵列的创建。

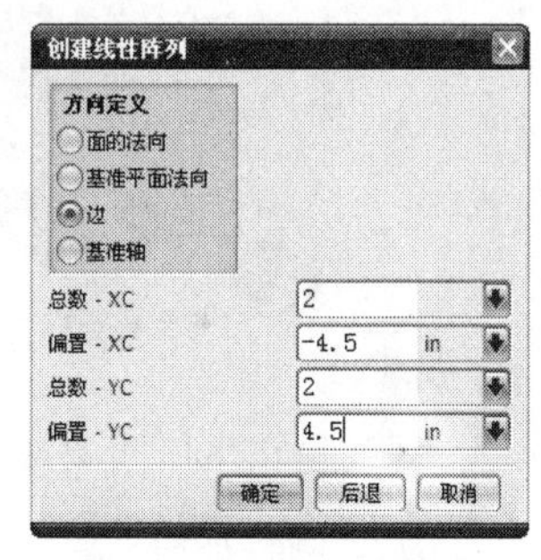

图 6－64 “创建线性阵列”对话框

在图 6－65 所示的对话框中，选择“方向定义”中的“边”选项，然后根据提示，在图形工作区中依次选取 X 方向和 Y 方向参照，如图 6－63 所示。确定阵列方向后，输入阵列总数和偏置等参数，如图 6－62 所示，单击鼠标中键，完成组件的线性阵列，结果如图 6－66 所示。

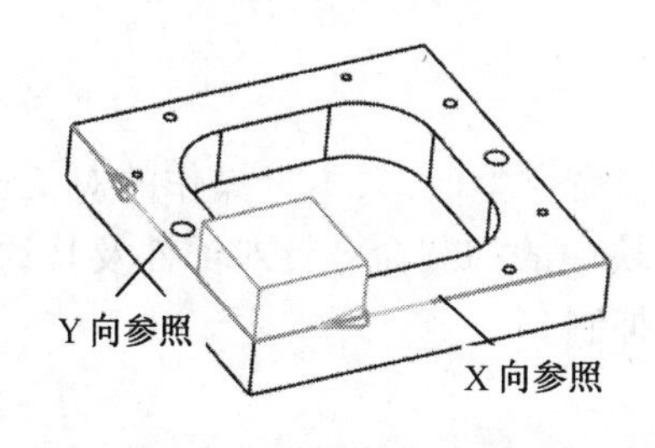

图 6－65 阵列方向参照

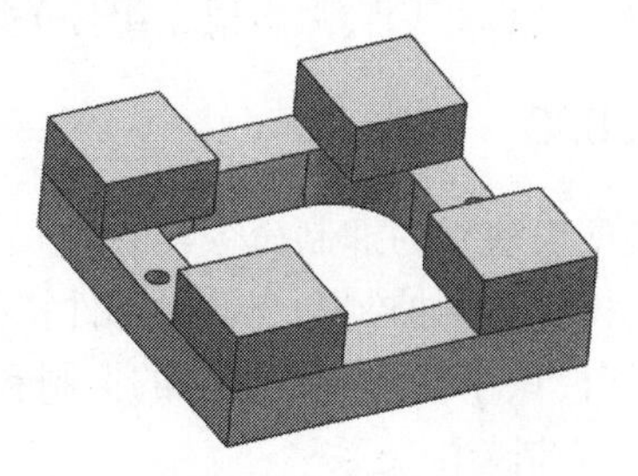

图 6－66 线性阵列效果

需要注意的是,线性阵列时的 X 方向和 Y 方向不是坐标系的坐标轴方向,而是根据用户选择的参照确定的。如果输入的偏置值为正,则沿矢量正向进行阵列;反之,沿矢量负向阵列。

2. 圆形阵列

圆形阵列通过指定阵列轴的方向并设置圆周方向上的阵列个数和组件间的间隔角度等参数来完成组件的阵列。

要执行该操作,选择阵列的组件后,在“创建组件阵列”对话框选择“圆形”选项,单击鼠标中键,弹出“创建圆形阵列”对话框,如图 6-67 所示。

图 6-67 “创建圆形阵列”对话框

在该对话框分别设置轴方向和相应的阵列参数,即可完成组件的阵列。其中包含了 3 种轴方向的定义方式,即“圆柱面”、“边”和“基准轴”,现以“圆柱面”的定义方式说明圆形阵列的创建。

在图 6-65 所示的对话框中,选择“轴定义”中的“圆柱面”选项,然后根据提示,在图形工作区中选取圆柱面作为参照,如图 6-68 中的光标所在位置。确定轴方向后,输入阵列总数和角度等参数,如图 6-67 所示,单击鼠标中键,完成组件的圆形阵列,结果如图 6-69 所示。

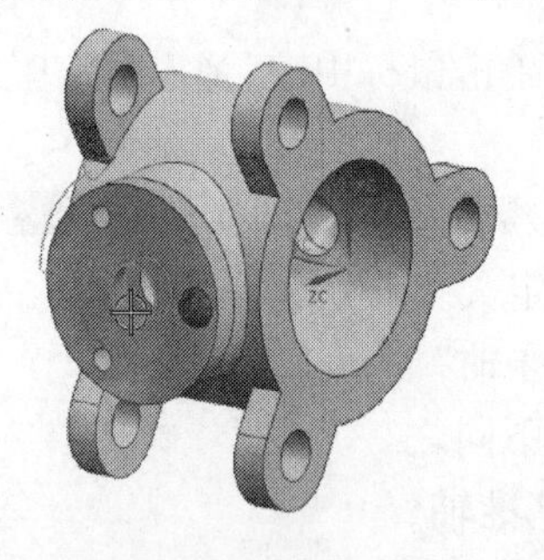
图 6-68 阵列轴参照

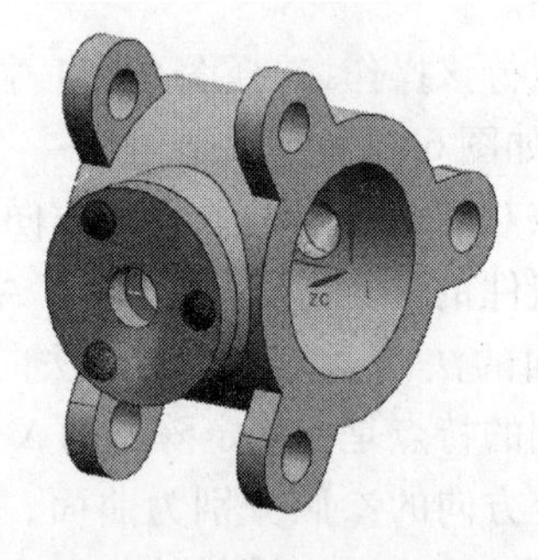
图 6-69 圆形阵列效果

3. 从实例特征阵列

从实例特征阵列是基于特征阵列的一种组件阵列方式,即按照特征实例的阵列类型创建组件阵列。

要执行该操作,选择要阵列的组件后,在“创建组件阵列”对话框选择“从实例特征”选项,单击鼠标中键,弹出根据组件关联的特征自动完成阵列的创建,如图 6-70 所示。

6.8.3 抑制

装配模块中的抑制命令与在建模模块中的抑制命令类似,只不过操作的对象不同。在建模模块中的抑制命令针对部件特征,在装配模块中的抑制命令针对部件及其约束关系,装配模块中抑制分为组件的抑制和装配关系的抑制。

1. 抑制装配关系

装配关系的抑制将产生一个空的并被抑制的关联条件。有时用抑制关联条件进行组件关联非常有用,它可以延时更新约束。可以在装配导航器中的检查框,完成允许抑制和

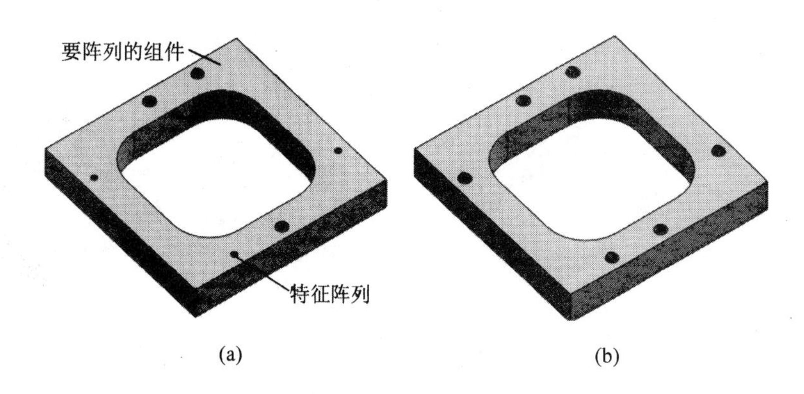

(a) (b)

图 6－70　从实例特征阵列

(a) 阵列参照；(b) 阵列效果。

解除已抑制的关联条件的操作，如果检查框是打开的，该关联条件未被抑制。关联条件名显示出与组件相关联的参照对象。从图 6－71 中可以看到，当装配约束抑制前后组件位置即组件约束状态的变化。

约束		✔
☑ 对齐 (ARRAY_PA...		✔
☑ 固定 (ARRAY_PA...		✔
☑ 对齐 (ARRAY_PA...		✔
☑ 接触 (ARRAY_PA...		✔
☑ array_part2	☐	●
☑ array_part2	☐	●
☑ array_part2	☐	●
☑ array_part1	☐	⏚
☑ array_part2	☐	●

(a)

约束		✔
☐ 对齐 (ARRAY_PA...		✔
☐ 固定 (ARRAY_PA...		✔
☐ 对齐 (ARRAY_PA...		✔
☐ 接触 (ARRAY_PA...		✔
☑ array_part2	☐	●
☑ array_part2	☐	●
☑ array_part2	☐	●
☑ array_part1	☐	○
☑ array_part2	☐	○

(b)

图 6－71　抑制装配关系

(a) 装配关系未抑制；(b) 装配关系被抑制。

2. 抑制组件

抑制组件时会将该组件及其子项从显示中移除。它并不删除被抑制的组件，这些组件仍存在于数据库中。通过抑制组件，被抑制的部件暂时处于不存在状态，所以和它相关的操作都处于不存在状态。

用户可以选择装配工具栏中的“抑制组件”按钮或者选择菜单“装配”→“组件”→“抑制组件”命令，弹出“类选择”对话框，在该对话框中，可以选择活动装配中的零件、活动装配中的子装配等作为要抑制的组件。指定组件后，单击鼠标中键，这些指定组件将被抑制，如图 6－72 所示。在装配导航器中，被抑制的组件对应的检查框未被选中，且组件图标颜色相应地发生了变化；在图形工作区中，抑制的组件不再显示。

3. 取消抑制组件

要恢复被抑制的组件，可以通过取消抑制组件功能来实现。

用户可以选择装配工具栏中的“取消抑制组件”按钮或者选择菜单“装配”→“组件”→“取消抑制组件”命令，弹出“选择抑制的组件”对话框，如图 6－73 所示。在该对话框的列表框中，收集了当前抑制的组件，用户选择要取消抑制的组件后，单击鼠标中键，这些指定的组件将恢复抑制前的状态。

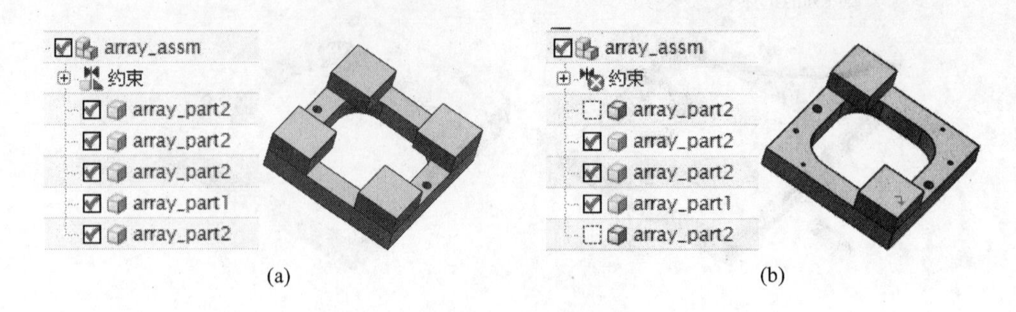

图 6-72　抑制组件
(a) 组件未抑制; (b) 组件被抑制。

图 6-73　"选择抑制的组件"对话框

6.9　爆 炸 图

用户可以通过爆炸图来查看装配模型中的所有组件,以及这些组件在总装配中的装配关系。一个装配图可以通过调整零件间的分隔距离生成多幅爆炸视图。爆炸视图作为一种视图,一旦完成它的定义和命名,那么就可以在其他图形中引用。

爆炸视图可以在装配模型的任何装配层次上生成。爆炸视图与显示部件相关联,并存储在显示部件中,用户可以在任何视力中显示爆炸图形,并且能够对该图形进行编辑工作。

为了更好地表达这些部件在装配中的位置,部件爆炸后,还可建立追踪线来表示组件间的装配关系。

用户可以选择装配工具栏中的"爆炸图"按钮 将弹出"爆炸图"工具栏,如图 6-74 所示。利用该工具栏的相应工具可以完成爆炸图的创建和编辑工作。

图 6-74　"爆炸图"工具栏

6.9.1 创建爆炸视图

1. 新建爆炸视图

选择爆炸图工具栏中的“新建爆炸图”按钮，弹出“新建爆炸图”对话框，如图 6－75 所示。在该对话框的名称文本框中输入爆炸图名称，单击鼠标中键即可完成爆炸图的创建。

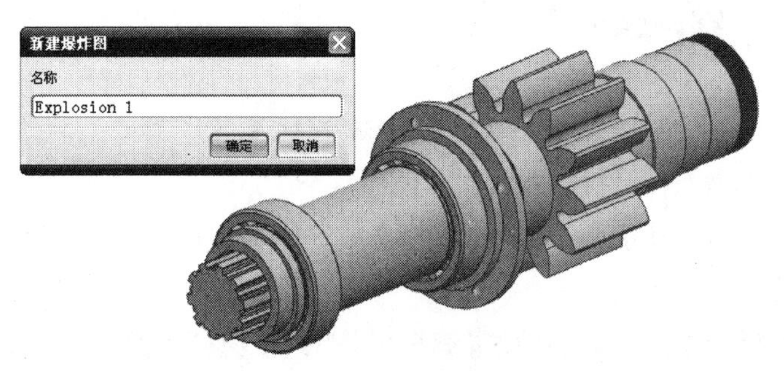

图 6－75 “新建爆炸图”对话框

2. 自动爆炸组件

在新建了一个爆炸图后视图并没有发生什么变化，接下来就必须使组件炸开。

自动爆炸组件功能基于组件关联条件，将沿表面的正交方向自动爆炸组件。因此自动爆炸只能爆炸具有关联条件的组件，对于没有关联条件的组件不能用该爆炸方式。

用户可以选择爆炸图工具栏中的“自动爆炸组件”按钮，弹出“类选择”对话框。然后选择要进行爆炸的组件，指定组件后，单击鼠标中键，打开用于指定自动爆炸参数的“自动爆炸组件”对话框，如图 6－76 所示。

图 6－76 “自动爆炸组件”对话框

该对话框的各个选项说明如下：

1）距离

该选项用于设置自动爆炸组件之间的距离，自动爆炸方向由输入数值的正负来控制。

2）添加间隙

该选项用于增加爆炸组件之间的间隙。它控制着自动爆炸的方式：如果关闭该选项，则指定的距离为绝对距离，即组件从当前位置移动指定的距离值；如果打开该选项，指定的距离为组件相对于关联组件移动的相对距离，如图 6－77 所示。

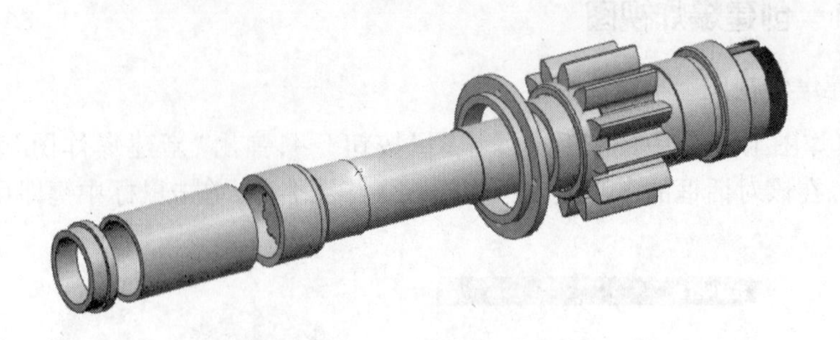

图 6-77　自动爆炸组件效果

3. 编辑爆炸视图

采用自动爆炸组件功能生成的爆炸图，一般不能得到理想的爆炸效果，通常还需要对爆炸图进行调整。

用户可以选择爆炸图工具栏中的“编辑爆炸图”按钮，弹出“编辑爆炸图”对话框，如图 6-78 所示。

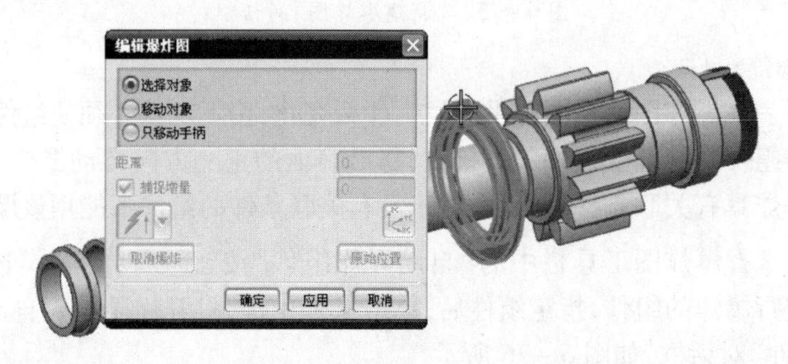

图 6-78　“编辑爆炸图”对话框

用户需要先选择“选择对象”按钮，然后在图形工作区中选取要移动的组件，选取的组件将会高亮显示，如图 6-78 中光标所在位置的组件；指定组件后，然后选择“移动对象”按钮，就可以通过坐标系将该组件移动或旋转到适当的位置。图 6-79 中，组件沿 Y 轴移动到当前的位置。

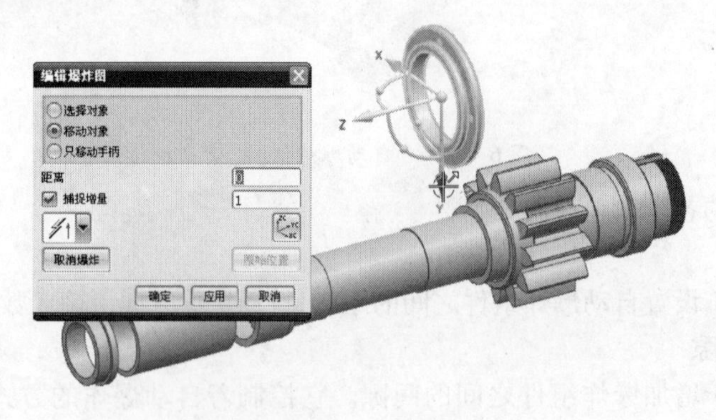

图 6-79　编辑爆炸图效果

6.9.2 取消和操作爆炸视图

1. 取消爆炸组件

用户可以选择爆炸图工具栏中的“取消爆炸组件”按钮，弹出“类选择”对话框。然后选择要取消爆炸的组件，指定组件后，单击鼠标中键，组件将恢复到爆炸前的装配位置。

2. 删除爆炸图

用户可以选择爆炸图工具栏中的“删除爆炸图”按钮，弹出“爆炸图”对话框，如图6-80所示。在该对话框的列表框中收集了当前的爆炸视图，选择要删除的视图，单击鼠标中键，即可删除指定名称的视图。

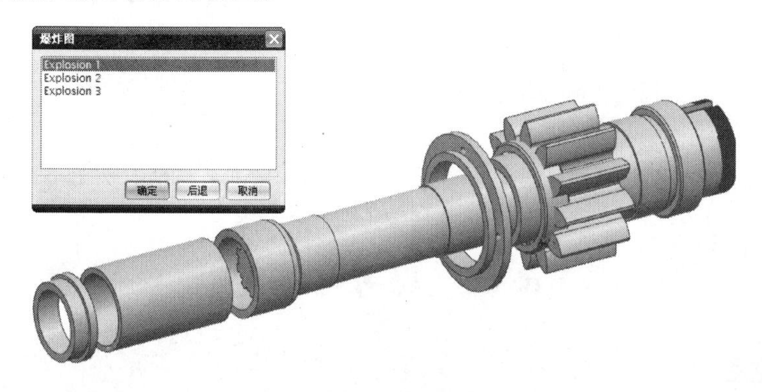

图6-80 “爆炸图”对话框

3. 切换爆炸视图

用户可以单击爆炸图工具栏中的“工作视图爆炸”列表框按钮，打开当前爆炸视图列表框，如图6-81所示。用户可以根据需要，选择要在图形窗口泊爆炸图，进行爆炸视图的切换。

图6-81 “工作视图爆炸”列表

6.10 装配干涉检查

当一个装配产品设计完成后，干涉检查是必须要做的一步。如果不进行此项检查，在进入产品生产时候，很有可能零件之间装配不进去，从而造成零件报废，使设计被否定。

装配干涉是指零件间在空间发生体积侵入的现象。零件发生干涉将会使零件发生碰撞而无法正确安装。对于运动机构，装配的构件间不断地运动，就要保证每一位置间都不发生干涉。

用户可以选择菜单“分析”→“简单干涉”命令，弹出“简单干涉”对话框。在该对话框中，分别选择要进行干涉检查的两个组件作为第一体和第二体，在结果对象选项中选择干涉检查结果的输出形式，即“高亮显示的面对”和“干涉体”，在设置完成后，单击鼠标中键，将执行检查并输出检查结果，如图 6-82 所示。

对有干涉的组件，进行修改以后，重新进行干涉检查，出现如图 6-83 所示的提示信息时，表示修改成功。

图 6-82 “简单干涉”对话框

图 6-83 “简单干涉”检查结果对话框

6.11 思考与练习

一、填空题

1. UG 装配模块提供了两个基本的装配方法：________和________。

2. 在部件装配中，UG 提供了 4 种部件的放置定位方式，分别是________、________、________和________。

3. 根据施加给被装配零件的约束数量，可以分为四种约束状态，分别是________、________、________和________。

4. 4 种阵列方向的定义方式，即________、________、________和________。它们共同的特点是要确定阵列的 X 方向和 Y 方向。

二、选择题

1. ________在装配环境中，在组件的自由度内对其进行移动或旋转操作，以方便建立组件之间的约束关系。

A. 移动组件　　B. 编辑组件　　C. 约束组件　　D. 抑制组件

2. 自动判断中心/轴约束需要指定________参照。

A. 平面　　B. 基准轴　　C. 圆柱面　　D. 基准面

3. UG 装配中的工作部件可以有________个。

A. 4　　B. 3　　C. 2　　D. 1

4. 组件圆形阵列中，需要指定阵列的________和________参数。

A. 轴、偏置　　B. 方向、偏置　　C. 轴、角度　　D. 方向、角度

三、简答题

1. 什么是组件？

2. 自底向上装配与自顶向下装配各用于何种场合？请简要说明两种装配的步骤。

3. 什么是引用集？引用集有哪些作用？

4. 请列举出4种装配约束的类型。

5. WAVE几何链接技术有哪些特点？

6. 如何创建爆炸视图？

四、上机练习

1. 创建行星架装配模型

本练习创建行星架装配模型，如图6-84所示。该行星架模型由行星架、行星轴、行星齿轮、内齿圈、轴承等组成。行星架上均布有3个行星轴孔，行星轴与孔配合；行星轴上装有轴承，轴承内圈与行星轴配合；行星齿轮通过轴承与行星架相配合。

创建该装配模型，采用自底向上的装配方法。在装配模型时，主要用到接触、对齐、自动判断中心\轴等约束方式。在装配行星轴和行星轮时可以利用圆形阵列方式安装。

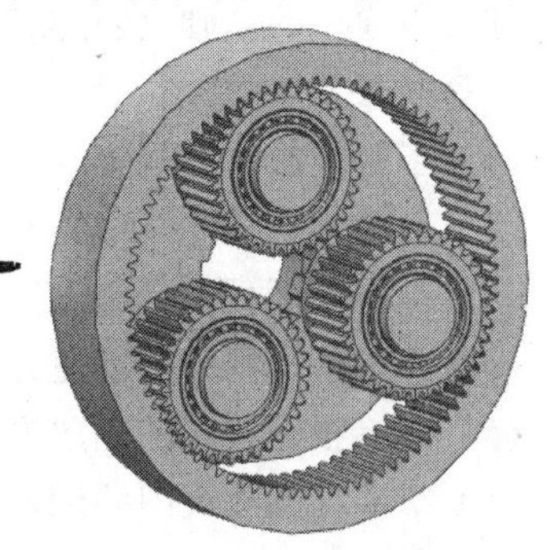

图6-84　行星架装配模型

2. 创建行星减速器装配模型

本练习创建圆锥—行星齿轮二级减速器，如图6-85所示。该减速器第一级传动由两个锥齿轮进行传动，分别为小锥齿轮输入轴和太阳轴；第二级传动为行星齿轮传动，由行星架、输出轴等组成。

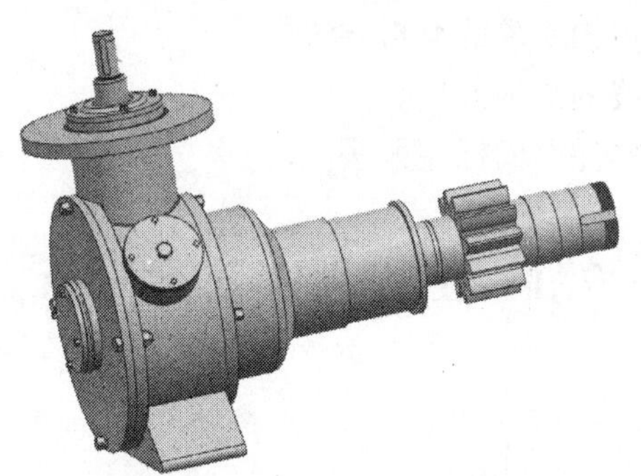

图6-85　行星减速器装配模型

小锥齿轮输入轴是个锥齿轮轴，另一端开有一个键槽，与电机相连。因为锥齿轮啮合，存在轴向力，用深沟球轴承承受轴向力；太阳轮轴一端开有一个键槽，与大锥齿轮相联，另一端上有太阳轮，与行星齿轮啮合，轴上装有轴承；输出轴一端开有花键，与行星架的花键槽配合；另一端的连接部位开有键槽和齿槽，实现动力的输出；机箱体由左箱体和右箱体两部分组成，箱体上的凸缘用来与螺栓连接。

创建该装配体主要用到的有混合装配的方法和阵列组件功能，创建该装配体的重点在于放置定位组件，对于箱体组件，应该选择原点并固定其位置，以便其他组件参照。需要注意的是，对于功能结构清楚、组成较为复杂的模型，通常先装配完成各个子装配，然后再将这些子装配装配在一起，完成整个模型的装配。

第 7 章　工程图设计基础

本章主要介绍了 UG NX 的工程图模块的主要功能,以及通过工程图模块在已经建立的三维实体模型的基础上创建二维工程图的常用操作。

本章学习要点:

(1) 了解投影角的概念。

(2) 熟悉工程图与三维实体模型之间的依存关系。

(3) 掌握图纸页的创建方法。

(4) 掌握基本视图的创建方法。

(5) 掌握投影视图的创建方法。

(6) 掌握局部放大图的创建方法。

(7) 掌握剖视图的创建方法。

(8) 掌握局部剖视图的创建方法和步骤。

(9) 熟悉断面图的创建方法。

(10) 熟悉对于不剖切零件的处理方法和技巧。

(11) 熟悉对于一般视图对象的编辑方法。

(12) 掌握图样中心线的添加方法。

(13) 掌握图样中文本注释的标注方法。

7.1　工程制图基本概念

7.1.1　概述

工程图是在二维平面或图纸上按照一定规则绘制的,用于表达设计意图的图形符号系统。工程图是工程人员交流的一种图形语言,通过工程图可以准确、完整地表达出机械零部件的结构、加工及装配信息。工程图利用投影的概念解决了三维形体的二维表达问题,通过投影可以将零部件的三维结构特征转换为二维的线条,使得人们得以在一张类似平面的纸上表达客观的机械实体。常见的工程图分两类: 零件图和装配图。零件图除了表达零件的理想结构外,还利用公差项目对零件结构的尺寸、形状、位置、表面粗糙度等给出加工和检测的技术要求,实际中这些项目主要用于指导工艺编排和加工参考。装配图则是表明零件在装配形成具有功能的部件或机构时,各零件之间的装配关系(配合,元件几何要素间的关联尺寸、相互位置要求等)以及完成装配必需的所有元件的列表,实际中用于指导实现装配和验收。

工程图的绘制经历了从手工到电子化的历程。早期的设计人员要想完整准确地表达设计信息就必须而且只能用纯手工的方式来绘制工程图,从作用和重要性看,那时的工程图是无可替代的。直到第二次世界大战后,逐渐出现了计算机辅助设计(CAD)的概念与应用,越来越多的设计人员开始通过计算机使用CAD技术来绘制工程图。最初的CAD软件利用计算机图形学技术实现了二维的线条在计算机上的表示,从而可以摆脱笔和绘图纸的功能,在屏幕上完成图形符号的绘制。但这种技术只是使设计人员在形式上摆脱了纸和笔,从设计过程的本质来看,仍然是对二维线条的简单绘制,其所表达的零部件的真实结构依旧需要经过专业训练的人才可以理解。随着CAD技术的不断进步,特别是实体几何学的发展,目前的CAD软件已经完全实现了对机械零部件的三维建模,利用已建好的三维结构模型可以轻易获得其各个方向和位置的投影视图,这使得通过二维工程图来表达结构相对变得不再重要;但是考虑到编排工艺和仲裁检查需要,工程图表示加工和装配信息的功能仍然必不可少(这主要体现在工程图的标注上);无论如何由于建模手段的进步,工程图的绘制工作已变得轻松许多。

7.1.2 工程图与三维实体模型之关系

UG NX的工程图模块主要是为了满足零件加工和制造出图的需要,它是一个独立的模块。工程图的投影视图依赖于实体模型来生成,凡是在UG NX中利用建模模块创建的三维实体模型,都可以通过工程图模块投影生成二维工程图,并且所生成的工程图与该实体模型是完全关联的。也就是说,当实体模型改变时,工程图尺寸会同步自动更新,这样减少了因三维模型的改变而引起的二维工程图更新所需的时间,并且从根本上避免了传统二维工程图设计尺寸之间的矛盾、丢线漏线等常见错误,保证了二维工程图的正确性。

当然,设计人员也可以在自动生成的视图上作局部的改动,但是实体模型一旦改变工程图的内容即发生相应改变,所作的改动将失效;也就是说,改变工程图的视图内容不会影响实体模型的结构,反之则会影响工程图内容。

在实体模型存在的前提下,任何时刻单击工具条上的"开始"→"制图"即可进入工程图模块。

7.2 工程图参数的预设值

在创建工程图图纸前,应先设置新图纸的制图标准和制图习惯、制图视图首选项和注释首选项。设置后,所有新创建的视图和注释都将保持一致。如果想定制制图标准,可以通过以下步骤:

(1) 选择菜单"文件"→"实用工具"→"用户默认设置"→"制图"→"常规"→"标准"。

(2) 从制图标准列表中选择一个标准。可选的标准有美国ASME标准、德国DIN标准、俄罗斯ESKD标准、中国GB标准、国际ISO标准、日本JIS标准。

(3) 如果想定制自己的标准则单击"定制标准"。

(4) 在定制制图标准对话框中左侧的制图标准列表中选择任意类别,并在选项卡式页面上修改任意选项。

（5）单击“另存为”。

（6）在标准名称框中，输入一个新名称。

（7）单击“确定”以保存定制标准。

之后即使重新启动计算机，UG 依然保证所定制的制图标准的一致性。如果只是在当次绘图中使用特定的视图或注释设置，则可以通过以下步骤实现：

（1）选择菜单“首选项”→“制图”或“注释”进入制图或注释首选项。

（2）通过制图首选项和注释首选项，用户可以控制本次制图应用特定参数的默认行为。通过使用制图首选项对话框中的可用选项可以设置工作流、图纸和视图选项，以定制用户与“制图”环境的交互；通过注释首选项可以控制尺寸标注类型、剖切线以及注释、标签、符号、中心线和剖面线等制图辅助。

7.3 工程图管理

生成各种投影视图是创建工程图最核心的问题。而在 UG NX 中，任何一个利用实体建模创建的三维模型，都可以用不同的投影方法、不同的图样尺寸和不同的比例建立多张二维工程图。所创建的工程图都是由工程图管理功能来完成的。UG 的工程图模块提供了各种视图的管理功能，如添加视图、删除视图、对齐视图和编辑视图等。利用这些功能可以方便地管理工程图中所包含的各类视图，并可修改各视图之间的缩放比例、角度等参数。

7.3.1 第一角投影与第三角投影

常见的工程图投影法有两种：第一角投影和第三角投影。前者主要的采用国家有中国、英国、德国和俄罗斯等；后者主要采用的国家有美国、日本、新加坡等。这两种投影法只是习惯不同，相比并没有绝对的优缺点。

三维空间笛卡儿坐标系的三个坐标平面将空间划分为 8 个象限。其中第一、第三象限分别如图 7－1 所示。第一角投影是假定零件放在第一象限内，观察者与零件和投影面的位置关系为：零件布置在投影面和观察者之间，此时将观察者所看到的绘制在投影面上，即形成第一象限角投影视图。第三角投影则是假定零件放置于第三象限内，投影面布置在观察者与零件之间，此时将观察得到的绘制在投影面上，即为第三角投影视图。对于第一角投影来说，其左视图在前视图右侧，俯视图在前视图下方；而对于第三角投影来说，其左视图在前视图的左侧，俯视图在前视图的上方，这就好像将零件置于透明玻璃的六面体盒子中，从玻璃上看到的视图一样。

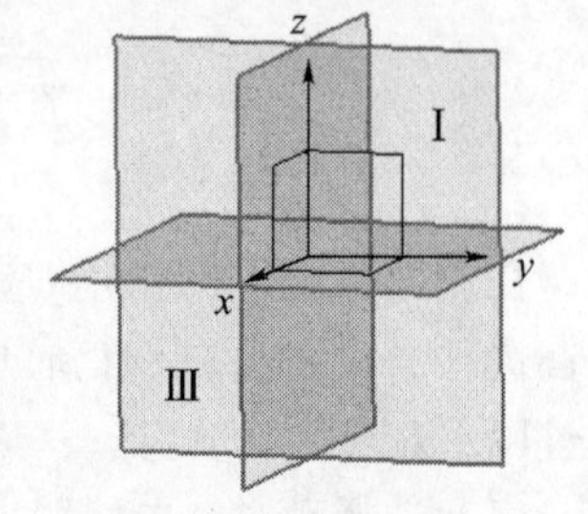

图 7－1　象限角与投影角

第一角画法和第三角画法的区别是视图放的位置。第一角画法，如图 7－2 所示：左视图放右边，右视图放左边，上视图放下面，依此类推；第三角画法，如图 7－3 所示：左视图放左边，右视图放右边，上视图放上面，依此类推。

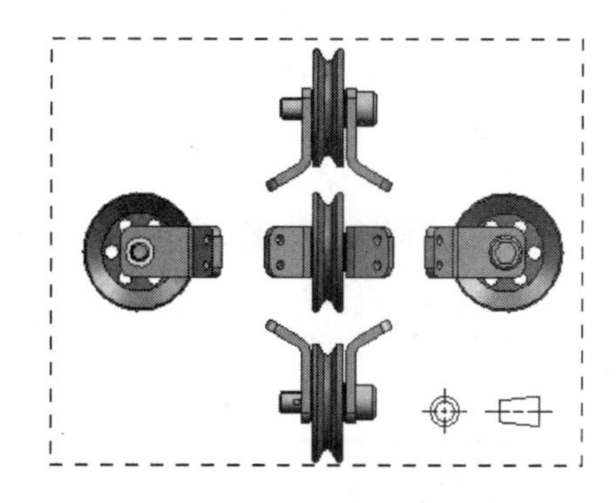

图 7-2　第一角投影视图及标识

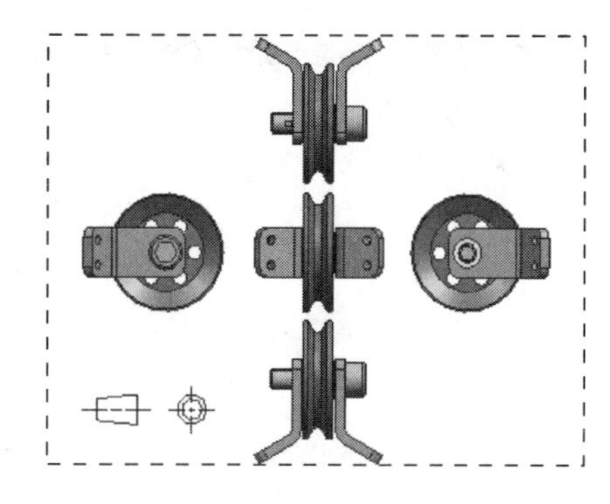

图 7-3　第三角投影视图及标识

国际标准规定工程图,可以采用第一角投影画法,也可以采用第三角投影画法,并分别给出了专用的识别符号。

7.3.2　创建图纸页

创建图纸页是进入工程图环境的第一步。在工程图环境中建立的任何图形都将在创建的图纸页上完成。在进入工程图环境时,系统会自动创建一张图纸页,此时用户应对模型的实际几何尺寸有大致了解,这直接决定了接下来的图纸大小和比例设置。在"制图"应用模块中,用以下方法之一打开图纸页对话框。

(1) 在图纸工具条上,单击"新建图纸页"。

(2) 选择菜单"插入"→"图纸页"。

(3) 在部件导航器中,右键单击图纸节点并选择插入图纸页。

如图 7-4 所示,该对话框中主要选项功能及含义如下。

(1) 大小。该列表框用于指定图样的尺寸规范。可以直接在其下拉列表中选择与工程图相适应的图纸规格。图纸的规格随选择的工程单位不同而不同。

(2) 比例。该选项用于设置工程图中各类视图的比例大小。一般情况下,系统默认的图样比例是 1∶1。

(3) 图纸页名称:该文本框用于输入新建工程图的名称,最多 30 个字符;如不改变系统会自动按顺序新增。

(4) 单位。指定图纸页的度量单位。如果将度量单位从英寸改为毫米或从毫米改为英寸,则"大小"选项也将做出相应更改,以匹配选定的度量单位。

(5) 投影。该选项组用于设置视图的投影角度方式。对话框中共提供了两种投影角度方式,即第一象限角投影和第三象限角投影。按照我国的制图标准,应选择第一象限角度投影和毫米公制选项。

其中"大小"选项组包括了 3 种类型的图纸建立方式。分别是:

(1) 使用模板。单击该单选按钮,打开如图 7-5 所示的对话框。此时,可以直接选取系统默认的图纸选项,单击"确定"按钮即可直接应用于当前的工程图中。

(2) 标准尺寸。单击该单选按钮,打开如图 7-6 所示的对话框。在该对话框的"大小"下拉列表中,选择标准的国标图纸 A0 ~ A4 中的任意一个作为当前工程图的图纸。还可以在"比例"下拉列表中直接选取工程图的比例。"图纸中的图纸页"显示了工程图中

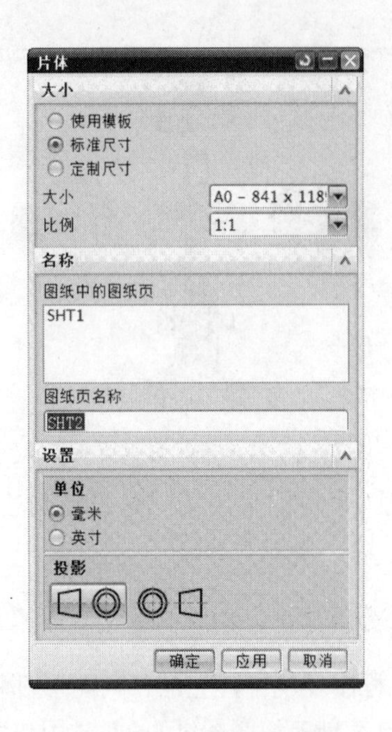

图 7-4　新建图纸页

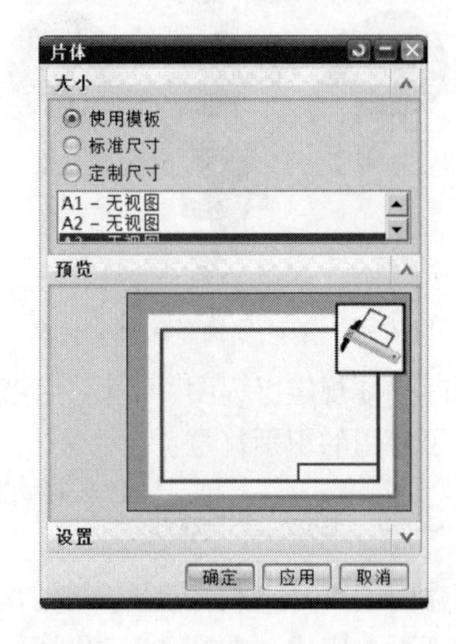

图 7-5　使用模板新建图纸页

所包含的所有图纸名称和数量。

(3) 定制尺寸。单击该单选按钮,打开如图 7-7 所示的对话框。在该对话框中,可以在“高度”和“长度”框中自定义新建图纸的高度和长度。在“比例”框中选择当前工程图的比例。这适合于使用非标准图幅的情况。

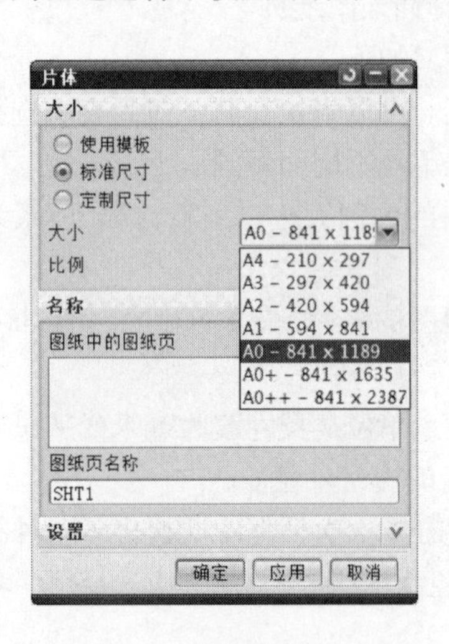

图 7-6　使用标准尺寸图纸页

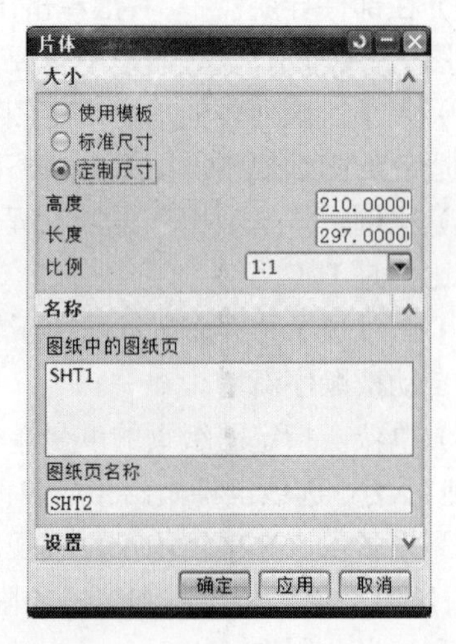

图 7-7　新建自定义尺寸图纸页

7.3.3　编辑图纸页

在创建工程图过程中,若发现原来设置的图纸页参数不符合要求,如发现现有的图纸页过大或过小,比例不合适等,在工程图环境中可以对其有关参数进行相应的修改和编辑。

通过使用“编辑图纸页”命令，在不改动已有视图的前提下，完成对现有图纸页大小和比例的变更。可以通过在部件导航器中右键单击图纸页节点并选择编辑图纸页；或者选择菜单“编辑”“图纸页”；或者双击绘图区的虚线视图边界均可对已有图纸页进行编辑。

在修改图纸大小时，最好确认选择菜单“首选项”→“制图”→“视图”→“显示边界”选项以打开视图边界。这将使可能有部分位于图纸边界外部的任何视图均可见。

在某些情况下，若选择的图纸较小，则视图有可能完全显示在新的图纸视图边界之外。此时会显示“不能修改图纸。“图纸太小”出错消息。要避免出现该错误，最好在缩减图纸大小之前先将制图视图向图纸的左下角移动。

7.3.4 打开图纸页

对于同一个实体模型，UG NX 允许用户采用不同的投影方法、不同的图样幅面尺寸和不同的比例建立多张图纸页，当要编辑其中一张时，必须将其工程图先打开。

在图纸导航器中，双击要打开的图纸页或选择并单击鼠标右键，然后在打开的快捷菜单中选择“打开”选项，即可打开所需的图纸，如图 7-8 所示。

7.3.5 删除图纸页

对于不再需要的图纸页可以选择删除，此时在图纸导航器中选择要删除的图纸并单击鼠标右键或者在视图边界上单击右键，然后在打开的快捷菜单中选择“删除”选项，即可删除该图纸页，如图 7-9 所示。

图 7-8　打开图纸页

图 7-9　删除图纸页

7.4 视图的建立

视图是组成工程图最基本的元素。图纸空间内的视图都是实体模型的某个整体或部分二维效果截面，添加视图操作就是一个生成模型各个二维截面或视面的过程。一个工程图中可以包含若干个基本视图，这些视图可以是主视图、投影视图、剖视图等，通过这些视图的组合可进行三维实体模型的描述。

7.4.1 添加基本视图

在制图过程中,放置在任意图纸页上的第一个视图称为基本视图。基本视图既可作为独立视图,也可作为其他视图的父视图。

父视图是一个现有的制图视图,它是用于确定新添加视图(子视图)的投影、对齐和位置的参考视图。父视图可以是导入的模型视图、正交视图或辅助视图。另外,父视图也指用于创建局部放大图的依据视图。

基本视图是通过部件或装配的模型视图创建的。将视图放在图纸页上时,会看到一个预览窗口。用户可以在将视图添加至图纸之前,通过预览窗口查看、更改首选项并重定向视图。

基本视图是零件向基本投影面投影所得的图形。它包括零件模型的主视图、后视图、俯视图、仰视图、左视图、右视图、等轴测图等。一个工程图中至少包含一个基本视图,因此在生成工程图时,应该尽量生成能反映实体模型的主要形状特征的基本视图。

要建立基本视图,可通过如下途径打开"基本视图"对话框,见表 7-1 及如图 7-10 所示。

表 7-1　打开基本视图对话框的方法

工具条	"图纸""基本视图"
菜单	"插入"→"视图"→"基本"
快捷菜单	右键单击图纸页边界"添加基本视图"
部件导航器	右键单击图纸页节点"添加基本视图"

图 7-10　基本视图对话框

其中该对话框的主要选项的含义和功能见表 7-2。

表 7-2　基本视图对话框的主要选项

部件：用于选择需要建立工程图的部件模型	
已加载的部件	显示所有已加载部件的名称。选择一个部件，以便从该部件添加视图
最近访问的部件	显示由基本视图命令使用的最近加载的部件名称。选择一个部件，以便从该部件加载并添加视图
打开	可用于浏览和打开其他部件，并从这些部件添加视图
视图原点：给出视图的位置	
指定位置	可用于使用光标来指定一个屏幕位置
放置	建立视图的位置 方法——可用于选择其中一个对齐视图选项 光标跟踪——开启 XC 和 YC 跟踪
移动视图	指定屏幕位置——可用于单击以指定视图的屏幕位置
模型视图：给出视图类与方向	
要使用的模型视图	可用于选择一个要用作基本视图的模型视图。用于选择添加基本视图的种类，有 TOP（俯视图）、BOTTOM（仰视图）、FRONT（主视图）、BACK（后视图）、RIGHT（右视图）、LEFT（左视图）、TFR-ISO（top-front-right isometric 正等轴测视图）、TFR-TRI（top-front-right trimetric 正三轴测视图）
定向视图工具	打开定向视图工具并且可用于定制基本视图的方位
比例：用于选择添加基本视图的比例	
比例	在向图纸上添加制图视图之前，为制图视图指定一个特定的比例。默认的视图比例值等于图纸比例。对于局部放大图，默认比例是一个大于其父视图比例的比例值。 使用比例选项键入一个定制比例。 使用表达式选项将视图比例关联到表达式中
设置：用于编辑基本视图的样式	
视图样式	打开"视图样式"对话框并且可用于设置视图的显示样式
隐藏的组件	仅可用于装配图纸。控制一个或多个组件在基本视图中的显示。 选择对象——选择一个或多个组件，以使这些组件在装配制图视图中不可见。 移除——取消选择组件，以使组件在视图中可见
非剖切	仅可用于装配图纸。能够指定一个或多个组件为未切削组件。也就是说，如果从基本视图创建剖视图，则指定的组件将在剖视图中显示为未切削。 选择对象——选择一个或多个组件或者实体，以使这些组件或者实体在视图中显示为非剖切。 移除——取消选择对象，以使对象在视图中显示为剖切

单击视图样式按钮，打开"视图样式"对话框。在该对话框中可以对基本视图中的隐藏线段、可见线段、追踪线段、螺纹、透视等样式进行详细设置。具体选项见表 7-3。

表7-3 视图样式对话框主要选项

选 项	描 述
颜色	可以使用“颜色”对话框设置线、边和局部放大图边界的颜色。 注：对于线和边，颜色按钮变灰时，该颜色派生自部件的面或体，这取决于“常规”页面上“线框颜色源”选项的设置。 提示：若要将颜色选项改回到面或体的原始颜色，请单击“颜色”对话框中的“取消选择所有颜色”
线型	用于设置边、线、轮廓线和局部放大图边界的线型。 字体选项 不可见　不显示线或边 原先的　以模型的原始线型显示线或边 实体 虚线 双点画线 中心线 点线 长画线 点画线
宽度	用于设置边、线、轮廓线和局部放大图边界的线宽。 宽度选项 原先的　将直线或边的宽度设置为同模型边的宽度一致。 细 正常 粗 注：要在图形窗口中查看宽度更改，请确保在“首选项”→“可视化”对话框的“直线”页上的“设置”组中选中“显示宽度”复选框。 同样，如果在“首选项”→“可视化”对话框的“颜色设置”页上的“图纸部件设置”组中选择了“单色显示”，请确保“显示宽度”复选框也被选中。 如果未设置“显示宽度”，则所有对象将以正常宽度显示
继承	用于将当前对话框选项卡上的选项设置为现有制图视图的属性。单击此按钮之后，必须选择一个现有制图视图以继承其设置。NX 从该视图读取合适的设置并更新相应的选项。 可以在“视图首选项”对话框中使用此命令，设置将来所有制图视图的首选项。或者可以使用“视图样式”对话框设置当前正在创建或编辑的制图视图的首选项
重置	该对话框打开时，将当前选项卡上更改过的选项恢复为更改之前的值。 注：选择“确定”后，所有更改即成为永久性更改，并且无法使用“重置”按钮恢复更改。若要重置选项，必须手动更改
加载默认设置	可以将当前选项卡上的选项重置为“文件”→“实用工具”→“用户默认设置”对话框的“制图”选项卡中提供的值。
加载所有默认设置	可以将所有选项卡上的选项重置为“文件”→“实用工具”→“用户默认设置”对话框的“制图”选项卡中提供的值

利用“基本视图”对话框，可以在当前图纸中建立基本视图，并设置视图样式、视图比例等参数。在“要使用的模型视图”下拉列表中选择基本视图，接着在绘图区域适合的位置放置基本视图，即可完成基本视图的建立。

7.4.2 添加投影视图

一般情况下，单一的基本视图是很难完整地将一个实体模型的形状和结构特征表达清楚，在添加完基本视图后，还需要添加相应的投影视图。投影视图是从父视图产生的视图。

在建立基本视图时，如设置建立完成一个基本视图后，此时继续拖动鼠标，可添加基本视图的其他投影视图。若已退出添加基本视图操作，可使用如下途径打开“投影视图”对话框（图 7－11）见表 7－4。

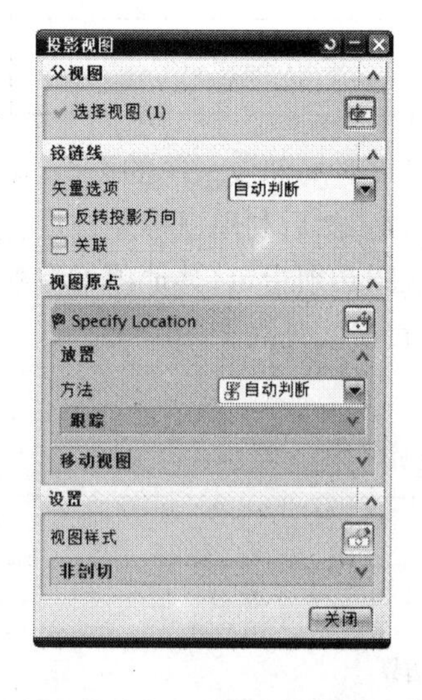

图 7－11　投影视图对话框

表 7－4　打开投影视图对话框的方法

工具条	“制图”→“投影视图”
菜单	“插入”→“视图”→“投影”
快捷菜单	鼠标右键单击视图边界“添加投影视图”
部件导航器	鼠标右键单击视图节点“添加投影视图”

利用投影视图对话框，可以对投影视图的放置位置、放置方法以及反转视图方向等进行设置。该对话框中的选项和其操作步骤与建立基本视图相类似，这里不再叙述。

要说明的是，在手工制图中常用到的向视图，可以利用投影视图功能很容易实现。

7.4.3 添加局部放大图

当机件上某些细小结构在视图中表达不够清楚或者不便标注尺寸时，可将该部分结构用大于原图的比例画出，得到的图形称为局部放大图。局部放大图可将现有制图视图的某个区域放大。放大的区域将显示创建局部放大图的源视图中不清晰的局部区域。局部放大图的边界可以定义为圆形，也可以定义为矩形。

局部放大图和父视图边界（视图边界是在图纸上选中某个视图时，UG 高亮显示的边界。该边界定义包含该视图的区域，并提供关于所选择视图的可视反馈。在更新视图时，视图边界会自动进行更新）可以附带视图和比例标签，以表明区别多个放大图和不同的放大比例。

新建局部放大图时，此局部放大图与其父视图关联。当对父视图做出更改时，这些更改会立即反映到局部放大图中。只要局部放大图与其父视图关联，局部放大图都将共享父视图的曲线和草图曲线。此时不能在局部放大图中直接修改这些曲线。

图 7－12　局部放大图对话框

要独立于父视图修改局部放大图的曲线和草图曲线，则使局部放大图独立于父视图。在部件导航器中，右键单击局部放大图节点并选择“转换为独立的局部放大图”。

可以通过以下途径打开“局部放大图”对话框（图 7－12）见表 7－5。

表 7－5　打开局部放大图对话框的方法

工具条	“制图”→“局部放大图”
菜单	“插入”→“视图”→“局部放大图”
快捷菜单	右键单击现有视图的边界“添加局部放大图”
部件导航器	右键单击视图节点“添加局部放大图”

利用局部放大图对话框，可以对局部放大图的类型、父视图、边界、比例、注释等进行指定，然后利用鼠标左键进行放置，其中中心点、边界点、父视图必须指定，其他项均有默认选项。该对话框上的常用项目说明见表 7－6。

表 7－6　局部放大图对话框常用选项

类　型	
圆形	创建有圆形边界的局部放大图
按拐角绘制矩形	通过选择对角线上的两个拐角点创建矩形局部放大图边界
按中心和拐角绘制矩形	通过选择一个中心点和一个拐角点创建矩形局部放大图边界
边　界	
点构造器	打开“点”对话框
“点选项”列表	过滤用于指定中心或拐角点的选择点
指定拐角点 1	定义矩形边界的第一个拐角点
指定拐角点 2	定义矩形边界的第二个拐角点
指定中心点	定义圆形边界的中心
指定边界点	定义圆形边界的半径
原　点	
指定位置	指定局部放大图的位置

（续）

原　点	
放置	【方法】选择要对齐的视图。既可以选择活动视图，也可以选择参考视图。除了从该列表选择视图以外，还可以直接从图形窗口选择视图。可选择以下方法之一： 叠加——在水平和竖直两个方向对齐视图，以使它们相互重叠。 水平——水平对齐选定的视图。对齐视图的方式取决于选定的对齐选项和视点。 竖直——竖直对齐选定的视图。对齐视图的方式取决于选定的对齐选项和视点。 垂直于直线——将选定视图与指定的参考线垂直对齐。 【对齐选项】控制视图的对齐方式。这些选项与可用的对齐方法结合使用，选项有： 模型点——用于将视图对齐到指定的点。 视图中心——用于沿选定视图的中心对齐视图。 点到点——用于指定一个静止点并在要对齐的视图上选择一个点来对齐视图。 【跟踪】“光标跟踪”将打开偏置、XC 和 YC 跟踪。此偏置输入框设置了视图中心的距离。XC 和 YC 设置视图中心和 WCS 原点之间的距离。如果没有指定任何值，则偏置与坐标框会在移动光标时跟踪视图
移动视图	指定屏幕位置 在操作局部放大图的过程中移动现有视图
比　例	
1:1 比例	默认局部放大图的比例因子大于父视图的比例因子。例如，从比例为 1:1 的父视图得到的局部放大图将生成比例为 2:1 的局部放大图。要更改默认的视图比例，请在“比例”列表中选择一个选项
父项上的标签	
标签列表	提供下列在父视图上放置标签的选项： 无——无边界。 圆—— 圆形边界，无标签。 注释——有标签但无指引线的边界。 标签——有标签和半径指引线的边界。 内嵌的——标签内嵌在带有箭头的缝隙内的边界。 边界——显示实际视图边界。如没有标签的局部放大图

创建给定零件带有圆形边界的局部放大图的具体步骤如下：

(1) 启动“局部放大图”对话框；

(2) 在“局部放大图”对话框中，从“类型”列表中选择“圆形”。

(3) 在父视图上选择一个点作为局部放大图中心，如图 7－13 所示。其既可以是部件几何体上的一个点，也可以是一个光标位置。

(4) 将光标移出中心点，然后单击以定义局部放大图的圆形边界的半径，如图 7－14 所示；

(5) 将视图拖动到图纸页上所需位置，然后单击以放置视图，如图 7－15 所示。

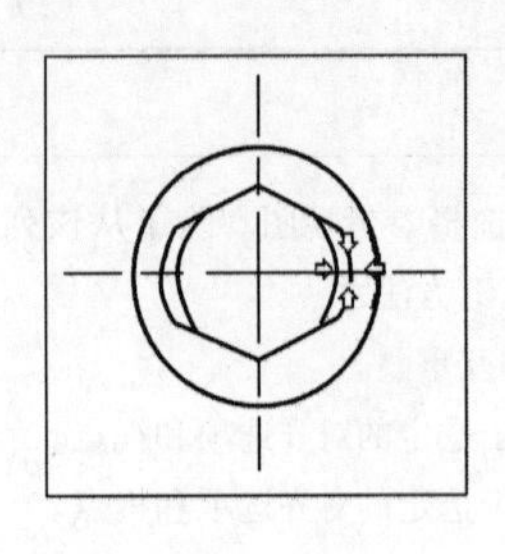
图 7-13　选择中心

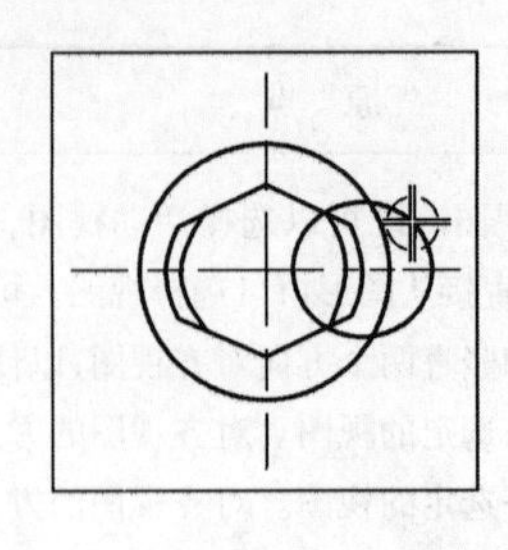
图 7-14　选择半径

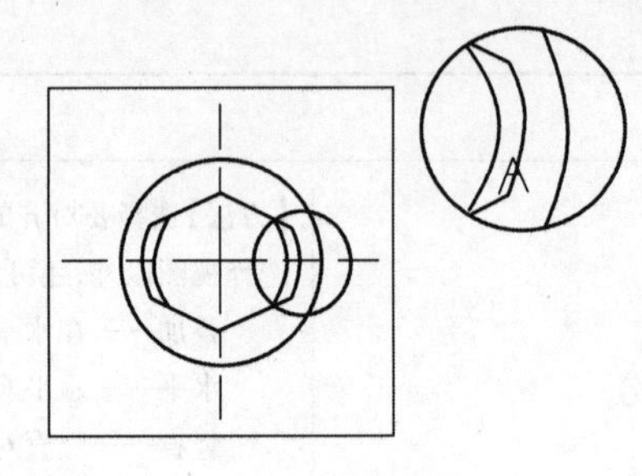
图 7-15　放置视图

7.4.4　添加剖视图

当零件的内部结构较为复杂时,要想在投影视图中表达就必须人为地添加虚线,这往往致使视图中线条过多且不清晰,给看图、作图以及标注带来困难。此时,就可以利用UG NX中提供的剖视图工具创建工程图的剖视图,以便更清晰、更准确地表达零件内部的结构特征。

剖视图的创建是通过在现有视图中构建剖切线符号开始的。该视图将成为剖视图的父视图,这样就可以在两者之间建立起父/子视图关系。一旦完成构建剖切线符号,剖视图也将生成完成,其中的关联切面线会与父视图中的切割平面重合,而后将切开后的部分模型几何体移除,以便清楚地显示在原视图中被遮蔽的内部特征。剖视图也可以关联视图标签和比例标签。剖视图的字母与父视图中的剖切线符号字母相对应。

每种剖切线所需的箭头段和折弯段的数量,见表7-7。如果用户未定义所需数量的段,UG会自动生成它们。

表7-7　剖切线的箭头段和折弯段

剖切线的类型	所需的箭头段数量	所需的折弯段数量
简单剖	2	无折弯
半剖	1	1(折弯必须是用户定义的)
旋转剖	2	每2个剖切段之间有1个折弯(在旋转点除外)
阶梯剖	2	每2个剖切段之间有1个折弯

1. 添加简单剖视图

简单剖视图是以一个假想平面为剖切面,对视图进行整体的剖切操作。当零件的内部结构较复杂、外形比较简单或外形已在其他视图上表达清楚时,可以利用简单剖视图工具对零件进行剖切。

可以通过以下途径打开剖视图对话条,见表7-8。

表7-8　打开简单剖视图对话条的方法

工具条	"制图"→"剖视图"
菜单	"插入"→"视图"→"剖视图"
快捷菜单	右键单击现有视图的边界"添加剖视图"
部件导航器	右键单击视图节点"添加剖视图"

下面以一个例子说明使用剖视图对话条创建简单剖视图的过程。

创建给定视图的简单剖视图的具体步骤如下：

(1) 在“制图”工具条上，单击“剖视图”；

(2) 利用鼠标左键 MB1 选择父视图（也可以右键单击父视图的边界并选择“添加剖视图”）；

(3) 将动态剖切线移至所希望的剖切位置点（打开或关闭捕捉点方法有助于在视图几何体上拾取一个点）；选择一个点以放置剖切线符号，如图 7-16 所示；

(4) 将光标移出视图并放在所需位置，如图 7-17 所示；

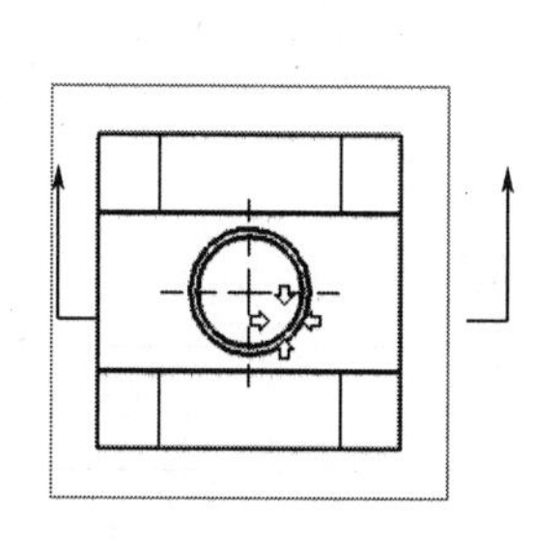

图 7-16 选择一个剖切位置（孔中心）

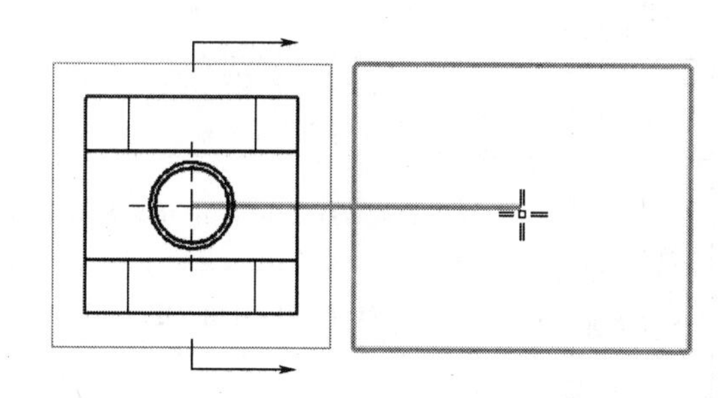

图 7-17 给出剖视图位置

(5) 单击以放置剖视图，如图 7-18 所示；

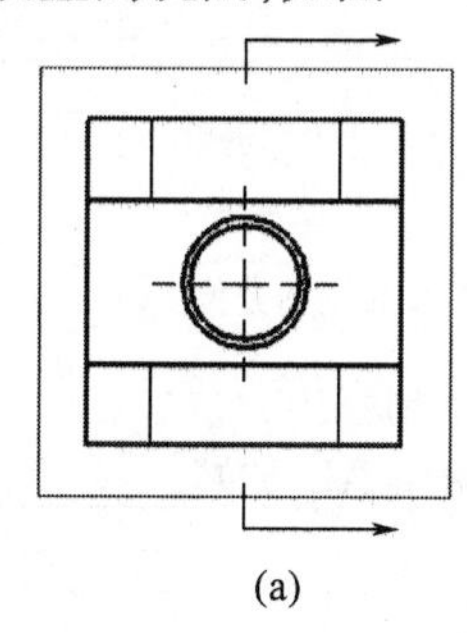

(a)

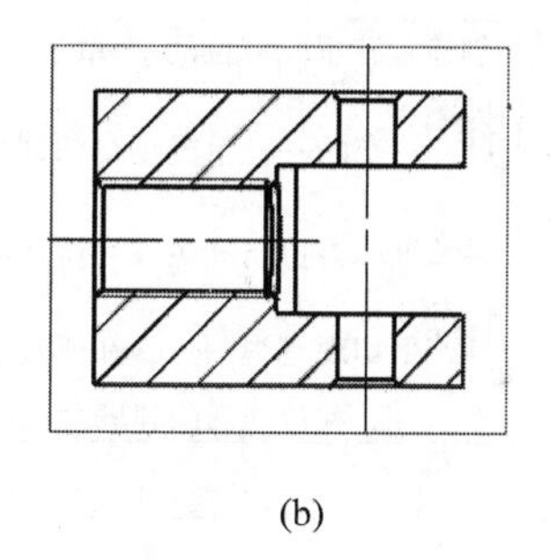

(b)

图 7-18 父视图（左）和简单剖视图（右）

(a) 父视图；(b) 简单剖视图。

下列选项出现在各类剖视图对话条中，在此一并给出说明，见表 7-9。

表 7-9 剖视图对话条中常用选项

父项	
基本视图	选择一个不同的父视图。仅在图纸页中有一个以上可用作父视图的视图时，才可使用此选项
铰链线	
自动判断铰链线	放置剖切线。NX 将假设铰链线与剖切线的方向重合
定义铰链线	基于从“自动判断的矢量”列表中选择的选项定义关联铰链线

(续)

铰 链 线	
自动判断的矢量	单击"定义铰链线"后可用。可以通过选择的几何体自动判断矢量,或者从"矢量构造器"列表中选择一个选项来定义铰链线矢量
反向	反转剖切线箭头的方向
剖 切 线	
添加段	在将剖切线放置到父视图中后可用。为阶梯剖视图添加剖切段
删除段	删除剖切线上的剖切段
移动段	在父视图中移动剖切线符号的单个段,同时保留与相邻段的角度和连接。可以移动剖切段、折弯段和箭头段
无第二焊脚分段	仅旋转剖视图可用。省略旋转剖切线符号的第二条支脚
移动旋转点	仅旋转剖视图可用。定义新的旋转点
放 置 视 图	
放置视图	放置视图
方 位	
剖视图方位	创建具有不同方位的剖视图。可用选项有: 正交的——生成正交的剖视图。 继承方位——生成与所选的另一视图完全相同的方位。 剖切现有视图——在所选的现有视图中生成剖切。 注:折叠剖视图和展开剖视图无法使用"剖视图方位"
设 置	
隐藏组件	在视图中隐藏装配组件
显示组件	显示隐藏的组件
非剖切组件/实体	将组件或实体定义为非剖切
剖切组件/实体	将非剖切的组件或实体定义为剖切
剖切线样式	打开"剖切线样式"对话框,可以在其中修改剖切线符号参数
样式	打开"视图样式"对话框。
预 览	
剖视图工具	打开"剖视图"对话框
移动视图	在剖视图对话条打开的情况下移动现有的视图

2. 添加半剖视图

半剖视图是指当零件具有对称平面时,向垂直于对称平面的投影面上投影所得到的图形。由于半剖视图既充分地表达了机件的内部形状,又保留了机件的外部形状,所以常用它来表达内外部形状都比较复杂的对称机件。当机件的形状接近于对称,且不对称部分已另有图形表达清楚时,也可以利用半剖视图来表达。要注意的是:半剖视图的剖切线符号只包含一个箭头、一个折弯和一个剖切段。

可以通过以下途径打开半剖视图对话条,见表7-10。

表7-10 打开半剖视图对话条的方法

工具条	"制图"→"半剖视图"
菜单	"插入"→"视图"→"半剖视图"
快捷菜单	右键单击现有视图的边界"添加半剖视图"
部件导航器	右键单击视图节点"添加半剖视图"

创建给定视图的半剖视图的具体步骤如下:

(1) 在"图纸"工具条上,单击"半剖视图";

(2) 选择要剖切的父视图,如图7-19所示;

(3) 使用"捕捉点"选项"圆弧中心"以定位剖切位置,如图7-20所示(注:不能通过选择轮廓线来指出剖切位置);

(4) 选择放置折弯的另一个点,如图7-21所示;

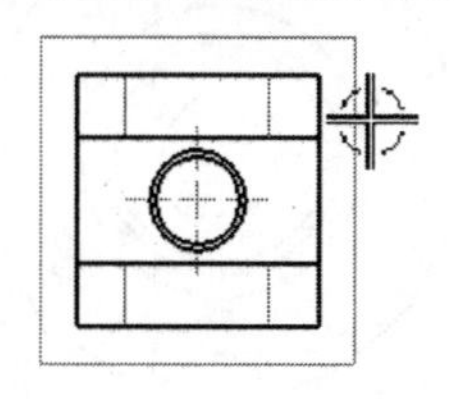

图7-19 选择一个父视图

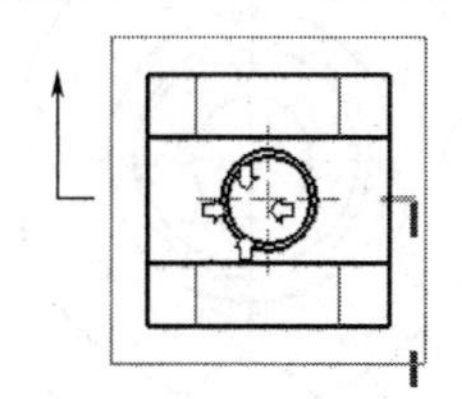

图7-20 选择一个剖切位置

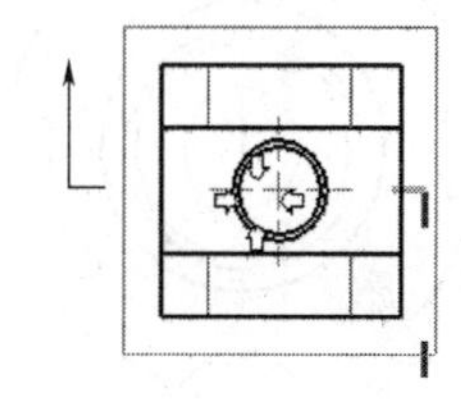

图7-21 选择折弯位置

(5) 在父视图中移动光标以确定剖切线符号的方向,如图7-22所示;

(6) 单击以放置视图,如图7-23所示。

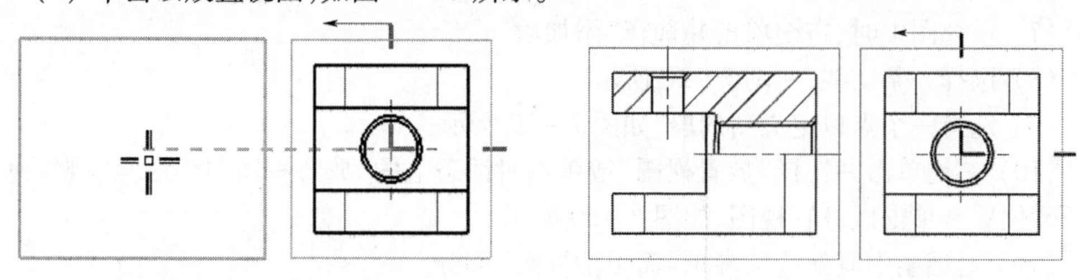

图7-22 确定剖切线符号的方向　　图7-23 放置半剖视图

对话条中其他选项参见"简单剖视图"部分。

3. 添加旋转剖

用两个成一定角度的剖切面(两平面的交线垂直于某一基本投影面)剖开部件,常用于表达具有回转特征部件的内部结构的视图,称为旋转剖视图。旋转剖视图可以包含1个~2个支架,每个支架可由若干个剖切段、弯折段等组成。它们相交于一个旋转中心点,剖切线都围绕同一个旋转中心旋转,而且所有的剖切面将展开在一个公共平面上。该功能常用于生成多个旋转截面上的部件结构剖切。

可以通过以下途径打开旋转剖视图对话条,见表7-11。

表7-11 打开旋转剖视图对话条的方法

工具条	"制图"→"旋转剖视图"
菜单	"插入"→"视图"→"旋转剖视图"
快捷菜单	右键单击视图边界"添加旋转剖视图"
部件导航器	右键单击视图节点"添加旋转剖视图"

创建给定视图的旋转剖视图的具体步骤如下:

(1) 在"图纸"工具条上,单击"旋转剖视图",或选择"插入"→"视图"→"旋转剖视图";

(2) 选择要剖切的父视图,如图7-24所示;

(3) 选择一个旋转点以放置剖切线符号,如图7-25所示;

(4) 为第一段选择一个点,如图7-26所示;

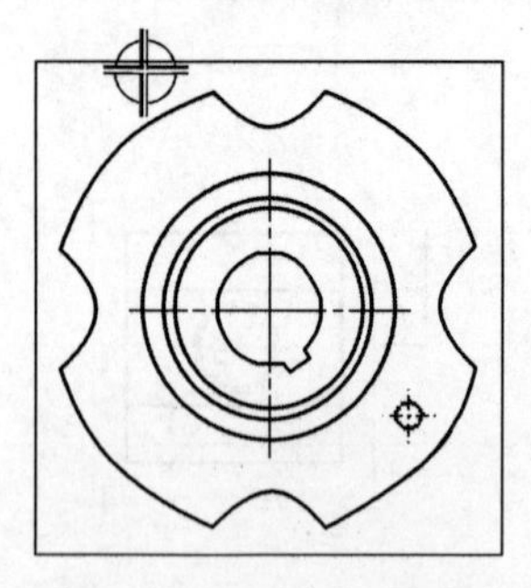

图7-24 选择父视图

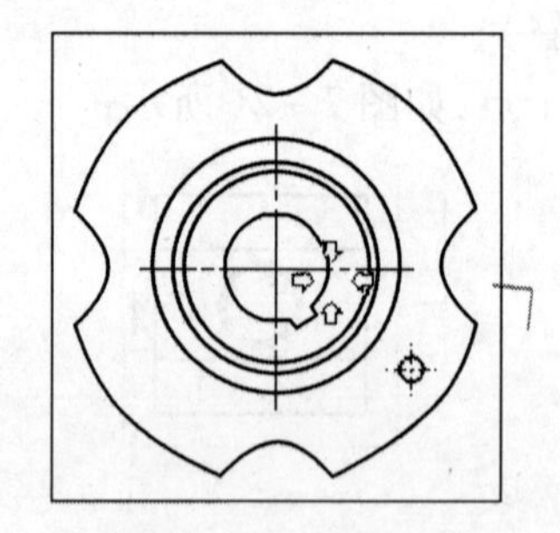

图7-25 旋转点

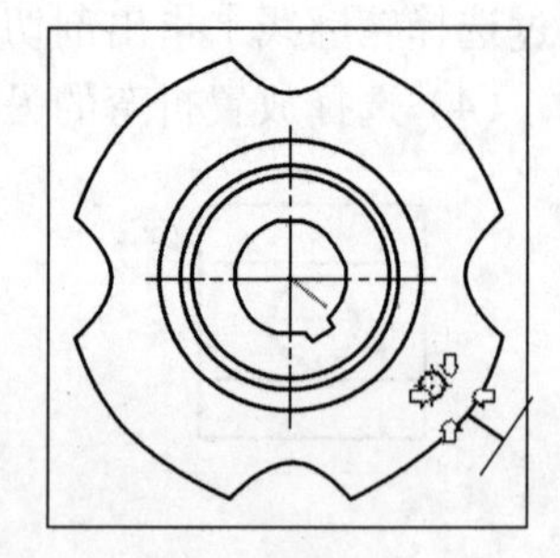

图7-26 选择第一段点

(5) 选择第二段的点,如图7-27所示;

(6) 现在可以放置旋转剖视图(在本例中,添加了一个附加段);

(7) 在视图中时,右键单击并选择"添加段";

(8) 选择一条支线,如图7-28所示;

(9) 选择一个点以定义新的段,如图7-29所示;

(10) 右键单击并选择"放置视图"或单击对话条上的"放置视图"按钮。将视图拖动至所需位置并单击以放置视图,如图7-30所示。

(11) 对话条中其他选项参见"简单剖视图"部分。

4. 添加阶梯剖视图

阶梯剖视图由通过部件的多个剖切段组成。所有的剖切段都与铰链线平行,并且通过折弯段相互附着。

对话条中其他选项参见"简单剖视图"部分。

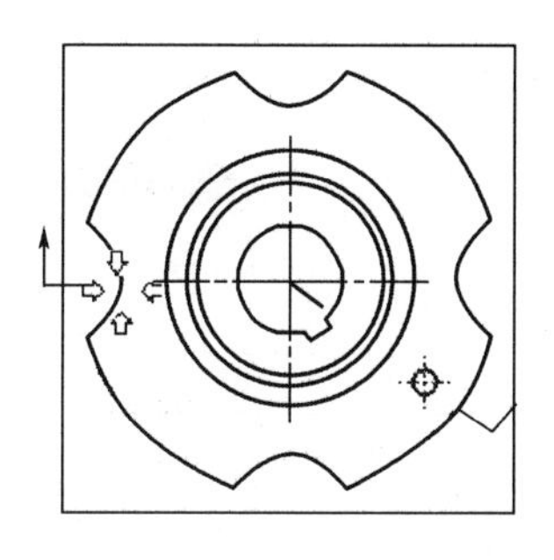

图 7-27　选择第二段点

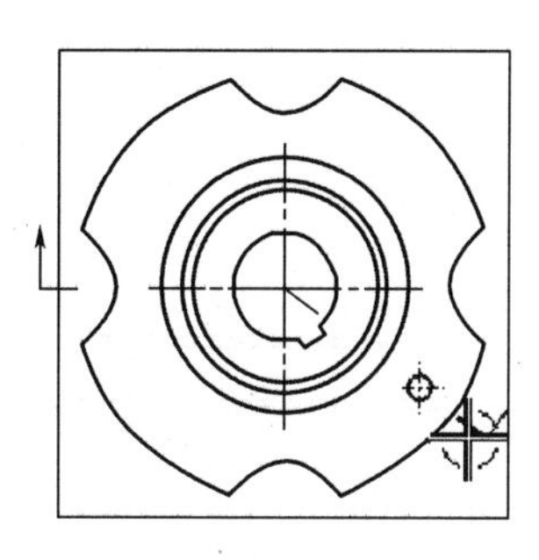

图 7-28　选择一条支线

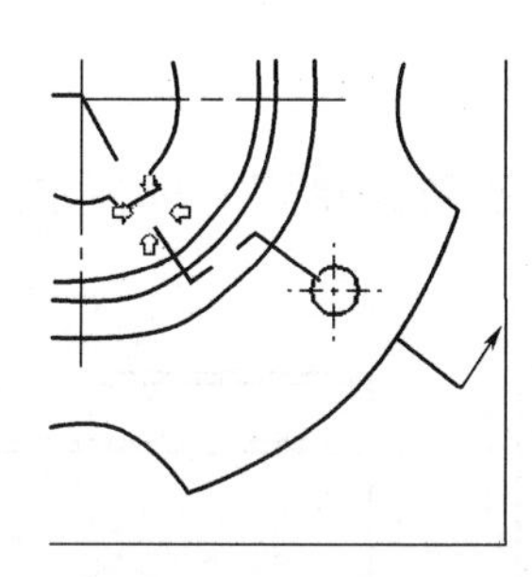

图 7-29　定义一个新段点

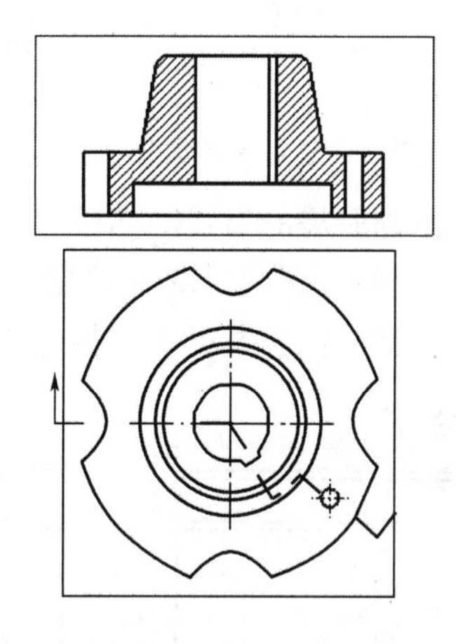

图 7-30　放置剖视图

创建阶梯剖视图与创建简单剖视图类似,见表 7-12。唯一的差别是通过单击右键并选择“添加段”来定义剖切线要折弯或剖切通过的附加点。

表 7-12　进入阶梯剖视图的方法

工具条	“制图”→“剖视图”
菜单	“插入”→“视图”→“剖视图”
快捷菜单	右键单击现有视图的边界“添加剖视图”
部件导航器	右键单击视图节点“添加剖视图”

创建给定视图的阶梯剖视图的具体步骤如下:

(1) 在“图纸”工具条上,单击“剖视图”,或选择“插入”→“视图”→“剖视图”;

(2) 选择想剖切的视图;

(3) 将动态剖切线移至所希望的剖切位置,如图 7-31 所示(打开或关闭捕捉点方法有助于在视图几何体上拾取一个点);

(4) 根据需要确定剖切方向,然后右键单击并选择“锁定对齐”,如图 7-32 所示;

(5) 右键单击并选择“添加段”;

(6) 选择下一个用于放置剖切段的点,如图 7-33 所示(注:不需要在每次选择新的剖切位置时都右键单击并选择添加段);

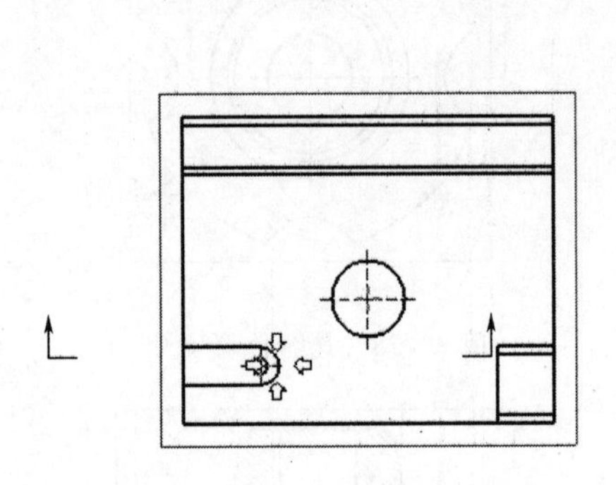

图 7-31　选择第一个点

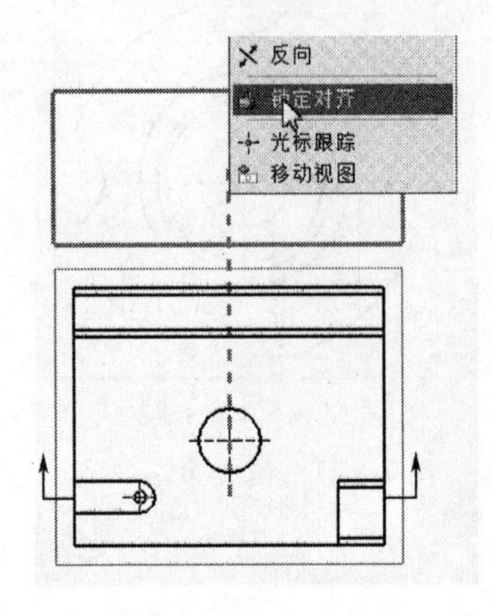

图 7-32　锁定对齐

(7) 添加所需的后续剖切段，如图 7-34 所示；

(8) 右键单击并选择“移动段”；

(9) 在父视图中选择一个折弯段并将它拖动到新的位置，如图 7-35 所示。

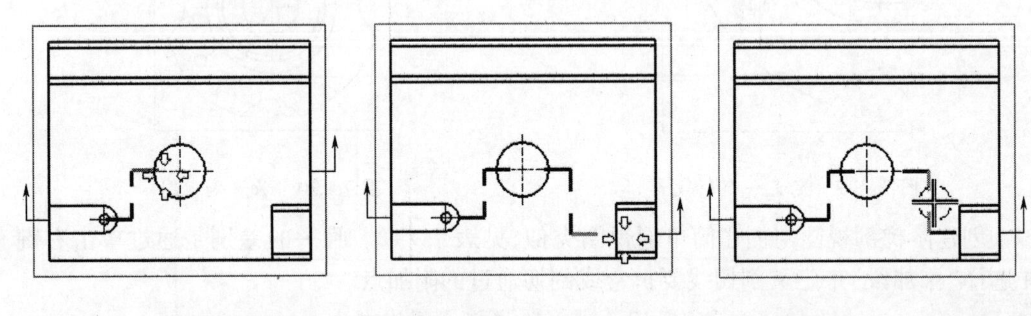

图 7-33　添加第二个剖切段　　图 7-34　附加剖切段　　图 7-35　移动折弯段

(10) 右键单击并选择“放置视图”，然后将光标移动到所需位置，如图 7-36 所示。

(11) 单击以放置视图，如图 7-37 所示。

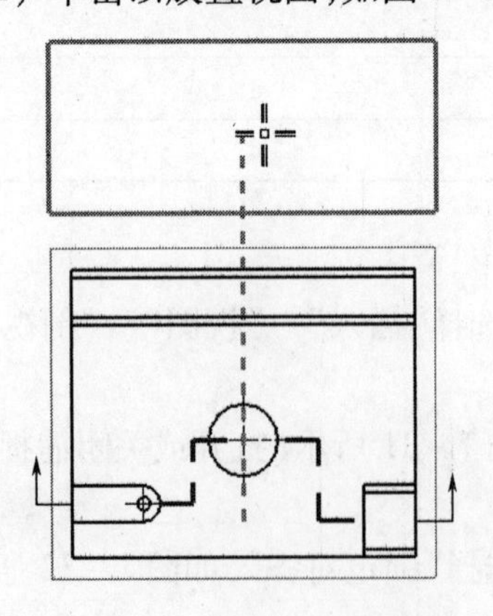

图 7-36　给出视图放置位置

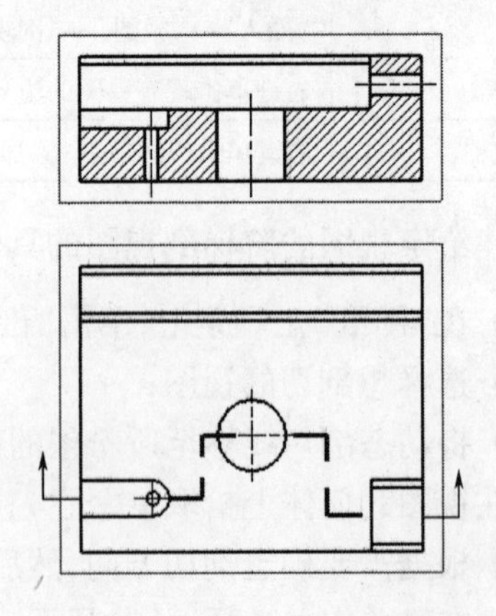

图 7-37　已完成的阶梯剖视图

7.4.5 添加断面图

断面图用来表达剖切面上的部件形状,其不同于剖视图的是其剖切之后不需要做整体投影而只是表达出剖切面上的结构,如图 7-38 所示。

添加断面图与添加剖视图过程类似,唯一不同的是,在剖视图完成后,要在其“样式”中取消“截面线”→“背景”即可,如图 7-39 所示。

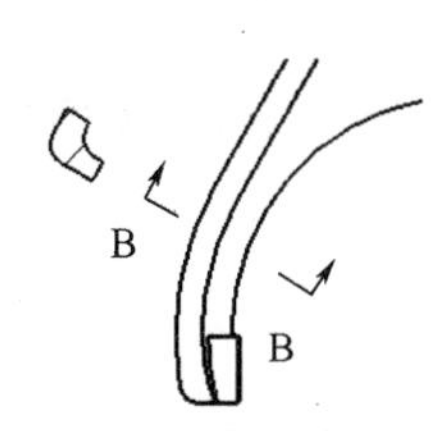

图 7-38 断面图

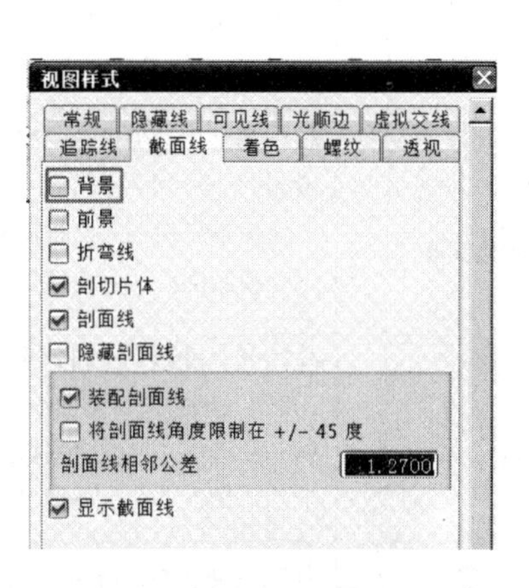

图 7-39 为断面图设置样式

7.4.6 添加局部视图

局部剖视图允许用户通过移除部件的某部分外部区域来查看其部件内部。局部剖切区域定义为一个边界曲线的闭环。

对于局部剖命令,在应用时有一些限制需要注意:

(1) 只有局部剖视图的平面剖切面才可以加上剖面线。

(2) 可以使用草图曲线或基本曲线创建局部剖边界。但草图曲线通常适用于二维图纸平面。如果需要在其他平面中创建边界曲线,必须展开视图并创建基本曲线。

(3) 通过拟合方法创建的样条对局部剖视图边界不可选。如果希望使用样条作为局部剖视图的边界曲线,则这些样条必须是使用“通过点”或“根据极点”创建的。

(4) 用于定义基本点的的曲线不能用做边界曲线。

(5) 不能选择旋转视图作为局部剖视图的候选对象。

在“图纸”工具条上,单击“局部剖视图”,或选择“插入”→“视图”→“局部剖视图”,即打开“局部剖”对话框,表 7-13。

表 7-13 局部剖视图对话框的主要选项

选项	描 述
创建	激活“局部剖”视图创建步骤
编辑	修改现有的“局部剖”视图
删除	从主视图中移除局部剖。“删除断开曲线”选项确定是否同时删除视图中的边界曲线

（续）

选项	描　述
创建步骤	创建步骤会通过互动的方式指导创建“局部剖”视图 选择视图——在当前图纸页上选择将要显示局部剖的视图。 指出基点——基点是局部剖曲线(闭环)沿着拉伸矢量方向扫掠的参考点。基点还用作不相关局部剖边界曲线的参考(不相关是指曲线以前与模型不相关)。如果基点发生移动,不相关的局部剖曲线也随着基点一起移动。使用捕捉点选项之一选择基点。 指出拉伸矢量——NX 提供并显示一个默认的拉伸矢量,它与视图平面垂直并指向观察者。 矢量反向——反转拉伸矢量的方向。 视图法向——将默认矢量重新建立为拉伸矢量。 选择曲线——可以定义局部剖的边界曲线。可以手动选择一条封闭的曲线环,或让 NX 自动闭合开口的曲线环。 链——提供一种快速选择连接对象的方法。 取消选择上一个——可以从边界上移除上一条选择的曲线。 修改边界曲线——可选步骤。在此可以编辑用于定义局部剖边界的曲线。 捕捉作图线——如果选择该选项,且作图线的端点位于系统定义的公差范围内,则系统将该作图线端点捕捉到竖直、水平或45°方向
切透模型	选中该选项时,局部剖会切透整个模型

在给定视图上创建局部剖视图的具体步骤如下:

(1) 右键单击视图,选择“扩展成员视图”,即可展开制图视图。

(2) 使用“曲线”工具条可创建与视图相关的曲线以表示局部剖的边界,如图 7-40 所示。

提示:创建曲线之前必须使曲线工具条显示出来。要显示此工具条,右键单击工具条区域并选择曲线。

注:对于仅需要简单正交局部剖的局部剖视图,不需要展开视图就可添加曲线。可以右键单击并使视图成为“活动草图视图”,然后添加草图曲线以定义局部剖边界。可以创建一组封闭曲线,或创建一条开放曲线,并让 NX 在创建过程中自动闭合边界。UG 允许把单条样条放置在视图中,以在部件上标识出局部剖的范围。

(4) 右键单击视图背景然后选择“展开”,即可展开制图视图,如图 7-41 所示。

(5) 在图纸工具条上,单击局部剖视图 ,或选择“插入”→“视图”→“局部剖”。

(6) 确保选择创建。

(7) 选择已经添加了局部剖曲线的视图,如图 7-42 所示。

(8) 选择一个基点,可以从图纸页上的任意视图中选择,如图 7-43 所示。

视图中显示基点和默认拉伸方向,如图 7-44 所示。

(9) 如果默认的视图法向矢量不符合的要求,必要时可以使用矢量反向或从矢量构造器列表中选择一个选项来指定不同的拉伸矢量。

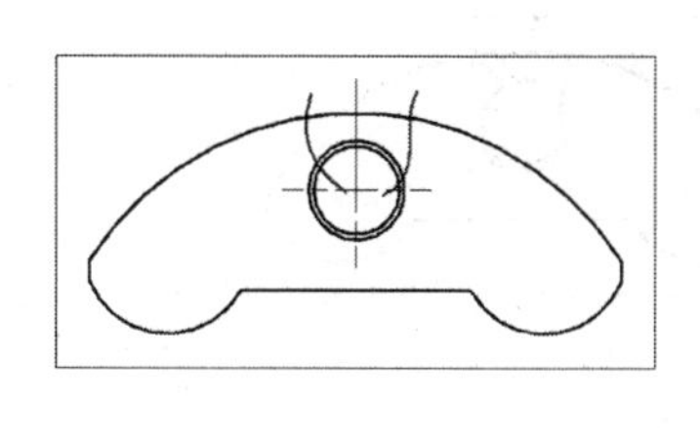

图 7-40　在扩展视图中添加局部边界

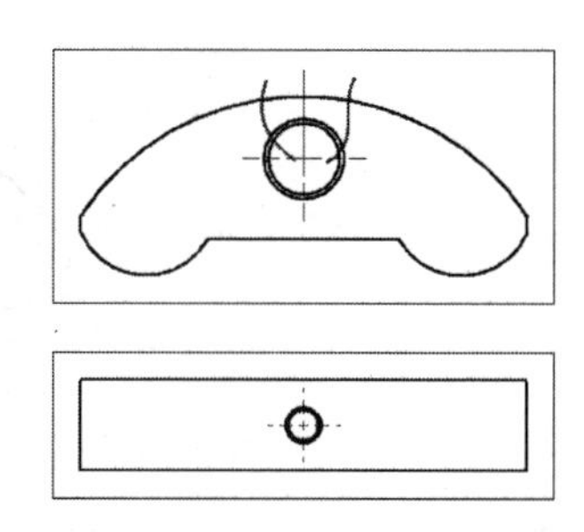

图 7-41　添加边界后展开

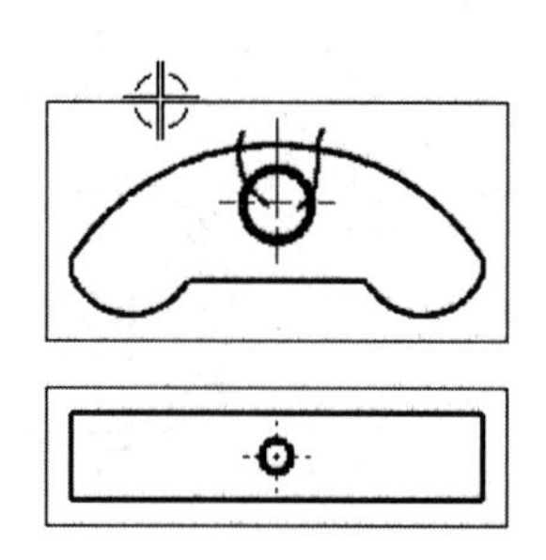

图 7-42　选择视图以创建局部剖

(10) 单击鼠标中键以转至选择曲线。

(11) 选择该曲线,如图 7-45 所示。

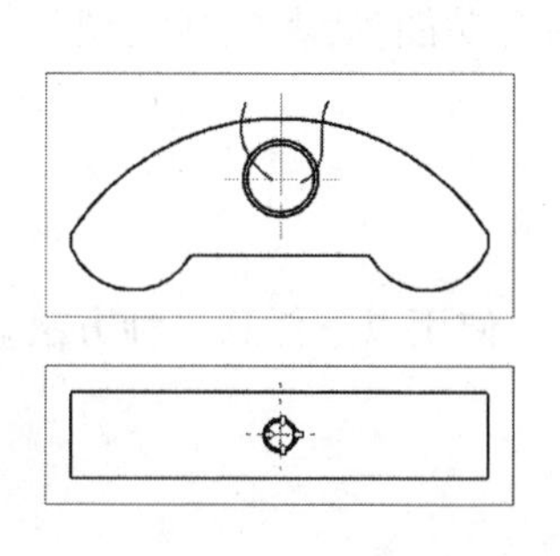

图 7-43　选择局剖基点

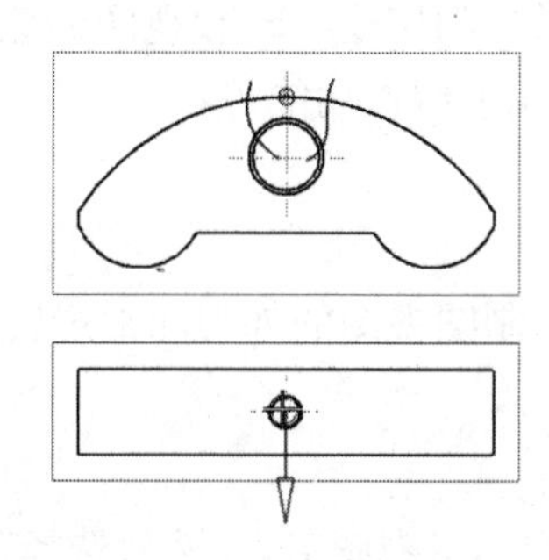

图 7-44　局剖视图的拉伸方向

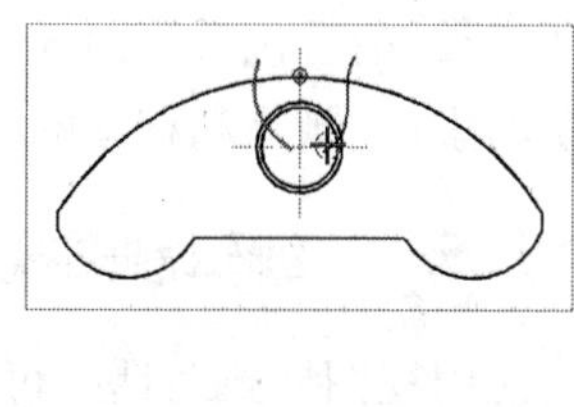

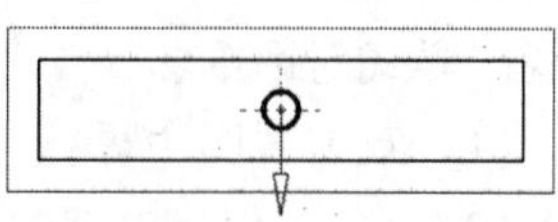

图 7-45　选择局部剖边界

(12) 单击鼠标中键以转至修改局部剖边界曲线,如图 7-46 所示。

(13) 选择作图线,以对局剖边界进行调整,如图 7-47 所示。顶点会在选定点处断开作图线。

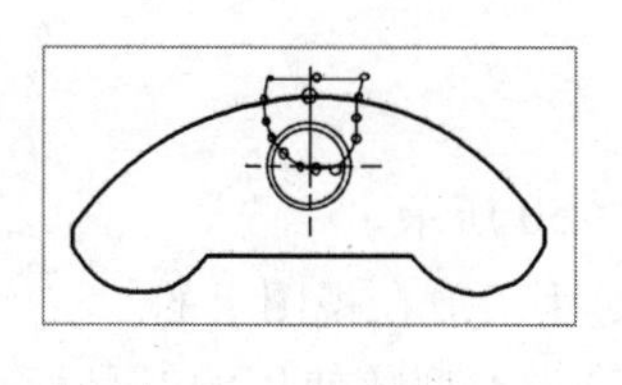

图 7-46　带拖动点的边界

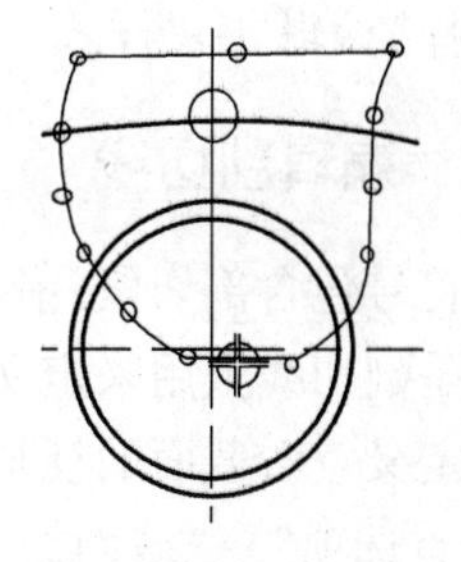

图 7-47　选要调整的局剖边界

(14) 将顶点拖出,使得视图内要被局部剖切的区域闭合。作图线与顶点以橡皮筋式捆绑在一起,如图 7-48 所示。

(15) 单击"应用",以创建局部剖视图,如图 7-49 所示。

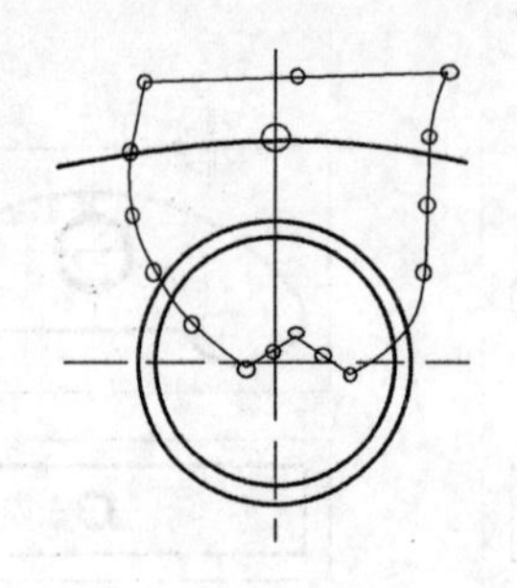

图 7-48　调整的局剖边界

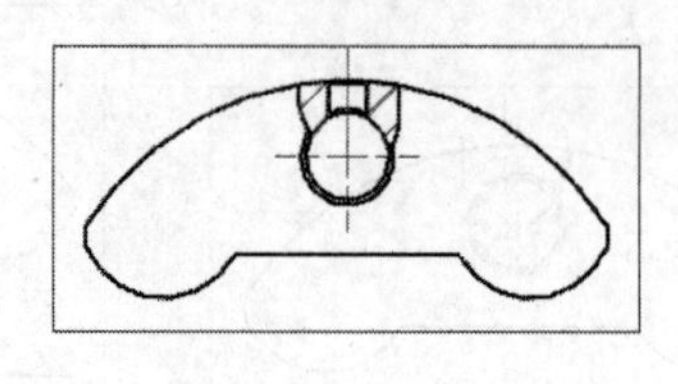

图 7-49　已完成的局剖视图

7.5　视图对象的编辑

视图对象的编辑主要包括以单个视图整体为编辑对象和以视图中具体线条为编辑对象两大类;前者包括制图样式编辑、剖切线编辑和视图的删除等功能;后者包括实现具体线条的添加、删除和移动的视图相关编辑功能等。

7.5.1　编辑制图视图

使用视图样式对话框可编辑制图视图的外观和常规属性。使用以下任意一种方法显示视图样式对话框:

(1) 双击视图边界;

(2) 在"部件导航器"中右键单击视图节点,然后选择"样式";

(3) 右键单击一个或多个视图边界,然后选择"样式";

(4) 单击"制图编辑"工具条上的"编辑样式"，然后从图纸页中选择一个或多个视图;

(5) 高亮显示视图边界,按住鼠标右键,然后选择径向工具条上的"编辑"，再在之后的对话框中选择"设置"→"视图样式";

(6) 选择"编辑"→"样式",然后从图纸页或"部件导航器"中选择一个或多个视图。

7.5.2　编辑剖切线

剖切线符号包含剖切段、箭头段和折弯段,如图 7-50 所示。

剖切段是剖切线上用来定义剖切面的部分,通常是手工放在视图上的。

箭头段定义查看截面的视觉方向;视图中显示的箭头类型随使用的符号标准而改变(可以通过"首选项"→"截面线[①]"对话框进行设置);箭头段始终垂直于剖切段,如果没有手工放置箭头段,系统将根据剖切线首选项对话框中边界到箭头距离值自动放置箭头段。

折弯段用于相互连接剖切段,多条剖切段通过折弯段彼此相连,折弯段允许通过视图

① 应为"剖切线",可能是由对英文 section line 的不同翻译造成。

中要剖切的部件的不同特征连接多个剖切段。折弯段垂直于剖切段,如果没有手工放置折弯段,系统会自动将其放在两个剖切位置的中点处。旋转剖视图的折弯段为圆形。

在剖切段不是简单的水平或竖直的情况下给出剖切线时往往需要先给出铰链线。铰链线是父视图中用于定位剖视图剖切位置的线性参考,如图 7-51 所示。

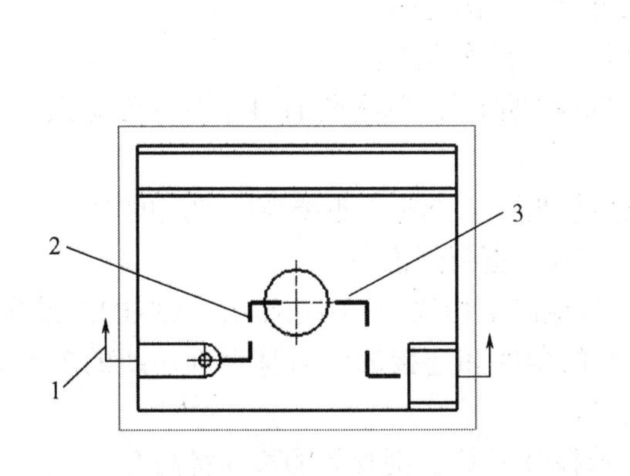

图 7-50　剖切线符号的分段

1—箭头段;2—折弯段;3—剖切线。

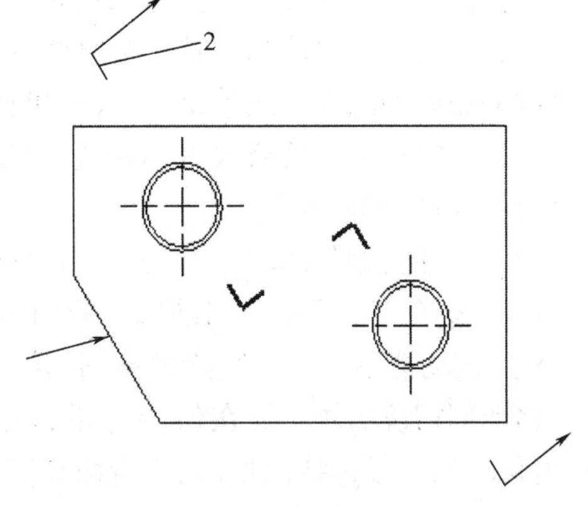

图 7-51　铰链线与剖切线

1—铰链线;2—剖切线。

铰链线的常用操作有 3 种:"自动判断铰链线",可以通过在父视图中定向剖切线的剖切段来自动判断铰链线,是 UG 剖视图中的默认操作方式;系统总是假定第一剖切段和铰链线重合,任何后续添加到该剖切线上的剖切段都与第一条剖切段(铰链线)平行。"定义铰链线",可以通过选择父视图中的模型几何体来手工定义铰链线。

单击"定义铰链线"后,从"自动判断的矢量"列表上选择两个点、一个面、一条边或多个轴向来定向铰链线;铰链线与选择的几何体关联,并将随模型更新而改变方位;同样,剖切位置也会进行更新,以保持与铰链线平行。"反向"是对自动判断的铰链链线或关联的铰链线的镜像箭头方向。

在创建简单剖、阶梯剖或半剖视图时,剖切线的剖切段总是与铰链线平行。

对剖切线的编辑常用的主要包括重新定义现有铰链线、添加、删除或移动剖切线分段、移动旋转剖视图的旋转点等。

重新定义铰链线:

(1) 右键单击要修改的剖切线,然后选择"编辑"。剖视图的视图边界将高亮显示。

(2) 选择"重新定义铰链线"。

(3) 使用矢量构造器选项选择新的铰链线。当选择铰链线时,会显示一个箭头,指出剖切线箭头的方向。

(4) 选择或清除关联铰链线选项。选择该选项会使铰链线具有关联性。

(5) 选择"应用"可使用新铰链线重定向剖视图。

注意:如果"首选项"→"制图"→"视图"→"延迟视图更新"为打开,则该视图不重定向,图纸将成为"过时"。这时则需要手工更新视图。假设选择"关联铰链线"选项,然后再选择线性边,来重新定义铰链线。如果以后要更改线性边的角度,剖切线的剖切段会根据新的铰链线角度调整自己的方位。

如果想向已有剖切线中添加新的剖切段,则需要使用“添加段”功能:

(1) 右键单击想要修改的剖切线,然后选择“编辑”。剖视图的边界将高亮显示。

(2) 选择“添加段”。

(3) 使用适当的点构造器选项放置新段。

(4) 单击应用更改当前选中的剖切线,然后更新剖视图。

如果需要删除界面线的剖切分段,可使用下述操作实现:

(1) 右键单击想要修改的剖切线,然后选择“编辑”。剖视图的边界将高亮显示。

(2) 选择“删除段”。

(3) 选择要删除的段。对于点对点展开的剖面线,选择靠近要删除的点的段。

(4) 选择“应用”更改当前选中的剖切线,然后更新剖视图。

注:该功能不能用于删除整条剖切线。要删除剖切线,必须删除与之关联的剖视图。

移动剖切段功能允许在保持与相邻分段的角度和连接的同时移动剖切线的单个分段,可移动的分段包括剖切段、折弯段和箭头段:

(1) 右键单击想要修改的剖切线,然后选择“编辑”。剖视图的边界将高亮显示。

(2) 选择“移动段”。

(3) 选择要移动的段。

(4) 使用合适的点构造器选项指出段的新位置。

(5) 单击“应用”更改当前选中的剖切线,然后更新剖视图。

移动界面线旋转点用于编辑旋转剖视图的旋转点:

(1) 右键单击希望修改的旋转剖切线,然后选择“编辑”。剖视图的边界将高亮显示。

(2) 选择“移动旋转点”。

(3) 选择适当的“点构造器”选项。

(4) 在部件上指出旋转点的新位置。

(5) 单击“应用”更改当前选中的剖切线,然后更新剖视图。

7.5.3 对不剖切零件的处理

我国制图标准规定:对于螺栓、销、轴、加强筋等零件或几何体,即使剖切平面通过它们,通常也不做剖切处理,那么在 UG 中如何实现呢?

对于装配图上单独的螺栓、销、轴等按规定不剖的零件,可以使用“视图编辑”工具条上的“视图中剖切”对话框实现不剖切,如图 7-52 所示。

该对话框要求在“视图”选项上选择指定零件不剖的视图,如图 7-53 所示,然后在“体或组件”选项中给出不希望被剖切的零件,如图 7-54 所示(可以多个),之后在操作选项中选中“变成非剖切”,单击“确定”后,需要在视图边界上单击鼠标右键选择“更新”视图,如图 7-55 所示。

对于零件图上的加强筋等不剖切部分,如图 7-56 所示,则不能使用上述工具,而只能通过手工重新定义剖面线边界实现。

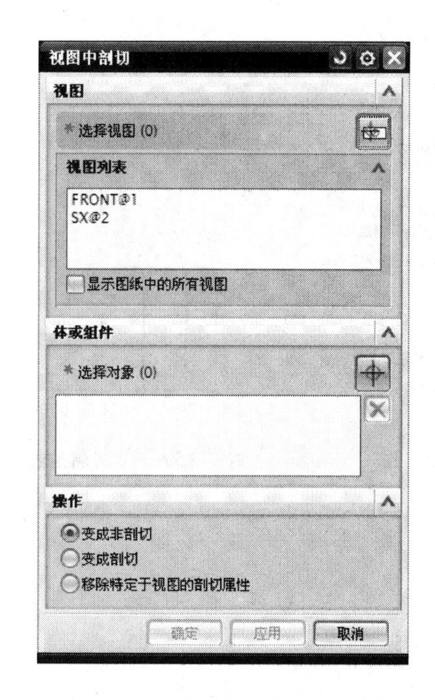

图 7－52　视图中剖切对话框

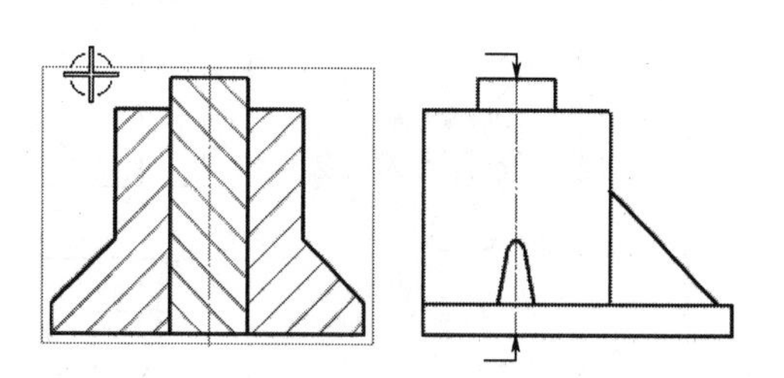

图 7－53　选择有不剖切零件的视图

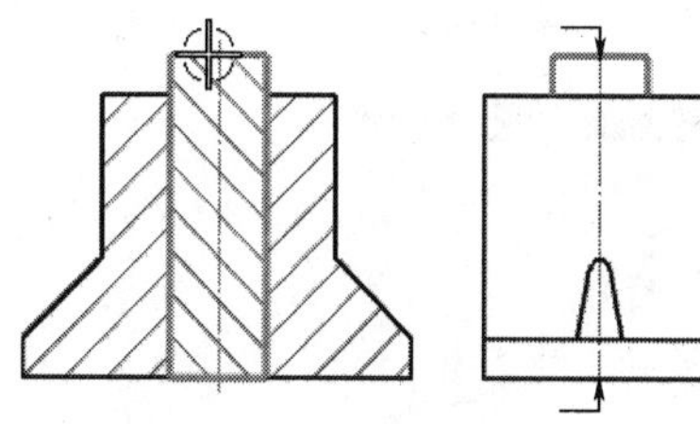
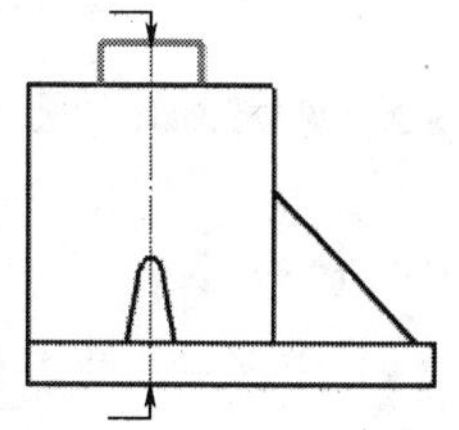

图 7－54　选择不剖切的零件

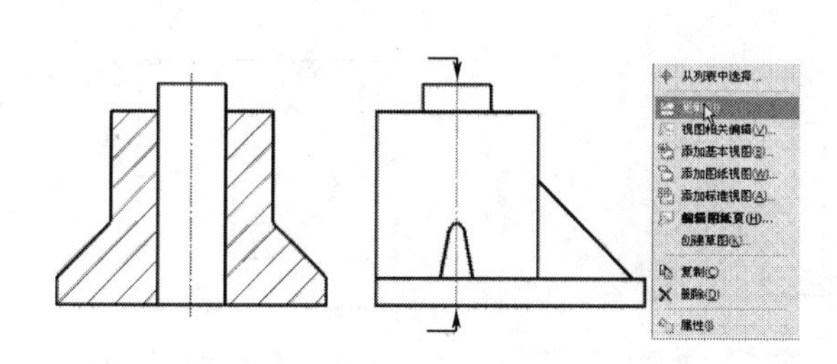

图 7－55　更新视图

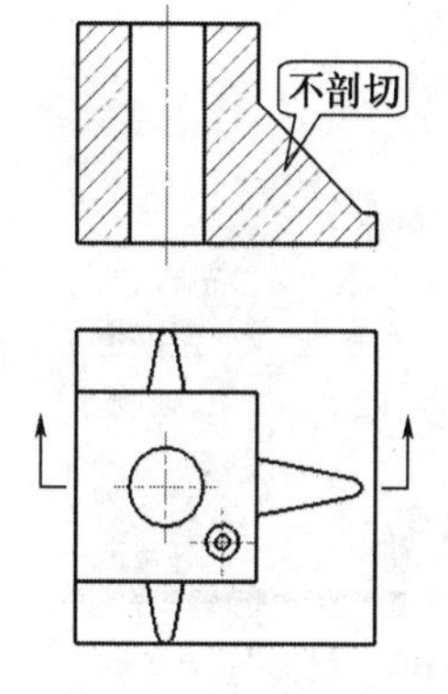

图 7－56　加强筋的剖切

具体步骤如下：

（1）在剖面线上使用右键菜单先将要改动的剖面线“隐藏”，如图 7－57 所示；

（2）在视图边界上使用右键菜单将包含不剖加强筋的视图“展开”，如图 7－58 所示；

（3）利用“曲线”工具（不是“草图曲线”）绘制加强筋的边界，然后在通过右键菜单“扩展”回图纸页，如图 7－59 所示；

（4）单击“注释”工具条上的“剖面线”，启动剖面线对话框，如图 7－60 所示；

（5）选择新的剖面线边界线，如有必要可在“设置”选项中设定新的剖面线参数，如图 7－61 所示；

（6）单击“确定”按钮完成，如图 7－62 所示。

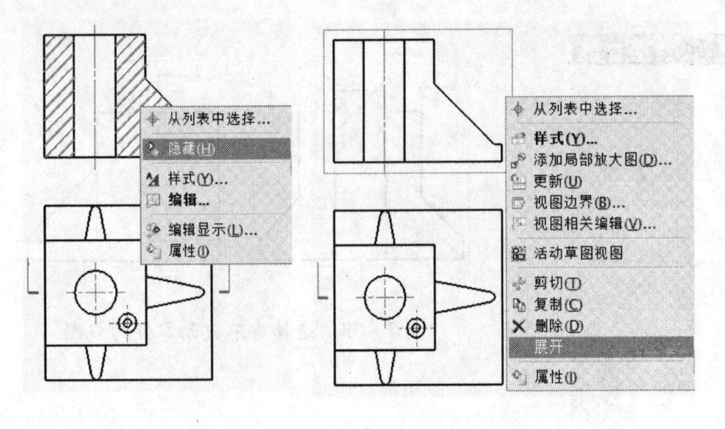

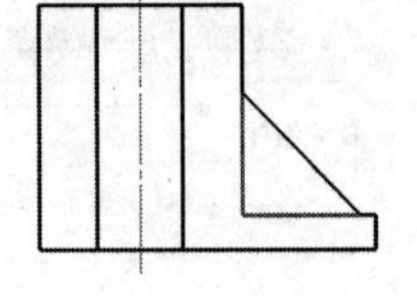

图 7-57　隐藏剖面线　　图 7-58　展开视图　　图 7-59　绘制新边界

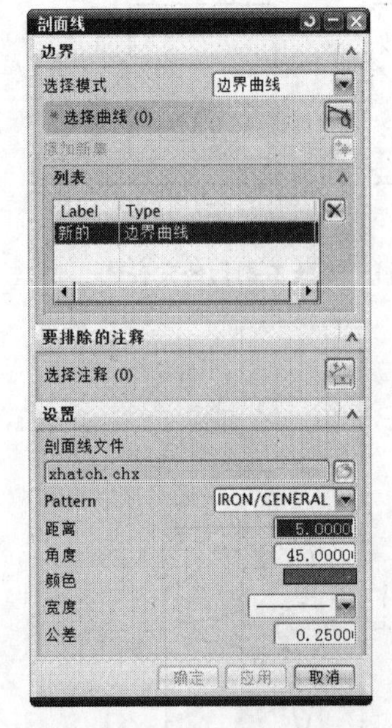

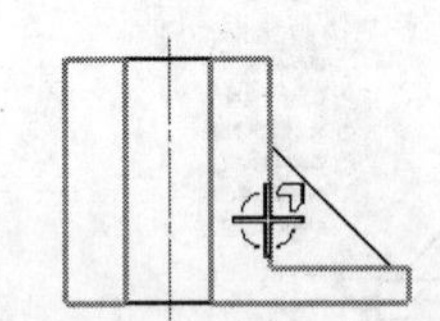

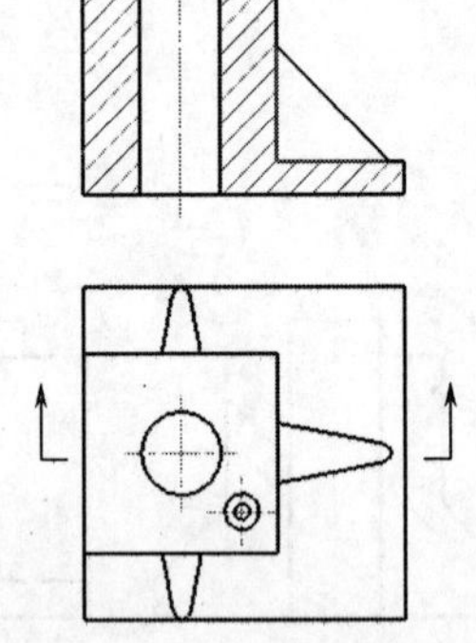

图 7-60　剖面线对话框　　图 7-61　定义新剖面线边界　　图 7-62　不剖切的加强筋

7.5.4　删除制图视图

可使用以下任意一种方法从图纸中删除视图：

(1) 高亮显示视图边界，按住鼠标右键，然后选择径向工具条上的"删除"☒。

(2) 选择"编辑"→"删除"，然后从图形窗口或"部件导航器"中选择一个或多个制图视图。

(3) 从图形窗口或"部件导航器"中选择一个或多个制图视图，右键单击并选择"删除"。

注：从图纸中删除某个视图时，所有的视图相关对象也会同时删除。

7.5.5　视图相关编辑

视图相关编辑是对工程图做具体到单个线条级别的更为详细的编辑。只要了解了对话框上各个图标的含义(表 7-14)，依据提示，可以很方便地完成对单个线条的编辑。

表 7－14 视图相关编辑对话框主要选项

添加编辑	
擦除对象	从选定的制图视图或图纸页中擦除完全几何对象（如曲线、边、样条等）
编辑完全对象	在选定的视图或图纸页中编辑完全对象（如曲线、边、样条等）的颜色、线型和宽度
编辑着色对象	可用于控制制图视图中对象的局部着色和透明度
编辑对象段	在选定的视图或图纸页中编辑对象段的颜色、线型和宽度
编辑剖视图背景	可用于有选择地控制面或体在剖视图背景中的可见性。 注：此选项仅可用于剖视图。而且，必须在视图的“视图样式”→“截面”选项卡上选中背景选项
删除编辑	
删除选择的擦除	删除之前通过使用擦除对象选项应用于对象的擦除
删除选择的编辑	在图纸页上或制图视图中有选择地删除对对象所做的视图相关编辑
删除所有编辑	在图纸页上或制图视图中删除之前对对象所做的所有视图相关编辑
转换相关性	
模型转换到视图	将模型中存在的某些对象（模型相关）转换为单个制图视图中存在的对象（视图相关）。可转换为单个制图视图对象的对象包括未关联的曲线、未引用的曲线、点、图样、尺寸标注和其他制图对象。 注：不能转换引用的曲线（如带有关联尺寸的线）和关联的曲线
视图转换到模型	将单个制图视图中存在的某些对象（视图相关对象）转换为模型对象。 可转换为模型对象的对象包括未关联的曲线、未引用的曲线、点、图样、尺寸标注和其他制图对象。 注：不能在制图视图和模型之间传送注释，但可以传递在模型视图中直接创建的 2D 制图注释。 通过在视图中右键单击并选择扩展成员视图，或通过“关闭视图”→“显示图纸页”按钮，可以直接在模型视图中创建 2D 制图注释
线框编辑	
线条颜色	更改选定对象的颜色
线型	更改选定对象的线型
线宽	更改几何对象的线宽
着色编辑（在编辑着色对象选中时可用）	
着色颜色	可用于从颜色对话框中选择着色颜色
局部着色	提供以下选项： 无更改——有关此选项的所有现有编辑将保持不变。 原始——移除有关此选项的所有编辑，将对象恢复到原先的设置。 否——从选定的对象禁用此编辑设置。 是——将局部着色应用于选定的对象

(续)

添加编辑	
透明度	提供以下选项： 无更改——保留当前视图的透明度。 原始——移除有关此选项的所有编辑，将对象恢复到原先的设置。 否——从选定的对象禁用此编辑设置。 是——允许使用滑块来定义选定对象的透明度
透明度滑块	控制透明程度

7.5.6 视图的更新

UG 允许随时对实体模型进行更改，即使在工程图纸上已经放置了各类视图，仍然可以通过“更新视图”命令，使得用户可以手工更新制图视图，以反映自上次更新视图以来模型所发生的更改。当更新视图时，将更新选定的过时视图，且重新生成选定的最新视图（包括所有轮廓线和隐藏线）。

如果“首选项”→“制图”对话框的“视图”选项卡上的“延迟视图更新”选项不被选中，则实体模型一旦发生更改，制图视图将自动更新。但是，这会减少大型模型的总体系统性能，因此建议选择此选项并在需要时手工更新视图。

除了实体的模型更改，一些对于视图对象可见性的更改，或者关联视图方位、关联视图边界曲线、关联铰链线的更改也会造成图纸因此过时，需要手工更新视图。

如果当前显示的图纸或者它的任何视图不是最新的，则会在图纸名（位于图纸显示的左下角）旁边显示“过时的”这一信息。

可以通过如下途径启动视图更新命令，见表 7－15。

表 7－15 启动视图更新命令的方法

工具条	“图纸”→“更新视图”
菜单	“编辑”→“视图”→“更新视图”
图形窗口	右键单击制图视图边界，单击“更新”仅更新此视图； 右键单击图纸页边界，单击“更新”以更新图纸页上的所有视图
部件导航器	选择一个或多个视图，右键单击并选择“更新”以更新单个视图； 右键单击图纸页节点“更新”以更新图纸页上的所有视图

7.6 图样标注

在完成视图的创建与布置之后，通常还要对图样进行标注和注释。对于多数工程图，下列 3 种标注是常见的。

7.6.1 添加中心线

如果不做任何特殊的设置，UG 会自动为任何现有的视图中的孔或销轴等特征创建中心线。而对于槽等特征则不会自动创建中心线，对于圆形排列的孔系，则只是为每个孔创建一条线性中心线，同时 UG 不保证自动中心线在过时视图上是正确的。这就需要用户手工为不符合设计意图的中心线进行重新标注。

使用“中心标记”命令可以打开“中心标记”对话框，如图图 7－63 所示，手工创建孔轴特征的中心标记。通过单个点或圆弧的中心标记称为简单中心标记，如图 7－64 所示。

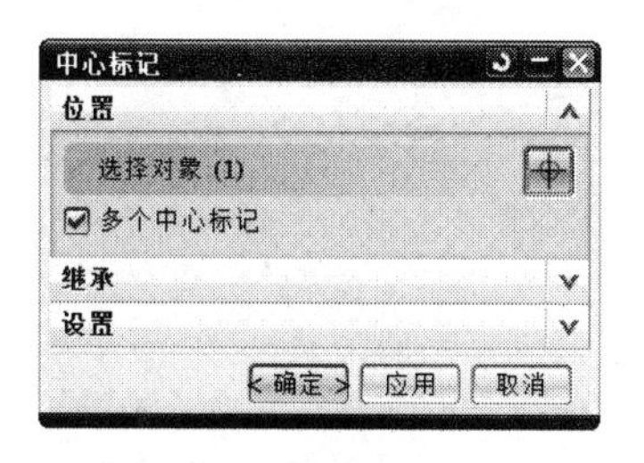

图 7－63　中心标记对话框

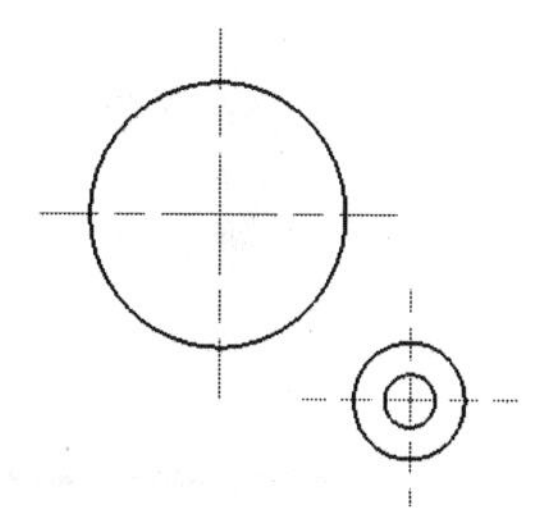

图 7－64　简单中心标记

使用“螺栓圆中心线”（位于注释工具条上中心线下拉菜单列表中）可以创建通过点或圆弧的完整或不完整螺栓圆。螺栓圆的半径始终等于从螺栓圆中心到选择的第一个点的距离。螺栓圆符号是通过以逆时针方向选择圆弧来定义的。可以对任何螺栓圆符号几何体标注尺寸。下面以创建完整螺栓圆为例说明关键步骤：

（1）在注释工具条上，从中心线下拉菜单列表，单击“螺栓圆中心线”。

（2）在螺栓圆中心线对话框的类型组中，从列表中选择中心点。

（3）在“放置”组中，选择“整圆”。

（4）选择一个圆弧中心和一条圆弧，如图 7－65 所示；

（5）单击“确定”，生成完成螺栓圆中心线，如图 7－66 所示。

图 7－65　“螺栓圆中心线”对话框选择

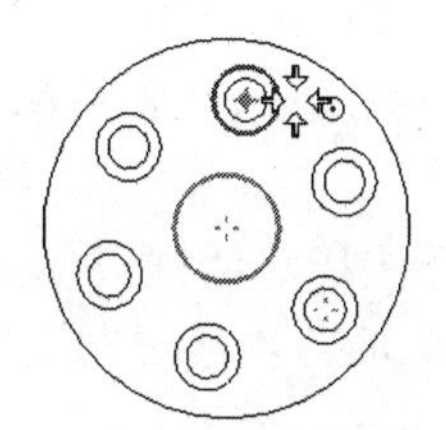

图 7－66　圆弧中心和圆弧

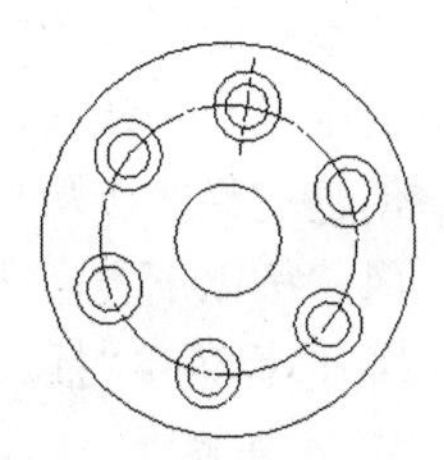

图 7－67　完整螺栓圆中心线

若在图 7－65 对话框中取消勾选“整圆”，然后给出圆弧中心和圆弧起至，单击可创建不完整螺栓圆中心线。

使用“2D 中心线”可以创建（位于注释工具条上中心线下拉菜单列表中）两条曲线或直线的中心线。下面说明给出曲线中心线的步骤：

（1）在注释工具条上，从中心线下拉菜单列表，单击“2D 中心线”，启动 2D 中心线对话框；

（2）在“类型”组中，从列表中选择“从曲线”；

（3）在第 1 侧组中，选择一条曲线；

（4）在第 2 侧组中，选择另一条曲线，如图 7－69 所示；

（5）单击“确定”，完成曲线中心线的创建，如图 7－68 所示。

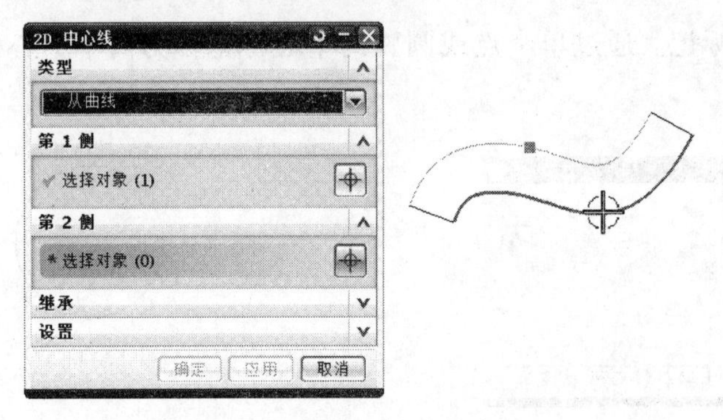

图 7－68　曲线中心线的创建

在图 7－68 对话框中，如果在“类型”选项中选择根据点，则 UG 自动以直线方式连接指定的点，形成中心直线。此种情况对于非直线情况不适用，如图 7－69 和图 7－70 所示。

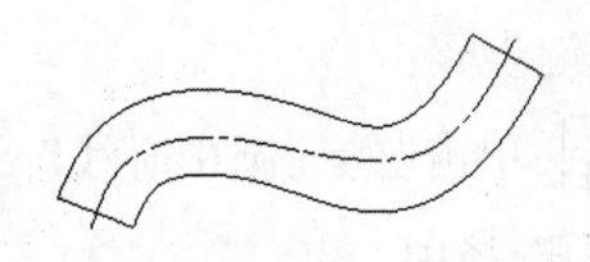

图 7－69　完成的曲线中心线

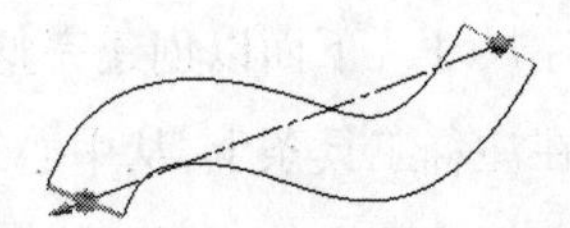

图 7－70　2D 中心线不适用于曲线

7.6.2　标注注释

在绘制机械工程图时，对于不能在视图上通过符号表达的技术要求，通常需要在图上给出文字说明，这也是制图中重要的一项内容。UG“注释”对话框提供的创建和编辑注释及标签功能可以帮助用户完成这类工作。注释由文本组成，通常用来编写技术要求；标签由文本以及一条或多条指引线组成，通常用来对模型的局部特征给出特别说明。

创建注释的步骤如下：

（1）按以下方法之一打开注释对话框：

① 选择菜单“插入”→“注释”→“注释”。

② 在注释工具条中，单击“注释”A。

（2）在“文本输入”框中键入所需的文本，为了使得输入的汉字能够被正确显示，键入文本前，应先在格式化选项中，将字体设为 chinesef（也可以在进行注释操作前，应先在“首选项”→“注释”的“注释首选项”对话框中设定合适的中文字体）。文本将显示在文本框中以及图形窗口中的光标处，如图 7－71 所示。

（3）将光标移动至所需位置并单击以放置注释。

创建标签的步骤如下（请注意与注释的区别）：

（1）在注释工具条上，单击“注释”A；或者选择菜单“插入”→“注释”→“注释”。

打开注释对话框。

(2) 在“文本输入”框中键入所需的文本。

(3) 将光标置于几何体上。

(4) 单击并拖动以创建指引线,如图 7-72 所示(若要创建多条指引线,请在不同的几何体上单击并拖动)。

(5) 再次单击,将标签置于图纸上。

提示:用户随时可以将光标置于某个注释上,使用鼠标左键拖动选定的注释,释放鼠标左键放置注释。

“注释”对话框的选项说明见表 7-16。

图 7-71 “注释”对话框

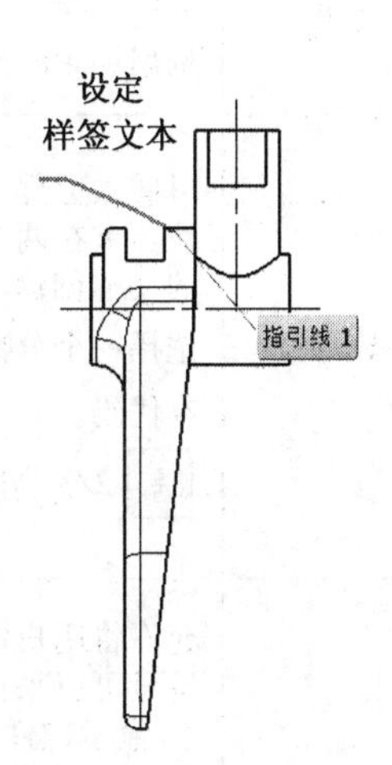

图 7-72 拖拽以创建标签文本

表 7-16 “注释”对话框的主要选项说明

原 点	
指定位置	可用于放置注释或标签。 · 单击可放置注释(仅限文本)。 · 单击并拖动可放置标签。指引线将指向单击位置,文本将被放在拖动释放的位置
文 本 输 入	
清除	清除编辑窗口中的所有文本
删除文本属性	根据光标的位置移除文本属性标记(属性代码由"< >"括起)。 · 当光标位于一对属性标记之间时,移除此对标记。 · 当光标位于嵌套的属性标记之间时,移除最里面的一对标记。 · 当光标未在属性标记对之间时,将移除光标位置左边的第一个属性标记
选择下一个符号	从光标位置,选择下一个符号或由 < > 括起的属性。文本窗口将根据需要进行滚动,以便显示选定的文本符号
格式化子部分	
“字体”菜单	在系统字体目录中列出由 UGII_CHARACTER_FONT_DIR 环境变量指定的所有字体。在此处选择 chinesef 字体亦可正确显示中文,从此菜单中选择某个字体,会将适当的控制字符插入到所选的字体中

（续）

“字符比例因子”菜单	列出一组字符大小比例因子。从此菜单中选择一个比例因子，将会插入控制字符以按该比例因子更改字符大小。 注：此菜单中显示的比例因子选项由用户默认设置文件中的字符比例因子设置控制
文本输入框	显示您键入的文本或您添加的符号
符 号 子 区 域	
类别按钮	显示相应的符号按钮和选项。符号按钮会插入相应的符号代码
制图	制图符号
形位公差	形位公差符号。可用的符号视所选公差标准而定。单击“验证按钮”，可根据选定的标准检查文本语法
1/2 分数	可插入上部和下部文本字段内容的代码，在注释中构成分数或两行文本。分数要求在两个文本字段中都输入文本；两行文本可从任一或两个文本字段中的文本创建。 选择一个分数类型按钮，指定要创建的分数类型。单击插入分数 1/2 插入文本代码。 2/3 高度；3/4 高度；全高；两行文本
用户定义	允许将用户定义的符号插入编辑区域。 符号可以来自两种类型的资源： · 显示部件中包含的符号。 · 位于当前目录或实用工具目录中的符号文件所包含的符号。列表中的符号文件，在选择符号文件时，包含在该文件中的符号将显示在第二个列表中。 符号库菜单： 显示部件： 当前目录： 可以用两种方法之一指定定制符号的大小： · 比例和宽高比将按照比例因子直接缩放符号高度，并按照高度乘以宽高比的值来缩放符号宽度。 · 长度和高度直接应用指定的距离值以达到符号大小。 · 当插入定制符号时，符号大小将应用到文本中的所有符号；符号大小的代码在文本窗口中不显示。 单击插入符号可插入选定符号的代码
关系	表达式、部件属性和对象属性的关联性按钮会显示可向文本窗口插入关联控制字符的对话框

（续）

导入/导出子区域	
插入文件中的文本	将操作系统文本文件中的文本插入当前光标位置
注释另存为文本文件	将文本框中的当前文本另存为 ASCII 文本文件
设 置 部 分	
样式	打开“注释样式”对话框，以为当前注释或标签设置文字首选项。该对话框中的选项与“首选项”→“注释”→“文字和层叠”相同，但是它们不设置全局首选项
竖直文本	当选择竖直文本时，在编辑窗口中从左到右输入的文本将从上到下显示。在编辑窗口中输入的新行将在之前的列的左边显示为新列。 注：只有注释文本才能以竖直方向显示。此选项不支持标签、尺寸或其他任何制图文本。
斜体角度	相应字段中的值将设置斜体文本的倾斜角度
粗体宽度	设置粗体文本的宽度。选择中（正常）或粗
文本对齐	在编辑标签（文本带有指引线）时，可指定指引线短画线与文本和文本下画线对齐。 顶部 中间 底部 在底部下面，延伸至最长 在底部下面，延伸至最长，下画线 在底部下面 在底部下面，下画线 在顶部下面，延伸至最长 在顶部下面，延伸至最长，带下画线 在顶部下面 在顶部下面，下画线

7.7 思考与练习

一、填空题

1. 通过________和________，用户可以控制单次制图应用特定参数的默认行为。

2. 任何一个利用实体建模创建的三维模型，都可以用不同的投影方法、不同的图样尺寸和不同的比例建立______张二维工程图。

3. 常见的工程图投影法有两种：______投影和______投影。

4. ______ 是组成工程图最基本的元素。

5. 对于装配图上单独的螺栓、销、轴等按规定不剖的零件,可以通过使用视图编辑工具条上的________ 对话框实现不剖切。

6. ________ 是一个现有的制图视图,它是用于确定新添加视图(子视图)的投影、对齐和位置的参考视图。

二、选择题

1. 对于一个模型或装配文件,可以同时包含_____工程图。

A. 1个　　B. 2个　　C. 3个　　D. 多个

2. 下面______是正确的。

A. 在建模应用中不能进行工程图预设置

B. 局部剖视图是在原视图上直接剖切,而不是生成新的剖切视图

C. 一个零件只能生成一张工程图

D. 工程图的各种参数一经设定就不能再改变

3. 要使工程图中的二维图形不随相应的三维模型的改变而立即更新,可以______。

A. 选择视图,通过右键菜单选择禁止更新

B. 通过"视图样式"对话框设置自动更新

C. 在图纸布局工具条选择禁止更新

D. 通过制图首选项,选择延迟视图更新

4. 用剖切面局部地剖开机件,所得到的剖视图称为________。

A. 局部剖视图　　B. 旋转剖视图　　C. 局部放大图　　D. 半剖视图

三、简答题

1. 简述第一角投影和第三角投影的异同。

2. 简述实现局部剖的关键步骤。

3. 如何处理不剖切零件,给出关键步骤。

四、上机练习

打开 ch7\exercise\daxiang_ti. prt,如图 7-73 所示。给出该箱体零件的工程图,要求合理地利用各种视图准确表达出零件的结构。

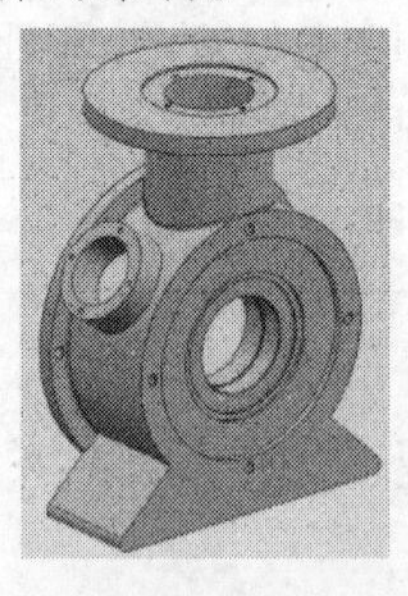

图 7-73　箱体模型

第 8 章　工程图标注及实例

对于机械制图,最常用的两类图纸为零件图和装配图。本章介绍如何使用 UG 制图模块的功能来完成零件图和装配图所需的各类标注及操作步骤。第 7 章的标注部分涉及的功能在这两类图中均有可能用到,本章不再赘述。

本章学习要点:

(1) 掌握零件图尺寸及公差的标注方法。

(2) 掌握零件图上形状和位置公差符号的标注方法,并注意区别。

(3) 掌握零件图上表面粗糙度符号的标注方法。

(4) 握装配图上配合的标注方法。

(5) 掌握装配图上明细栏和零件号的生成方法。

8.1　零 件 图

零件图是用来表达零件加工技术要求的图纸。也就是说,只要根据零件图,虚拟的三维实体就可以被加工成真实的实物。因此零件图的标注内容除了表明该零件的结构特征,还要表明对于材料、加工工艺、性能及检验指标的要求。一张零件图上,下面的标注内容都是经常遇到的。

8.1.1　尺寸的标注

尺寸标注用于标识实体上几何特征的尺寸大小及加工允许的误差范围。由于 UG 工程图模块和三维实体造型模块是完全关联的,因此在工程图中进行标注尺寸就是直接引用三维模型真实的尺寸,最好不要像二维软件中那样对尺寸进行随意改动,虽然 UG 允许这种改动,但此类改动并不与实体模型有反向关联,也就是说,一旦实体模型发生改变,标注在图纸上的尺寸可能出现错误或丢失。所以如果要改动零件中的某个尺寸参数最好在三维实体模型中修改。一旦三维模型被修改,工程图中的相应尺寸会自动更新,这就保证了工程图与模型的一致性。

UG 提供了 19 种尺寸类型用于零件视图上尺寸的标注,见表 8-1,其中 14 种基本尺寸标注类型,4 种尺寸链标注类型,1 种坐标尺寸;另外提供了自动判断尺寸功能。

表 8-1　尺寸标注的类型

类型	含　义	工具条调用
水平	创建平行于 X 轴进行测量的尺寸	“尺寸”→“水平尺寸”
竖直	创建平行于 Y 轴进行测量的尺寸	“尺寸”→“竖直尺寸”

（续）

类型	含　义	工具条调用
平行	创建两点间最短距离尺寸	“尺寸”→“平行尺寸”
垂直	在一个直线或中心线以及几个点之间创建垂直尺寸	“尺寸”→“垂直尺寸”
倒斜角	创建45°倒斜角的倒斜角尺寸	“尺寸”→“倒斜角尺寸”
角度	在两个不平行直线间创建一个角度尺寸	“尺寸”→“角度尺寸”
圆柱	创建一个圆柱尺寸，其为两个对象或点之间的线性距离，它测量圆柱体的轮廓视图尺寸	“尺寸”→“圆柱尺寸”
孔	通过单一指引线为任何圆形特征标注直径尺寸，尺寸文本中包含一个直径符号	“尺寸”→“孔尺寸”
直径	对圆特征进行尺寸标注。创建的尺寸具有两个箭头，这两个箭头指向圆或圆弧的相对两侧。使用“尺寸样式”对话框可将箭头定向至圆的内部或外部	“尺寸”→“直径尺寸”
半径	创建一个半径尺寸，该尺寸用一个从尺寸值到圆弧的短箭头表示	“尺寸”→“半径尺寸”
过圆心的半径	创建一个半径尺寸，该尺寸从圆弧中心绘制一条延伸线。半径符号会自动附加到尺寸文本上	“尺寸”→“过圆心的半径”
带折线的半径	可为半径极大的圆弧创建半径尺寸，该半径的中心在绘图区之外	“尺寸”→“带折线的半径”
厚度	可以创建两条曲线（包括样条）之间的厚度尺寸。厚度尺寸测量第一条曲线上的点与第二条曲线上的交点之间的距离	“尺寸”→“厚度尺寸”
弧长	创建测量圆弧周长的尺寸	“尺寸”→“圆弧长尺寸”
水平链	创建一组水平尺寸。每个尺寸都与其相邻尺寸共享端点	“尺寸”→“水平链尺寸”
竖直链	创建一组竖直尺寸。每个尺寸都与其相邻尺寸共享端点	“尺寸”→“竖直链尺寸”
水平基线	创建一组水平尺寸。所有尺寸都共享一条公共基线	“尺寸”→“水平基线尺寸”
竖直基线	创建一组竖直尺寸。所有尺寸都共享一条公共基线	“尺寸”→“竖直基线尺寸”
坐标	创建一个坐标尺寸，测量从公共点沿一条基线到某一位置的距离	“尺寸”→“坐标尺寸”

上述尺寸标注类型，在使用时都有相似的尺寸标注对话条，如图8-1所示，其具体选项见表8-2，同时有详细的提示条信息与用户交互，利用所提示的交互信息，可以很快创建所需的尺寸标注。

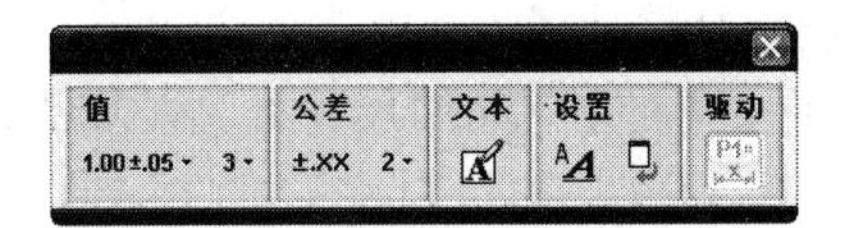

图 8-1　自动判断尺寸工具条

表 8-2　尺寸标注对话框的主要选项

值	
1.00±.05 公差类型	控制尺寸公差值的显示。可以从可用公差类型的列表中选择
3 主名义精度	可设置主名义值的精度(0 到 6 个小数位)。如果首选项格式为分数,则选项将以分数精度值显示
公　差	
±.XX 公差值	控制创建尺寸时的上限和下限公差值。上限公差和下限公差可以是正数,也可以是负数
3 公差精度	可设置主公差的精度(0~6 个小数位)
文　本	
文本编辑器	显示“文本编辑器”对话框以输入符号和附加文本
设　置	
尺寸样式	打开“尺寸样式”对话框。只显示应用于尺寸的属性页
重置	将局部首选项重设为部件中的当前设置,并清除附加文本
驱　动	
驱动	仅适用草图尺寸。可指出应将尺寸视为驱动草图尺寸,还是视为文档尺寸

标注尺寸时,首先根据所要标注的尺寸类型,先在“尺寸”工具栏中选择对应的图标,接着用点和线位置选项设置选择对象的类型,再选择尺寸放置方式和箭头、延长的显示类型,如果需要附加文本,则还要设置附加文本的放置方式和输入文本内容,如果需要标注公差,则要选择公差类型和输入上下偏差。完成这些设置以后,将鼠标移到视图中,选择要标注的对象,并拖动标注尺寸到理想的位置,则系统即在指定位置创建一个尺寸的标注。

大多数情况下,使用自动判断尺寸工具条即可以完成尺寸标注工作。

(1) 在尺寸工具条上,单击“自动判断”,或选择“插入”→“尺寸”→“自动判断”,此时将显示自动判断尺寸对话框。为了便于捕捉点,最好在选择条上设置所需的“捕捉点”选项。

(2) 选择一条直线，然后选择第二条。

(3) 根据光标拖动的方向，可创建不同的尺寸类型。如果以平行于所选直线的方向来拖动光标，就会创建一个平行尺寸。如果沿水平方向拖动光标，就会创建一个竖直尺寸。如果沿竖直方向拖动光标，就会创建一个水平尺寸，如图 8-2 所示。

如果需要标注带有公差的尺寸，则需要现在对话条上选择合适的“公差类型”，然后设置“公差精度”，单击“公差值”，在弹出的输入框中输入正确的公差值，如图 8-3 所示，对于对称偏差和不对称偏差可能还需要调整“样式”中的“文本”→“公差”项。

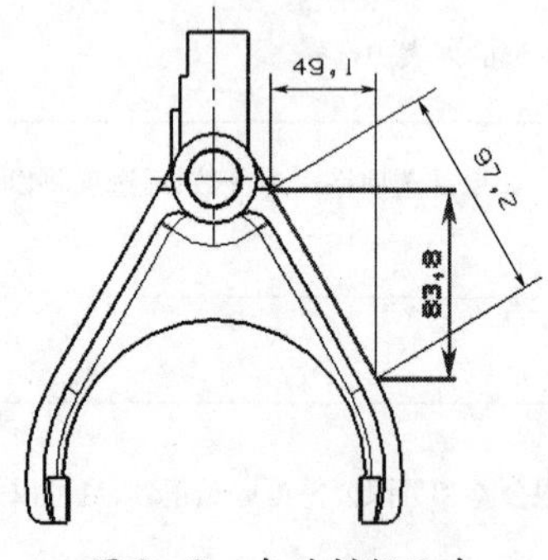

图 8-2　自动判断尺寸

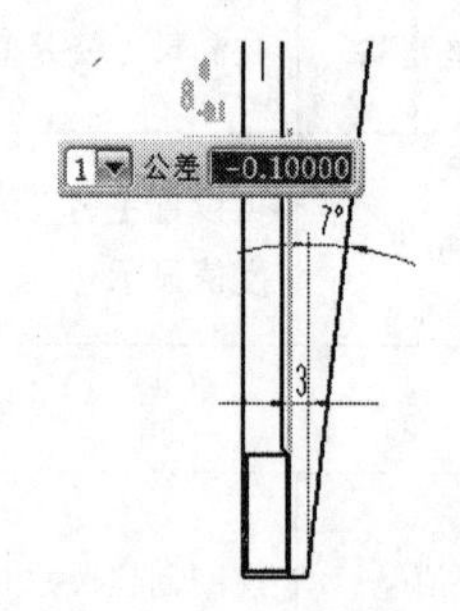

图 8-3　标注尺寸公差

8.1.2　形位公差的标注

利用 UG 提供的“特征控制框”对话框可以实现零件图上形位公差符号的标注。该对话框具有创建单一和复合形位公差符号的能力。

创建单一形位公差符号步骤如下：

(1) 从“注释”工具条中选择“特征控制框”；

(2) 在“框”组中，将“特性”下拉列表设置为要标注的公差项目符号；

(3) 将“框样式”设置为“单框”；

(4) 在“公差”选项下，设置公差值前缀，公差值，公差原则代号；

(5) 对于形状公差不需要设置基准，对于位置公差可以分别设置“主参考基准”、“第二参考基准”和“第三参考基准”及相应的公差原则；

(6) 在“文本”选项下，设置要在公差框格上方显示的文本；

(7) 在适当的单击并拖动，以拖出指引线和公差框格放置，如图 8-4 所示。

多框格的简化方式，可以将同一要素上的不同形位公差项目框格，拖放到已有的框格上直到出现如图 8-5 所示的虚线框时单击鼠标即可。

创建复合形位公差框格的步骤：

(1) 从“注释”工具条中选择“特征控制框”；

(2) 在“对齐”组中，选择“层叠注释”和“水平或竖直对齐”；

(3) 在“框”组中，将“特性”设置为要标注的形位公差项目符号，将“框样式”设置为“复合框”；

(4) 确保 frame 1 在“框”组的“列表”中高亮显示；

(5) 设置公差选项;

(6) 设置基准(可选);

(7) “框”组的“列表”中选择 frame 2;

(8) 根据需要设置公差和基准参考;

(9) 在“指引线”组中,单击选择终止对象,然后单击被测要素并拖动以附加指引线,如图 8 -6 所示;

(10) 单击以放置。

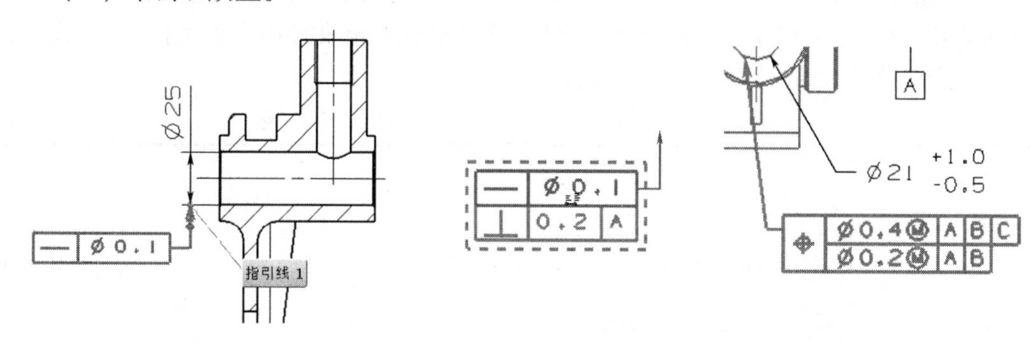

图 8 -4　单一框格形位公差标注　　图 8 -5　多框格的简化　　图 8 -6　复合形位公差框格

8.1.3　基准的标注

基准为位置公差提供关联参考要素,在需要给出公差基准时,可以通过打开基准特征符号对话框,如图 8 -7 所示,来完成基准符号的标注。

创建基准符号的步骤:

(1) 在“注释”工具条上,单击“基准特征符号”;

(2) “可选” 在指引线组中,选择所需的指引线类型;

(3) “可选” 设置指引线类型的样式选项;

(4) 在“基准标识符”选项中,设置用于表示基准的“字母”,不同的基准用不同的字母表示;

(5) 选择用作基准的要素;

(6) 单击、拖动和放置符号,如图 8 -8 所示;

图 8 -7　基准特征符号对话框

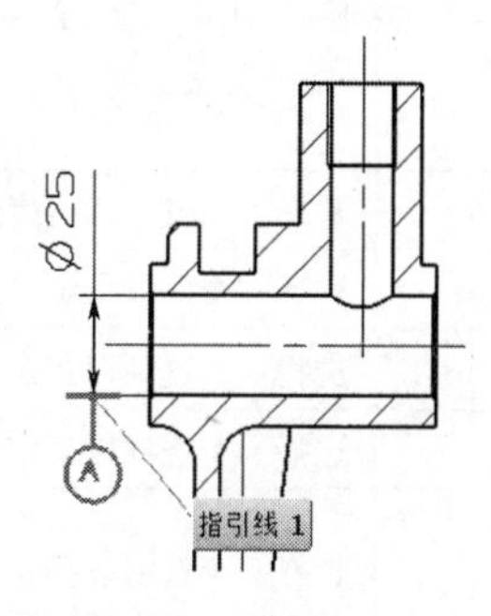

图 8 -8　放置基准符号

(7) 在放置具有基准指引线类型的基准的过程中,使用 Shift 键定位基准指引线和基准延伸线。

注:双击一个基准特征符号,即可对基准符号进行编辑。

8.1.4 表面粗糙度的标注

UG 表面粗糙度的标注通过“表面粗糙度符号”对话框实现。这个功能可以实现新旧国家标准的符号级兼容(数值部分仍然是按照旧标准的位置放置,关于新标准的标注规范参见 GB/T 131—2006 产品几何技术规范(GPS)技术产品文件中表面结构的表示法),表面粗糙度符号对话框的主要选项见表 8-3。

表 8-3 表面粗糙度符号对话框的主要选项

材料移除	用于指定符号类型。选项有: ——开口 ——开口,修饰符 ——修饰符,全圆符号 ——需要移除材料 ——修饰符,需要移除材料 ——修饰符,需要移除材料,全圆符号 ——禁止移除材料 —— 修饰符,禁止移除材料 —— 修饰符,禁止移除材料,全圆符号
图例	显示表面粗糙度符号参数的图例 a_1 b a_2 c/f_1 (e) d f_2 显示的参数以及符号周围的参数布置取决于注释标准和材料移除设置。对于 GB 标准,其含义如下: b——生产工艺; f_1——切除; d——放置符号; e——加工; f_2—— 次要粗糙度; a_1——上部文本; a_2——下部文本; c——波纹
上部文本 a_1	选择一个值以指定表面粗糙度的最大限制
下部文本 a_2	选择一个值以指定表面粗糙度的最小限制
生产工艺 b	选择一个选项以指定生产方法、处理或涂层
波纹 c	选择一个选项以指定波纹。波纹是比粗糙度间距更大的表面不规则性
放置符号 d	选择一个选项以指定放置方向。放置是由工具标记或表面条纹生成的主导表面图样的方向
加工 e	选择一个选项以指定材料的最小许可移除量,也称为加工余量

（续）

切除 f_1	选择一个选项以指定粗糙度切除。粗糙度切除是表面不规则性的采样长度，用于确定粗糙度的平均高度
次要粗糙度 f_2	选择一个选项以指定次要粗糙度值
加工公差	选择一个选项以指定加工公差的公差类型
公差	键入等双向公差值
上限公差	键入上限公差值
下限公差	键入下限公差值
设　置	
样式	打开样式对话框，其中包含用于指定显示实例样式的选项
角度	更改符号的方位。键入值或从列表选择一个选项以设置值
反转文本	更改单击时符号中的文本读取方向

在零件图上标注表面粗糙度的一般步骤如下：

（1）在“注释”工具条上，单击“表面粗糙度符号” 或选择菜单“插入”→“注释”→“表面粗糙度符号”，即可打开表面粗糙度符号对话框；

（2）在“表面粗糙度符号”对话框的指引线组中，将“类型”设为普通，“箭头样式”设为填充的箭头←；

（3）在“属性”组，将“材料移除”设置材料移除方式；

（4）在各文本位置填写或选择合适的参数；

（5）单击部件边并拖动以放置带有指引线的表面粗糙度符号，如图 8－9 所示。如果不希望有指引线，则可以更改“设置”选项下的“角度”，而后通过单击（不拖动）鼠标放置符号。如果文字方向不符合阅读习惯，可以勾选“反转文本”。

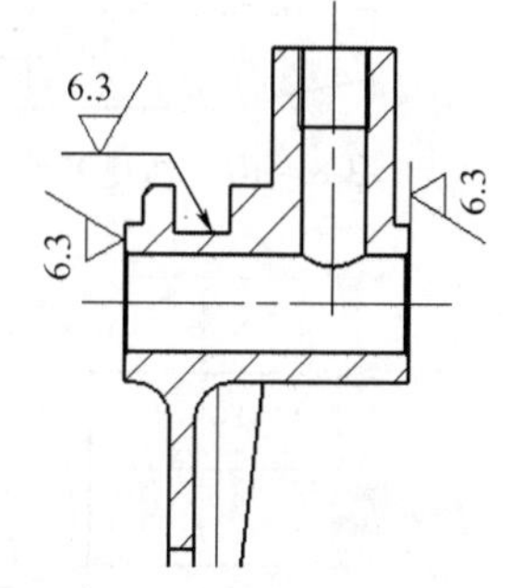

图 8－9　表面粗糙度符号的标注

注：双击已有的表面粗糙度符号，可以对其进行编辑。

8.2　装配图

装配图是用来表达机器或部件的工作原理、表达各组成零件的连接关系和零件间相互位置关系的一种图样。对于一个机器或部件的设计，如果使用自顶向下设计，一般应先按设计要求画出装配图，然后再根据装配图拆画出各个零件图。机器或部件的装配图和组成机器或部件的所有零件图，构成一套完整的图纸，在生产过程中，先根据零件图加工生产或采购出全部零件，再根据装配图来完成机器或部件的组装，生产出合格的产品。

一张完整的装配图，包括以下四个方面的内容：一组视图，表示各零件间的相对位置关系、相互连接方式和装配关系，表达主要零件的外形特征以及机器或部件的工作原理；

必要的尺寸,包括表示孔轴类零件配合关系的配合尺寸、装配形成的重要的关联尺寸、安装尺寸、总体尺寸;技术要求,用规定的符号或文字说明装配、检验时必须满足的条件;零件序号与明细栏,说明零件的序号、名称、数量和材料等有关事项。视图、一般尺寸及技术要求的生成与标注同零件图类似。

8.2.1 配合尺寸的标注

标注配合尺寸需要在标注一般尺寸基础上,在填写"附加文本"时增加后缀文本以表达配合类型。

单击尺寸工具条上的"自动判断尺寸",分别选择配合尺寸的两条边线,如图 8-10 所示;单击鼠标右键,并在弹出的快捷菜单中选择"文本编辑器",打开"文本编辑器"对话框,如图 8-11 所示,单击图中 1 处以添加尺寸值后缀,在最下方两文本框中分别填写孔公差带代号和轴公差带代号,然后单击 2 将配合代号按照指定字体高度填入附加文本框中;单击"确定"后,在合适的位置单击左键放置配合尺寸标注,如图 8-12 所示。

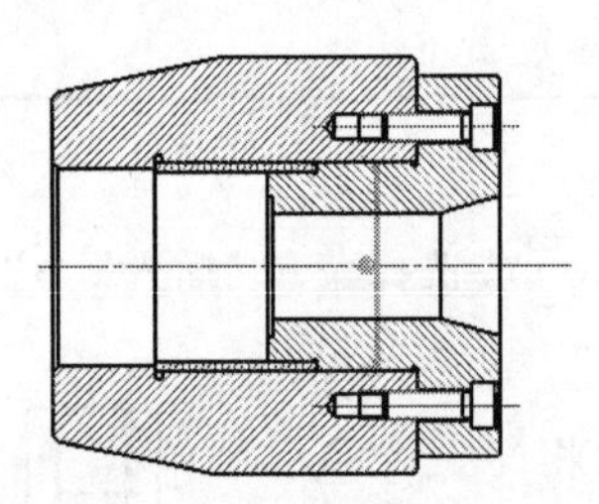

图 8-10 创建尺寸标注线

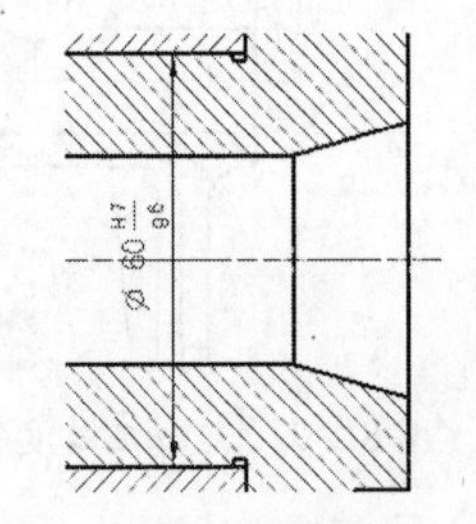

图 8-12 完成的配合尺寸标注

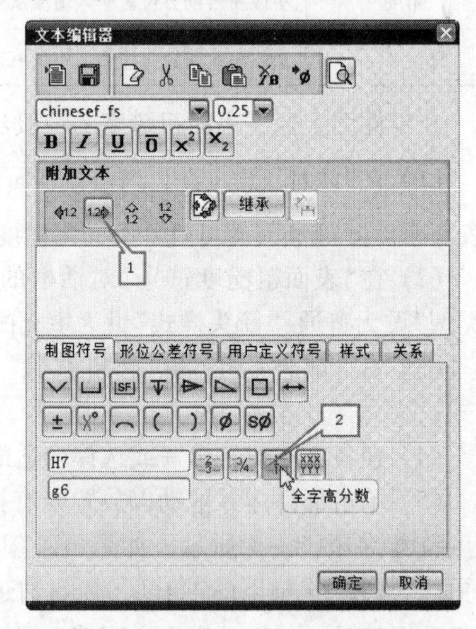

图 8-11 为尺寸文本沫加配合后缀

8.2.2 明细栏与零件号生成

UG 可以自动生成装配部件的零件明细表以及零件号。前提是,用户必须为装配在一起的每一类零件模型,至少增加 DB_ pART_NO 属性,并设置好相应的字符串值,如图 8-13 所示,UG 需要此参数来自动生成零件明细表。

UG NX7.5 增加了对中国国家制图标准的支持,如果在"实用工具"→"用户默认设置"→"制图"→"常规"→"标准"中,如图 8-14 所示,设置了 GB 标准,则可以方便地调用系统为用户提供的制图标准图纸页模板。

此外,在"用户默认设置"→"制图"→"注释"→"零件明细表"中,将取消勾选"高亮显示手工输入的文本",如图 8-15 所示,以避免零件明细表中的中文文本被自动加上括号。

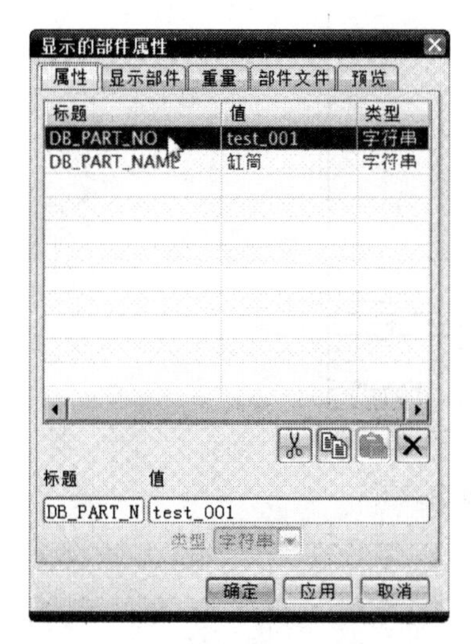

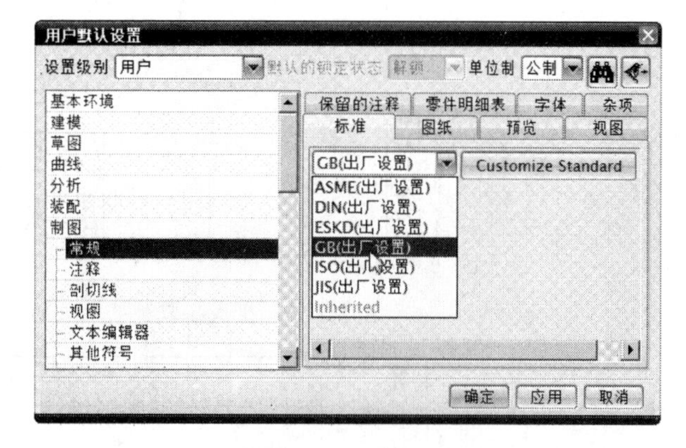

图 8－13 为零件模型添加属性

图 8－14 设置中国国家制图标准为默认值

在完成了上述设置后，可以通过单击"新建"，而后在"新建"对话框的"图纸"标签页上，选择装配模板（注：不是普通模板），并在下方的文本框提供要生成装配图的装配模型文件名。单击"确定"后，即会出现自动生成了零件明细表的标准图纸页，如图 8－16 所示。在图纸页上布置好各视图后，选择其中之一单击右键，并在弹出的菜单上，选择"自动符号标注"以生成零件号；对自动生成的零件号，双击后可以对指引线类型和位置以及所指对象做出修改，而后再通过拖动来对零件号做出调整，直到符合要求，如图 8－17 所示。通过"新建"对话框打开装配图纸模拟如图 8－18 所示。

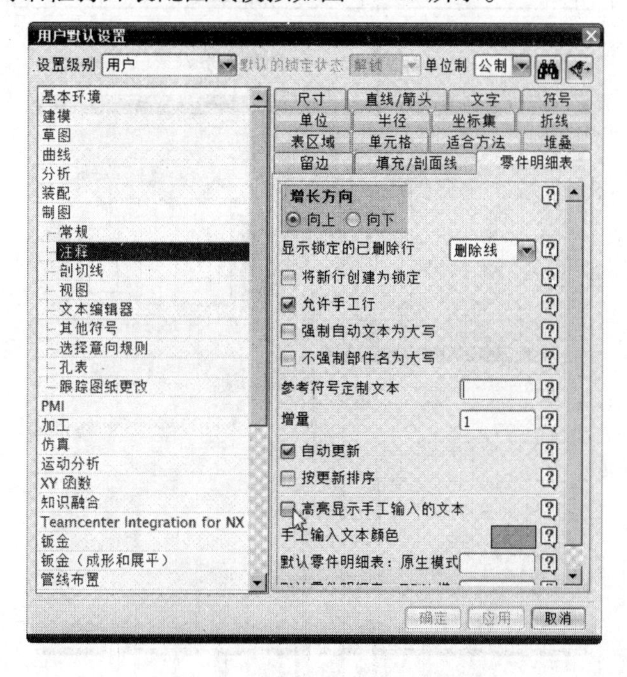

图 8－15 零件明细表选项设置

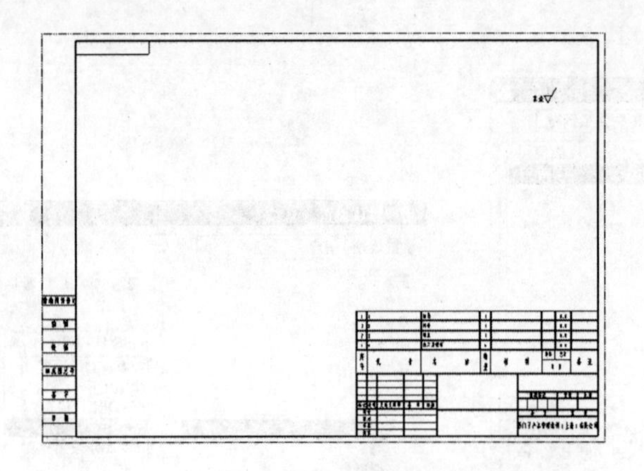

图 8-16　生成了零件明确表的标准图纸页

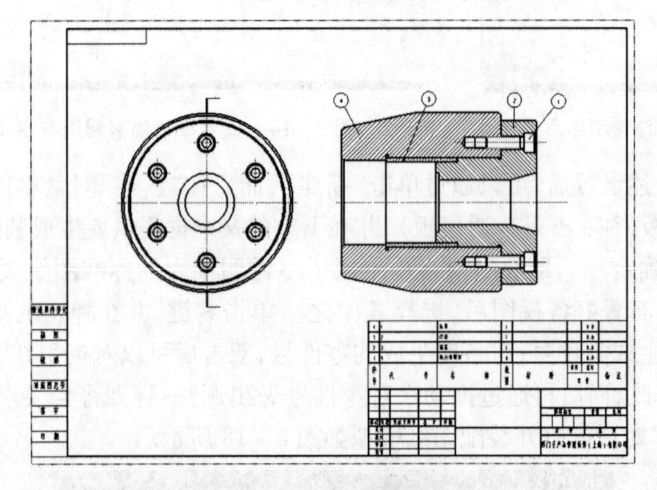

图 8-17　生成零件号

图 8-18　通过“新建”对话框打开装配图纸模板

8.3　课堂练习——工程图实例

创建如图 8－19 所示零件的二维工程图。

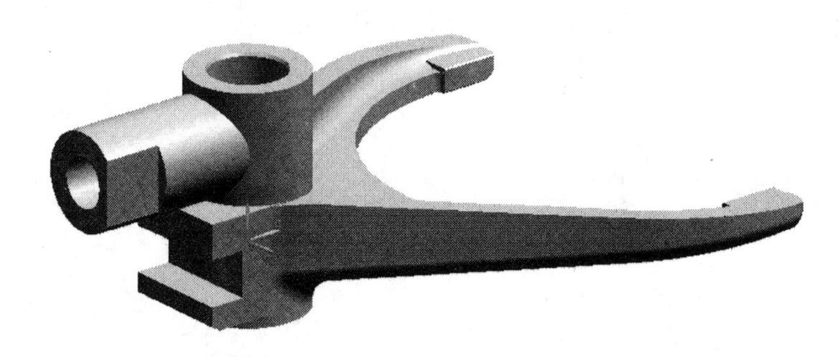

图 8－19　拨叉

（1）在进入制图环境之前，最好能对菜单“首选项”→“注释”下的各类子项进行设置，使之更加符合标注习惯，“尺寸”设置如图 8－20 所示，“文字”设置如图 8－21 所示，其中“尺寸”和“公差”选同样的字体，“附加文本”和“常规”选择同样的中文字体，“零件明细表”设置如图 8－22 所示，“单位”设置如图 8－23 所示；“径向”设置如图 8－24 所示。

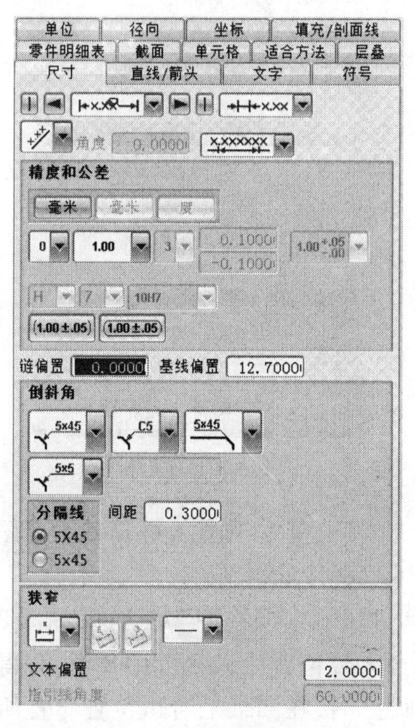

图 8－20　注释首选项——尺寸

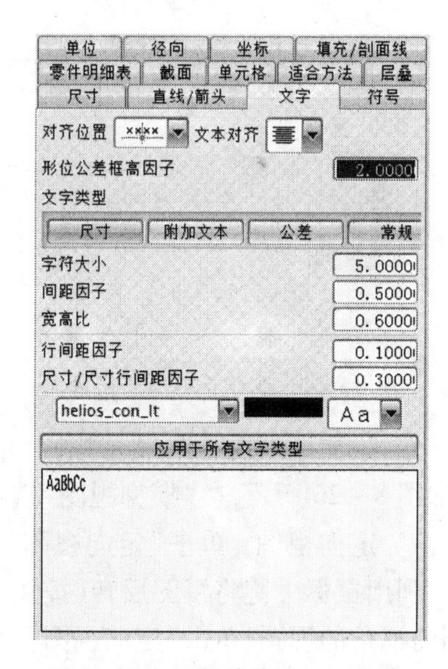

图 8－21　注释首选项——文字

（2）大致确定图幅及比例：根据实体尺寸，选定 A2 图纸，按 1∶1绘制，由于 UG7.5 已经内置了 GB 标准，可以直接使用 GB 标准图框。

（3）通过菜单“首选项”→“视图”→“光顺边”，取消勾选“光顺边”，以使后续添加的视图线条更简洁清晰。

(4) 进入工程图环境：单击“开始”→“制图”进入工程图环境。

(5) 选择图纸：单击“图纸”工具条“新建图纸页”打开图纸页对话框，如图 8 - 25 所示，选择“使用模板”项下的“A2 - 无视图”，单击“确定”完成标准图纸页调用，双击标题栏上的文字可以进行编辑，对公司名称等做出重新设定。

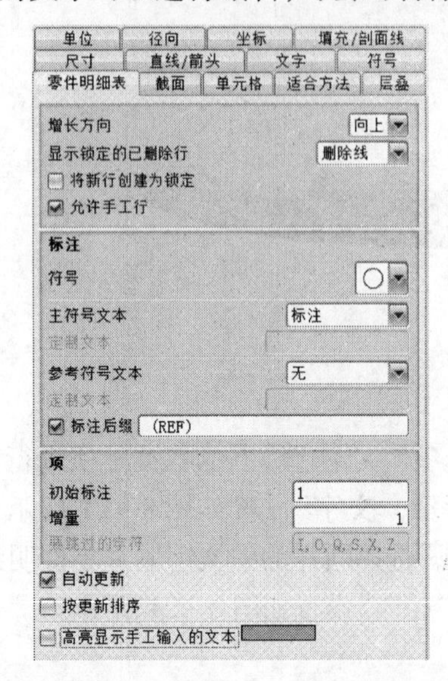

图 8 - 22　注释首选项——零件明细表

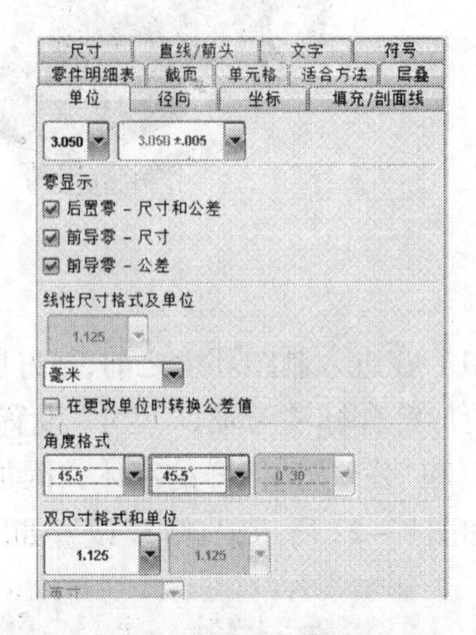

图 8 - 23　注释首选项——单位

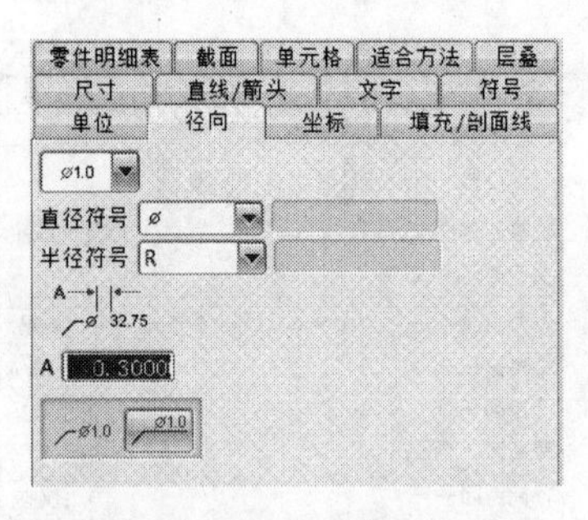

图 8 - 24　注释首选项——径向

图 8 - 25　使用模板新建图纸

(6) 添加基本视图作为主视图：单击“图纸”工具条“基本视图”，打开基本视图对话框，如图 8 - 26 所示，在“模型视图”选项下选择“BOTTOM”仰视图。

(7) 定向视图：单击“定向视图工具”后的[图标]，打开“定向视图”对话框，如图 8 - 27 所示，利用鼠标中键将视图反转(按住 MB2 拖动)至大致位置后，按键盘 F8 键，获得最靠近当前视角的视图，单击“定向视图”对话框的“确定”后，在图纸上合适位置布置所需视图，如图 8 - 28 所示。

(8) 添加投影视图：单击“图纸”工具条“投影视图”，打开投影视图对话框，选择上一步放置的主视图作为“父视图”，系统自动根据鼠标位置生成基于“父视图”不同方向的投影视图，将鼠标移至“父视图”下方合适位置，单击鼠标给出俯视图，如图 8 - 29 所示。

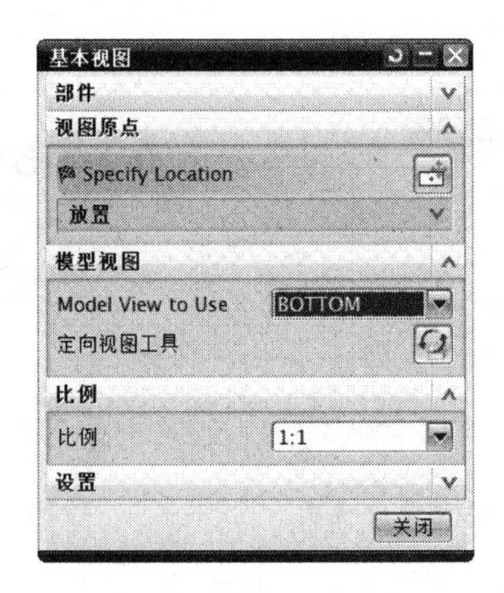

图 8-26 添加基本视图作为主视图

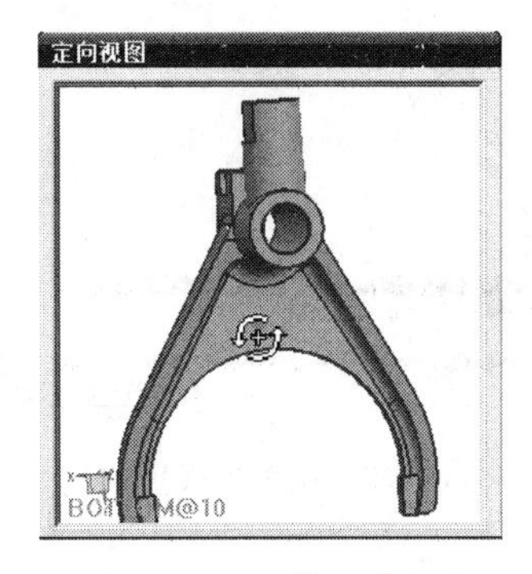

图 8-27 调整视图方位

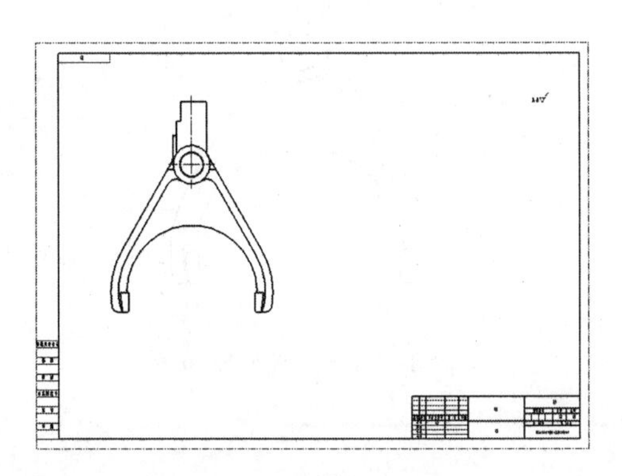

图 8-28 布置主视图

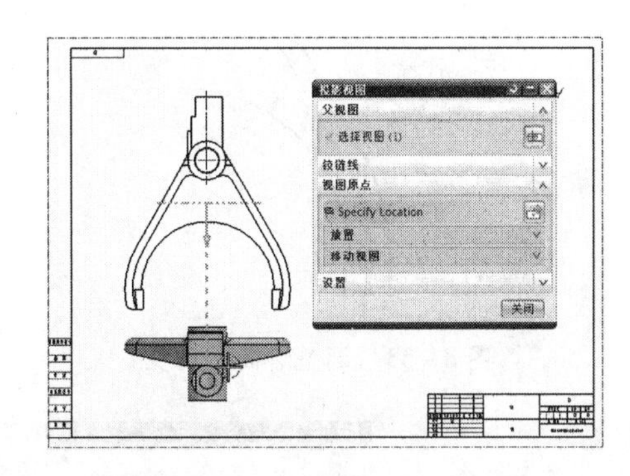

图 8-29 为主视图添加俯视图

(9) 为主视图添加全剖视图：单击“图纸”工具条“剖视图”，选择主视图为“父视图”，选择中间孔心为剖切位置，向右拖动鼠标至合适位置，给出剖视图，如图 8-30，依照国标，剖切线如果是对称中线则可以不画出，因此可以右键“隐藏”剖切线。

(10) 添加断面图：右键单击主视图，在弹出菜单上选择“活动草图视图”，如图 8-31 所示，之后利用“草图”工具在如图 8-32 所示，位置绘制一条辅助短线，以表示断面位置(注意图中的垂直符号)，单击“图纸”工具条的“剖视图”，选择主视图作为“父视图”，剖切位置选择辅助线的端点(可使用过滤工具条进行捕捉)，单击“剖视图”对话框上的“定义铰链线”，指定辅助线以确定剖切方向，单击“反向”使得投影为斜上，单击对话框上的移动段，移动剖切段到合适位置，然后再单击对话条上的“样式”，在“视图样式”对话框的“截面线”选项卡下，取消勾选“背景”，单击“视图样式”对话框的“确定”按钮，在合适的位置放置断面图，之后右键删除辅助草图线，再通过拖动直接移动断面图到剖切线附近，如图 8-33 所示，完成断面图；同样的方法可以添加另外的断面图，如图 8-34 所示。

(11) 添加中心线及尺寸辅助线：单击“注释”工具条上“2D 中心线”，选择叉口上部分上下两端横短线，生成中心线，拖动至合适长度，单击“应用”绘制一条中心线；然后再次选择叉口内侧两竖直短线，生成中心线，勾选“单独设置延伸”，以调整中心线长度和位置，如图 8-35 所示。

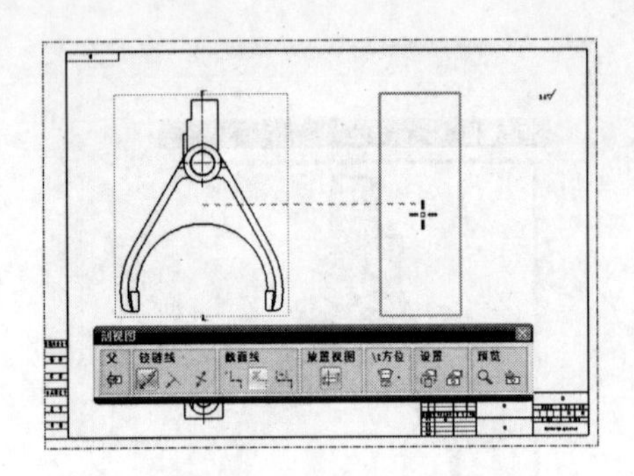

图 8－30　添加剖视图

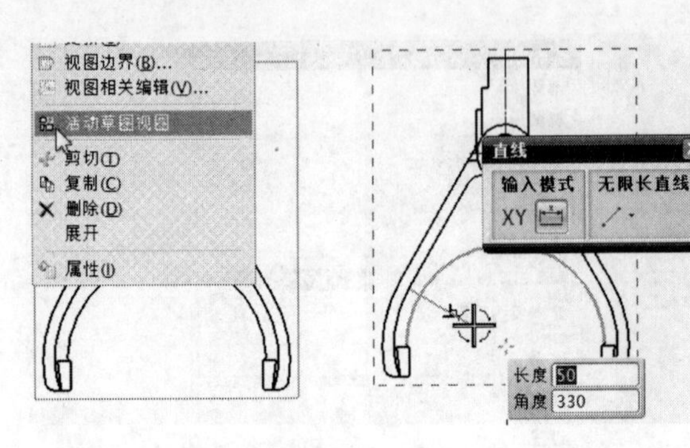

图 8－31　切入活动草图视图　　图 8－32　绘制辅助线

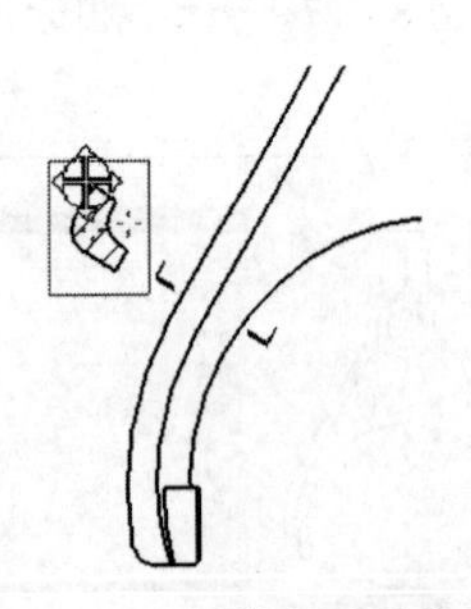

图 8－33　调整断面图位置

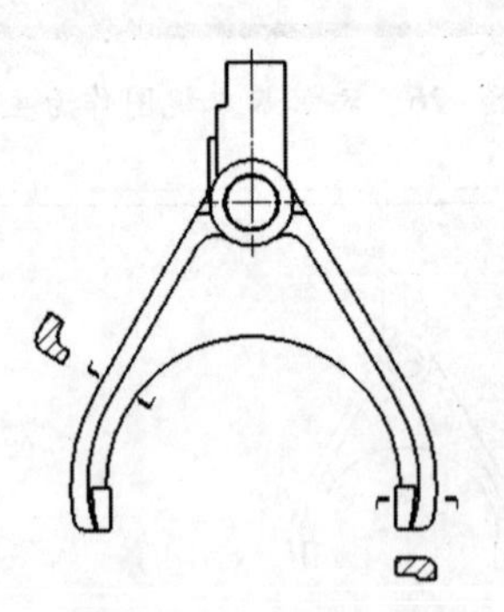

图 8－34　完成的断面图

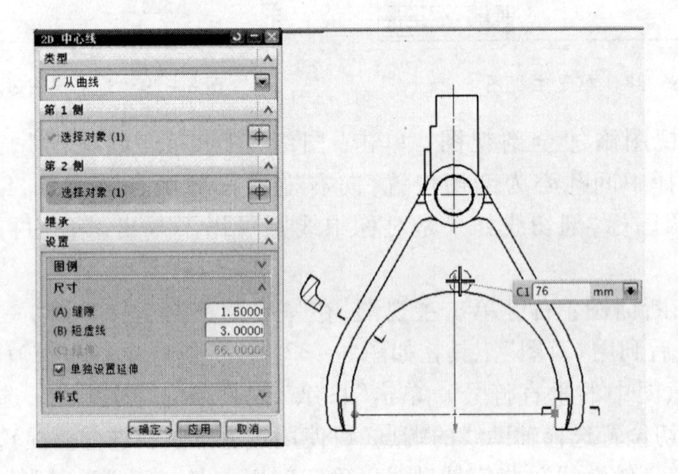

图 8－35　添加中心线

（12）尺寸标注：在菜单“首选项”→“注释”中的“单位”选签下选择圆点型小数点，而不是逗号型小数点，同时也可根据需要在其他选签修改注释样式；之后利用“尺寸”工具条来完成尺寸标注，如图 8－36 所示。

（13）标注形位公差，如图 8－37 所示。

（14）标注表面粗糙度，如图 8－38 所示；

（15）标注技术要求文本，如图 8－39 所示。

（16）最后单击“文件”菜单上的“属性”，为零件图添加“DB_pART_NO”标题，并设定编号文本，以及添加“DB_pART_NAME”，并设定零件名称为“C415017 拨叉”，以便于

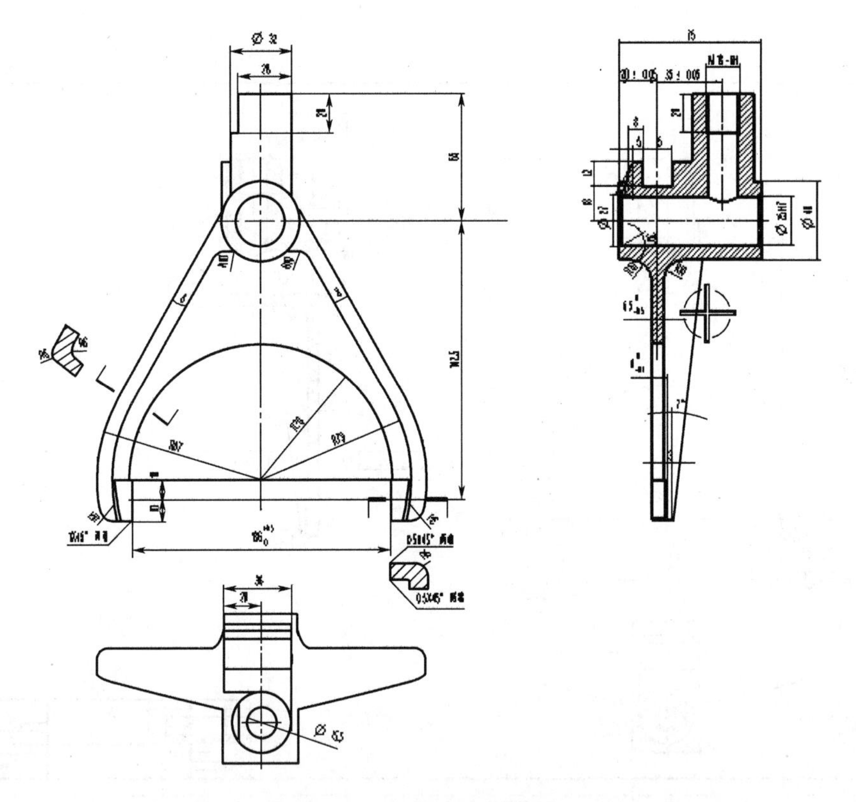

图 8－36　尺寸及尺寸公差标注

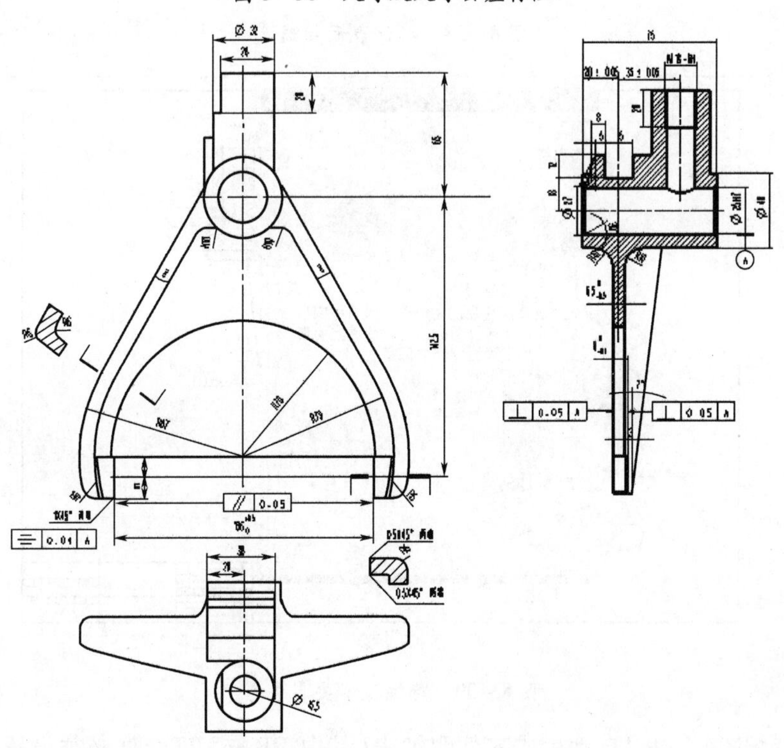

图 8－37　标注形位公差

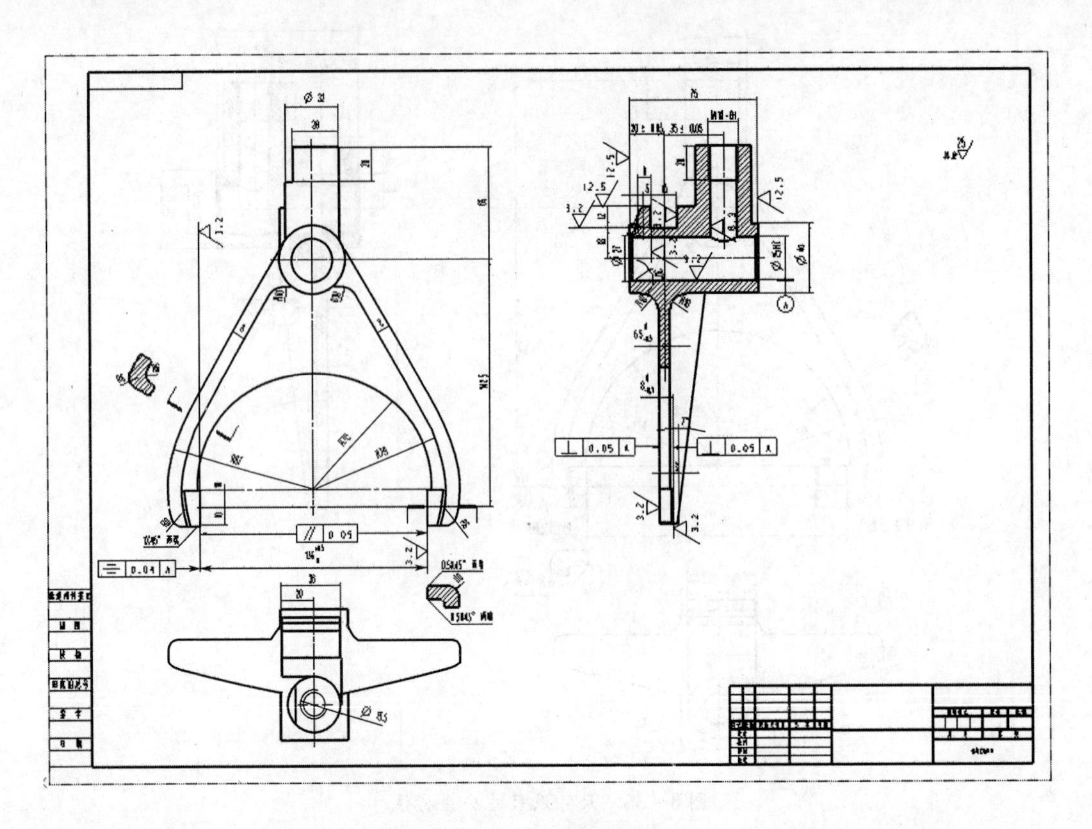

图 8－38　标注表面粗糙度

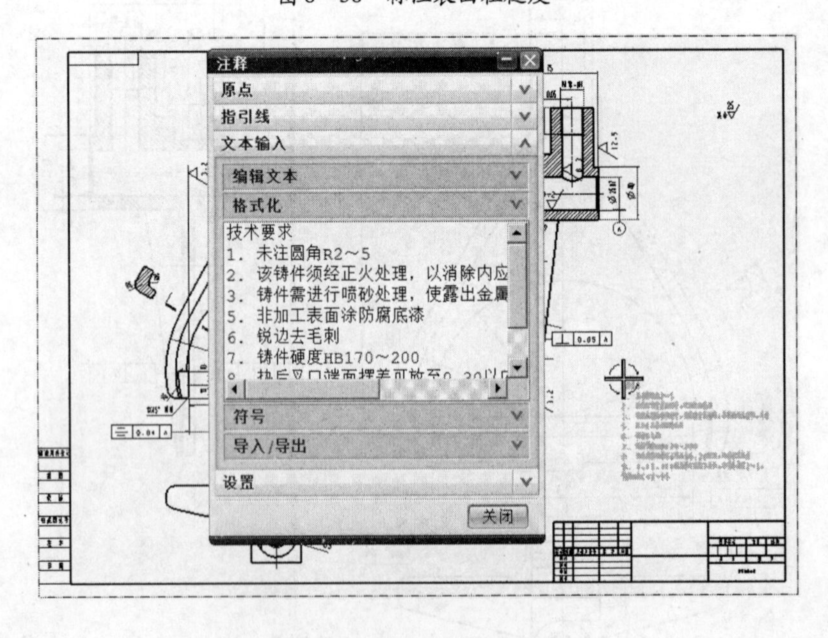

图 8－39　标注技术要求文本

后续生成装配图时，可以自动生成零件明细表（其中 DB_ pART_NO 必须设置，否则在将来的装配图中将无法自动生成零件明细表），如图 8－40 所示。

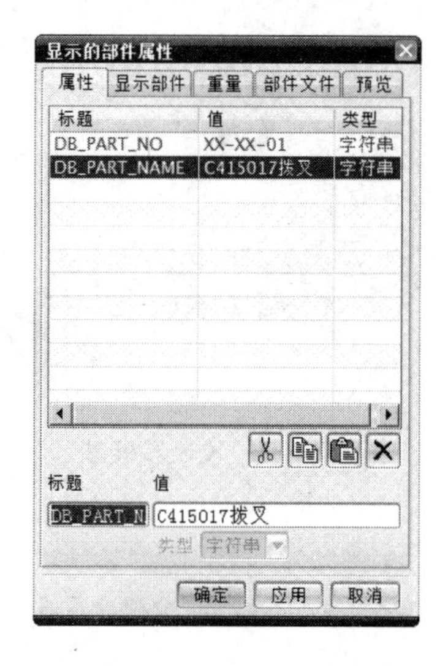

图 8 - 40 设置零部件关键属性

8.4 思考与练习

一、填空题

1. 如果需要标注带有公差的尺寸，则需要先在对话框上选择合适的______，然后设置______，再单击______，在弹出的输入框中输入正确的公差值。

2. UG 可以自动生成装配部件的零件明细表以及零件号。前提是，用户必须为装配在一起的每一类零件模型，至少增加______属性，并设置好相应的字符串值。

3. 标注配合尺寸需要在标注一般尺寸基础上，在填写________时增加后缀文本以表达配合类型。

4. UG 表面粗糙度的标注通过________对话框实现。

5. 基准为位置公差提供关联参考要素，在需要给出公差基准时，可以通过“打开”对话框来完成基准符号的标注。

二、简答题

1. 比较零件图与装配图标注内容的异同。

2. 简述在零件图上标注形状公差的方法和步骤。

3. 简述装配图上明细栏和零件号的生成方法。

三、上机练习

1. 打开 ch7\exercise\daxiang_ti. prt，在第 7 章已完成内容的基础上查询相关公差标准对箱体零件进行标注（公差等级默认取 7 级；表面粗糙度各孔内壁 3.2，其余加工部位 6.3；垂直方向孔轴线相对于水平大孔轴线垂直度公差 6 级）。

2. 打开 ch8\exercise\jian_shu_qi. prt，如图 8 - 41 所示，给出该减速器的装配工程图，要求标出必要的外形尺寸，以及完整的零件号和明细栏。

图 8-41　减速器模型

第 9 章　UG 二次开发技术

UG NX 作为一个面向机械行业的通用 CAD/CAE/CAM 软件，虽然在发展过程中不断推出新版本，功能也在不断增加和强大，但是由于客户的特殊需求和面向专业化开发的要求，仍然需要在其基础上进行一定的二次开发工作以满足实际的需要。基于 UG 系统的二次开发技术已经成为拓展用户应用范围、将用户的设计知识融入设计软件、满足客户化特殊需求的一个非常方便的开发平台。从二次开发的角度讲，新版本的 API 函数变化不大。所以本章提供的二次开发方法仍然可以应用于以后的发展版本。

本章主要介绍 UG 二次开发工具、VC + + 编程环境、UG API 的开发框架、零件参数化设计方法，并综合前述开发方法及工具，以矩形花键、轴为例阐述了参数化设计的开发过程，并公布了源代码，使读者能够快速掌握 UG 二次开发技术，提高二次开发的能力，以满足产品实际开发的需要。

本章学习要点：

（1）熟悉 UG 二次开发的基本概念、基本方法及基本途径。

（2）掌握 UG 开发环境的设置。

（3）熟悉 UG API 的开发知识。

（4）掌握菜单及工具条的编写，UG 对话框的制作。

（5）掌握简单零件的参数化设计系统的 UG 二次开发过程。

9.1　UG 软件的二次开发

9.1.1　UG 二次开发概述

很多企业在引入了 CAD/CAM/CAE 软件后，发现通用的 CAD/CAM/CAE 软件功能虽然解决了他们大部分的实际需求，在一定程度上提高了产品设计、制造及管理的效率，但是很多专业的、更为具体的问题，例如，符合本企业设计用的产品数据管理（PDM）、编制产品工艺用的计算机辅助工艺设计（ CAPP ）、产品虚拟装配的路径规划、异地产品协同设计及本企业复杂零件的参数化设计等，单靠操作 UG 是很难实现的，以至于 CAD/CAM/CAE 软件的应用水平不高，仅仅停留在操作层面，没有充分挖掘软件平台的潜力，浪费了很多人力和物力。因此目前大部分企业已经意识到开发满足企业实际应用软件的重要性，并且很多企业都有成功实施的经验，把特殊的、专业的知识和通用的软件集成为一个高效的、满足企业实际应用的系统平台，为企业在市场上的竞争提供了有力的保障。

其中，零件的参数化设计就是在 UG 平台上较为广泛的开发方向，它贯穿于从概念设计到详细设计的全部过程。通常，参数化设计是指零件或部件的形状比较固定，用一组尺寸参数或约束表示该几何图形的大小与形状，参数与设计对象有显式的对应关系，当赋予它们不同的参数序列值时，可以驱动其达到新的几何图形，其设计结果是包含设计信息的模型。UG 二次开发主要用于标准化、系列化和通用化程度比较高的定型产品，采用尺寸驱动的方法，在已有零件三维模型的基础上，根据特殊要求，用开发人员编写的参数化程序完成对零件设计参数的检索和修改，并把最终修改的参数返回到模型中，从而驱动零件的变化，完成对模型几何外形的控制。

9.1.2 UG 二次开发工具

UG 二次开发，是指在 UG 软件平台上，结合企业或用户的具体需求，为实现某种特定的功能，开发的面向企业或用户的专用软件。UG 软件为企业或用户提供的主要二次开发工具有 UG/Open MenuScript、UG/Open UIStyler、UG/Open API 和 UG/Open Grip。它们之间可以相互调用，方便进行二次开发。MenuScript 所开发的菜单和工具条可以调用 UIStyler 开发的对话框；MenuScript 和 UIStyler 开发的对话框可以调用 UG/Open Grip 程序和 UG/Open API 程序；UG/Open API 程序和 UG/Open Grip 程序之间也可以相互调用。

(1) UG/Open MenuScript 是 UG 提供定制菜单的专用模块，可以生成自己的菜单，替换 UG 的原有菜单，也可以实现对 UG 某个菜单的编辑并生成自己的菜单。MenuScript 支持 UG 主菜单和快速弹出式下拉菜单的修改，通过它可以改变 UG 主菜单和快速弹出式下拉菜单的修改，可以改变 UG 菜单的布局、添加新的菜单项以执行用户二次开发程序。应用 MenuScript 编程，有两种方法可以实现菜单的用户化：第一种是重新生成，并替换 UG 标准菜单；第二种是对标准 UG 菜单进行编辑。

(2) UG/Open UIStyler 是开发 UG 对话框的可视化工具。它最大的优点是可以避免复杂的图形用户接口编程。其设计对话框的方式与 Visual C + + 很相似，即利用对话框中基本控件的组合生成不同的对话框，对话框中所有的控件设计是可见即可得的。

(3) UG/Open Grip 语言用来创建满足需求的专用软件，与 UG 系统集成，具有通俗、易性的特点。利用 Grip 程序，可以完成与 UG 的各种交互操作。例如，调用一些曲线、曲面及实体生成语句，创建几何体和制图实体，可以控制 UG 系统参数，实现文件管理功能；也可以存取 UG 数据库，提取几何体的数据和属性；还可以编辑修改已存在的几何体参数等。Grip 语言与一般的通用语言一样，有完整的语法规则、程序结构、内部函数以及与其他通用语言程序的相互调用等。Grip 程序同样要经过编译和链接并生成可执行程序后，才能运行。

(4) UG/Open API 是 UG 与外部应用程序之间的接口，它是提供的一系列函数和过程的集合。通过 UG/Open API 的编程，用户几乎能实现所有的 UG 功能，开发者可以通过 C 语言编程来调用这些函数，从而达到实现用户化的需要。UG/Open API 主要用于用户化定制 CAD 环境、开发在 UG 软件平台上的专用软件、开发 UG 软件与其他 CAD 软件的接口。目前，商品化的 CAD 软件很多，如 UG、CATIA、Pro/E、SolidWork 和 AutoCAD 等。这些软件都有各自的数据结构，如果需要将它们的信息相互利用，就必须开发它们之间的数据转换接口。

9.2 UG/Open API 开发基础

9.2.1 概述

UG/Open API(Application Programming Interface,应用程序接口)是 UG 与外部应用程序之间的接口,是一系列 UG 提供的函数和过程的集合,它提供了比 Grip 更多的功能,包括建模、装配和有限元分析等。它支持 C/C + +语言,可以充分发挥 C 语言编译、运行效率高和功能强大的特点。同时这些 API 函数可以无缝地集成到 C + +程序中,并利用强大的 Visual C + +集成环境进行编译。这样就可以充分利用 Visual C + +强大的功能和丰富的资源,包括 MFC 类库,使用面向对象的软件工程方法,优质高效地进行软件开发。

9.2.2 UG/Open API 数据类型、函数及表达式

任何一种编程语言或者编程接口都有自己的数据类型,UG/Open 也不例外,数据类型表明了这种数据在内存中需要多大的空间。

1. UG/Open API 数据类型

UG/Open API 编程接口是 C 语言的语法格式,因此它支持 C 语言的标准数据类型,除此之外,UG/Open API 大量使用了类型定义,如 structures(结构体)、enums(枚举)和 union(共用体)等。UG/Open API 数据结构的命名规定是_t 数据类型、_s 结构体类型、_u_t 共用体类型、_t_p 数据类型指针和_u_p_t 公用体类型指针。

如:

```
Union UF_STYLER_value_u
{
    char                                                    *string;
    char  **strings;
    int  integer;
    int  *integers;
    double  real;
    double  reals;
    UF_UI_selection_p_t selection notify;
    UF_STYLER_notification_p_t notify;
    UF_UI_attachment_t attach;
    UF_UI_option_toggle_t option_toggle;
}
Typedef union UF_STYLER_value_u UF_STYLER_value_t;
```

上面的数据类型 UF_STYLER_value_u 是定义的公共体数据类型,通过 Typedef union 关键字把 UF_STYLER_value_u 数据类型定义成 UF_STYLER_value_t 别名,即通过 UF_STYLER_value_u 和 UF_STYLER_value_t 定义的数据类型都表示同一种类型。

UF_STYLER_value_t 数据类型主要用在 UF_STYLER_item_value _type_s 数据类型中,作为它的成员,UF_STYLER_item_value _type_s 表示定义的输结构体类型的数据,定

义如下:

```
Struct UF_STYKER_item_value_type_s
{
    int reason;
    const char  *iten_id;
    int subitem_index;
    int count;
    int item_attr;
    int indicator;
    UF_STYLER_value_t value;
};
```

在此外,在 UG/Open API 中,用来识别对象的数据类型是 tag_t 对象句柄。实际上,tag_t 是无符号整型数据类型,在 uf_defs. h 中定义如下:

```
typedef unsigned int tag_t, *tag_p_t;
```

大多数情况下,数据类型在相应的头文件中都有说明,因此对于在程序中使用到的数据类型,也应在程序开头将相应的头文件用#include 包含进来。下面是获取当前显示模型句柄 tag_t,并将其关闭的代码:

```
tag_t tModel;
tModel = UF_pART_ask_display_part();
UF_pART_close(tModel,1,1);
```

2. UG/Open API 函数

1) 函数名称

在 UG/Open API 中,函数的命令方式有两种形式:UF_ <模块或应用字母的缩写>_ <动作:名词 + 动词>;uc <数字>或 uf <数字>。在这两种方式中,第一种方式是在新版本 UG/Open API 中函数的命名方式,并且将代替第二种方式,第二种方式是老版本的命名方式。由于第二种命名方式简单且函数参数少,因而仍有不少函数在使用中,如 uc1601("hi",1)。

(1) UF_ <模块或应用字母的缩写>_ <动作:名词 + 动词>

```
UF_pART_new();
UF_pART_open();
UF_pART_save();
UF_pART_save_as();
```

(2) uc <数字>或 uf <数字>

```
uc1601();
uc1605();
```

2) 函数参数

在 UG/Open API 中,大部分参数是用 C 语言编写的,函数的定义遵守以下形式:

<返回数据类型> <函数名>(参数列表)

其中,参数列表中的参数分为 Input、Output 和 Output Free 3 种。其中 Input 表示输入参数,Output 表示输出参数,Output Free 也表示输出参数,但此输出参数在使用完毕后,必须释放占用的内存空间。

(1) UF_pART_new(const char * part_name , int units,tag_t * part);

函数功能为新建模型,其中 part_name 是输入参数,表示新建模型名称的字符指针;units 是输入参数,表示模型单位,当 units = I 时,模型单位是 Metric,当 units = 0 时,模型单位是 English; part 是输出参数,表示新建模型句柄的指针。下面是此函数的用法:

```
tag_tp:1 <1;
const char part_name[ ] ="E:\\model_1.prt";
UF_pART_new( part_name,1, &part);
```

(2) UF_pART_open (const char * part_name, tag_t * part, UF_pART_load_status_t * error_status);

函数功能为打开指定模型名称的模型。其中 part_nam 是输入参数,表示打开模型名称的字符指针;part 是输出参数,表示返回打开模型句柄的指针;error state 是输出参数,但是使用完毕后,必须释放占用的内存空间,表示函数执行失败时的错误信息。下面是此函数的用法:

```
tag_t part;
const char part_name[ ] = "E:\\model_1.prt";
UF_pART_load_status_t * error_status;
UF_pART_open( patt_name , &part, &error_status);
UF_pART_free_load_status (&error_status);
```

(3) UF_pART_save(void);

函数功能为保存当前处于活动状态的模型。函数没有参数列表,用法简单,如:

```
UF_pART_save( );
```

(4) UF_pART_save_as(const char * new_part_name);

函数功能为将当前处于活动状态的模型另存为指定的模型名称。其中 new_part_name 是输入参数,表示新命名的模型名称。下面是此函数的用法:

```
const char new_part_name[ ] =“E:\\model_2.prt”;
UF_pART_save_as( new_part name);
```

3) 函数的使用

利用 UG/Open API 进行 UG 二次开发,当使用到函数时,必须先用 UF_initialize( ) 函数进行初始化,获得函数使用许可;当函数使用完毕后,必须用 UF_terminate( ) 释放掉对函数的使用许可。下面是使用 UG/Open API 函数时经常使用的框架:

```
if ( UF_initialize()! =0)
    return;
//执行满足功能需求的 UG/Open API 函数;
    UF_temunate ( );
```

3. UG/Open API 表达式

在 UG 中进行参数化建模时,通过改变模型的尺寸,达到模型发生相应变化的效果,模型尺寸的变化实际上是约束模型的尺寸表达式发生了改变,这在 UG 表达式编辑器中可以看到。

同样,利用 UG/Open API 编程也可以创建表达式、改变表达式和更新模型,以达到参数化建模的目的。

表达式名称必须以字母开头,后面可以是字母、数字及下画线等,区分大小写,一个模型中的表达式名必须是唯一的,其一般形式为

表达式名 = 值

值可以是数字也可以是条件等式。

在 UG/Open API 中,关于表达式的各种操作一般在头文件 uf_modl_expressions. h 中,其中常用的函数如下。

(1) 新建表达式

```
int UF_MODL_create_exp( char * expr_str );
```

其中 expr_str 表示新建表达式的字符指针,如:

```
char expr_str[ ] = "p1 =10";
UF_MODL_create_exp(expr_str );
```

(2) 删除表达式

```
int UF_MODL_delete_exp(char *exp_namc );
```

其中 exp_name 表示被删除的表达式名称的字符指针,如:

```
char expr_str[ ] = "p1 =10";
UF_MODL_create_exp( expr_str );
char exp_name[ ] = "p1";
UF_MODL_delete_exp( exp_name );
```

(3) 计算表达式的值

```
int UF_MODL_eval_exp( char*exp_name , double*exp_value );
```

其中 exp_name 表示被计算的表达式名称的字符指针,exp_value 是指向表达式值的双精度实数指针,如:

```
char expr_str[ ] = "p1 =10";
UF_MODL_create_exp(expr_str );
char exp_name[ ] = "p1";
double exp_value;
UF_MODL_eval_ exp( exp_name, &cxp_value);
```

(4) 编辑表达式

```
int UF_MODL_edit exp( char*expr_str );
```

其中 expr_str 表示被编辑的新表达式的字符指针,如:

```
char expr_str[ ] = "p1 =10";
UF_MODL_create_exp( expr_str);
char expr_str1[ ] ="p1 =60";
UF_MODL_edit_exp( expr_ str1);
```

(5) 查询表达式

```
int UF_MODL_ask_exp( char*exp_name , char exp_defn[133]);
```

其中 exp_name 表示被查询表达式名称的字符指针,exp_defn 表示查询的表达式结果,此表达式是完整的表达式,如:

```
char expr_ str[ ] = "p1 =10";
UF_MODL_create_exp( expr_str);
char exp_name[ ] = "p1";
```

```
char exp_defn[133];
UF_MODL_ask_exp( exp_name,exp defn);
```

(6) 更改表达式名称

int UF_MODL_rename_exp(char * old_ exp_name, char * new_exp_name);

其中 old_exp_name 表示被更改的表达式名称的字符指针，new_ exp_name 表示新的表达式名称的字符指针，如：

```
char expr_str[ ] ="p1 =10";
UF_MODL_create_exp( expr_str );
char old_exp_name[ ] = "p1";
char new exp_name[ ] ="p2";
UF_MODL_rename_exp( old_exp_name,new_exp_name);
```

下面是改变模型表达式的值，其中 p1 和 p2 表达式必须在模型中存在，并且模型必须打开，使模型发生变化的代码如下所示：

```
char expr1[ ] ="p1 =10";
UF_MODL_create_exp( expr1);
char expr2[ ] ="p2 =10";
UF_MODL_create_exp( expr2);
char expr_str1[ ] = "p1 =20";
char expr_str2[ ] ="p2 =20";
UF_MODL_edit_exp(expr_str1);
UF_MODL_edit_exp(expr_str2);
UF_MODL_update( );
```

9.2.3 UG/Open API 开发模式

根据程序运行环境的不同，UG/Open API 程序可分为两种模式。

(1) 外部(External)程序模式。UG/Open API 程序的运行与 UG 的环境无关，只能在 UG 环境外运行 UG/Open API 程序，在操作系统下单独运行，它作为操作系统的一个子进程存在，调用灵活，但不能与 UG 图形界面进行交互。因此运行的结果通常不能在 UG 图形界面中显示，所以应用较少，通常用于打印机、出图和数据管理等。

在调用访问 UG 格式数据的函数以前必须要打开 UG 的部件(part)文件。

External 程序的一般格式如下：

```
#include <uf.h>
int main(int argc,char * * argv)
{
/* 定义变量,如 int i;char s; * /
UF_initialize();
/* 应用程序主体,如:uc1601("hi",1); * /
OF_ terminate();
}
```

(2) 内部(Internal)程序模式。UG/Open API 程序的运行与 UG 的环境有关，只能在 UG 中运行。它是经过编译、连接后得到的 dll 文件，程序代码小、连接速度快，运行结果在 UG 界面的图形窗口中可见，入口函数主要是 ufusr 或 ufsta。运行在 UG 内部的 API 程序通过动态链接成为 UG 的一部分，并可以与用户进行交互，实现与 UG 的无缝集成。

Internal 程序的一般格式如下：

```
#include <uf.h>
void ufusr(char * param. int * retcod,int parm_len)
  {
  /* 定义变量,如 int i;char s; * /
  UF_initialize();
  /* 应用程序主体,如:uc1601("hi",1); * /
  UF_ terminate();
  }
```

在本书中，如果没有特别说明，所有程序均是内部程序模式。

9.2.4 MenuScript 菜单、工具条设计

1. 菜单脚本文件及语法

菜单是人机交互最重要的方式之一，在 UG 开发环境中，菜单的制作通过 UG/Open MenuScript 来实现，它支持 UG 主菜单的修改，是 UG/Open 的一个重要组成部分，通过它可以生成用户化的菜单，进而集成用户二次开发的特殊应用。利用 UG/Open MenuScript 可以为自己的应用程序建立专门的菜单条。UG/Open MenuScript 开发用户菜单有两种方式：一种是创建新菜单，并替换 UG 标准菜单；另一种是对现有的标准 UG 菜单进行编辑，从而生成自己的菜单。菜单脚本文件中扩展名为 *.men 的文件，可以用记事本创建和编辑，一般放在 startup 文件目录下。

在 UG 二次开发中，常用的菜单模式分为二级菜单和三级菜单，下面将分别说明其语法格式。

1）二级菜单

```
VERSION 120
EDIT UG_GATEWAY_MAIN_MENUBAR
BEFORE UG_HELP
CASCADE_BUTTON menu_name_1
LABEL 一级菜单
END_OF_BEFORE
MENU menu_name_1
BUTTON menu_name_21
LABEL 二级菜单 1
ACTIONS action1.dlg
BUTTON menu_name_22
LABEL 二级菜单 2
ACCELERATOR FI
ACTIONS action2.dlg
END_OF_MENU
```

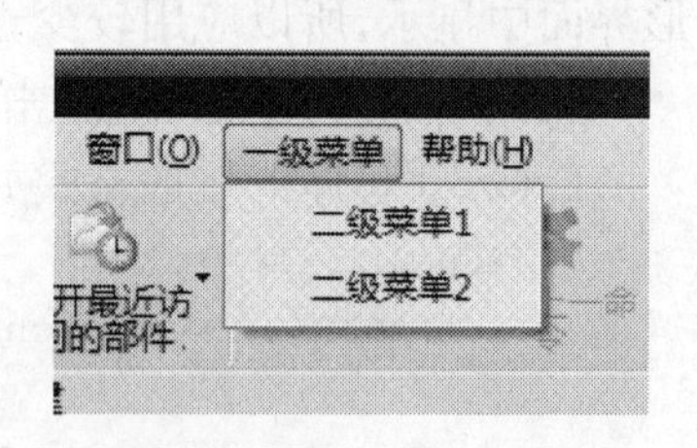

图 9-1　二级菜单

运行结果如图 9-1 所示。

2）三级菜单

```
VERSION 120
EDTT UG_GATEWAY_MAIN_ MENUBAR
```

```
BEFORE UG_ HELP
CASCADE_BUTTON menu_name_1
LABEL 一级菜单
END_OF_BEFORE
MENU menu_name_1
BUTTON menu_name_21
LABEL 二级菜单 1
ACTIONS action1.dlg
CASCADE_BUTTON menu_name_22
LABEL 二级菜单 2
END_OF_MENU
MENU menu_name_22
BUTTON menu_name_31
LABEL 三级菜单 1
ACCELERATOR FI
ACTIONS action3.dlg
END_OF_MENU
```

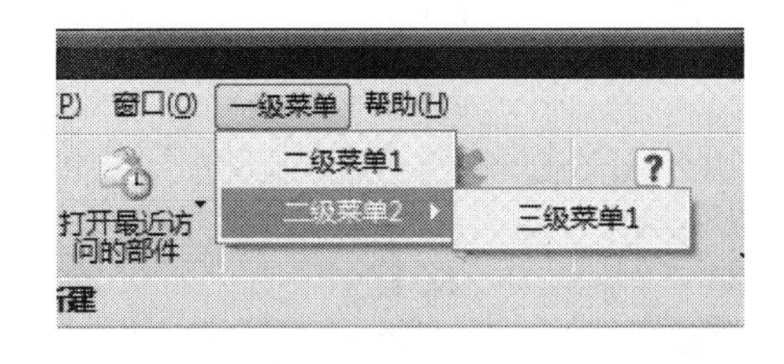

图 9－2　三级菜单

运行结果如图 9－2 所示。

在上面菜单中，VERSION 代表版本。在 UG NX 7.5 中，版本号为 120；EDIT UG_GATEWAY_ MAIN_MENUBAR 代表编辑 UG 刚启动时的菜单，表示此菜单将会在刚启动 UG 时出现；BEFORE UG_HELP 代表用户创建的菜单在 Help 菜单前；END_OF_BEFORE 与 BEFORE 要成对出现，表示 BEFORE 关键字的结束；CASCADE_BUTTON 代表此菜单下还有子菜单；LABEL 是菜单的标签；BUTTON 代表子菜单的标识，说明此子菜单下没有子菜单；ACCELERATOR 代表加速键，表示当按 ACCELERATOR 后面定义的加速键时，执行此菜单的功能；ACTIONS 表示选择菜单时要完成的动作；MENU 经常与 CASCADE_BUTTON 联用，表示 CASCADE_BUTTON 下的子菜单，MENU 后面跟的菜单标识与 CASCADE_BUTTON 后面的菜单标识相同；END_ OF_MENU 与 MENU 要成对出现，表示 MENU 关键字的结束。

下面以 4 级菜单的创建方法为例，说明菜单的创建方法。

（1）在自定义目录下创建 startup 和 application 两个文件夹。其中自定义的菜单文件就在 startup 文件夹中。本实例的目录为 E:\ug_menu_test。

（2）在“我的电脑”上单击鼠标右键，在弹出的快捷菜单中选择“属性”命令，在弹出的对话框中切换到“高级”选项卡，在该选项卡中单击“环境变最”按钮，注册环境变量，其中的变量名为 UGII_USER_DIR，变量值为自定义目录，如图 9－3 所示。

（3）在 startup 文件夹下建立工具条文件，其中 ACTION 后面为菜单要执行的动作。

```
VERSION 120
EDIT UG_GATEWAY_MAIN_MENUBAR
BEFORE UG_HELP
CASCADE_BUTTON menu_name_1
LABEL 一级菜单
END_OF_BEFORE
MENU menu_name_1
```

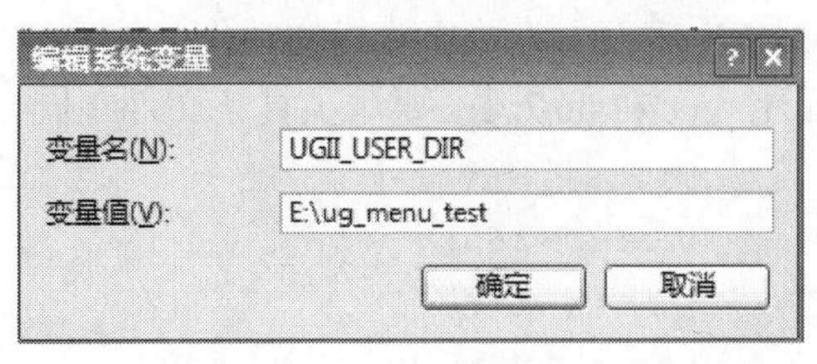

图 9－3　定义环境变量

```
BUTTON menu_name_21
LABEL 二级菜单 1
ACTIONS action1.dlg
CASCADE_BUTTON menu_name_22
LABEL 二级菜单 2
END_OF_MENU
MENU menuname_22
BUTTON menu_name_31
LABEL 三级菜单 1
ACTIONS action3.dlg
CASCADE_BUTTON menu_name_32
LABEL 三级菜单 2
END_OF_MENU
MENU menu_name_32
BUTTON menu_name_41
LABEL 四级菜单 1
ACTIONS action4.dlg
END_ OF_MENU
```

图 9-4　四级菜单

(4) 如果存在对话框文件或其他 dll 文件,则应把相应的 dll 文件复制到 startup 文件夹中,并将对话框文件 dlg 复制到 application 文件夹中。

(5) 启动 UG,如图 9-4 所示。

2. 工具条脚本文件及语法

工具条与菜单一样,在 UG 开发界面技术中占有同样的重要性,通常把常用的功能放在工具条中,可以有效地减少选择次数。在 UG 开发环境中,工具条是以 *. tbr 为后缀的脚本文件,可以用记事本创建和编辑。当启动 UG 时,自动加载工具条,工具条脚本文件一般放在 startup 文件目录下。下面以一个具体的实例来说明如何创建工具条。

(1) 在自定义目录下创建 startup 和 application 两个文件夹。其中自定义的菜单文件就在 startup 文件夹中。本实例的目录为:E:\ug_toolbar_test。

(2) 在"我的电脑"上单击鼠标右键,在弹出的快捷菜单中选择"属性"命令,在弹出的对话框中切换到"高级"选项卡,在该选项卡中单击"环境变量"按钮,注册环境变量,其中的变量名为 UGII_USER_DIR,变量值为自定义目录,如图 9-5 所示。

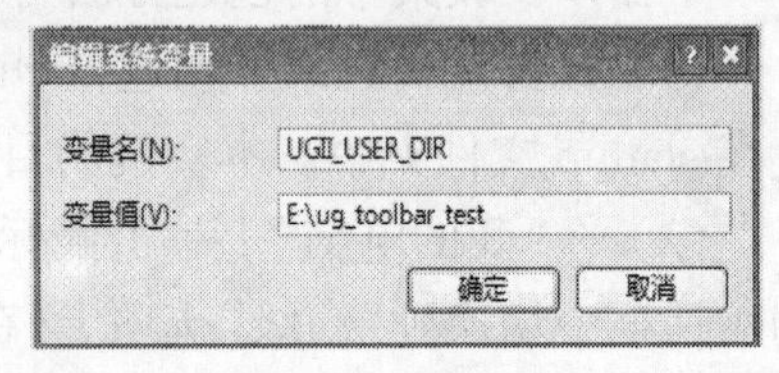

图 9-5　定义环境变量

(3) 在 startup 文件夹下建立工具条文件,其中 ACTION 后面为菜单要执行的动作。注意 1. bmp 和 2. bmp 文件在 application 文件夹下,fun 1. grx 和 fun2. grx 要与工具条文件在同一目录下。

```
TITLE 工具条
VERSION 160
BUTTON button 1
LABEL 功能 1
BITMAP 1.bmp
```

```
ACTION fun 1 .grx
SEPARATOR
BUTTON button2
LABEI 功能 2
BITMAP 2.bmp
ACTION fun2.grx
```

图 9-6　工具条

运行结果如图 9-6 所示

在上面的工具条中,TITLE 代表工具条的标签;VERSION 代表版本;BUTTON 代表工具条中按钮的标识;LABEL 代表工具条中按钮的标签;BITMAP 代表工具条中按钮的图标;ACTION 代表工具条中按钮所要执行的动作;SEPARATOR 代表分隔符。

9.2.5　UIStyler 对话框设计

1. UG 对话框的建立

启动 UG,选择“开始”→“所有应用模块”→“用户界面样式编辑器”命令,弹出 User Interfacd Styler 窗口设计环境,如图 9-7 所示。

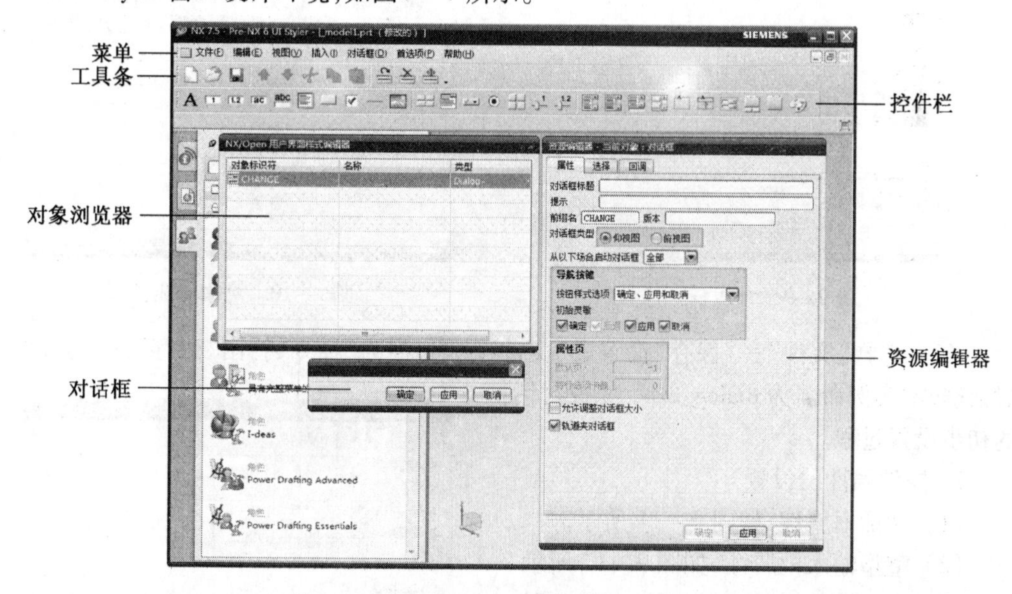

图 9-7　User Interface Styler 窗口设计环境

从图 9-7 中可以看出,对话框制作环境包含 6 个部分:菜单、工具条、控件栏、对象浏览器、资源编辑器和对话框。菜单主要完成对话框及控件常用的操作,如新建对话框、打开对话框、保存对话框、另存对话框和向对话框插入控件等;控件栏主要用来向对话框中插入控件;工具条中列出了菜单中常用的功能;对象浏览器用来列出对话框中包含的各种控件;资源编辑器用来编辑对象浏览器中包含的各种控件的属性,如:对话框的标题和定义对话框中的回调函数等;对话框用来反映对话框制作环境中的各种操作结果,同时也是 UG 二次开发中出现的用于满足特殊需求的人机交互方式。

控件栏如图 9-8 所示,从左到右依次是标签文本、整型输入框、实型输入框、字符串输入框、宽字符串输入框、多文本输入框、按钮、复选框、分隔符、位图、布局按钮、下拉列表框、按钮列表框、下拉复选框、单选按钮、整型滑动条、实型滑动条、单选列表框、多选列表框、单选框、滚动窗口、框架、行布局、标签页、属性页和调色板。

图 9-8 控件栏

当需要制作满足用户要求的对话框时，只需新建对话框或打开已有对话框、向对话框中插入控件、在资源编辑器中编辑控件属性、保存或另存对话框即可。

下面以一个实例说明对话的建立过程。

(1) 进入到 User Interfacd Styler 窗口设计环境，选择“文件”→“新建”命令，新建对话框，每次进入该窗口设计环境时，会自动建立一个对话框，因此选择“文件”→“新建”命令，不是必需的。

(2) 选择控件栏中的控件，向对话框中插入控件，此时对话框的变化及对象浏览器的变化如图 9-9 和图 9-10 所示。对话框中插入的控件依次是整型输入框、实型输入框、字符串输入框、下拉列表框、多文本输入框和按钮。

图 9-9 对话框

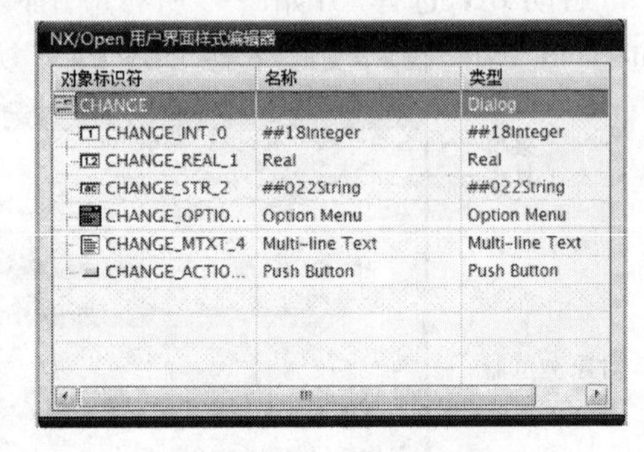

图 9-10 对象浏览器

(3) 选择“文件”—“保存”命令或“文件”—“另存为”命令，弹出“保存”或“另存为”对话框，本实例命名为 dialog_exp，完成对话框的初步设置过程。

2. 控件属性的设置

(1) 对话框属性，如图 9-11 所示。

(2) 整型输入框属性，如图 9-12 所示。

(3) 实型输入框属性，如图 9-13 所示。

(4) 字符串输入框属性，如图 9-14 所示。

(5) 下拉列表框属性，如图 9-15 所示。

(6) 多文本输入框属性，如图 9-16 所示。

(7) 按钮属性，如图 9-17 所示。

(8)控件标识，如图 9-18 所示。

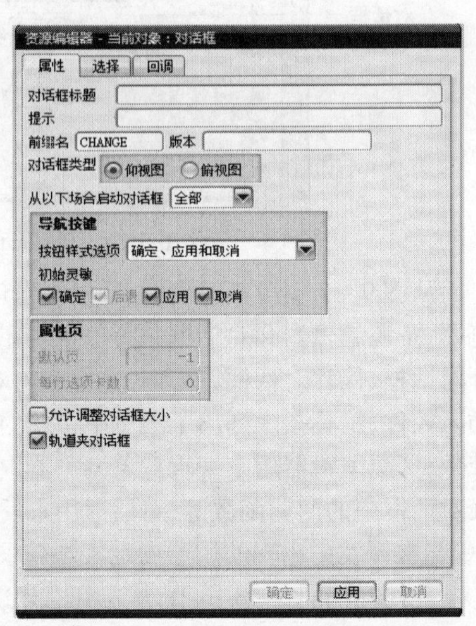

图 9-11 对话框属性

3. 回调函数

1) 对话框的回调函数

任何对话框都有 6 种基本的回调函数：

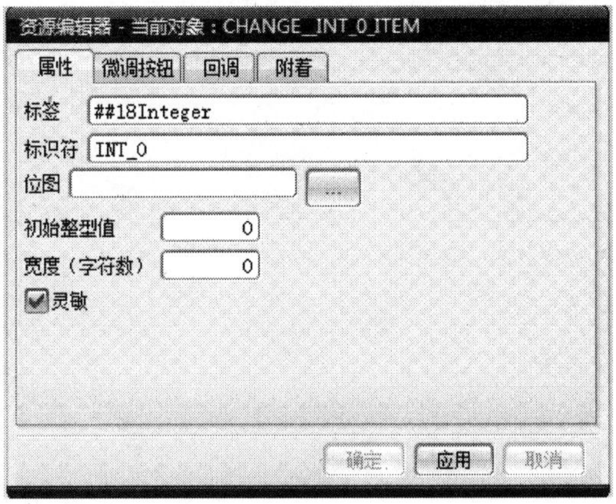

资源编辑器 - 当前对象：CHANGE_INT_0_ITEM

属性　微调按钮　回调　附着

标签　##18Integer

标识符　INT_0

位图　...

初始整型值　0

宽度（字符数）　0

灵敏

确定　应用　取消

图 9－12　整形输入框属性

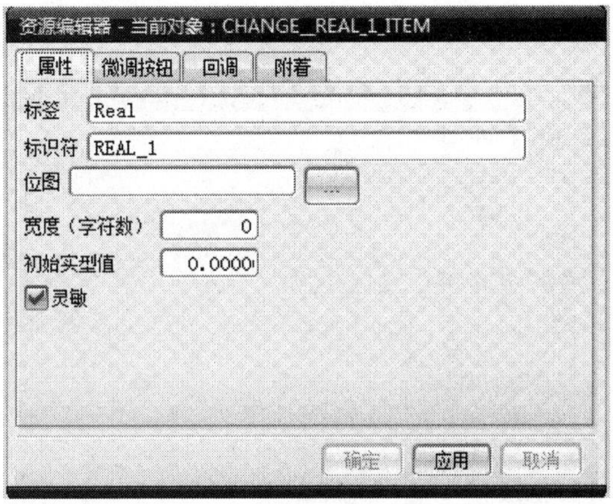

资源编辑器 - 当前对象：CHANGE_REAL_1_ITEM

属性　微调按钮　回调　附着

标签　Real

标识符　REAL_1

位图　...

宽度（字符数）　0

初始实型值　0.0000

灵敏

确定　应用　取消

图 9－13　实型输入框属性

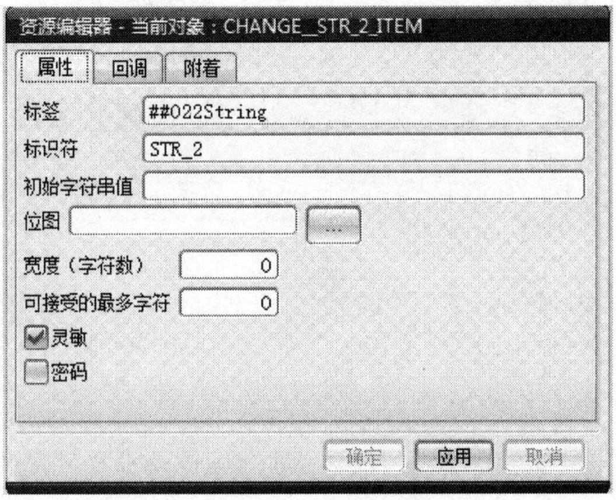

资源编辑器 - 当前对象：CHANGE_STR_2_ITEM

属性　回调　附着

标签　##022String

标识符　STR_2

初始字符串值

位图　...

宽度（字符数）　0

可接受的最多字符　0

灵敏

密码

确定　应用　取消

图 9－14　字符串输入框属性

图 9－15　下拉列表框属性

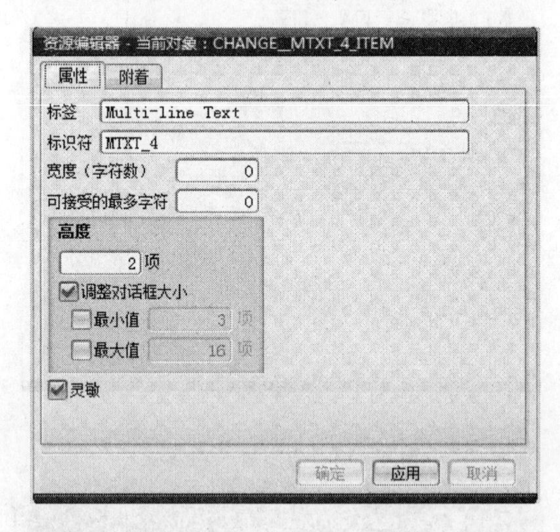

图 9－16　多文本输入框属性

图 9－17　按钮属性

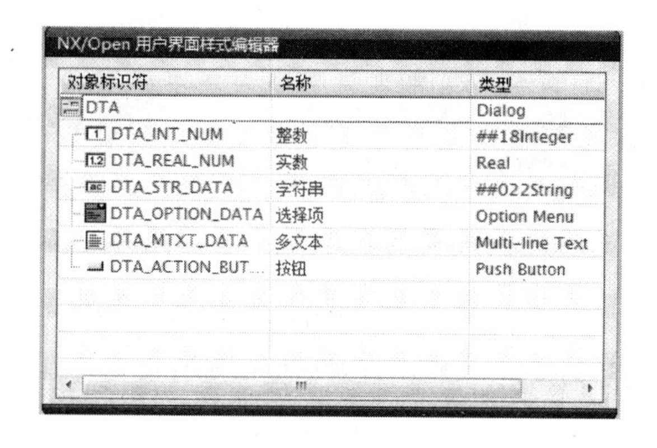

图 9－18 控件的标识

Apply 回调函数、Back 回调函数、Cancel 回调函数、Constructor 回调函数、Destructor 回调函数和 OK 回调函数。根据对话框属性的不同定义，有效的回调函数各不相同，在上面对话框属性定义的前提下，对话框定义的回调函数如图 9－19 所示，包括 Cancel 回调函数、Constructor 回调函数、Destructor 回调函数和 OK 回调函数。

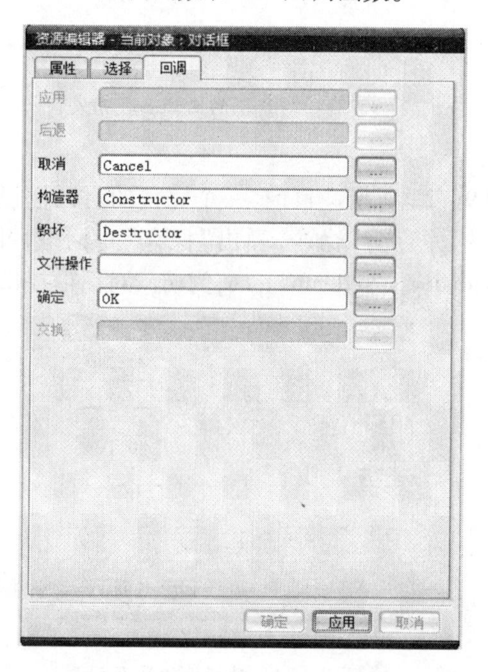

图 9－19 对话框的回调函数

其中 Constructor 回调函数是在对话框启动前 UG 自动调用的，主要执行对话框的初始化的功能；Destructor 回调函数是在对话框结束时 UG 自动调用的，主要完成对话框结束时用户所定义的需要处理的工作。

2）控件的回调函数

控件的回调函数是选择控件时，UG 调用的函数，需要与程序进行交互的控件都要定义控件回调函数，如输入框、下拉列表框和按钮等。下面是定义上面对话框中按钮控件的回调函数，如图 9－20 所示。

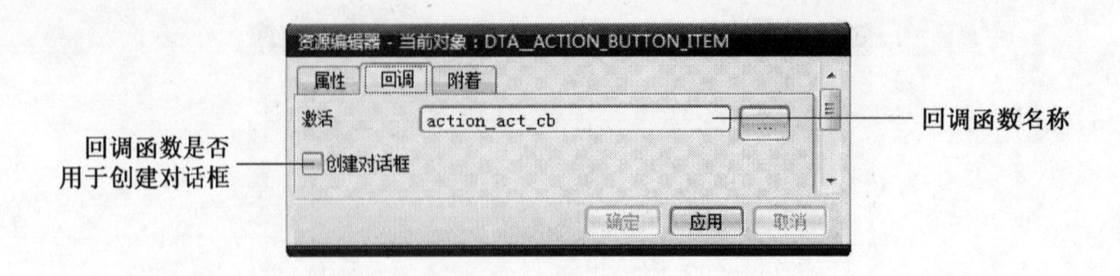

图 9-20　控件的回调函数

当单击“激活”右边的按钮时，将出现对话框中所有定义的回调函数的详细信息，如图 9-21 所示。

现有回调

函数名	创建的对话框	回调类型	对象名称	对象类型
Cancel	No	Cancel Callback	对话框	对话框
Constructor	No	Post Constructor Callb...	对话框	对话框
Destructor	No	Destructor Callback	对话框	对话框
OK	No	Ok Callback	对话框	对话框
action_act_cb	No	Activate Callback	DTA_ACTION_BUTTO...	Push Button

确定　取消

图 9-21　对话框的回调函数列表

4. 对话框界面

对话框的界面如图 9-22 所示。目前，一个完整的对话框设计完成，选择“文件”→“保存”命令或“文件”→“另存为”命令，弹出“保存”对话框，并生成 3 个文件：dialog_exp. dlg 和 dialog_exp. h、dialog_exp_template. c，为访问对话框提供资源。

图 9-22　对话框的界面

5. 控件的访问

1）UF_STYLER_ask_value 函数

UF_STYLER_ask_value 函数主要用于获取控件中用户输入的值，为程序提供数据传递，是联系用户与程序的桥梁，此函数只能在对话框中所定义的回调函数中使用。其函数原型为：

```
extern int UF_STYLER_ask_value
(
    Int dialog_id
```

```
    UF_STYLER_item_value_type_p_t value
);
```

其中 dialog_id 表示控件所属对话框的标识，一般通过回调函数传递进来，直接引用；value 是结构体类型指针，同时作为输入参数和输出参数，当作为输入参数时，表示控件的属性，如控件标识等；当作为输出参数时，返回控件中的值。

2）UF_STYLER_set_value 函数

UF_STYLER_ask_value 函数主要用于设置控件中的值，把程序中处理数据的结果返回到控件中，为用户的输入提供响应，此函数只能在对话框中所定义的回调函数中使用。其函数原型为：

```
extern int UF_STYLER_ set_ value
(
    int dialog_id,
    UF_STYLER_item_value_type_p_t value
);
```

其中 dialog_id 表示控件所属对话框的标识，一般通过回调函数传递进来，直接引用；value 是结构体类型指针，同时作为输入参数使用，表示控件的属性，如控件标识和控件中要显示的数值等。

3）UF_STYLER_item_value_type_ p_t 数据类型

UF_STYLER_item_value_type_ p_t 是结构体类型的指针，主要用于 UF_STYLER_ask_value 函数和 UF_STYLER_set_value 函数中，完成数据信息在用户与程序之间的交互。其原型如下：

```
struct UF_STYLER_item_value_type_s
{
int reason;
const char *item_id;
  int    subitem_index;
  int    count;
  int    item_attr;
  int    indicator;
  UF_STYLER_valuc_t value;
}
typedef struct UF_STYLER_item_value_type_s UF_STYLER_item_value_type_t
 *UF_STYLER_item_value_type_p_t;
```

其中 reason 作为 OF_STYLER 系列函数的输出，表示引起 UF_STYLER 系列函数的原因，在程序中不能修改；*item_id 表示控件的标识；subitem_index 表示控件中的子对象；当 value 是数组时，count 表示数组的长度；item_attr 表示描述的控件属性；indicator 表示 value 的数据类型；value 表示控件中的数据，是联合体数据类型。

4）对话框中控件访问的实例

本实例是当单击对话框中的“确定”按钮时，整型输入框和实型输入框恢复到初始状态。当单击对话框中的“确定”按钮时，用 uc1601 函数显示整型输入框和实行输入框中的数据。

（1）在自定义目录下建立 startup 和 application 文件夹，startup 文件夹用于存放 *. dll 文件，application 文件夹用于存放 *. dlg 文件。本实例自定义目录为 E:\DIALOG_DEMO。

（2）在“我的电脑”上单击鼠标右键，在弹出的快捷菜单中选择“属性”命令，在弹出的对话框中切换到“高级”选项卡，在该选项卡中单击“环境变量”按钮，注册环境变量，其中的变量名为 UGII_USER_DIR，变量值为自定义目录，如图 9 - 23 所示。

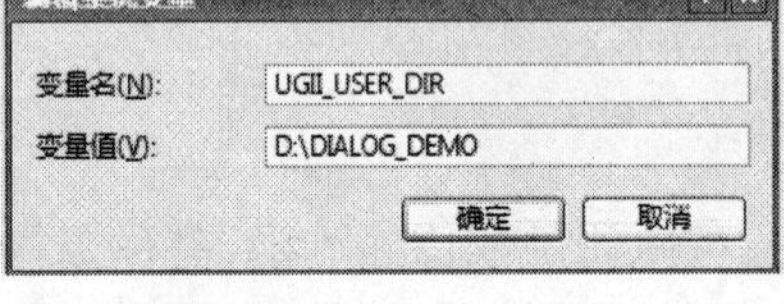

图 9 - 23　定义环境变量

图 9 - 24　Visual C + + 向导

（3）启动 Visual C + +，根据应用程序向导，建立程序框架，如图 9 - 24 所示。

（4）单击“OK”按钮，在弹出的对话框中单击“Finish”按钮，完成框架的建立，如图 9 - 25 所示。

（5）将对话框文件 dialog_exp_template. c 改为 dialog_exp_template. cpp，然后把 dialog_exp. h 和 alog_exp_template. cpp 两个文件移动至 E:\DIALOG_DEMO\ DIALOG_DEMO 目录下。

（6）把图 9 - 25 的 Visual C + + 工作空间中 DIALOG_DEMO. cpp 和 DIALOG_DEMO. h 从工程中删除，引入 E:\DIALOG_DEMO\DIALOG DEMO 下的 dialog_exp. h 和 dialog_exp_template. cpp 至 Workspace 中，如图 9 - 26 所示。

（7）选择 Workspace 中 dialog exp_template. cpp 文件，编写相应的函数。

```
dialog_exp_template.h 源程序
#ifndef DIALOG EXP_H_INCLUDED
#define DIALOG_EXP_H_INCLUDED
#nclude <uf.h>
#include <uf_defs.h>
#include <uf_styler.h>
#ifdef_cplusplus
Extern"C"
{
  #endif
  #define DIA_INT_NUM ("INT_NUM")
  #define DIA_REAL_NUM ("REAL_NUM")
  #define DIA_STR_DATA ("STR_DATA")
  #define DIA_OPTION_DATA ("OPTION_DATA")
```

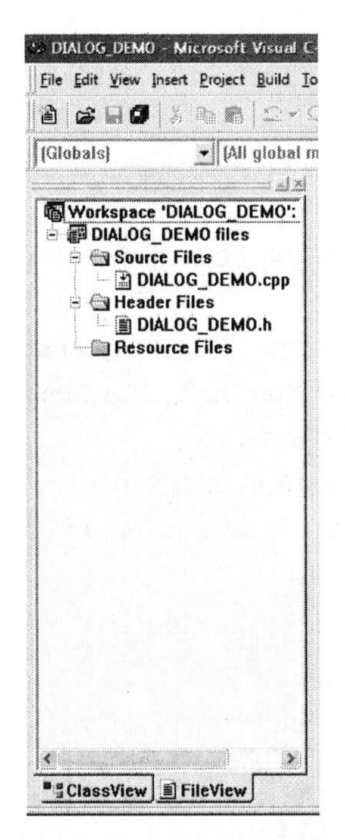

图 9-25　Visual C++工作空间 1

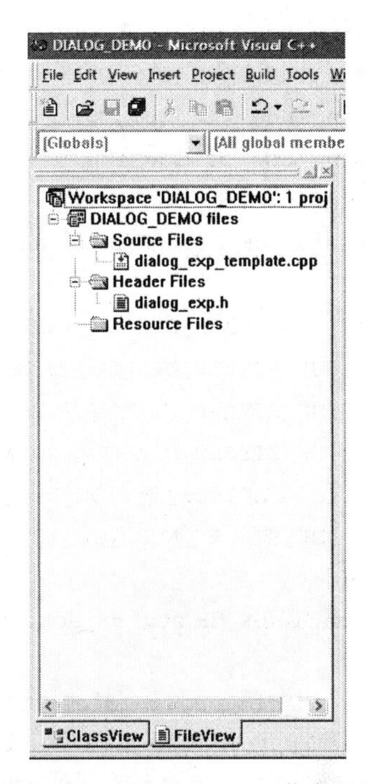

图 9-26　Visual C++工作空间 2

```
  #define DIA_MTXT_DATA ("MTXT_DATA")
  #define DIA_ACTION_BUTTON ("ACTION BUTTON")
  #define DIA_DIALOG_OBJECT_COUNT (6)
  int DIA_Constructor (int dialog_id,void * client_data,
                      UF_STYLER_item_value_type_p_t callback_data);
  int DIA_Donstructor (int dialog_id,void * client_data,
                      UF_STYLER_item_value_type_p_t callback_data);
  int DIA_OK(int dialog_id,void * client_data,
             UF_STYLER_item_value_type_p_t callback_data);
  int DLA_Cancel(int dialog_id,
                 void * client_data,
                 UF_STYLER_item_value_type_p_t callback_data);
  int DIA_action_act_cb(int dialog_id, void * client_ data,
                        UF_ STYLER_item_ value_ type_p_t callback_data);
  #ifdef_cplusplus
}
#endif
#endif /* DIALOG_EXP_H INCLUDED * /
```

dialog_exp_template.cpp 源程序

```
#include <stdio.h>
#include <uf.h>
#include <uf_defs.h>
#include <uf_exit.h>
```

```
#include <uf_ui.h>
#include <uf_styler.h>
#include <uf_mb. h>
#include"dialog_exp.h"
#define DIA_CB_COUNT (5 +1)
static UF_STYLER_callback_info_t DIA_cbs[DIA_CB_COUNT] =
{
  {UF_STYLER_DIALOG_INDEX,UF_STYLER_CONSTRUCTOR_CB,0,DIA_Constructor},
  {UF_STYLER_DIALOG_ INDEX, UF_STYLER_DESTRUCTOR_CB,0, DIA_Donswctor},
  {UF_STYLER_DIALOG_INDEX, UF_STYLER_OK_CB,0, DIA_OK},
  {UF_STYLER_DIALOG_INDEX, UF_STYLER_CANCEL_CB,0, DIA_Cancel},
  {DIA_ACTION_BUTTON, UF_STYLER_ACTIVATE_CB,0, DIA_action_act_cb},
  {UF_STYLER_NULL_OBJECT, UF_STYLER_NO_CB,0,0}
};
static UF_MB styler_actions_t actions[] =
{
    { "dialog_exp.dlg", NULL. DIA_cbs, UF_MB_ STYLER_IS_NOT_TOP)},
    {NULL, NULL, NULL, 0} /* NULL终止列表 * /
};
#ifdef MENUBAR_COMMENTED_OUT
extern void ufsta (char *param,int *retcode, int rlen)
{
    Int  error_code;
    if ((UF_initialize()) ! = 0)
       return
    if ((error_code = UF_MB_add styler - actions ( actions ) ) ! = 0)
    {
          char fail_message[ 133];
          UF_get_fail_message(error_code, fail_message);
          printf ("% s\n", fail_message );
      }
      UF_terminate();
      return;
    }
    #endif
    #ifdef DISPLAY_FROM_CALLBACK
    extern int < center the name of your function > ( int * response )
    {
        int  error_code =0;
        if(error_code =UF_initialize())! = 0)
           return (0);
        if(error_code = UF_STYLER_create_dialog("dialog_exp.dlg",
           DIA_cbs,        /* 对话框回调函数 * /
```

```
        DIA_CB_COUNT, /* 回调函数的数最 * /
        NULL,         /* 自定义数据 * /
          response))! =0)
    {
        char fail_message[133];
        /* 通过下面的代码,获取函数执行失败的消息 * /
        UF_get_fail_message(error_code, fail_message);
        UF_UI_set_status (fail_message);
        printf ("% s \n", fail_message);
    }
    UF_terminate();
    return (error_code);
}
#endif
//#ifdef DISPLAY_FROM_USER_EXIT
extern void ufusr (char "param, int "retcode, int rlen)
{
    int  response = 0;
    int  error_code  = 0;
    if((UF_initialize())! =0)
    return:
    if(error_code = UF_STYLER create_dialog("dialog_exp.dlg",
        DIA_cbs,      /* 对话框回调函数 * /
        DIA_CB_COUNT, /* 回调函数的数盆 * /
        NULL,         /* 自定义数据 * /
        &response))! =0)
    {
        char fail_message[133];
        /* 通过下面的代码,获取函数执行失败的消息 * /
        UF_get_fail_message(error_code,fail_message);
        UF_UI_set_status (fail_message);
        printf ( "% s \n", fail_message);
    }
    UF_terminate();
    return;
}
extern int ufusr_ask_unload (void)
{
/* 应用程序结束时,立即退出程序通过 return(UF_UNLOAD_IMMEDIATELY );实现 * /
Return (UF_UNLOAD_IMMEDIATELY);
/* 经过选择对话框退出程序,通过 return ( UF_UNLOAD_SEL_DIALOG );实现 * /
/* 返回(UF_UNLOAD_SEL_DIALOG); * /
/* 如果让 UG 终止运行,通过 return ( UF_UNLOAD_UG_TERMINATE );实现 * /
```

```
/* return (UF_UNLOAD_UG_TERMINATE); * /
}
extern void ufusr_cleannup_ (void)
{
  return;
}
//#endif
int DIA_Constructor (int dialog_id,void * client_data,
                 UF_STYLER_ item_value_type_p_t callback_data)
{
  / * 通过 UF_initialize()初始化,使 NX/Open API 函数可用 *  /
   if(UF_jnitialize()! =0)
       return(UF_UI_CB_CONTINUE_DIALOG);
  /* 在此输入回调函数的相应代码 * /
   UF terminate();
  /* 通过 UF_terminate()终止对 NX/Open API 函数的调用,但并不能终止对话框 * /
  return (UF_UI_CB_CONTTNUE_DIALOG);
  /* 对于这种类型的回调函数,UF_UI_CB_EXIT_DIALOG 的返回值并不会被接受 * /
  /* 必须通过 UF_UI_CB_CONTTNUE_DIALOG 的返回值继续对话框的创建 * /
  }
     int DIA_Donstructor( int dialog_id,
                   void * client_data,
     UF_STYLER_item_value_type_p_t callback_data)
{
/* 通过 UF_initialize()初始化,使 NX/Open API 函数可用 * /
  if ( UF_initialize! =0)
     return(UF_UI_CB_CONTINUE_DIALOG);
/* 在此物入回调函数的相应代码 * /
  UF_terminate();
  /* 通过 UF_terminate()终止对 NX/Open API 函数的调用,但并不能终止对话框 * /
  /* 对于这种类型的回调函数,UF_UI_CB_EXIT_DIALOG 的返回值并不会被接受 * /
  /* 必须通过 UF_UI_CB_CONTTNUE_DIALOG 的返回值继续对话框的销毁 * /
  return (UF_UI_CB_CONTTNUE_DIALOG);
}
  int DIA_OK ( int dialog_id,
        void * client_data
        UF_STYLER item_value_type_p_t callback_data)
{
  /* 通过 UF_initialiu0 初始化,使 NX/Open API 函数可用 * /
  if ( UF_initialize() ! = 0)
  return(UF_UI_CB_CONTINUE_DIALOG);
  /* 在此输入回调函数的相应代码 * /
  UF_STYLER_item_value_type_t data[2];
```

```
  char info[ 100];
  data[0].item_attr = UF_STYLER_VALUE;
  data[0].item id = DIA_INT_NUM;   //DIA_ INT_NUM 是整型控件标识
  UF_STYLER_ask value(dialog_id,&data[0]);
  data[1].item attr = UF_STYLER_VALCTE;
  data[1].item_id = DLA_REAL_NUM; //DIA_REAL_NUM 是实型控件标识
  UF_ STYLER_ask_value(dialog_id,&data[ 1 ]);
  sprintf(info,"整数为:% d\n 实数为:% f\n",data[0].value.integer,da-
    ta[I ].value.real);
  uc1601(info,1);
  UF_terminate();
  return (UF_UI_CB_EXIT_DIALOG);
}
int DIA_Cancel(int dialog_id,
      void * client_data,
     UF_STYLER_item_value_type_p_t callback_data)
{
/"通过 UF_initialize()初始化,使 NX/Open API 函数可用 * /
      if ( UF_initialize()! = 0)
      return ( UF_UI_CB_CONTINUE_DIALOG);
/* 在此输入回调函数的相应代码 * /
UF_termiate ();
  /* 通过 UF_ terminate()终止对 NX/Open AP1 函数的调用,可以通过 return 的
    返回值终止对话框 * /
  /* 推荐在结束对 cancel 回调函数的调用时 * /
  /* 用 UF_UI_CB_EXIT_DIALOG 参数 * /
  /* 而不用 UF - UI_CB_CONTINUE_DIALOG 参数 * /
  return(UF_ UI_ CB_ EXIT_ DIALOG);
  }
  int DIA_action_act_cb ( int dialog_id,
          void * client_data,
          UF_STYLER_item_value_type_p_t callback_data)
  {
      /"通过 UF_initialize()初始化,使 NX/Open API 函数可用 * /
  if ( UF_initialize()! = 0)
     return(UF_UI_CB_CONTINUE DIALOG);
     /* 在此输入回调函数的相应代码 s/
UF_STYLER_item_value_type_t data;
data.item_attr = UF_STYLER_VALUE;
data.item_id = DIA_INT_NUM;        //DIA_ INT_NUM 是整型控件标识
data.value.integer = 0;
UF_STYLER_set_value(dialog_id,&data);
data.item_attr = UF_STYLER_VALUE;
```

```
    data.item_id = DLA_REAL_NUM;        //DIA_REAL_NUM 是实型控件标识
    data.value.real = 0.0f;;
    UF_STYLER _set_value(diatog_id,&data);
    UF_terminate();
    return (UF_Ul_CB_CONTINUE_DIALOG);
}
```

(8) 将 dialog_exp_template. cpp 中的头文件#include <dialog_exp. h>更改为#include "dialog_ exp. h"。

(9) 在"Project"→"Setting"的"Link"选项卡中添加 libufun. lib、libugopenint. lib。然后在"Tools"→"Options"的"Directaries"选项卡中添加包含 UG 二次开发所需要的头文件的目录。最后编译、连接。

(10) 将 dialog_exp. dlg 文件移动到 E:\DIALOG_DEMO\application 中,将 DIALOG_DEMO. dll 文件复制到 E:\DIALOG_DEMO\startup 文件夹中。

(11) 启动 UG,选择"文件"→"执行"→"NX Open"命令,在弹出的对话框中选择 E:\DIALOG_DEMO\startup\ DIALOG_DEMO. dll,结果如图 9-27 所示。

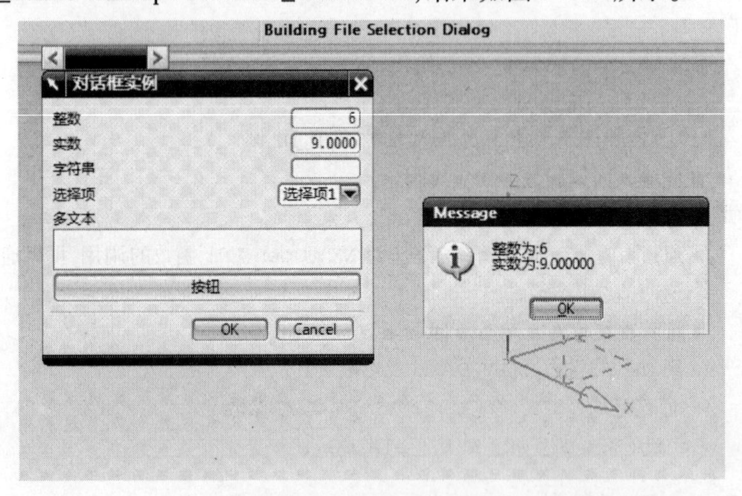

图 9-27 运行结果

9.3 零件参数化设计方法

9.3.1 参数化设计概述

通常,参数化设计是指在零件或部件形状的基础上,用一组尺寸参数和约束定义该几何图形的形状。尺寸参数和约束几何图形有显式的对应关系,当尺寸或约束条件发生改变时,相应的几何图形也会进行相应的变化,可达到驱动该几何图形的目的,充分反映了设计过程中设计者的设计理念。

目前,常用的参数化设计方法分为图形交互设计和编程方法两种。图形交互设计是指在现有的参数化 CAD 系统的环境下,通过交互操作来完成产品的参数化建模设计,是在产品设计中不可缺少的方法。编程方法是指在现有的CAD系统基础上，利用二次开发接口、高级语言和数据库等相关技术，来定义产品的参数化模型，并支持对参数化模型库的建立、管理和使用，它是一种高级的参数化设计方法。

9.3.2 利用UG/Open API进行参数化设计方法

利用UG/Open API进行参数化设计主要是通过修改模型的几何特征来实现的。在通常情况下，修改几何特征需要通过修改参数来实现，获得几何特征的参数，然后改变该参数，最后利用函数UF_MODL_update更新模型，是对参数的修改反映到模型上，其基本过程如图9-28所示。

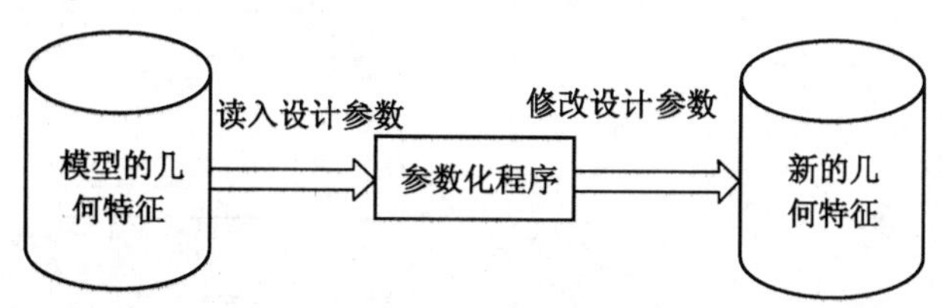

图9-28 参数化设计过程

用到的主要函数如下。

1）UF_MODL_ask_exps_of_feature

函数UF_MODL_ask_exps_of_feature根据几何特征的标识获得和该几何特征有关的所有表达式的标识。其原型为

```
extern int UF_MODL_ask_exps_of_feature(tag_t feature,int * number_of_
  exps,tag_t * * exps);
```

feature指被查询的特征标识；number_of_exps指与当前特征有关的表达式的数量；exps指向保存与当前特征有关的表达式标识数组的指针。该数组需要用UF_free来释放内存。

2）UF_STYLER_ask_value

函数用来查找应经存在的表达式的数值，来了解模型中的关键尺寸。其原型为

```
extern int UF_STYLER_ask_value (int dialog_id, UF_STYLER_item_value_p_t
value);
```

其中UF_STYLER_item_value_p_t是包含函数执行所需信息的结构体的指针。

3）UF_MODL_edit_exp

函数UF_MODL_edit_exp用来修改已经存在的表达式。这个函数不能自动更新模型，因此需要调用函数UF_MODL_update来更新模型。其原型为

```
extern int UF_MODL_edit_exp(char * exp_str);
```

其中exp_str指表达式字符串。

4）UF_MODL_update

函数UF_MODL_update用来更新模型。当模型中的表达式被函数UF_MODL_edit_exp修改以后，模型必须用UF_MODL_update强制更新。其原型为

```
extern int UF_MODL_update ();
```

9.3.3 UG/Open API 在矩形花键参数化设计的应用实例

矩形花键是机械行业中常用的用于传动的零件之一，如图 9-29 所示，对于它的设计过程可以通过 UG 中人机交互的方式实现，也可以通过在 UG 平台上进行二次开发，来完成矩形花键的设计过程。下面以矩形花键设计过程中矩形花键的参数化建模功能为例，阐述如何在 UG 中，利用 UG/Open API 完成 UG 的二次开发。

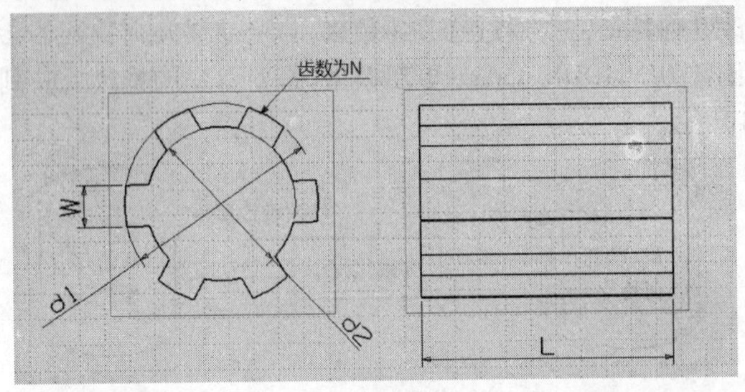

图 9-29 矩形花键二维图

编程思想：在 UG/OPen API 中，对于矩形花键参数化建模主要通过对图形模板进行参数控制实现，由人机交互部分、程序处理部分及程序结束部分组成。其中，程序处理部分是从人机交互部分中获得数据，并对矩形花键三维模型的表达式进行更新，从而达到矩形花键参数化建模的目的。

(1) 在 UG 平台上，通过草绘、拉伸建立矩形花键的三维模型，名称为 pline_part，设置为只读属性，防止对图形模板的修改，存放在 E:\spline\part 目录下，并建立、生成相应的表达式。其中，part 是 E:\spline 下的自定义目录，如图 9-30 和图 9-31 所示。

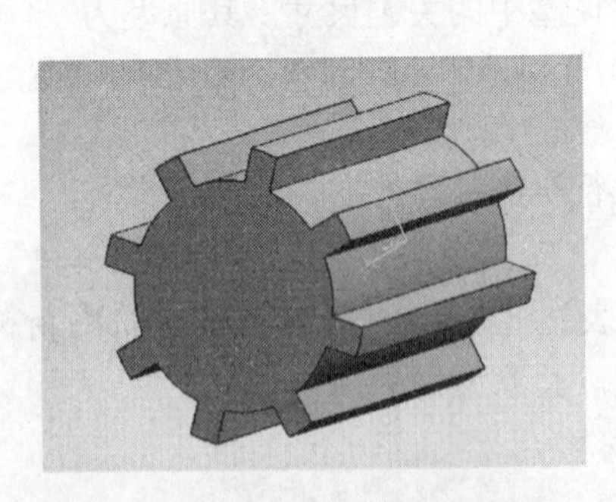

图 9-30 矩形花键三维模型

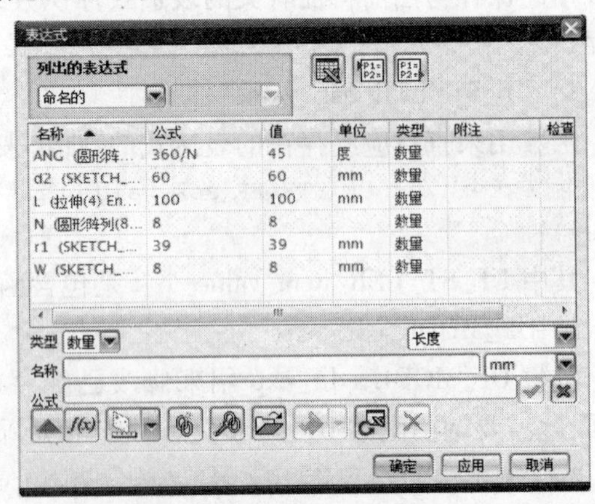

图 9-31 矩形花键三维模型表达式对话框

(2) 在自定义目录下创建 startup 和 application 两个文件夹。其中，自定义的菜单文件就在 startup 文件夹中。本例自定义目录为 E:\spline。

(3) 在“我的电脑”上单击鼠标右键，在弹出的快捷菜单中选择“属性”命令，在弹出的对话框中切换到“高级”选项卡，在该选项卡中单击“环境变量”，注册环境变量，其中的变量名为 UGII_USER_ DIR。变量值为自定义目录,如图 9-32 所示。

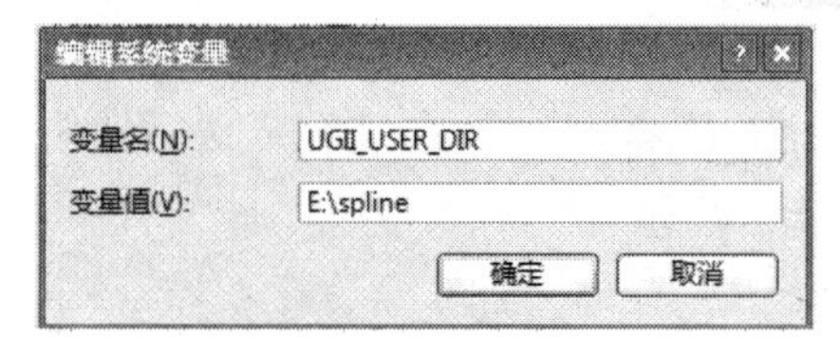

图 9-32　定义环境变量

(4) 在 startup 文件夹下建立菜单文件,ACTIONS 后面为对话框的名称。

```
VERSION 120
EDIT UG_GATEWAY MAIN_MENUBAR
BEFORE UG_HELP
CASCADE_BUTTON spline
LABEL 矩形花键参数化建模
END_OF_BEFORE
MENU spline
BUTTON spline_1
LABEL 矩形花键参数化建模
ACTIONS spline_dialog.dlg
END_OF_MENU
```

(5) 启动 UG,选择"开始"→"所有应用模块"→"用户界面样式编辑器"命令,制作自定义对话框,如图 9-33 所示,对话框的对象浏览器如图 9-34 所示。

图 9-33　对话框界面

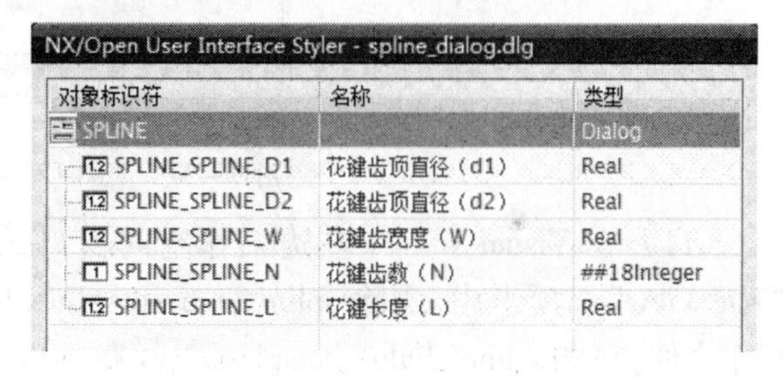

图 9-34　对象浏览器界面

(6) 在对话框中,共有 5 个输入框、1 个 OK 按钮和 1 个 Cancel 按钮,其属性设置如图 9-35 所示,回调函数设置如图 9-36 所示。

(7) 保存对话框文件,在本例中对话框文件被另存在 E:\spline\application 中,名称是 spline_dialog,于是产生 3 个文件,分别是 spline_dialog. dlg、spline_dialog. h 和 spline_dialog_template. c。

(8) 启动 Visual C++,根据应用程序向导,新建工程项目,如图 9-37 所示,本实例中 Project name 为 spline,Location 为 E:\aspline\spline。

(9) 单击"OK"按钮,在弹出的对话框中单击"Finish"按钮,完成应用程序框架的建立。

(10) 将 E:\spline\application 下的 spline dialog_template. c 文件更名为 spline_dialog_template. cpp,然后将 spline_dialog_template. cpp 和 pline_dialog. h 两个文件复制到 E:\spline\spline目录下。

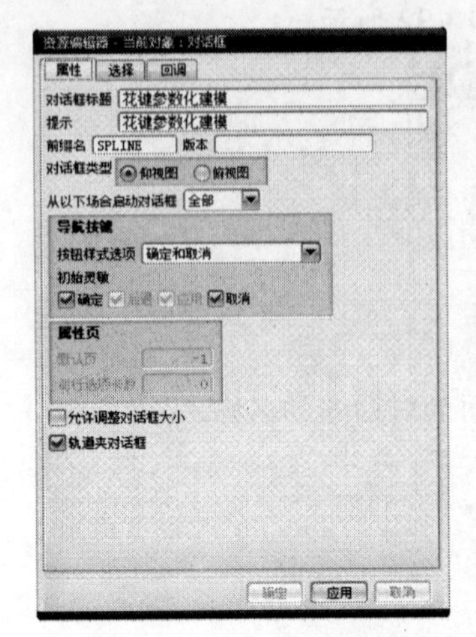

图 9-35　对话框属性

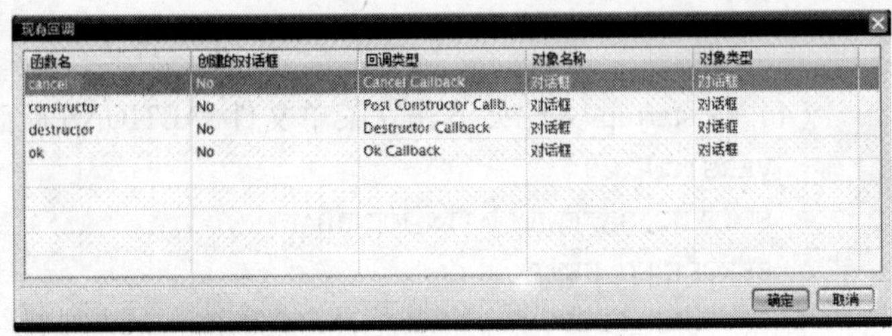

图 9-36　对话框回调函数

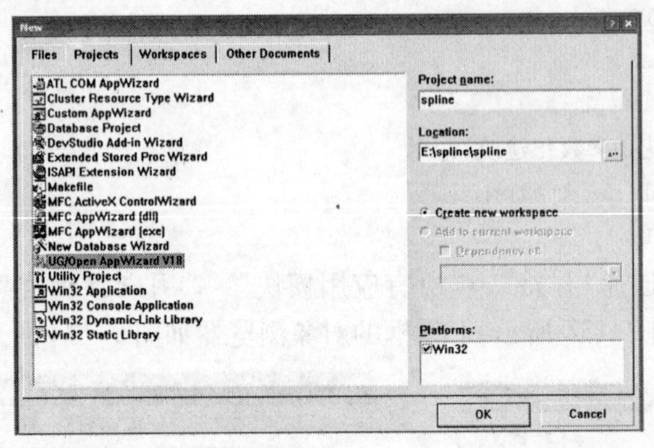

图 9-37　Visual C++向导

（11）在 Visual C++左边工作空间窗口的“File View”选项卡中，删除 spline. cpp 和 spline. h 两个文件，并将 spline_dialog_template. cpp 和 spline_dialog. h 两个文件引入到工作空间中，如图 9-38 所示。

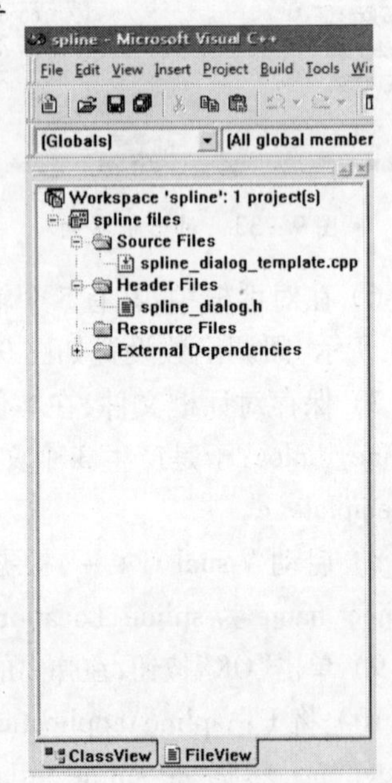

图 9-38　Visual C++工作空间

（12）双击图 9-38 中 spline_dialog_template. cpp 文件，在出现的代码中，隐去 ufsta 入口前、后两个预编译指令，如下所示：

```
//#ifdef MENUBAR_COMMENTED_OUT
extern void ufsta (char *param, int *
  retcode, int rlen)
{
  int error_code;
  if ( (UF_initialize()) ! =0)
      return;
  if ( (error_code = UF_MB_add_styler_
      actions ( actions ) ) ! = 0 )
```

```
    {
        char fail_message[133];
        UF_get_fail_message(error_code, fail_message);
        printf ( "% s \n", fail_message );
    }
    UF_terminate();
    return;
}
//#endif /* MENUBAR_COMMENTED_OUT * /
```

（13）编写相应的回调函数，代码如下所示：

```
spline_dialog.h 源程序
#ifndef SPLINE_DIALOG_H_INCLUDED
    #define SPLINE_DIALOG_H_INCLUDED
#include <uf.h>
#include <uf_defs.h>
#include <uf_styler.h>
#ifdef __cplusplus
extern "C"
{
    #endif
    /* ------------------ UIStyler Dialog Definitions ------------------ * /
    /* The following values are definitions into your UIStyler dialog. * /
    /* These values will allow you to modify existing objects within your * /
    /* dialog.   They work directly with the NX Open API, * /
    /* UF_STYLER_ask_value, UF_STYLER_ask_values, and UF_STYLER_set_value. * /
    /* ------------------------------------------------------------------- * /
    #define SPLINE_SPLINE_D1      ("SPLINE_D1")
    #define SPLINE_SPLINE_D2      ("SPLINE_D2")
    #define SPLINE_SPLINE_W     ("SPLINE_W")
    #define SPLINE_SPLINE_N     ("SPLINE_N")
    #define SPLINE_SPLINE_L     ("SPLINE_L")
    #define SPLINE_DIALOG_OBJECT_COUNT     ( 5 )
    /* ---------------- UIStyler Callback Prototypes --------------- * /
    /* The following function prototypes define the callbacks * /
    /* specified in your UIStyler built dialog.   You are REQUIRED to * /
    /* create the associated function for each prototype.   You must * /
    /* use the same function name and parameter list when creating   * /
    /* your callback function. * /
    /* ------------------------------------------------------------- * /
    int SPLINE_constructor ( int dialog_id,
            void * client_data,
            UF_STYLER_item_value_type_p_t callback_data);
    int SPLINE_destructor ( int dialog_id,
            void * client_data,
            UF_STYLER_item_value_type_p_t callback_data);
    int SPLINE_ok ( int dialog_id,
            void * client_data,
```

```
        UF_STYLER_item_value_type_p_t callback_data);
    int SPLINE_cancel ( int dialog_id,
        void * client_data,
        UF_STYLER_item_value_type_p_t callback_data);
    #ifdef __cplusplus
}
#endif
#endi        /* SPLINE_DIALOG_H_INCLUDED * /
```

spline_dialog_template.cpp 源程序

```
#include <stdio.h>
#include <uf.h>
#include <uf_defs.h>
#include <uf_exit.h>
#include <uf_ui.h>
#include <uf_styler.h>
#include <uf_mb.h>
#include <stdlib.h>
#include <uf_modl_expressions.h>
#include <uf_part.h>
#include <uf_modl.h>
#include "spline_dialog.h"
/* The following definition defines the number of callback entries * /
/* in the callback structure: * /
/* UF_STYLER_callback_info_t SPLINE_cbs * /
#define SPLINE_CB_COUNT ( 4 + 1 ) /* Add 1 for the terminator * /
/* ---------------------------------------------------------------------------
The following structure defines the callback entries used by the
styler file. This structure MUST be passed into the user function,
UF_STYLER_create_dialog along with SPLINE_CB_COUNT.
--------------------------------------------------------------------------- * /
static UF_STYLER_callback_info_t SPLINE_cbs[SPLINE_CB_COUNT] =
{
    {UF_STYLER_DIALOG_INDEX,UF_STYLER_CONSTRUCTOR_CB, 0, SPLINE_constructor},
    {UF_STYLER_DIALOG_INDEX,UF_STYLER_DESTRUCTOR_CB , 0, SPLINE_destructor},
    {UF_STYLER_DIALOG_INDEX, UF_STYLER_OK_CB , 0, SPLINE_ok},
    {UF_STYLER_DIALOG_INDEX, UF_STYLER_CANCEL_CB , 0, SPLINE_cancel},
    {UF_STYLER_NULL_OBJECT, UF_STYLER_NO_CB, 0, 0 }
};
static UF_MB_styler_actions_t actions[] =
{
    { "spline_dialog.dlg",NULL, SPLINE_cbs,UF_MB_STYLER_IS_NOT_TOP },
    { NULL,  NULL,  NULL,  0 } /* This is a NULL terminated list * /
};
  //#ifdef MENUBAR_COMMENTED_OUT
  extern void ufsta (char *param, int *retcode, int rlen)
{
```

```
    int  error_code;
    if ( (UF_initialize()) ! = 0)
            return;
    if ( (error_code = UF_MB_add_styler_actions ( actions ) ) ! = 0 )
    {
        char fail_message[133];
        UF_get_fail_message(error_code, fail_message);
        printf ( "% s\n", fail_message );
    }
  UF_terminate();
          return;
}
//#endif /* MENUBAR_COMMENTED_OUT * /
#ifdef DISPLAY_FROM_CALLBACK
extern int <enter the name of your function> ( int *response )
{
    int  error_code = 0;
  if ( ( error_code = UF_initialize() ) ! = 0 )
            return (0) ;
    if ( ( error_code = UF_STYLER_create_dialog ( "spline_dialog.dlg",
            SPLINE_cbs,       /* Callbacks from dialog * /
            SPLINE_CB_COUNT, /* number of callbacks * /
            NULL,             /* This is your client data * /
            response ) ) ! = 0 )
    {
            char fail_message[133];
            /* Get the user function fail message based on the fail code. * /
            UF_get_fail_message(error_code, fail_message);
            UF_UI_set_status (fail_message);
            printf ( "% s\n", fail_message );
    }
    UF_terminate();
      return (error_code);
}
#endif /* DISPLAY_FROM_CALLBACK * /
#ifdef DISPLAY_FROM_USER_EXIT
extern void <enter a valid user exit here> (char *param, int *retcode, int rlen)
{
    int  response  = 0;
    int  error_code = 0;
    if ( ( UF_initialize() ) ! = 0 )
            return;
    if ( ( error_code = UF_STYLER_create_dialog ( "spline_dialog.dlg",
            SPLINE_cbs,       /* Callbacks from dialog * /
            SPLINE_CB_COUNT, /* number of callbacks * /
            NULL,             /* This is your client data * /
            &response ) ) ! = 0 )
```

```
    {
    char fail_message[133];
    /* Get the user function fail message based on the fail code. */
    UF_get_fail_message(error_code, fail_message);
    UF_UI_set_status (fail_message);
    printf ( "% s\n", fail_message );
    }
    UF_terminate();
    return;
}
extern int ufusr_ask_unload (void)
{
    /* unload immediately after application exits */
    return ( UF_UNLOAD_IMMEDIATELY );
    /*via the unload selection dialog... */
    /*return ( UF_UNLOAD_SEL_DIALOG ); */
    /*when UG terminates...*/
    /*return ( UF_UNLOAD_UG_TERMINATE ); */
}
extern void ufusr_cleanup (void)
{
    return;
}
#endif /* DISPLAY_FROM_USER_EXIT */
int SPLINE_constructor ( int dialog_id,
            void * client_data,
            UF_STYLER_item_value_type_p_t callback_data)
{
    /* Make sure User Function is available. */
    if ( UF_initialize() ! = 0)
        return ( UF_UI_CB_CONTINUE_DIALOG );
    /* ---- Enter your callback code here ----- */
  char dir[100];
    const char env[255] ="UGII_USER_DIR";
  char *basedir =NULL;
  tag_t part;
    UF_pART_load_status_t error_status;
    basedir =getenv(env);
    strcpy(dir,basedir);
    strcat(dir,"\\part \\spline_part.prt");
    if(UF_pART_open(dir,&part,&error_status)! =0)
    {
        UF_free_string_array(error_status.n_parts,error_status.file_names);
        UF_free(error_status.statuses);
        return(UF_UI_CB_CONTINUE_DIALOG);
  }
    UF_free_string_array(error_status.n_parts,error_status.file_names);
```

```
    UF_free(error_status.statuses);
    double arExpValue[5];
    UF_MODL_eval_exp("r1",&arExpValue[0]);
    UF_MODL_eval_exp("d2",&arExpValue[1]);
    UF_MODL_eval_exp("W",&arExpValue[2]);
    UF_MODL_eval_exp("N",&arExpValue[3]);
    UF_MODL_eval_exp("L",&arExpValue[4]);
    UF_STYLER_item_value_type_t data_set;
    data_set.item_attr = UF_STYLER_VALUE;
    data_set.item_id = SPLINE_SPLINE_D1;
    data_set.value.real = arExpValue[0] *2;
    UF_STYLER_set_value(dialog_id,&data_set);
    UF_STYLER_free_value(&data_set);
    data_set.item_attr = UF_STYLER_VALUE;
    data_set.item_id = SPLINE_SPLINE_D2;
    data_set.value.real = arExpValue[1];
    UF_STYLER_set_value(dialog_id,&data_set);
    UF_STYLER_free_value(&data_set);
    data_set.item_attr = UF_STYLER_VALUE;
    data_set.item_id = SPLINE_SPLINE_W;
    data_set.value.real = arExpValue[2];
    UF_STYLER_set_value(dialog_id,&data_set);
    UF_STYLER_free_value(&data_set);
    data_set.item_attr = UF_STYLER_VALUE;
    data_set.item_id = SPLINE_SPLINE_N;
    data_set.value.integer = arExpValue[3];
    UF_STYLER_set_value(dialog_id,&data_set);
    UF_STYLER_free_value(&data_set);
    data_set.item_attr = UF_STYLER_VALUE;
    data_set.item_id = SPLINE_SPLINE_L;
    data_set.value.real = arExpValue[4];
    UF_STYLER_set_value(dialog_id,&data_set);
    UF_STYLER_free_value(&data_set);
    UF_terminate ();
    return (UF_UI_CB_CONTINUE_DIALOG);
  }
int SPLINE_destructor ( int dialog_id,
          void * client_data,
          UF_STYLER_item_value_type_p_t callback_data)
{
    /* Make sure User Function is available. */
    if ( UF_initialize() ! = 0)
        return ( UF_UI_CB_CONTINUE_DIALOG );
    /* ---- Enter your callback code here ----- */
    UF_terminate ();
    /* Callback acknowledged, do not terminate dialog. */
    /* A return value of UF_UI_CB_EXIT_DIALOG will not be accepted */
```

```
    /* for this callback type. You must continue dialog destruction */
    return (UF_UI_CB_CONTINUE_DIALOG);
}
int SPLINE_ok ( int dialog_id,
           void * client_data,
             UF_STYLER_item_value_type_p_t callback_data)
{
    /* Make sure User Function is available. */
    if ( UF_initialize() ! = 0)
       return ( UF_UI_CB_CONTINUE_DIALOG );
    /* ---- Enter your callback code here ----- */
    double d1;
    double d2;
    double W;
    int N;
    double L;
    char exps_string[5][20];
    UF_STYLER_item_value_type_t data[5];
    data[0].item_attr = UF_STYLER_VALUE;
    data[0].item_id = SPLINE_SPLINE_D1;
    UF_STYLER_ask_value(dialog_id,&data[0]);
    data[1].item_attr = UF_STYLER_VALUE;
    data[1].item_id = SPLINE_SPLINE_D2;
    UF_STYLER_ask_value(dialog_id,&data[1]);
    data[2].item_attr = UF_STYLER_VALUE;
    data[2].item_id = SPLINE_SPLINE_W;
    UF_STYLER_ask_value(dialog_id,&data[2]);
    data[3].item_attr = UF_STYLER_VALUE;
    data[3].item_id = SPLINE_SPLINE_N;
    UF_STYLER_ask_value(dialog_id,&data[3]);
    data[4].item_attr = UF_STYLER_VALUE;
    data[4].item_id = SPLINE_SPLINE_L;
    UF_STYLER_ask_value(dialog_id,&data[4]);
    d1 = data[0].value.real;
    d2 = data[1].value.real;
    W = data[2].value.real;
    N = data[3].value.integer;
    L = data[4].value.real;
    for(int i = 0;i < 5;i + +)
    {
       UF_STYLER_free_value(&data[i]);
    }

    if(d1 = = 0 | |d2 = = 0 | |W = = 0 | |N = = 0 | |L = = 0)
    {
       uc1601("对话框中的数值不能为零!",1);
       return (UF_UI_CB_CONTINUE_DIALOG);
```

```
    }
    if(d1 < =d2)
    {
        uc1601("d1 必须大于 >d2!",1);
        return (UF_UI_CB_CONTINUE_DIALOG);
    }
    //修改表达式的值
    sprintf(exps_string[0],"r1 = % f",d1/2);
    sprintf(exps_string[1],"d2 = % f",d2);
    sprintf(exps_string[2],"W = % f",W);
    sprintf(exps_string[3],"N = % d",N);
    sprintf(exps_string[4],"L = % f",L);
  //更新模型
    for(int j =0;j <5;j + +)
    {
         UF_MODL_edit_exp(exps_string[j]);
         UF_MODL_update();
      }
      UF_terminate ();
    /* Callback acknowledged, terminate dialog * /
    /* It is STRONGLY recommended that you exit your * /
    /* callback with UF_UI_CB_EXIT_DIALOG in a ok callback. * /
    /* return ( UF_UI_CB_EXIT_DIALOG ); * /
    return (UF_UI_CB_CONTINUE_DIALOG);
}
int SPLINE_cancel ( int dialog_id,
          void * client_data,
          UF_STYLER_item_value_type_p_t callback_data)
{
    /* Make sure User Function is available. * /
    if ( UF_initialize() ! = 0)
        return ( UF_UI_CB_CONTINUE_DIALOG );
    /*  ---- Enter your callback code here -----  * /
    UF_terminate ();
    /* Callback acknowledged, terminate dialog * /
    /* It is STRONGLY recommended that you exit your * /
    /* callback with UF_UI_CB_EXIT_DIALOG in a cancel call * /
    /* back rather than UF_UI_CB_CONTINUE_DIALOG. * /
    return ( UF_UI_CB_EXIT_DIALOG );
}
```

(14) 编译、连接。

选择“project”→“setting”命令,在“link”选项卡中添加 libufun. lib 和 libugopenint. lib,然后选择“tools”→“option”命令,在“directaries”选项卡中添加 API 函数库所在的路径 D:\PROGRAM FILES\UGS\ NX3. 0\UGOPEN,其中 D:\PROGRAM FILES 是 UG 的安装目录。

(15) 将编译、连接的 spline. dll 文件复制到 E:\spline\spline 下。

(16) 启动 UG,选择菜单,在弹出的对话框中,可以根据输入参数的不同来对模型进行参数化建模,运行结果如图 9-39 所示。

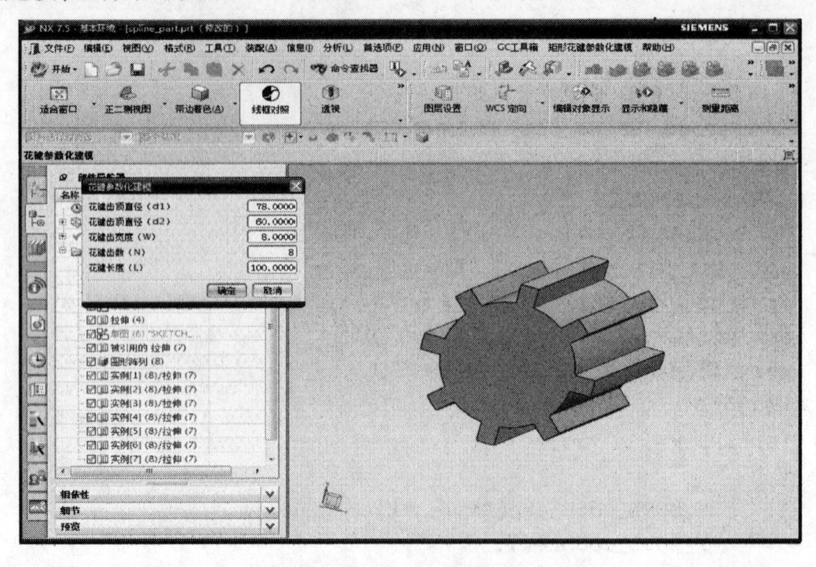

图 9-39 运行结果

(17) 把设计好的模型另存,注意不要和图形模板重名。

9.4 思考与练习

一、填空题

1. UG 二次开发,是指在______平台上,结合企业或用户的具体需求,为实现某种特定的功能。

2. UG 软件为企业或用户提供的主要二次开发工具有______、______、______和______。

3. 菜单脚本文件中扩展名为______的文件,可以用记事本创建和编辑。

4. ______是指在零件或部件形状的基础上,用一组尺寸参数和约束定义该几何图形的形状。

5. 常用的参数化设计方法分为______和______两种。

二、选择题

1. ______是开发 UG 对话框的可视化工具。

A. UG/Open MenuScript B. UG/Open UIStyler C. UG/Open API D. UG/Open Grip

2. ______是 UG 与外部应用程序之间的接口,它是提供的一系列函数和过程的集合。

A. UG/Open MenuScript B. UG/Open UIStyler C. UG/Open API D. UG/Open Grip

3. 表达式名称必须以______开头,后面可以是字母、数字及下画线等。

A. 字母 B. 数字 C. 下划线 D. 其他符号

4. 利用 UG/Open API 进行 UG 二次开发,当使用到函数时,必须先用______函数进行初始化。

A. UF_initialize() B. UF_terminate() C. initialize() D. terminate()

5. 在UG开发环境中，工具条是以________为后缀的脚本文件，可以用记事本创建和编辑。

A. *.men　　　　B. *.txt　　　　C. *.tbr　　　　D. *.tol

三、简答题

1. 简述UG二次开发的功能和作用。
2. UG/Open API程序的两种开发模式是什么，请简述各自的特点。
3. 常用的参数化设计方法有哪些？请比较方法的不同之处。
4. 简述利用UG/Open API进行参数化设计方法的过程。

四、编程题

1. 创建一个"Hello，你的姓名"消息对话框。

要求：利用UG自带的向导创建二次开发工程项目；利用单按钮消息对话框(UC1601())创建"Hello"加你的姓名，如图9-40所示。

图9-40　消息对话框

2. 利用UIStyler、Menu等工具创建一个对话框实现垫圈的参数化设计。

要求：对话框通过菜单激活；垫圈的尺寸由用户通过对话框输入，如图9-41和图9-42所示。

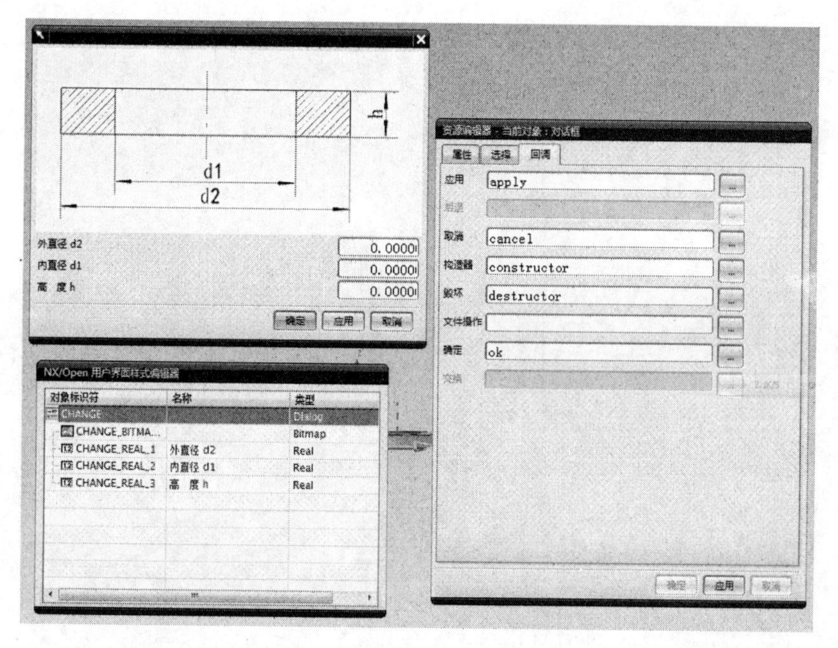

图9-41　对话框的建立

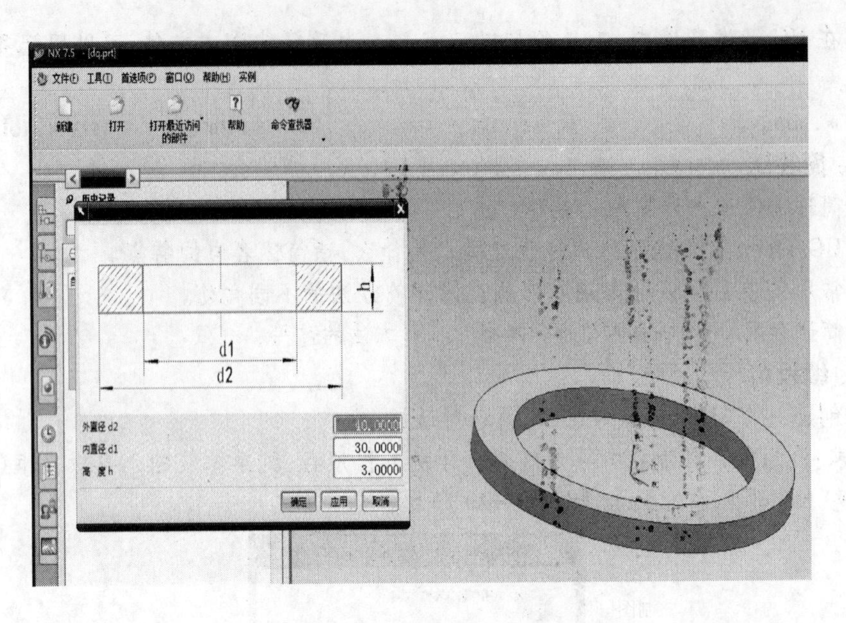

图 9-42 参数化设计结果

参 考 文 献

[1] 宁汝新,赵汝嘉.CAD/CAM 技术[M]. 北京:机械工业出版社,1999.
[2] 童秉枢,等. 机械 CAD 技术基础[M]. 北京:清华大学出版社,1996.
[3] 王贤坤. 机械 CAD/CAM 技术、应用与开发[M]. 北京:机械工业出版社,2000.
[4] 洪如瑾.NX7 CAD 快速入门指导[M]. 北京:清华大学出版社,2011.
[5] 应华.UG NX 7.0 机械设计行业应用实践[M]. 北京:机械工业出版社,2011.
[6] 崔凤奎,等.UG 机械设计[M]. 北京:机械工业出版社,2004.
[7] 陈永辉,李兴发.UG NX6.0 实用设计技巧 200 例[M]. 北京:电子工业出版社,2010.
[8] 洪如瑾.UG WAVE 产品设计技术培训教程[M]. 北京:清华大学出版社,2003.
[9] Siemens 公司.UG NX7.5 帮助文档[CP].
[10] 刘向阳.UG 建模、装配与制图[M]. 北京:国防工业出版社,2008.
[11] 夏天,吴立军.UG 二次开发技术基础[M]. 北京:电子工业出版社,2005.
[12] 黄勇.UG/OPen 应用开发典实例精解[M]. 北京:国防工业出版社,2010.